眼镜中的风景

花环娃娃

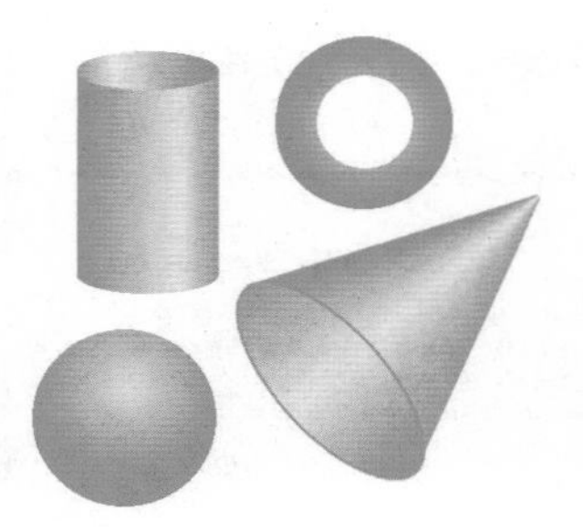

几何图形

蓝天白云家

美丽的彩虹

广告 POP 文字

风景合成图

大红梅花

信元科技标志

大西瓜

明片

红五星

彩虹字

藤蔓花朵装饰的签名相框

春晓

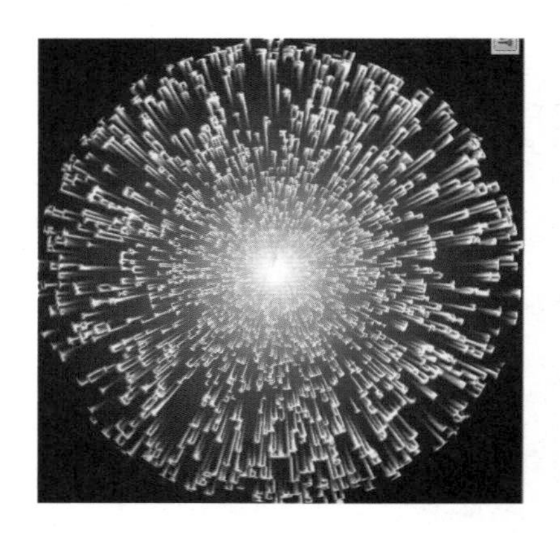

礼花 1

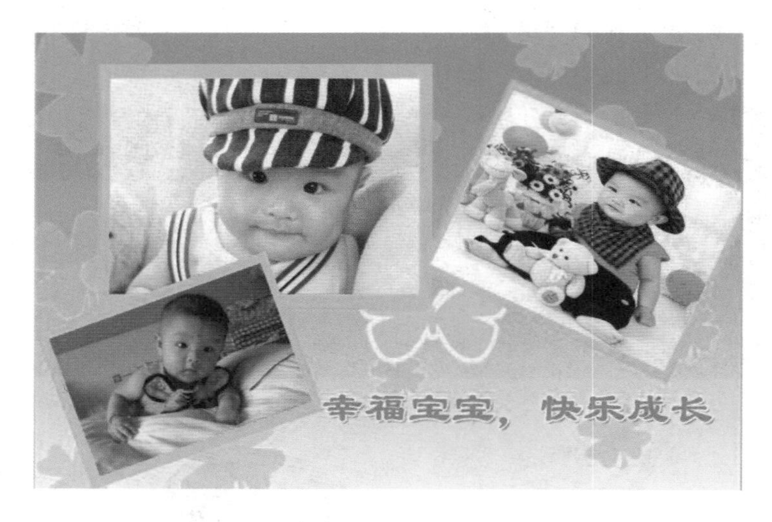

宝贝明星照

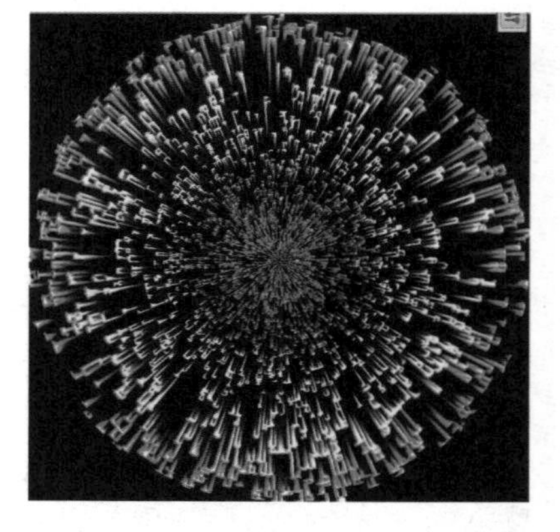

礼花 2

球面字

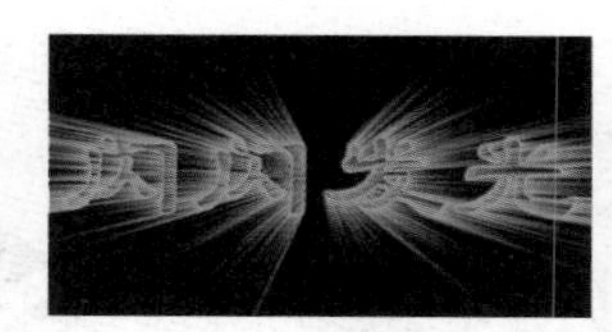

光芒字

晶莹字

一叶知秋

浮雕字

三维字

杜鹃花

火焰字

灯笼

兰花

足球少年

秀发飘飘

玛瑙手镯

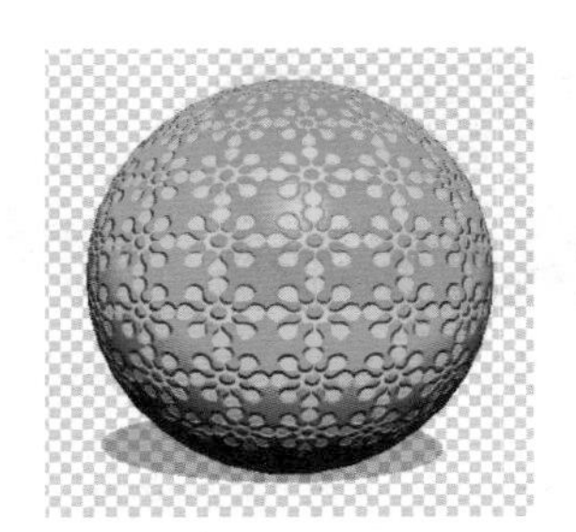

趣味球体

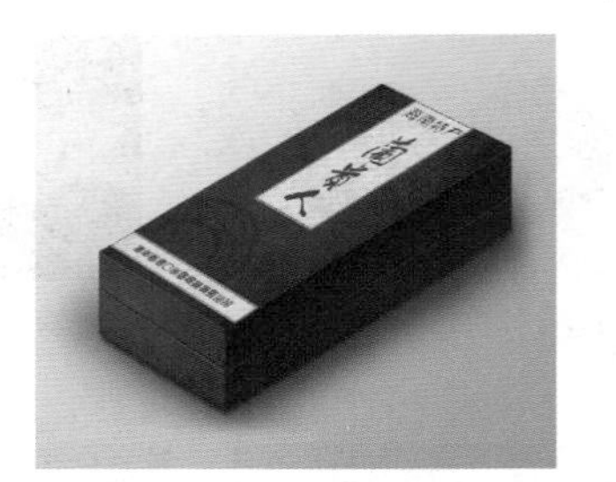

兰贵人包装盒

邮票

明信片

明片

海报设计

百一广告

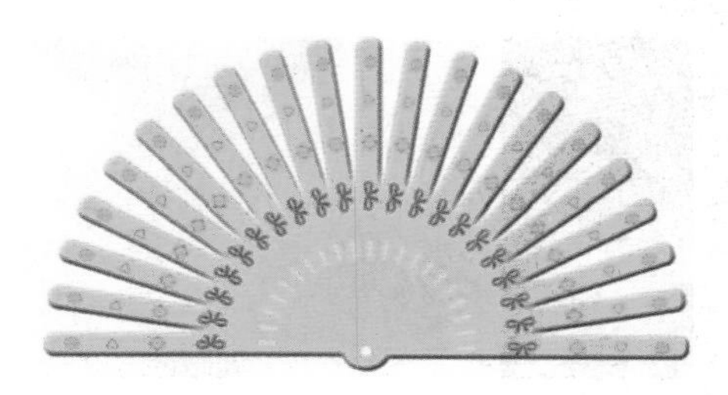

扇子

易拉罐

封面设计

酒瓶

全国高职高专教育“十三五”规划教材

Photoshop CS6 图形图像处理项目化教程

主　编　王凡帆
副主编　张又文　谭斯琴　董　阁
　　　　史晓云
参　编　韩昌豪　龙　腾

东南大学出版社
·南京·

图书在版编目(CIP)数据

Photoshop CS6 图形图像处理项目化教程 / 王凡帆主编. —南京：东南大学出版社，2016.4

ISBN 978-7-5641-6395-2

Ⅰ. ①P… Ⅱ. ①王… Ⅲ. ①图像处理软件—教材 Ⅳ. ①TP391.41

中国版本图书馆 CIP 数据核字(2016)第 040647 号

Photoshop CS6 图形图像处理项目化教程

出版发行：东南大学出版社
社　　址：南京市四牌楼 2 号　邮编：210096
出 版 人：江建中
网　　址：http://www.seupress.com
经　　销：全国各地新华书店
印　　刷：南京玉河印刷厂
开　　本：787mm×1092mm　1/16
印　　张：22.25
字　　数：523 千字
版　　次：2016 年 4 月第 1 版
印　　次：2016 年 4 月第 1 次印刷
印　　数：1—3000 册
书　　号：ISBN 978-7-5641-6395-2
定　　价：45.00 元

前　言

本书以现在流行的图像处理软件 Adobe Photoshop CS6 为平台，通过项目任务的完成，浅入深出地讲解了 Photoshop 软件的基础知识及应用技巧，非常适合初学者和 Photoshop 爱好者使用。本书可作为高职高专学生学习教材，也可作为社会培训机构的培训教程及广大计算机爱好者的读物。

本书共有九个项目，二十七个任务，每个项目对应一个大的知识点，每个任务都是运用该项目中知识点展开的，使读者在完成任务案例的过程中掌握知识点的应用，举一反三、加深理解，真正达到引导学习者“学以致用”的教学目的。

本书在体系结构上做了精心的设计，以“项目任务驱动”模式展开编写，项目由“项目描述—能力目标—项目小结—项目作业”构成，其中每个任务按照“任务情境—任务剖析—任务实施—任务拓展”4 个环节的思路编写，旨在引导学习者循序渐进、由浅入深，力求所用案例的新颖性、实用性及系统性，并留给学习者足够的空间，让其主动参与及创新。

本书配备了 PPT 课件、效果图、原文件等丰富的教学资源。本书的参考学时为 64 学时，各项目的参考学时参见下面的学时分配表。

章节	课程内容	学时分配	
		讲授	实训
项目一	Photoshop CS6 入门	2	2
项目二	图形图像编辑	2	4
项目三	图层与通道运用	5	7
项目四	路径和形状绘制	2	4
项目五	图像色彩调整	2	4
项目六	神奇滤镜应用	4	6
项目七	动作与任务自动化	3	3
项目八	3D 及动画处理	2	2
项目九	综合实践演练	2	8
课时总计		24	40

本书由海南经贸职业技术学院的王凡帆、董阁、张又文、韩昌豪、龙腾，上海出版印刷高等专科学校谭斯琴及滁州职业技术学院史晓云七位教师共同编写完成。全书的编写提纲、编写指导和统稿、定稿由王凡帆负责。

本书在编写过程中得到了海南经贸职业技术学院领导、教务处及科研处的大力支持，在此表示诚挚的谢意。

由于时间仓促，加之编者的水平有限，书中难免存在错误及不妥之处，恳请广大读者批评指正。

编　者

2015 年 10 月

目　录

项目一 Photoshop CS6 入门

项目描述

本项目通过三维字设计、图形的绘制、眼镜中的风景 3 个任务，使读者了解 Photoshop 的工作界面、文件操作，羽化、粘贴入、填充等命令应用，以及选区工具、填充等工具的使用技巧及操作方法。

能力目标

★了解 Photoshop 操作界面。

★认识工具箱。

★掌握选区工具的灵活应用。

★掌握填充工具的灵活应用。

★文字工具的应用。

★理解图像处理的理论基础。

1.1 任务一 三维字

1.1.1 任务情境

海报或广告牌的制作，强调的是整体的效果。标新的创意、精美的画面、寓意丰富的文字说明，是海报或广告牌的组成要素。而精美的画面中需要用个性化的字体，来达到广告宣传的效果。下面我们利用 Photoshop CS6 软件制作三维字，完成效果如图 1-1-1 所示。

图 1-1-1 三维字

1.1.2 任务剖析

在 Photoshop 中利用文字工具添加文字，填充色谱渐变，并将文字选区不断移动复制重叠出文字的立体效果。

一、应用知识点

（一）图像处理的理论基础

（二）Photoshop 的基本操作

1. 文件操作
2. 选框选区工具
3. 反向选择操作
4. 羽化设置
5. 填充命令

（三）文字工具

二、知识链接

（一）图像处理的理论基础

1. 像素

像素(Pixel)是构成图像的最小单位，它就是一个小方点颜色块。若干个像素组合起来就构成了一幅图像，每个像素对应一个颜色。

2. 分辨率

分辨率指在每英寸面积中位图图像所包含像素的数量，单位是像素/英寸(PPI)。图像分辨率的高低直接影响图像的质量，分辨率越高，文件越大，图像也越清晰；反之，分辨率越低，文件越小，图像也越模糊。

图像的分辨率可视图像的用途决定其大小，如屏幕显示的图像分辨率一般为 72 像素/英寸，打印的图像分辨率一般为 150 像素/英寸，印刷的图像分辨率一般为 300 像素/英寸。

3. 位图与矢量图

计算机的图像一般有两种类型，分别是位图与矢量图。

(1) 位图

位图又称点阵图，是由若干个像素点组成。当许多的像素点组合到一起，就构成了一幅完整的图像。

位图由像素点组成，当放大位图时，可以看见赖以构成整个图像的无数单个方块像素点。由于同一分辨率下单位面积的像素点数目是一定的，当位图尺寸扩大达到一定程度后，图像就会出现马赛克现象，即图像边缘出现锯齿，整个图像会失真，效果对比如图 1-1-2 所示。

(a) 原图

(b) 放大 300%后

图 1-1-2　位图的原图及放大后效果对比

（2）矢量图

矢量图形也称为向量式图形。矢量图使用线段和曲线描述图像，矢量可以是一个点或一条线，矢量图只能靠软件生成，文件占用内存空间较小，因为这种类型的图像文件包含独立的分离图像，可以自由无限制地重新组合。它的特点是放大后图像不会失真，和分辨率无关，文件占用空间较小，适用于图形设计、文字设计和一些标志设计、版式设计等。

（3）位图与矢量图比较

表 1-1-1 位图与矢量图比较

图像类型	组成	优点	缺点	常用制作工具
位图	像素	只要有足够多的不同色彩的像素，就可以制作出色彩丰富的图像，逼真地表现自然界的景象	缩放和旋转容易失真，同时文件容量较大	Photoshop、画图等
矢量图	数学向量	文件容量较小，在进行放大、缩小或旋转等操作时图像不会失真	不易制作色彩变化太多的图像	Flash、CorelDraw、CAD 等

4. 常用的色彩模式

色彩模式是数字世界中表示颜色的一种算法。Photoshop 中可以多种色彩模式显示图像，常用的有 RGB、CMYK、灰度等模式。

（1）RGB 模式

Photoshop 的默认色彩模式，它分别代表 3 种基本色，即 R（Red）红、G（Green）绿、B(Blue)蓝，也就是所指光的三原色。每种颜色有 256 个等级强度变化。当三原色重叠时，由不同的混色比例和强度会产生不同的颜色，三原色相加会产生白色，是一种加法模式。

RGB 模式：适用于显示器、投影仪、扫描仪、数码相机等。

（2）CMYK 模式

CMYK 是由 C 代表的青色（Cyan），M 代表的洋红色（Magenta），Y 代表的黄色（Yellow），K 代表的黑色(Black)合成的颜色模式，由这四种油墨合成可生成丰富多彩的颜色。CMYK 代表印刷上用的四种颜色，因此也称为四色印刷。由于这四种颜色能够通过合成得到可以吸收所有颜色的黑色，因此 CMYK 模式也是一种减色色彩模式。

CMYK 模式：适用于打印机、印刷机等。

（3）灰度模式

灰度模式可将图像转变为黑白相片效果。灰度模式可以使用多达 256 级灰度来表现图像，使图像的过渡更平滑细腻。灰度图像的每个像素有一个 0（黑色）到 255（白色）之间的亮度值。灰度值也可以用黑色油墨覆盖的百分比来表示（0％等于白色，100％等于黑色）。使用黑色或灰度扫描仪产生的图像常以灰度显示。

彩色的图像如果转换为灰度模式时，所有的颜色信息都将被删除。

5. 图像格式

图像格式是指图像文件在计算机中表示、存储图像信息的格式，通常有 JPEG、TIFF、BMP 等。

由于数码相机拍下的图像文件很大，储存容量却有限，因此图像通常都会经过压缩再储存。

Photoshop 软件支持 20 多种文件格式，下面介绍常见的几种图像文件格式。

(1) BMP 格式

BMP(全称 Bitmap)是 Windows 操作系统中的标准图像文件格式，可以分成两类：设备相关位图(DDB)和设备无关位图(DIB)，使用非常广泛。它采用位映射存储格式，除了图像深度可选以外，不采用其他任何压缩，因此，BMP 文件所占用的空间很大。BMP 文件的图像深度可选 1bit、4bit、8bit 及 24bit。BMP 文件存储数据时，图像的扫描方式是按从左到右、从下到上的顺序。由于 BMP 文件格式是 Windows 环境中交换与图有关的数据的一种标准，因此在 Windows 环境中运行的图形图像软件都支持 BMP 图像格式。

(2) PSD 格式

这是 Photoshop 图像处理软件的专用文件格式，文件扩展名是“. psd”，可以支持图层、通道、蒙版和不同色彩模式的各种图像特征，是一种非压缩的原始文件保存格式。扫描仪不能直接生成该种格式的文件。PSD 文件有时容量会很大，但由于可以保留所有原始信息，在图像处理中对于尚未制作完成的图像，选用 PSD 格式保存是最佳的选择。

(3) JPEG 格式

JPEG 格式是目前网络上最流行的图像格式，是可以把文件压缩到最小的格式，在 Photoshop 软件中以 JPEG 格式储存时，提供 11 级压缩级别，以 0—10 级表示。其中 0 级压缩比最高，图像品质最差。即使采用细节几乎无损的 10 级质量保存时，压缩比也可达 5∶1。以 BMP 格式保存时得到 4. 28MB 图像文件，在采用 JPG 格式保存时，其文件仅为 178KB，压缩比达到 24∶1。经过多次比较，采用第 8 级压缩为存储空间与图像质量兼得的最佳比例。

JPEG 格式的应用非常广泛，特别是在网络和光盘读物上，都能找到它的身影。目前各类浏览器均支持 JPEG 这种图像格式，因为 JPEG 格式的文件尺寸较小，下载速度快。

(4) GIF 图像格式

GIF(Graphics Interchange Format)的原意是“图像互换格式”，是 CompuServe 公司在 1987 年开发的图像文件格式。GIF 文件的数据，是一种基于 LZW 算法的连续色调的无损压缩格式。其压缩率一般在 50%左右，它不属于任何应用程序。目前几乎所有相关软件都支持它，公共领域有大量的软件在使用 GIF 图像文件。

GIF 图像文件的数据是经过压缩的，而且是采用了可变长度等压缩算法。所以 GIF 的图像深度从 1bit 到 8bit，也即 GIF 最多支持 256 种色彩的图像。GIF 格式的另一个特点是其在一个 GIF 文件中可以存多幅彩色图像，如果把存于一个文件中的多幅图像数据逐幅读出并显示到屏幕上，就可构成一种最简单的动画。

(5) TIFF 图像格式

TIFF (Tagged Image File Format)图像文件是由 Aldus 和 Microsoft 公司为桌上出版系统研制开发的一种较为通用的图像文件格式。TIFF 格式灵活易变，它又定义了四类不同的格式，TIFF－B 适用于二值图像；TIFF－G 适用于黑白灰度图像；TIFF－P 适用于带调色板的彩色图像；TIFF－R 适用于 RGB 真彩图像。

TIFF 支持多种编码方法，其中包括 RGB 无压缩、RLE 压缩及 JPEG 压缩等。

(6) PNG 格式

PNG(Portable Network Graphics)的原名称为“可移植性网络图像”，是网上接受的最新图像文件格式。PNG 能够提供长度比 GIF 小 30%的无损压缩图像文件。它同时提供 24 位和 48 位真彩色图像支持以及其他诸多技术性支持。由于 PNG 非常新，所以目前并不是所有的程序都可以用它来存储图像文件，但 Photoshop 可以处理 PNG 图像文件，也可以用 PNG 图像文件格式存储。

（7）PDF

PDF（可移植文档格式）被用于 Adobe Acrobat，Adobe Acrobat 是 Adobe 公司用于 Windows、Mac OS、UNIX(R) 和 DOS 系统的一种电子出版软件。与 PostScript 页面一样，PDF 文件可以包含矢量和位图图形，还可以包含电子文档查找和导航功能，如电子链接。

（二）认识 Photoshop CS6

1. Photoshop CS6 概述

Photoshop 是 Adobe 公司旗下最为出名的图像处理软件之一，是一款集图像扫描、编辑修改、图像制作、广告创意、图像输入与输出于一体的图形图像处理软件，深受广大平面设计人员和电脑美术爱好者的喜爱。平面设计是 Photoshop 应用最为广泛的领域，无论是我们正在阅读的图书封面，还是大街上看到的招贴、海报，这些具有丰富图像的平面印刷品，基本上都需要 Photoshop 软件对图像进行处理。

Adobe Photoshop CS6 具备最先进的图像处理技术、全新的创意选项、现代化的 UI 和极快的性能。Photoshop CS6 有效增强了用户的创造力，大幅提高了用户的工作效率。

2. Adobe Photoshop CS6 的新增功能

（1）全新的工作界面

在计算机已经安装了 Photoshop CS6 的情况下，可双击桌面上的 Photoshop CS6 图标可启动 Photoshop CS6 软件；或者单击任务栏上的“开始菜单”→“程序”→“Adobe Photoshop CS6”命令，启动 Photoshop 软件。

Photoshop CS6 的工作界面典雅，深色背景选项，主要由菜单栏、工具属性栏（选项栏）、工具箱、面板、文档窗口、状态栏组成，如图 1-1-3 所示。

图 1-1-3 Photoshop CS6 工作界面

①菜单栏

集合了软件中各种应用命令。从左到右分别有“文件”、“编辑”、“图像”、“图层”、“文字”、“选择”、“滤镜”、“3D”、“视图”、“窗口”、“帮助”菜单命令。

②工具箱

集中了图像处理中最常用的工具。默认位于工作界面的左侧，可以使用鼠标拖动来调整其位置，也可单击工具箱上方的双箭头按钮进行“展开”/“折叠”工具箱的操作。

③工具属性栏(选项栏)

在工具箱中选择某个工具后，菜单栏下方的工具属性栏就会显示当前工具所对应的属性及参数，用户可以通过参数设置来调整所选的工具的属性。

④面板

面板(也称控制面板)可以用于图像及其应用工具的属性显示与参数设置等。每个面板可以显示或隐藏起来，这可通过执行菜单栏的“窗口”中相应的菜单命令来完成。Photoshop的控制面板主要有选项面板、导航面板、信息面板、颜色面板、调色板面板、样式面板、图层面板、通道面板、路径面板、历史面板、动作面板、段落面板和字符面板等。它们各有不同的用处，在进行图像处理及文字处理时经常要用到它们。

⑤状态栏

位于窗口的底部，在左侧显示当前图像在文档窗口中的显示比例，中间显示当前图像的大小，右侧显示所选工具及正在进行操作的功能与作用。

(2) 工作界面切换

Photoshop CS6 的标题栏将 4 个工作区按钮整合到命令中，通过执行不同的操作可切换到不同的工作环境，方便用户设计、绘画、排版等操作。

工作区的切换可通过在执行“窗口”→“工作区”命令打开的级联菜单中选择不同的命令完成，如图 1-1-4 至图 1-1-10 所示。

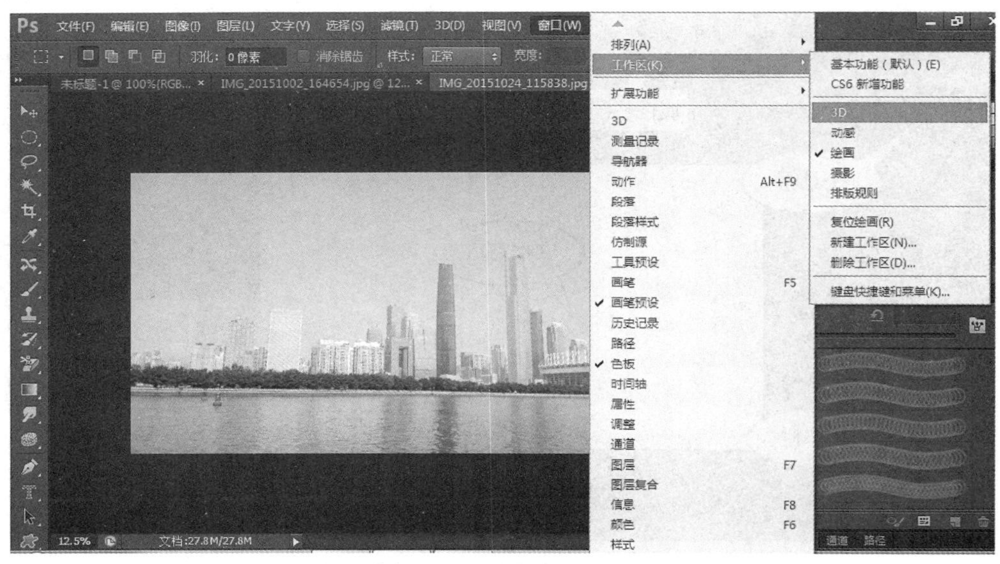

图 1-1-4　切换工作区命令

图 1-1-5　基本功能工作区

图 1-1-6　排版规则工作区

图 1-1-7　3D 工作区

图 1-1-8　绘画工作区

图 1-1-9　摄影工作区

图 1-1-10　动感工作区

（3）内容感知移动工具

Photoshop CS6 在工具箱的修补工具组中增加了 “内容感知移动工具”，该功能可以实现将图片中多余部分物体去除，同时会自动计算和修复移除部分，从而实现更加完美的图片合成效果。如图 1-1-11所示是使用了“内容感知移动工具”移动图像效果。

(a) 原图

(b) 使用工具分析过程

(c) 移动后

图 1-1-11 “内容感知移动工具”移动图像

(4) 画笔系统

Photoshop CS6 中的画笔系统较之前的版本相比更加智能化、多样化。在“画笔”面板中新增了许多逼真的笔刷样式，提高了绘画艺术水平，使画面效果更丰富真实。

(5) 全面的 3D 功能

Photoshop CS6 的 3D 功能进一步增强，工具箱中增加的 3D 工具有“3D 材质拖放工具”和“3D 材质吸管工具”，如图 1-1-12 所示。

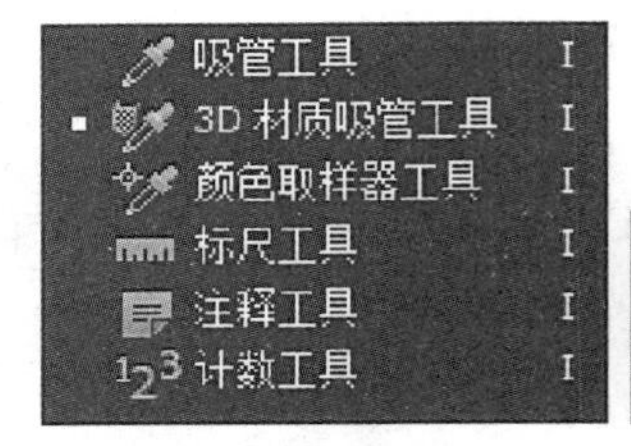

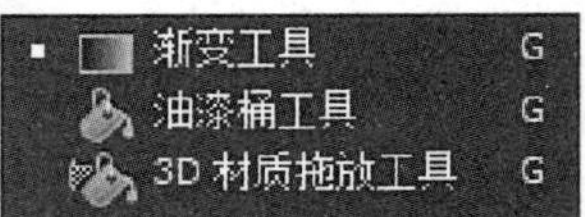

图 1-1-12 新增的 3D 工具

(6) 新增滤镜

Photoshop CS6 新增了“油画”、“自定义广角”等滤镜，如“油画”滤镜能将普通相片瞬间转换成一幅油画，效果如图 1-1-13 所示。

(a) 原图 (b) 应用“油画”滤镜后

图 1-1-13 应用“油画”滤镜前后对比

3. Photoshop 工具箱

Photoshop CS6 的工具箱包含常用工具，如图 1-1-14 所示。工具箱中每个按钮都代表一个工具或者选项，使用鼠标单击要选取的工具，即选取了该按钮。

如果工具按钮右下角有一个三角符号，就表示该按钮所对应的工具是一个工具组，按住该工具，就会出现工具组。

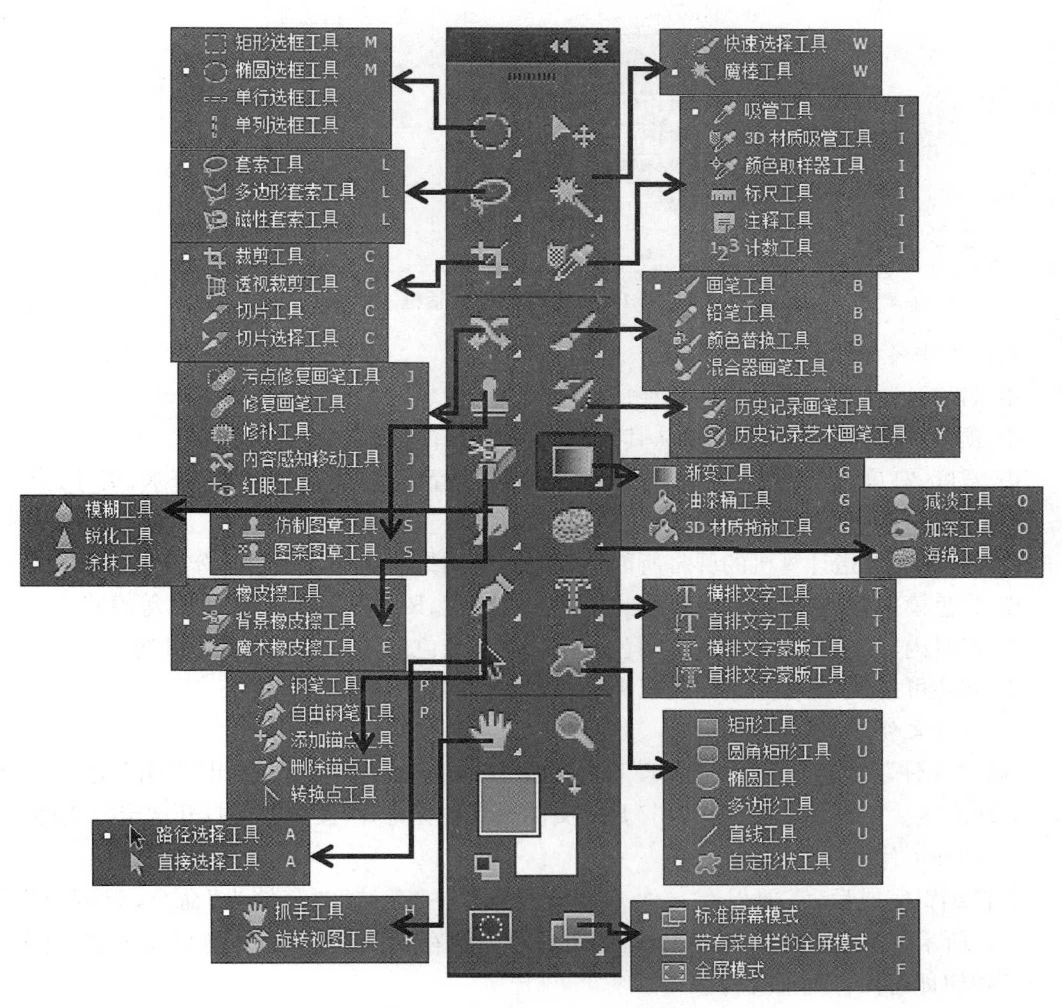

图 1-1-14　Photoshop 工具箱

提示

由于所安装使用的 Photoshop CS6 版本不尽相同，本书中所有 Photoshop CS6 的工作界面、面板、属性栏、对话框、菜单等操作图片可能会与学习者所使用的操作界面有所差异，请学习者注意灵活运用。

（三）Photoshop 基本操作

1. 新建文件

在 Photoshop 中的工作界面中，执行“文件”→“新建”命令，弹出“新建”对话框，如图 1-1-15 所示。

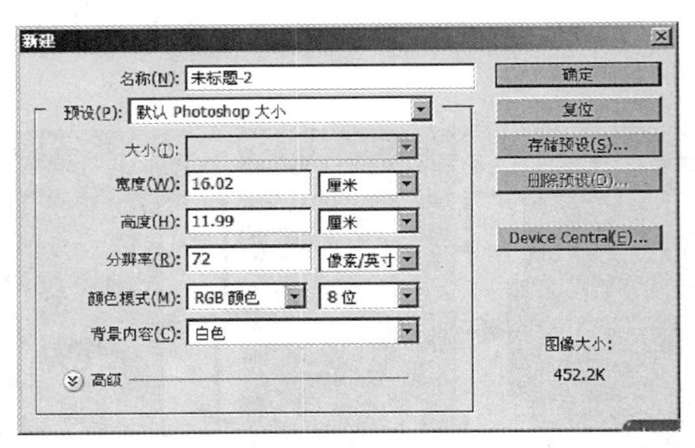

图 1-1-15 “新建”对话框

对话框中各参数的含义：

❖ 名称：可输入新建文件的名字。

❖ 预设：设置画布的大小，可从其下拉列表中选择合适的画布尺寸。

❖ 宽度、高度：图像的大小，其下拉列表中可设置单位，分别有厘米、毫米、英寸、点、派卡、列等单位。

❖ 分辨率：是指计算机的屏幕所能呈现的图像的最高品质，默认为 72 像素/英寸。

❖ 颜色模式：设置图像的色彩模式，有位图、灰度、RGB、CMYK 和 LAB 等模式。

❖ 背景内容：设置文件的背景颜色，有白色、背景色或者透明三种方式可选。

❖ 右边可显示“图像大小”，表示文件所占的空间。

2. 打开文件

执行“文件”→“打开”命令，或者双击工作窗口的空白处，就可弹出“打开”对话框，如图 1-1-16所示。在对话框中选择需打开的文件，再单击“打开”按钮即可打开选定的文件。

3. 保存文件

图像编辑完成后，需要保存文件。执行“文件”→“存储”/“存储为”命令，就可弹出如图 1-1-17所示“存储为”对话框，在对话框中选择需保存文件位置、文件类型及名字，再单击“保存”按钮即可保存当前文件。

图 1-1-16 “打开”对话框

图 1-1-17 “存储为”对话框

4. 文件的关闭或退出

执行“文件”→“关闭”命令,即可关闭当前图像,当然也可以直接单击窗口右上角的关闭按钮来完成关闭操作。

执行“文件”→“关闭全部”命令,可关闭当前已打开的全部图像。

与其他的应用软件类似,执行“文件”→“退出”命令,可退出 Photoshop 软件,也能实现关闭文件的操作。

(四) 选区操作

选区的选取可通过工具栏中的“选框工具”、“套索工具”、“魔棒工具”,或者“选择”菜单操作完成。

(五) 裁剪图像

选择工具箱中的裁剪工具完成对图像的裁剪操作。

(六) 移动工具

选择工具箱中的移动工具,可以移动选区、图层、参考线。

(七) 填充命令

使用填充命令可以按用户所选颜色或图案进行填充,可以制作出别具特色的图像效果。

执行“编辑”菜单栏下的“填充”命令,打开“填充”对话框,然后在“填充内容”下拉列表中选择一种填充方式,再单击“确定”按钮。

可选择颜色或图案进行填充,既可以选择预设的图案,也可以自己定义图案进行填充。

1. 图案填充

(1) 预设图案

在“填充”对话框中选择图案后,可从列表中选择系统预设的图案。

(2) 定义图案

定义图案本身在屏幕上不产生任何效果,它的作用是将定义的图案放在系统内存中,供填充操作。

首先在工具箱中选择矩形框工具,并确认工具选项面板中的“羽化”设置为 0;然后在图像中选择将要作为图案的图像区域;再选择“编辑”菜单栏下的“定义图案”命令,完成定义图案操作。

2. 颜色填充

在“填充”对话框中选择需要填充的颜色。

(八) 文字工具

在 Photoshop 中,通过“文字”工具来实现文字的输入操作。在 Photoshop 中文字工具共有四组,如图 1-1-18 所示。

1. 文字工具组

T 横排文字工具 T
↓T 直排文字工具 T
▪ 横排文字蒙版工具 T
直排文字蒙版工具 T

图 1-1-18 文字工具组

(1) 横排文字工具:可以沿水平方向输入文字,生成文字图层。

(2) 直排文字工具:可以沿垂直方向输入文字,生成文字图层。

(3) 横排文字蒙版工具:可以沿水平方向输入文字并生成文字选区层。

(4) 直排文字蒙版工具:可以沿垂直方向输入文字并生成文字选区层。

2. 文字工具属性栏

单击工具箱中的文字工具按钮,其对应的工具属性栏如图 1-1-19 所示。

在属性栏中可以设置文字的字体、字号、颜色、对齐方式等基本信息,也可以进行变形文字等操作。

图 1-1-19 文字工具属性栏

3. 输入文字

单击工具箱中的文字工具按钮,设置好对应的工具属性栏,在画布中单击即可输入文字,使用文字工具输入文字时会自动生成一个文字图层,使用文字蒙版工具输入文字时,将产生一个所输入文字的选区。

1.1.3 任务实施

输入文字的具体操作步骤:

1. 启动 Adobe Photoshop CS6。单击任务栏"开始"菜单,执行"所有程序"→"Adobe Photoshop CS6",启动 Photoshop CS6。

2. 新建文档。执行"文件"→"新建"命令,弹出"新建"对话框,设置文档名称为"三维效果字",宽度为 500 像素,高度为 300 像素,颜色模式为 RGB,分辨率为 72 像素/英寸,背景色为白色,单击"确定"按钮。

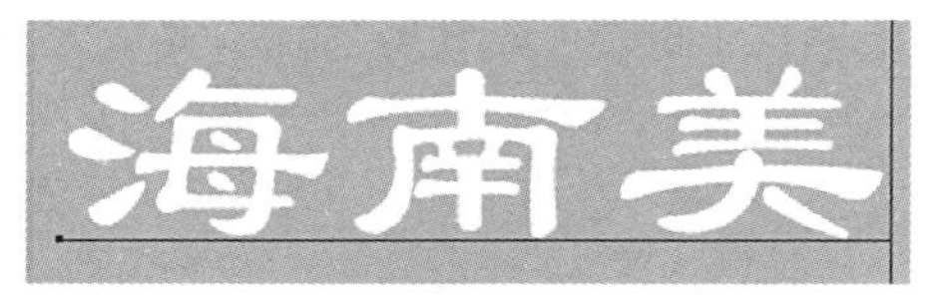

图 1-1-20 文字蒙版工具输入文字

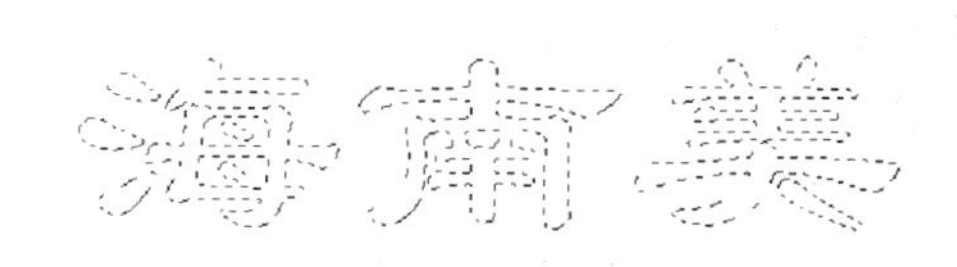

图 1-1-21 文字选区

3. 选择工具箱中的横排蒙版文字工具,并在属性栏中将其设置为隶书、140 点,单击画布输入"海南美"3 个字,如图 1-1-20 所示。输入完成后单击属性栏中的 ✔ 按钮,确定操作,画布中出现"海南美"字样的选区,如图 1-1-21 所示,将鼠标放在选区中拖动可以移动调整选区到画布中间。

4. 选择工具箱中的渐变工具，单击属性栏中的渐变编辑器按钮，在弹出“渐变编辑器”对话框中选择“色谱”渐变，如图 1-1-22 所示。

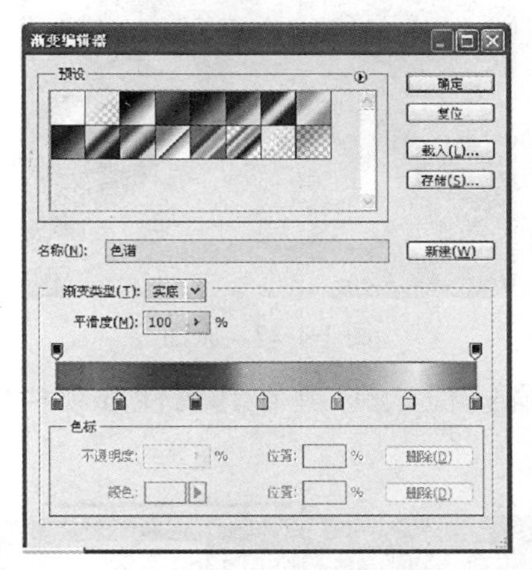

图 1-1-22　渐变编辑器设置

5. 在选区中从左往右拉出一条色谱线性渐变填充文字选区，如图 1-1-23 所示。

6. 选择工具箱中的“移动”工具，按住【Alt】不动的同时分别依次单击键盘中的【↑】和【←】，按顺序重复单击多次，直到文字出现如图 1-1-24 所示的立体效果。

图 1-1-23　填充色谱渐变效果

图 1-1-24　复制出来的立体效果

7. 执行“选择”→“取消选择”命令将选区取消，效果如图 1-1-25 所示，如果觉得文字表面有点模糊，我们可以将选区重新选取。

8. 执行“编辑”→“描边”命令，在“描边”对话框中设置宽度：1PX，位置：内部，填充颜色设置为红色，单击“确定”按钮，对文字选区描边，效果如图 1-1-26 所示。

图 1-1-25　没有描边效果

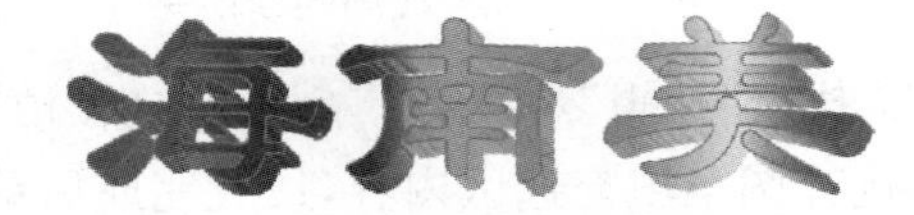

图 1-1-26　设置 1 个像素红色内部描边效果

9. 执行“文件”→“存储为”命令，将文件保存为“三维字. jpg”。

1.1.4　任务拓展

添加相片边框效果。本任务要求建立一个空文档，利用选区工具勾画出相框的形状，为了让相框能自然过渡，选择选区时需要设置羽化，再用图案填充外围区域，并保存文件即可。

1. 单击任务栏“开始”菜单，执行“所有程序”→“Adobe Photoshop CS6”，启动 Photoshop CS6。

2. 执行“文件”→“打开”命令，弹出“打开”对话框，打开“娃娃. jpg”文件，如图 1-1-27 所示。

图 1-1-27 原图

3. 选择工具箱中的椭圆选框工具,并在其属性选项栏中设置羽化值为“80PX”,如图 1-1-28所示。

图 1-1-28 选框工具属性栏

4. 在图像工作区中绘制一个椭圆形,如图 1-1-29 所示。

5. 执行“选择”→“反向”命令,将当前选区反向选择,如图 1-1-30 所示。

图 1-1-29 选择椭圆形区域

图 1-1-30 反向选择后

6. 执行“编辑”→“填充”命令,弹出“填充”对话框,在“填充”对话框中如图 1-1-31 所示设置,选择图案填充选区内容,设置完成后单击“确定”按钮。

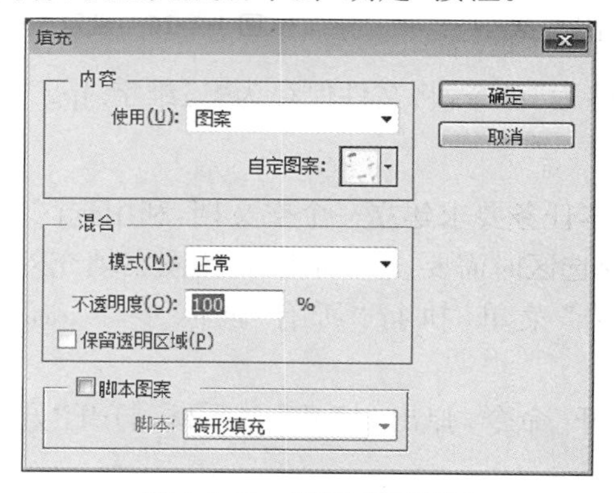

图 1-1-31 “填充”对话框

7. 执行“选择”→“取消选择”命令，将选区取消，效果如图 1-1-32 所示。

图 1-1-32　填充图案后效果

8. 单击工具箱中的裁剪工具，在图像上拖动鼠标绘制出一个调整区域，如图 1-1-33 所示。

图 1-1-33　裁剪区域

9. 按下键盘上的【Enter】键，然后将弹出如图 1-1-34 所示的提示框，单击“裁剪”按钮。

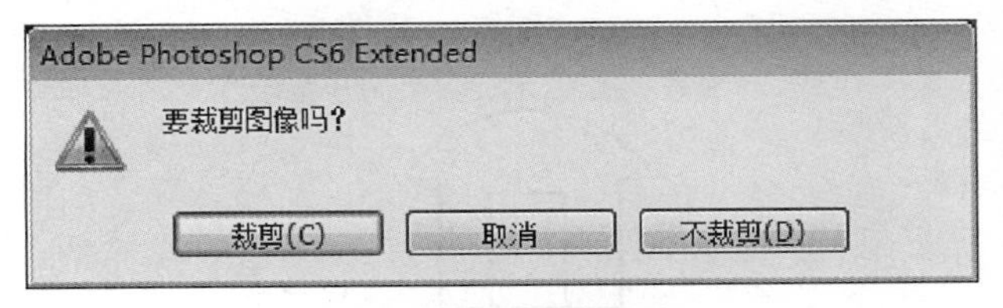

图 1-1-34　裁剪提示框

10. “裁剪”命令会将 1-1-33 图中边框外的内容裁剪掉，最终效果如图 1-1-35 所示。

图 1-1-35　完成图

11. 执行“文件”→“存储”命令，弹出如图 1-1-36 所示“存储为”对话框，在文件名中输入“娃娃加边框”，格式选择“.jpg”格式，单击“保存”按钮，将文件保存。

12. 执行“文件”→“关闭”命令，将文件关闭。

图 1-1-36 “存储为”对话框

1.2 任务二 图形的绘制

1.2.1 任务情境

可以通过选框工具来实现如图 1-2-1 所示图形的绘制。

图 1-2-1 房子图形

1.2.2 任务剖析

本任务要求通过选框工具、磁套索工具的应用，绘制出所需的图形。

一、应用知识点

（一）选框工具

（二）套索工具

（三）调整图像

二、知识链接

（一）选框工具

选框工具是专门用于在图像中创建规则图形选区的工具，选框工具内含四个工具，如图 1-2-2所示，分别是矩形选框工具、椭圆选框工具、单行选框工具、单列选框工具。在工具箱中单击选框工具或按【M】键，即可使选框工具处于选择状态。

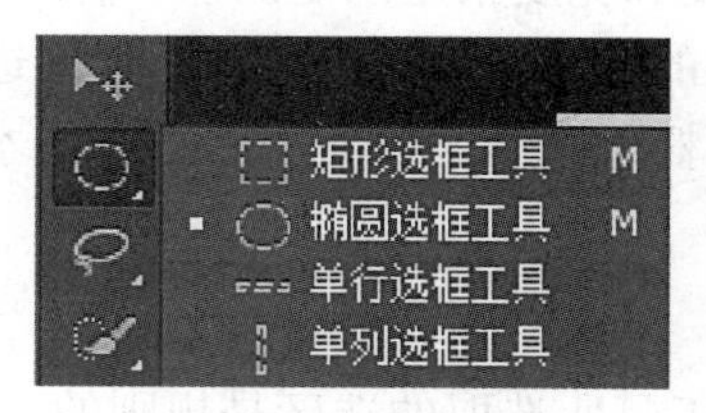

图 1-2-2　选框工具组

1. 矩形选框工具

使用矩形选框工具，在图像中确认要选择的范围，按住鼠标左键不松手来拖动鼠标，即可选出要选取的选区。

2. 椭圆选框工具

椭圆选框工具的使用方法与矩形选框工具的使用方法相同。

3. 单行选框工具、单列选框工具

使用单行或单列选框工具，在图像中确认要选择的范围，点击鼠标一次即可选出一个像素宽的选区，对于单行或单列选框工具，在要选择的区域旁边点按鼠标，然后将选框拖移到确切的位置。如果看不见选框，则增加图像视图的放大倍数。

4. 选框工具属性栏

图 1-2-3　选框工具属性栏

（1）新选区：可以创建一个新的选区。

（2）添加到选区：在原有选区的基础上，继续增加一个选区，也就是将原选区扩大。

（3）从选区减去：在原选区的基础上剪掉一部分选区。

（4）与选区交叉：将得到两个选区相交的部分。

（a）新选区　　（b）添加到选区　　（c）从选区减去　　（d）与选区交叉

图 1-2-4　不同选区方式的效果

(5) 样式:对于矩形选框工具、圆角矩形选框工具或椭圆选框工具,在选项栏中选取一个样式。

❖ 正常:通过拖动确定选框比例。

❖ 固定长宽比:设置高宽比。输入长宽比的值。例如,若要绘制一个宽是高两倍的选框,请输入宽度 2 和高度 1。

❖ 固定大小:为选框的高度和宽度指定固定的值。输入整数像素值。

(6) 羽化:实际上就是选区的虚化值,羽化值越高,选区边缘越模糊。

(7) 消除锯齿:只有在使用椭圆选框工具时,这个选项才可使用,它决定选区的边缘光滑与否。

(二) 套索工具

上面所讲的矩形椭圆选框工具所选取的选区是规则的,可对于不规则图形选区,选框工具是很难选取的,这就要用套索工具组中的三个工具来实现。

Photoshop 的套索工具内含三个工具,如图 1-2-5 所示。它们分别是套索工具、多边形套索工具、磁性套索工具。套索工具是最基本的选区工具,在处理图像中起着十分重要的作用。这个工具的快捷键是字母 L。

图 1-2-5　套索工具组

1. 套索工具

用于创建任意不规则形状的选区。选取该工具后,使用时先在起点按下鼠标左键,然后拖动鼠标,直到终点处才松开鼠标,鼠标所走过的轨迹就是所选定的选区,套索工具所选择的选区是圆滑的。

2. 多边形套索工具

用于有一定规则的选区的选取。操作方法是选择该工具后,在图像中单击鼠标,然后拖动鼠标到另一位置,再单击鼠标,如此直到返回起点时,鼠标出现一个带圆圈光标时单击鼠标左键,即可在图像中创建一个以鼠标所单击过的点所组成的多边形选区。

3. 磁性套索工具

可根据图像的颜色差别来制作边缘比较清晰,且与背景颜色相差比较大的图片的选区。而且在使用的时候注意其属性栏的设置,如图 1-2-6 所示。

图 1-2-6　磁性套索工具属性栏

(1) 选区加减的设置:与前面所讲的选框工具一样。

(2) "羽化"选项:取值范围在 0—250 间,可羽化选区的边缘,数值越大,羽化的边缘越大。

(3) "消除锯齿"的功能是让选区更平滑。

(4) "宽度"用于控制图像边缘检测宽度。取值范围在 1—256 间,数值越大,检测的宽度越宽。

(5)“对比度”的取值范围在 1—100 间，它可以设置“磁性套索”工具检测边缘图像灵敏度。如果选取的图像与周围图像间的颜色对比度较强，那么就应设置一个较高的百分数值。反之，输入一个较低的百分数值。

(6)“频率”的取值范围在 0—100 间，它是用来设置在选取时关键点创建的速率的一个选项。数值越大，速率越快，关键点就越多。当图像的边缘较复杂时，需要较多的关键点来确定边缘的准确性，可采用较大的频率值，一般使用默认的值 57。

提示

在使用的时候，可以通过退格键或【Delete】键来控制关键点。

(三) 调整图像

1. 画布大小调整

画布指的是图像的编辑区域，可以根据需要对工作区的大小进行修改。

执行“图像”→“画布大小”命令，打开如图 1-2-7 所示的对话框，可在“宽度”、“高度”中输入画布尺寸。

❖ 定位：单击指定方块，表示图像在画布中的位置。

2. 图像大小调整

要改变当前图像的大小，可以通过执行“图像”→“图像大小”命令，打开如图 1-2-8 所示“图像大小”对话框。

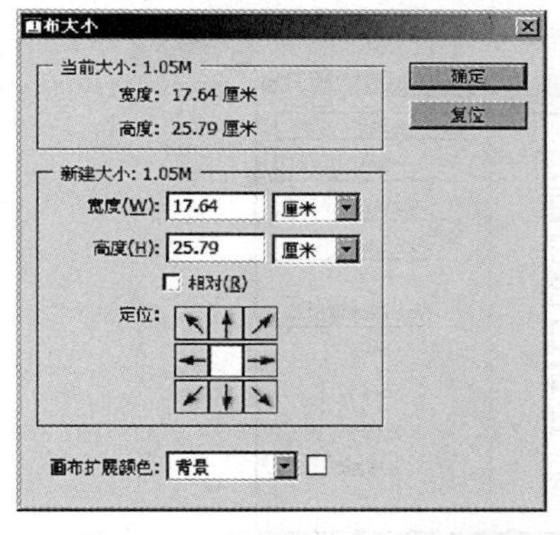

图 1-2-7 “画布大小”对话框

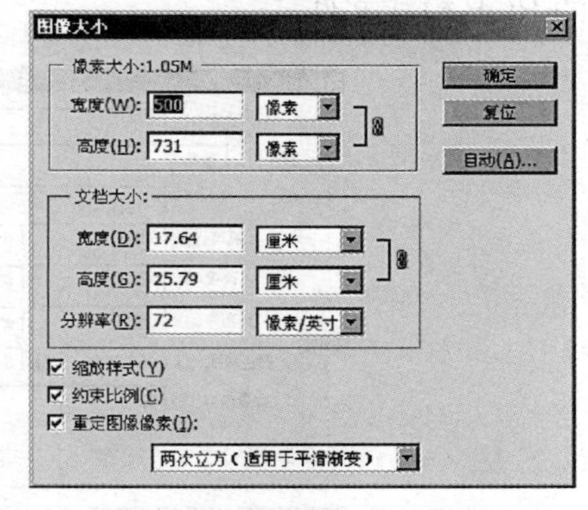

图 1-2-8 “图像大小”对话框

3. 图像旋转

执行“图像”→“图像旋转”命令，可对图像进行旋转操作，如图 1-2-9 所示。

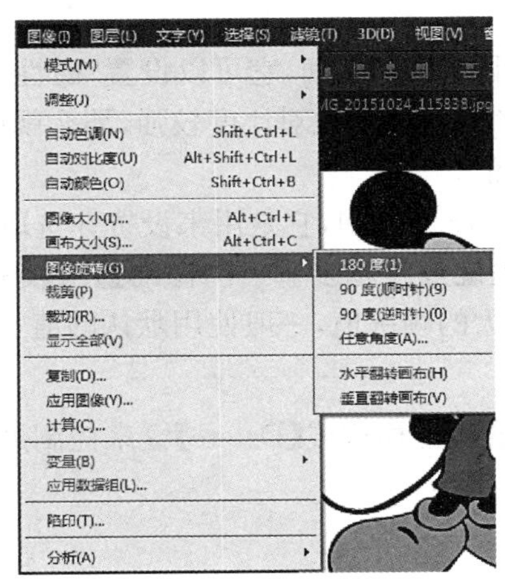

图 1-2-9　图像旋转

1.2.3　任务实施

具体操作步骤：

1. 单击任务栏“开始”菜单，执行“所有程序”→“Adobe Photoshop CS6”，启动 Photoshop CS6。

2. 执行“文件”→“新建”命令，弹出“新建”对话框。如图 1-2-10 所示，新建一个 600 * 500 像素的 RGB 模式文件。

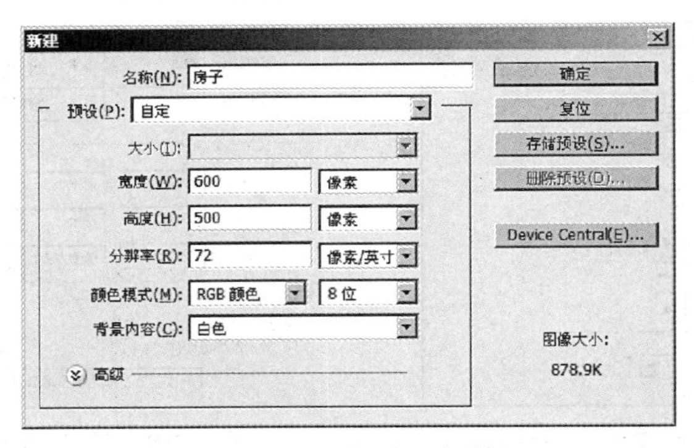

图 1-2-10　“新建”对话框

3. 单击工具箱中的选框工具，选择椭圆选框工具，绘制一个圆形选区，如图 1-2-11 所示。

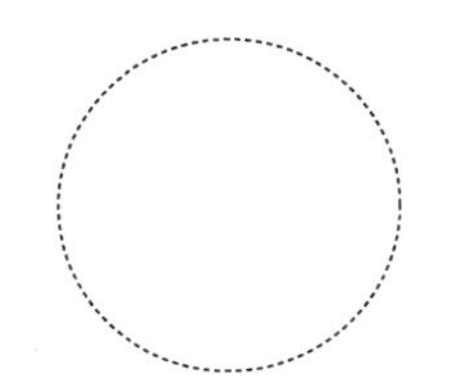

图 1-2-11　圆形选区图

图 1-2-12　减去选区后效果

4. 在工具箱中选择矩形选框工具，并在其工具属性栏中选择“在选区中减去”选项，在圆的下方绘制一个矩形，得到效果如图 1-2-12 所示。

5. 在工具箱中选择矩形选框工具，并在其属性栏中选择“在选区中添加”选项，选择样式为“固定比例”，且将宽度高度设置为“1”，如图 1-2-13 所示设置。在原选区下方添加一个正方形，得到效果如图 1-2-14 所示。

图 1-2-13　矩形选框工具属性栏设置

6. 在矩形选框工具属性栏中选择“在选区中减去”选项，在原选区下方减去一个矩形的门，得到效果如图 1-2-15 所示。

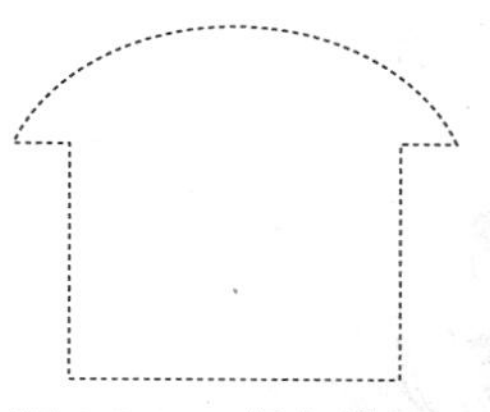

图 1-2-14　添加选区

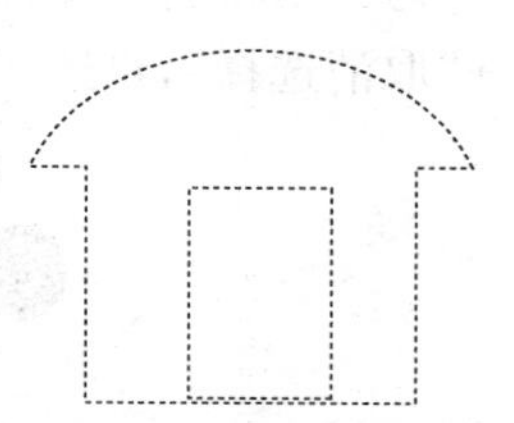

图 1-2-15　减少选区

7. 执行“编辑”→“描边”命令，弹出“描边”对话框，如图 1-2-16 所示设置，单击“确定”按钮，给选区描边后效果如图 1-2-17 所示。

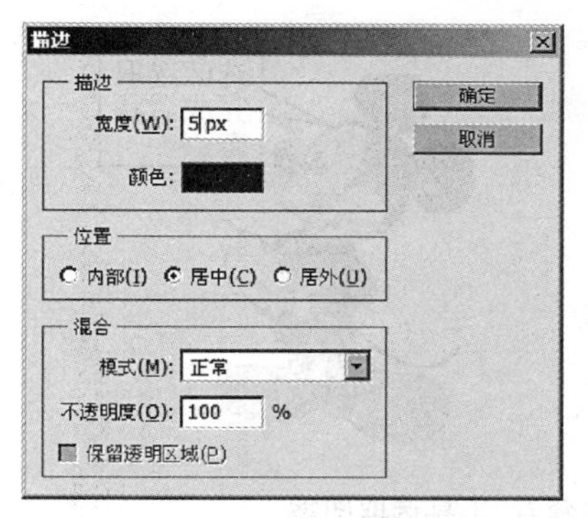

图 1-2-16　“描边”对话框

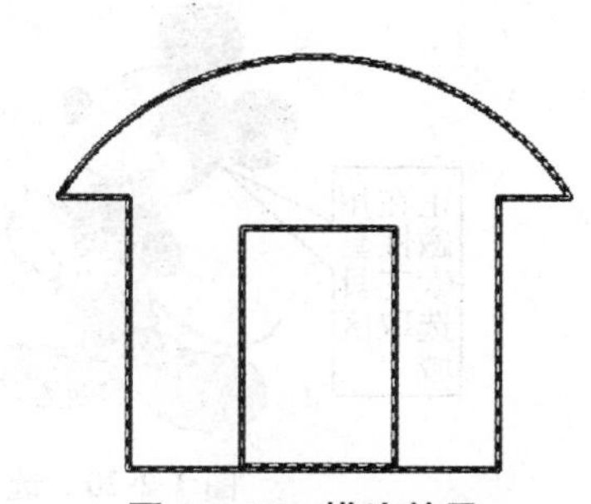

图 1-2-17　描边效果

8. 执行“选择”→“取消选择”，将当前选区取消。

9. 选择工具箱中的椭圆选框工具，在画布的右上角画出一个椭圆形新选区，再在其属性栏中选择“从选区减去”，再画出一个椭圆形从原选区右侧减去，得到一个月亮图形，操作过程如图 1-2-18 所示。

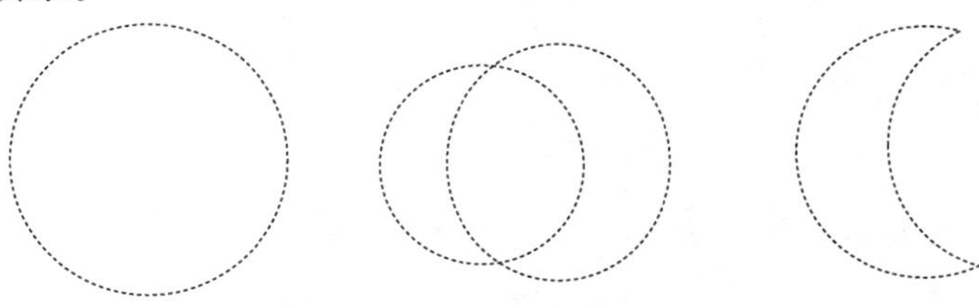

图 1-2-18　月亮选区绘制过程

10. 执行“编辑”→“描边”命令，弹出“描边”对话框，设置描边宽度为“3PX”，颜色为“黄色”，位置 “居中”，单击“确定”按钮。

11. 执行“选择”→“取消选择”，将当前选区取消，最终效果如图 1-2-1 所示。

12. 最后将文件保存并关闭。

1.2.4 任务拓展

1. 打开如图 1-2-19 所示的图像文件。

2. 需选取米奇图案，由于此图案是不规则图形且与边缘颜色对比较为明显，这里选择工具箱中的“磁性套索工具”，在画布中沿着米奇图案细致地进行选取，选取选区过程及效果如图 1-2-20 所示。

3. 执行“编辑”→“拷贝”，将选区图像复制到剪贴板。

4. 执行“选择”→“取消选择”，将选区取消。

图 1-2-19 原图

图 1-2-20 选择“磁性套索”工具选取图案

5. 执行“图像”→“画布大小”，在弹出的对话框按如图 1-2-21 所示设置，将原来的宽度 17.64 厘米增加到 36 厘米，并定位于左边。

6. 单击“确定”按钮，在原画布的右边差不多增加一倍的宽度，完成后效果如图 1-2-22 所示。

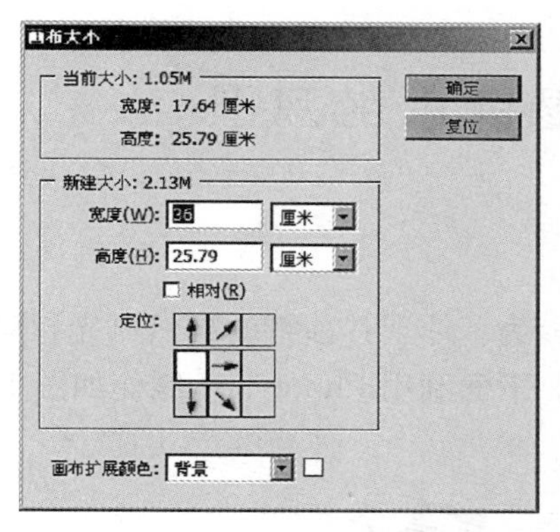

图 1-2-21 “画布大小”对话框设置

图 1-2-22 画布大小向右扩展一倍

7. 执行“编辑”→“粘贴”命令，将前面所拷贝的米奇复制到画布中。

8. 执行“编辑”→“变换”→“水平翻转”命令，如图 1-2-22 所示。将第 6 步所粘贴进来的米奇图像进行“水平翻转”操作。

9. 使用工具箱中的移动工具，按下鼠标左键拖动将粘贴的图像移动到右边合适的位置，使两只米奇呈对望的效果，如图 1-2-24 所示，操作完成。

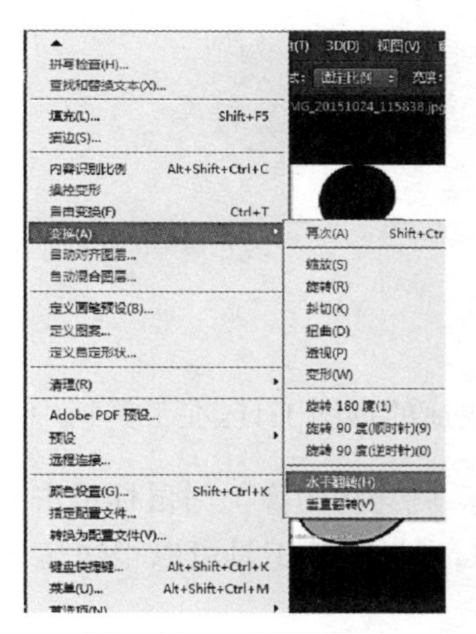

图 1-2-23 水平翻转

图 1-2-24 完成图

1.3 任务三 眼镜中的风景

1.3.1 任务情境

公司接到一个介绍海南风光的平面设计任务，为了体现其独特的自然风光，小梦希望能在眼镜片中放入一幅风景画，来体现眼中的风景。下面利用 Photoshop 制作如图 1-3-1 所示的眼镜中的风景效果。

图 1-3-1 眼镜中的风景

1.3.2 任务剖析

本任务要求将风景图像粘贴到眼镜片中，需要用到选区的选取及复制、粘贴等操作。

一、应用知识点

（一）魔棒工具

（二）选区的变换

二、知识链接

（一）魔棒工具

魔棒工具是 Photoshop 中提供的一种比较快捷的抠图工具，在工具箱中单击魔棒或按下【W】键，即可选取魔棒工具。在图像中单击鼠标，就会将图像上与鼠标单击处颜色相近的区域作为选区。对于一些分界线比较明显的图像，通过魔棒工具可以很快速地将图像选取，魔棒工具的属性栏如图 1-3-2 所示。

取样大小：取样点 容差：32 消除锯齿 连续 对所有图层取样 调整边缘...

图 1-3-2 魔棒工具属性栏

1. “容差”：容差就是魔棒在自动选取相似的选区时的近似程度，取值在 0～255 之间。容差越大，被选取的区域将可能越大，所以适当的设置容差是非常必要的。

2. “新选区”、“添加到新选区”、“从选区减去”、“与选区交叉”，四项属性的用法与选框工具一样。

✣ 如单击第二个按钮“添加到选区”，鼠标的指针将变为在原本魔棒的指针左下角多了一个“＋”号，可以多次单击此按钮将选区扩大。

✣ 如单击第三个按钮“从选区减去”，鼠标的指针在左下角多出了一个“－”号，经过多次的“从选区中减去”操作，选区的范围变得越来越小。

❖ 第四个按钮“与选区交叉”，就是本次操作所得的选区与原本的选区的公共交叉部分，即交集，光标的特征就是在左下角出现一个打叉的符号

3. 勾选“连续的”属性，表示在图像中只能选择与鼠标单击处颜色相近且相连续的区域作为选区。

4. 勾选“用于所有图层”属性，表示在图像中可以选择所有可见部分中颜色相近的区域作为选区。

如果图像具有比较纯色的背景，往往可以用魔棒工具来快速选择区域。

（二）“选择”菜单命令

除了可以使用选框工具组、套索工具组以及魔棒工具选择选区外，还可以通过“选择”菜单中的相关命令对选区进行选取或编辑操作，如创建、修改或存储选区等操作。

执行“选择”菜单命令，如图 1-3-3 所示。

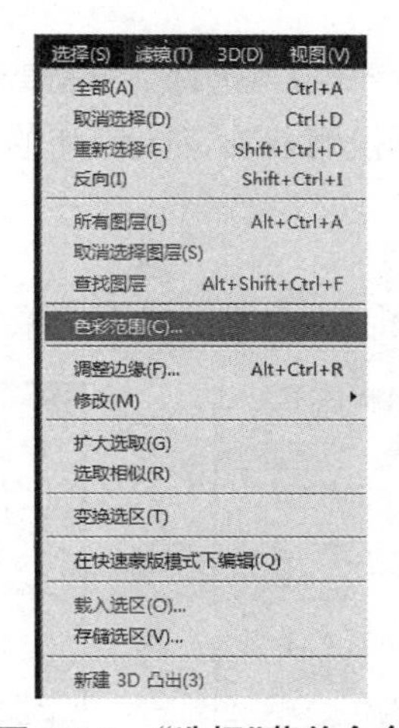

图 1-3-3 “选择”菜单命令

1. 全部

可选取画布中的全部图像内容。

2. 取消选择

取消当前的选区，若使用的是矩形选框工具、椭圆选框工具或套索工具，可在图像中单击选定区域外的任何位置，也可以取消选择。

3. 重新选择

重新选择刚刚取消的选区。

4. 反向

可将当前选区反转，即原来选框外区域变为选中的部分。

5. 所有图层

可将除“背景”图层以外的所有图层全部选中。

6. 取消选择图层

可取消对“图层”调板中任何图层的选择状态。

7. 相似图层

可将与当前选中图层相同属性的其他图层全部选中。

8. 色彩范围

“色彩范围”命令是选择现有选区或整个图像内指定的颜色或颜色子集。

执行“选择”→“色彩范围”命令，将弹出如图 1-3-4 所示的“色彩范围”对话框。在选择栏中我们可以选择自己取样颜色，也可以选择红、黄、绿、青、蓝、洋红或是高光、中间调、暗调还有溢色（“溢色”选项仅适用于 RGB 和 Lab 模式图像）。“颜色容差”选项通过控制相关颜色包含在选区中的程度来部分地选择像素（魔棒的“容差”选项为增加被完全选中的颜色范围）。我们还可以对选区进行调整，用加色工具在预览或图像区域点击来添加颜色；用减色工具在预览或图像区域点击来移除颜色。

提示

如果出现“任何像素都不大于 50％选择”的信息框，则选区边框为不可见状态，您可能选择了一种颜色，但图像却没有包含完全饱和的这种颜色。

9. 修改

执行“选择”→“修改”，弹出如图 1-3-5 所示的下拉菜单。

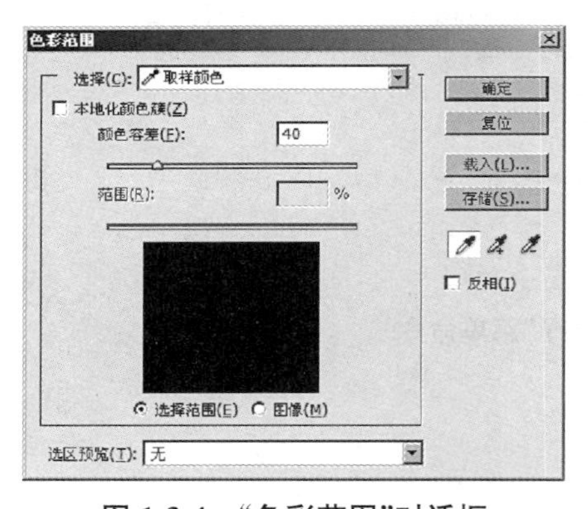

图 1-3-4 “色彩范围”对话框

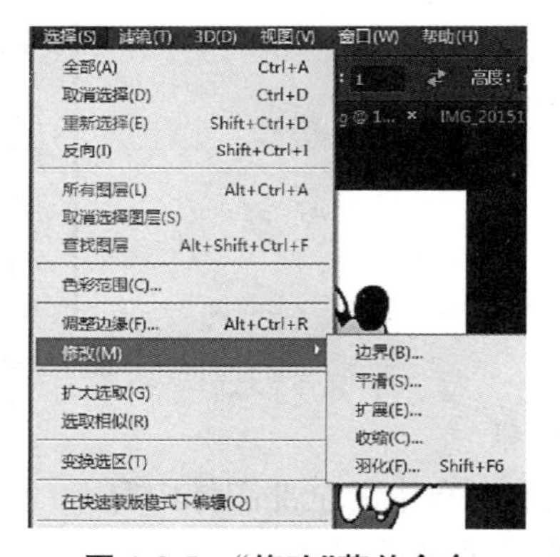

图 1-3-5 “修改”菜单命令

(1) 边界

使用“边界”命令可以创建一个环状选区，而且是消除锯齿选区。在选取的范围已经做好的状态下，执行“选择→修改→边界”命令，调出“边界选区”对话框，设置边框为 10，此时的选区变为带边框状态，如图 1-3-6 所示。

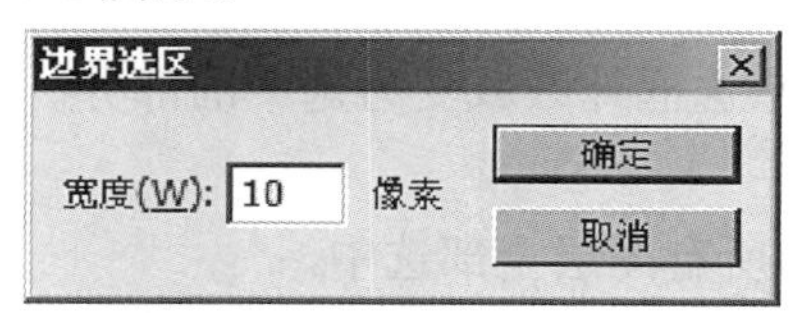

图 1-3-6 “边界选区”对话框

(2) 平滑

平滑工具可以清除基于颜色的选区内外留下的零散像素,使选区变得平滑。在选取的范围已经做好的状态下,执行“选择→修改→平滑”命令,在弹出的平滑设置面板中设置平滑度。

(3) 扩展/收缩

“扩展”和“收缩”命令是将选区按输入的像素值进行扩大或缩小。在选取的范围已经做好的状态下,执行“选择→修改→扩展”命令,在弹出的扩展设置面板中设置扩展度。

(4) 羽化

对选区进行羽化处理,与工具选项中的羽化效果相同。

10. 扩大选取/选取相似

“扩大选取”命令是将魔棒选项指定的容差范围内的所有相邻像素全部添加到已有选区;而“选取相似”命令是将整个图像中位于容差范围内的所有像素添加到已有选区。

11. 选区的变换/存储/载入

“变换选区”命令使我们可以对选区进行移动、旋转、缩放和斜切操作。既可以直接用鼠标进行操作,也可以通过在其选项栏中输入数值进行控制。

对于需要保留的选区可以用“存储选区”命令进行存储,需要时可以通过执行“载入选区”命令进行调用。

1.3.3 任务实施

具体操作步骤:

1. 单击任务栏“开始”菜单,执行“所有程序”→“Adobe Photoshop CS6”,启动Photoshop CS6。

2. 执行“文件”→“打开”命令,打开如图 1-3-7 所示的“黄昏.jpg”文件。

3. 执行“选择”→“全部”命令,将黄昏图像内容全部选取。

4. 执行“编辑”→“拷贝”命令,将黄昏图像内容拷贝到剪切板。

5. 执行“文件”→“关闭”命令,将黄昏图像文件关闭。

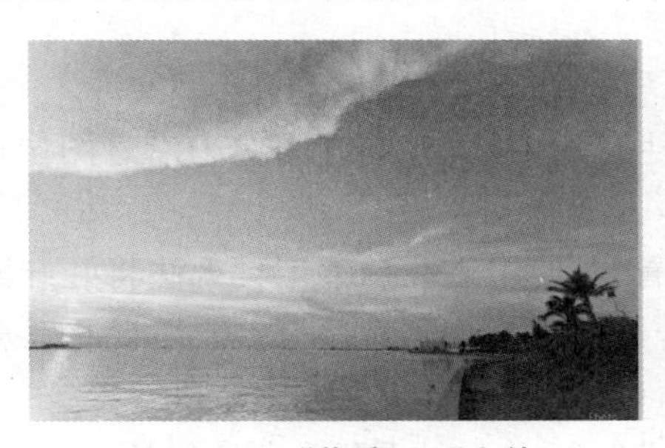

图 1-3-7 “黄昏.jpg”文件

6. 执行“文件”→“打开”命令,打开如图 1-3-8 所示的“眼镜.jpg”文件。

图 1-3-8　眼镜原图

图 1-3-9　选取左边眼镜片选区

7. 选择工具箱中的魔棒工具，在属性栏中设置容差值为 30，在图像的左边眼镜片中单击鼠标，选取眼镜片所在的选区，如图 1-3-9 所示。

8. 继续使用魔棒工具，在属性栏中设置容差值为 30，并选择“添加到选区”模式，在图像的右边眼镜片中单击鼠标，选取左右两边眼镜片所在的选区，如图 1-3-10 所示。

图 1-3-10　选取两片眼镜片选区

9. 执行“编辑”→“选择性粘贴”→“贴入”命令，将所拷贝的黄昏图像内容贴入到眼镜选区中，效果如图 1-3-1 所示。

10. 如果对当前的效果不满意，还可以单击工具箱中的移动工具，按下鼠标左健拖动光标移动镜片中的图像，将图像调整到合适的位置，效果如图 1-3-11 所示。

图 1-3-11　镜片中贴入图像调整不同位置效果图

1.3.4　任务拓展

1. 执行“文件”→“打开”命令，选择打开“娃娃. jpg”文件。

2. 单击工具箱中的磁性套索工具，在娃娃图像中沿着图像边缘选取娃娃，如图 1-3-12 所示。

3. 从图 1-3-12 图中可看到，使用磁性套索工具无法将娃娃图像内容选取完整，再通过魔棒工具与选框工具相结合，采取“添加到选区”的方式，将图像逐渐选取完整，如图 1-3-13 所示。

4. 执行“编辑”→“拷贝”命令，将娃娃图像中所选取的内容拷贝到剪切板。

5. 执行“文件”→“打开”命令，打开如图 1-3-14 所示的“花环. jpg”文件。

图 1-3-12 磁性套索工具选取选区

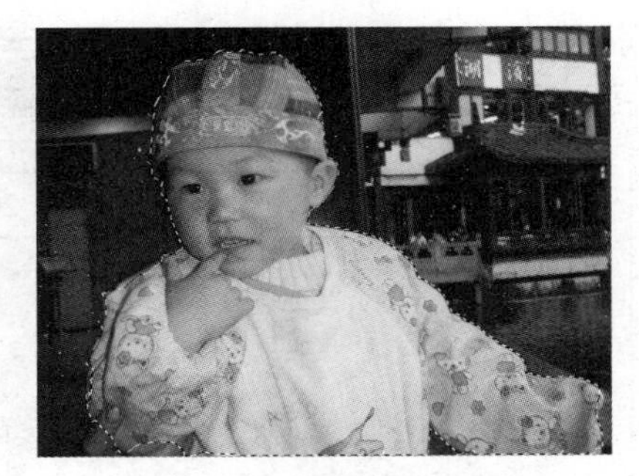

图 1-3-13 娃娃图像选取完整

6. 选择工具箱中的魔棒工具，在属性栏中设置容差值为 28，在图像中的花环内部单击鼠标，将花环内部区域选取，如图 1-3-15 所示。

图 1-3-14 花环图像

图 1-3-15 选取花环内部区域

7. 执行“编辑”→“选择性粘贴”→“贴入”命令，将所拷贝的娃娃图像内容贴入到花环选区中。

8. 由于娃娃文件的尺寸远远比花环文件大，所以此处还需按【Ctrl＋T】组合健，对娃娃图像做自由变换，并设置属性栏中的参数，参数设置如图 1-3-16 所示。

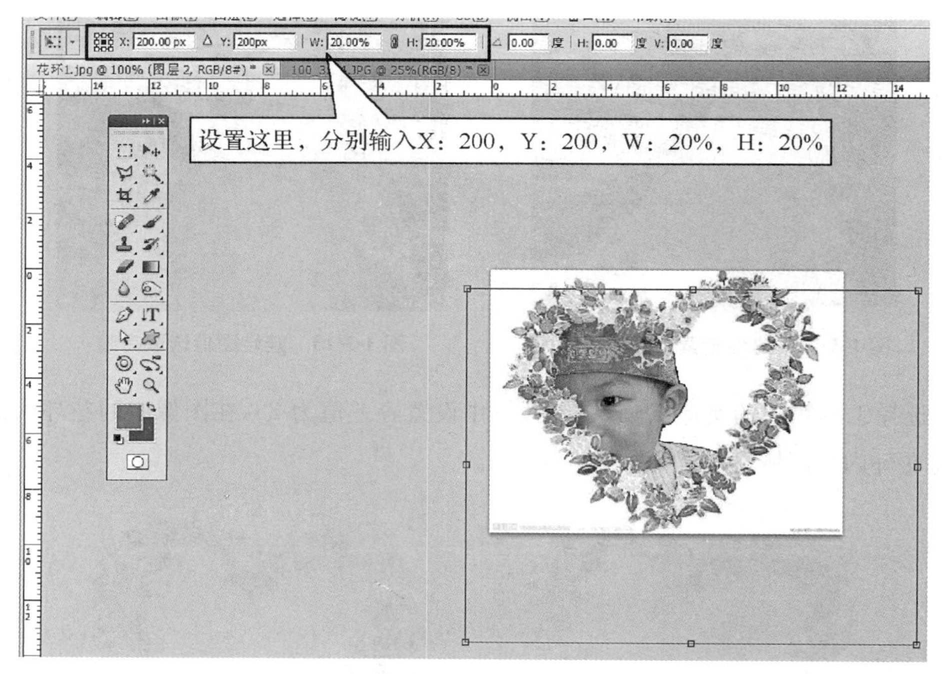

图 1-3-16　自由变换调整贴入的娃娃图像

9. 设置完成后，按回车键或单击工具箱中的其他工具，将弹出如图 1-3-17 所示提示框，单击“应用”按钮，将自由变换应用于图像。

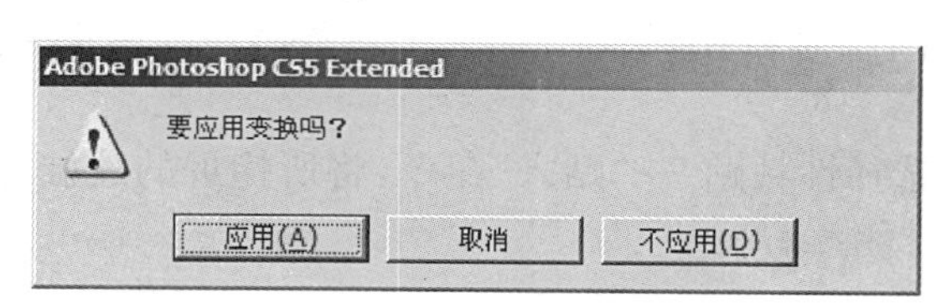

图 1-3-17　变换提示框

10. 如果娃娃图像的位置还没有调整到合理位置，可单击工具箱中的移动工具，按下鼠标左键拖动光标来调整到合适位置，调整完成后如图 1-3-18 所示。

11. 执行“选择”→“全部”命令，将花环图像内容全部选取。

图 1-3-18　娃娃图像放入花环

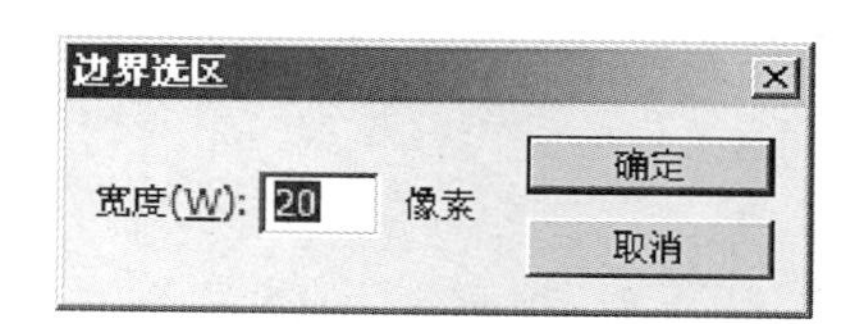

图 1-3-19　“边界选区”对话框

12. 执行“选择”→“修改”→“边界”命令，弹出如图 1-3-19 所示“边界选区”对话框，在对话框中设置宽度为：20 像素，单击“确定”按钮，将选区边界扩展 20 外像素，得到如图 1-3-20 所示效果。

图 1-3-20 设置边界后效果

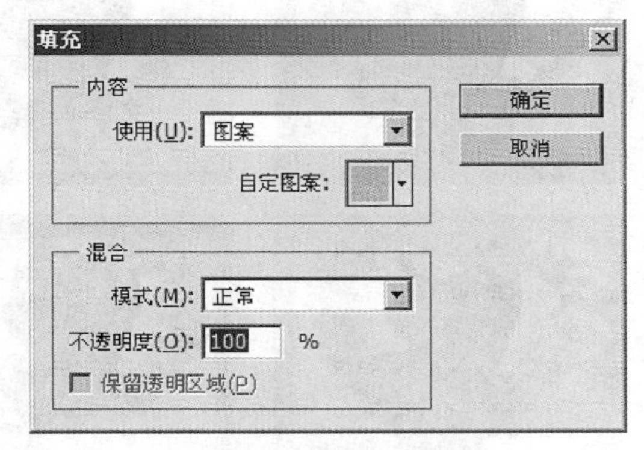

图 1-3-21 “填充”对话框

13. 执行“编辑”→“填充”命令，弹出“填充”对话框，如图 1-3-21 所示设置，单击“确定”按钮，将所选择的图案填充到边框区域中，效果如图 1-3-22 左图所示。

14. 执行“选择”→“取消选择”命令(或在画布中单击鼠标左键)，将当前选区取消，效果如图 1-3-22 右图所示。

图 1-3-22 填充图案后效果

提示

在图 1-3-20 状态，可通过设置填充图案或颜色对选区进行填充，也可以在填充后再执行“编辑”→“描边”对选区进行描边，不同效果如图 1-3-23 所示，直到自己满意为止，再将选区取消掉，操作完成。

15. 最后执行“文件”→“存储为”命令，将文件保存为“花环娃娃.jpg”文件。

图 1-3-23　采用不同的图案或颜色填充效果对比

项目小结

本项目主要了解了图像处理的基本概念，初识 Photoshop 安装及操作界面，并学习了 Photoshop 文件的基本操作应用、基本工具的使用等。

项目作业

一、选择题

1. 执行“选择”菜单中(　　)菜单命令可以选取特定颜色范围内的图像。

　(A) 全选　　(B) 反选　　(C) 色彩范围　　(D) 取消选择

2. 执行“选择”菜单下的(　　)命令可以进行反选操作。

　(A) 全选　　(B) 反选　　(C) 羽化　　(D) 载入选区

3. 下面(　　)选项的方法能对选区进行变换或修改操作。

　(A) 执行“选择”→“变换选区”菜单命令

　(B) 执行“选择”→“修改”子菜单中的命令

　(C) 执行“选择”→“保存选区”菜单命令

　(D) 执行“选择”→“变换选区”菜单命令后再执行“编辑”→“变换”子菜单中的命令。

4. Photoshop 是(　　)公司开发的图像处理软件。

　(A) 微软　　(B) 金山　　(C) Intel　　(D) Adobe

5. 选择“编辑”菜单下的(　　)命令可以将剪贴板上图像粘贴到选区。

(A) 粘贴　　(B) 合并拷贝　　(C) 粘贴入　　(D) 拷贝

6. 下面哪些方法能对选到的图像进行变换操作(　　)。

(A) 执行“图像”→“旋转画布”子菜单中的命令

(B) 按【Ctrl+T】键

(C) 选择“编辑”→“变换”子菜单中的变换命令

(D) 选择“编辑”→“变换选区”菜单命令

7. 利用移动工具移动图像时按住(　　)可以复制图像。

(A) Shift　　(B) Ctrl　　(C) Alt　　(D) Delete

8. 创建一个新文件用命令(　　)

(A) Ctrl+O　　(B) Ctrl+N　　(C) Alt+F4　　(D) Ctrl+W

二、填空题

1. 选择“选择”菜单中____________命令可以选取特定颜色范围内的图像。
2. 选择“选择”菜单下的________命令可以羽化选区。
3. 选择“编辑”菜单下的________命令可以将剪贴板上图像粘贴到选区。
4. 图像分辨率的单位是____________。
5. __________选择工具形成的选区可以被用来定义图案的形状。
6. 选择颜色相近和相同的连续区域所用工具是________。

三、操作题

1. 分别绘制如图 1-4-1、1-4-2、1-4-3 所示的图形，并描边或填充选区。

图 1-4-1　葫芦图形　　**图 1-4-2　圣诞树图形**　　**图 1-4-3　车图形**

2. 给相片加上边框，原图及效果见图 1-4-4 所示。

(a) 原图

(b) 添加边框后

图 1-4-4　边框效果

3. 通过选区的变换操作，将图 1-4-5 所示的素材图片编贴为一个蔬菜娃娃，效果或参考如图 1-4-6 所示。

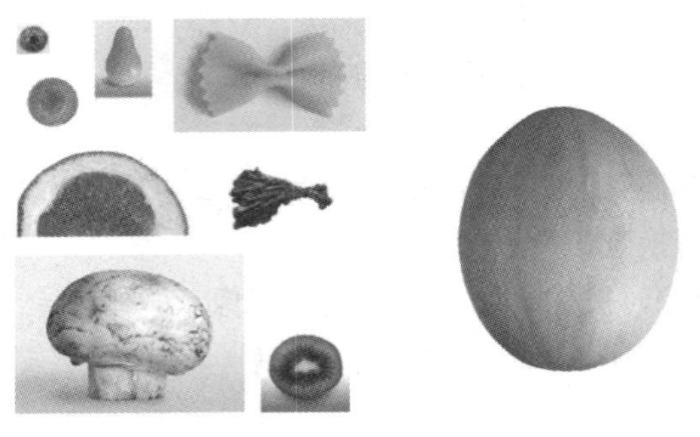

图 1-4-5　素材图

图 1-4-6　蔬菜娃娃效果图

项目二　图形图像编辑

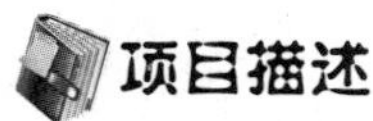

项目描述

本项目通过绘制几何图形、绘制蓝天白云图、相片修复3个任务的完成，使读者能了解 Photoshop CS6 的工作界面、文件操作以及工具箱中各类工具的使用技巧及操作方法。

能力目标

★图像绘制的方法。

★掌握色调工具的灵活应用。

★图像的修复与修饰。

★图章工具的应用。

★图像渲染工具的使用。

★掌握自定义画笔的方法及应用。

2.1　任务一　绘制几何图形

2.1.1　任务情境

应用 Photoshop 工具绘制如图 2-1-1 所示的几何图形。

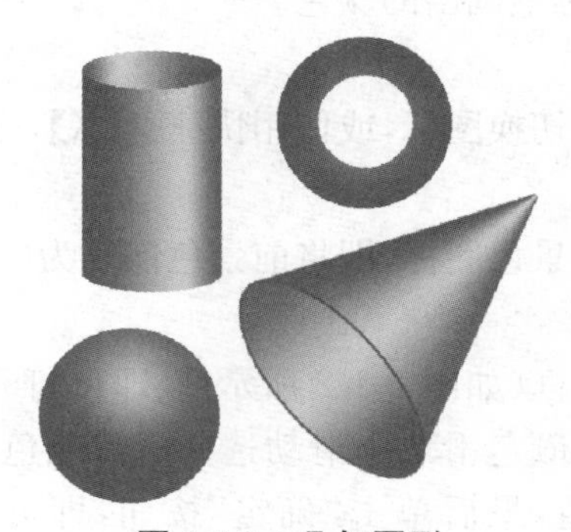

图 2-1-1　几何图形

2.1.2　任务剖析

本任务要求建立一个空文档，利用选区工具勾画出几何图形的形状，然后设置渐变颜色并填充，同时需对图形进行适当的变换调整，得到最终效果，并保存文件即可。

一、应用知识点

（一）选区的选取

（二）前景色/背景色设置

（三）填充工具

二、知识链接

（一）选区的选取

可以使用选框工具、魔棒工具、套索工具对选区进行选取，必要时需将几种工具相结合才能选取所需的选区，同时可以通过“选择”菜单中的色彩范围、选取相似、扩大选取等到操作完成选区的选取操作。

（二）前景色/背景色设置

Photoshop 使用前景色绘图、填充或描边选区，使用背景色进行删除、橡皮擦填充等操作，在工具栏的下方有一个设置前景色和背景色的区域，如图 2-1-2 所示。

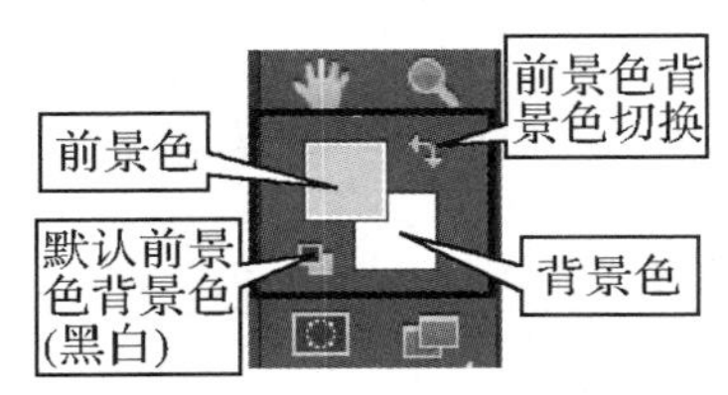

图 2-1-2　前景色/背景色设置

1. 前景色

前景色图标表示油漆桶、画笔、铅笔、文字工具和吸管工具在图像中拖动时所用的颜色。

2. 背景色

在前景色图标下方的就是背景色，背景色表示橡皮擦工具所表示的颜色，简单说背景色就是纸张的颜色，前景色就是画笔画出的颜色。

3. 前景色背景色切换

用鼠标单击前景色背景色切换图标，或使用快捷键【X】，可将前景色与背景色进行调换。

4. 默认前景色背景色

用鼠标单击默认前景色背景色图标，即将前景色恢复为白色，背景色恢复为黑色默认颜色，或使用快捷键【D】。

单击前景色或背景色颜色框（如图 2-1-2 所示 ），即可打开“拾色器”对话框，如图 2-1-3 所示。先在“拾色器”对话框的颜色滑块中滑动选择所需颜色范围，再在色域中选择所需的具体颜色或输入具体的颜色值，最后单击“确定”按钮，即可完成前景色或背景色的颜色设置。

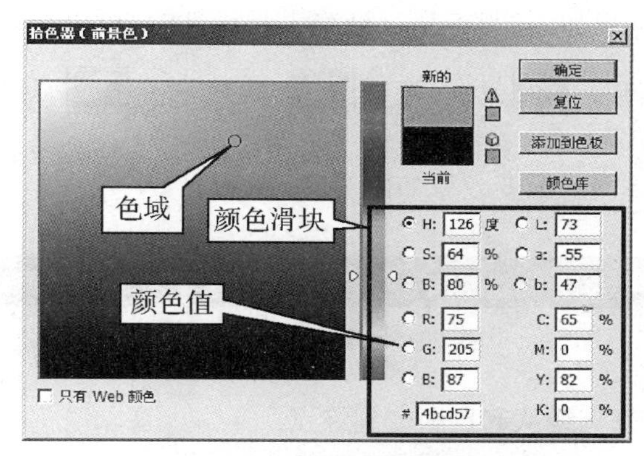

图 2-1-3 “拾色器”对话框

（三）填充工具

以指定的颜色或图案对所选区域进行填充，通常使用油漆桶工具、渐变工具完成操作；或者使用填充、删除命令也可对当前选区填充前景或背景色。

1. 油漆桶工具

油漆桶工具可根据其颜色相近区域填充前景色或指定图案。单击油漆桶工具，就会出现如图 2-1-4 所示的“油漆桶工具”属性栏，可以通过选项栏进一步设置填充的内容、填充模式、不透明程度、颜色容差等。

前景 模式: 正常 不透明度: 100% 容差: 32 消除锯齿 连续的 所有图层

图 2-1-4 “油漆桶工具”属性栏

（1）填充：有两个选项，分别是“前景”和“图案”。如果使用前景色填充，选择“前景”；如果使用指定图案填充，则选择“图案”。

（2）模式：可在下拉列表中选择不同的模式，并根据容差值，选择颜色相近的区域进行填充。

（3）不透明度：设置所填充颜色或图案的不透明度，值越小就表示越透明。

（4）容差：用来控制填充的颜色相近区域范围，取值在 0～255 间，数字越大，允许填充的范围也越大。

（5）消除锯齿：如果勾选，可使填充的边缘保持平滑。

（6）连续的：如果勾选，填充的区域是与鼠标单击点相似并连续的部分；如果不勾选，填充的区域是图像中所有与鼠标单击点相似的部分。

（7）所有图层：如果勾选，表示在所有可见图层中填充前景色或图案。

2. 渐变工具

使用工具箱中的渐变工具可以创建多种颜色逐渐混合的效果。用户可以从预设渐变填充中选取或创建自己的渐变。但是，渐变工具不能用于位图、索引颜色或每通道 16 位模式的图像。

选择渐变工具，将调出如图 2-1-5 所示渐变工具属性栏，可以在渐变工具属性栏中设置渐变方向，分别有线性渐变、径向渐变、角度渐变、对称渐变、菱形渐变等 5 种渐变方向，不同的渐变效果如图 2-1-6 所示。

图 2-1-5　渐变工具属性栏

- 线性渐变：以直线从起点渐变到终点。
- 径向渐变：以圆形图案从起点渐变到终点。
- 角度渐变：以逆时针方式围绕起点渐变。
- 对称渐变：在起点的两侧渐变做直线渐变。
- 菱形渐变：以菱形图案从起点向外渐变，终点定义菱形的一个角。

线性渐变
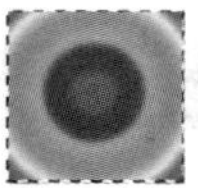
径向渐变

角度渐变

对称渐变

菱形渐变

图 2-1-6　不同的渐变效果

单击渐变工具属性栏中的可编辑渐变按钮，可打开如图 2-1-7 所示的“渐变编辑器”对话框，使用该对话框可以编辑所需的渐变颜色。

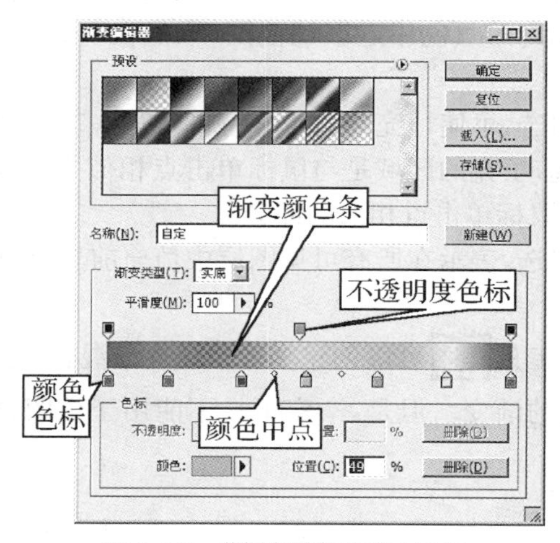

图 2-1-7　“渐变编辑器”对话框

（1）预设：该区域下面显示的是渐变效果的各种模式，在其中可以任选一种模式进行渐变，用鼠标单击即可将渐变选项选中，同时下方也将显示出该渐变的参数设置。

（2）名称：该选项可以显示当前所选的渐变类型名称。

（3）渐变类型：有实底与杂色两个选项。

（4）平滑度：用于调节渐变的光滑度，数值越大，颜色过渡越自然。

单击"渐变控制条"上方的色标按钮可以设置渐变的不透明度，白色色标表示完全透明，黑色色标表示完全不透明。

（5）不透明度：如果单击"渐变控制条"上方的图标按钮，可以在此数值框中输入不透明度值。

（6）位置：设置不透明度色标在整个渐变条中的位置。

（7）"删除"按钮：单击该按钮可以删除"不透明度"色标。

（8）颜色：可以改变当前选定色标的颜色。

（9）位置：设置颜色色标在整个渐变条中的位置。

（10）"删除"按钮：单击该按钮可以删除颜色色标。

❖ 定义渐变色的具体操作方法如下：

在预设中选择一个渐变色，然后在下方的渐变条中进行编辑。

单击渐变颜色条上的起点颜色色标，此时该色标所对应的颜色数值框可用，单击颜色数值框编辑区，可打开"拾色器"对话框，从中再选择需要的颜色，选定的颜色的色标将显示在渐变颜色条上。

类似地，单击渐变的终点颜色色标，从"拾色器"对话框选择需要的颜色，选定的颜色的色标也会显示在渐变颜色条上。

将鼠标移到渐变颜色条的下方，当鼠标指针变为小手形状时单击，将在颜色渐变条上增加一个颜色色标，如图 2-1-8 所示。单击该色标，可以设置其所需的颜色。

图 2-1-8　添加颜色色标

如果希望填充的渐变色是部分透明或完全透明的，可将鼠标移到渐变颜色条的上方，当鼠标指针变为小手形状时单击，将在颜色渐变条上增加一个不透明度标志，如图 2-1-9 所示。单击该标志，可以设置所在位置的不透明度。

无论是颜色色标还是不透明度色标，都可以通过鼠标拖动将其位置调整，同时可单击中点移动鼠标，将颜色色标或不透明度色标的中点调整。

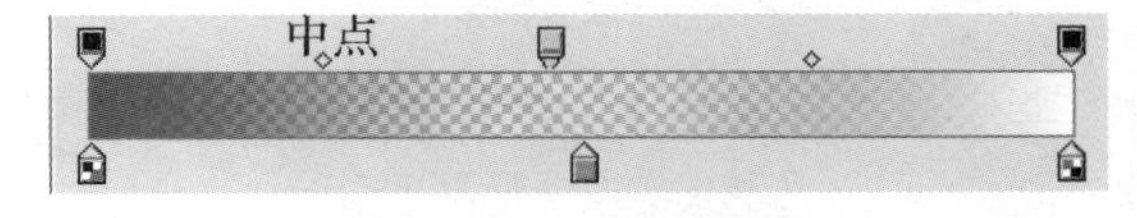

图 2-1-9　添加不透明度色标

提示

使用渐变工具填充时，如果有选区则只对选区按鼠标拖动方向填充渐变效果；如果没有选区，则对整个图像填充渐变效果。鼠标拖动的距离越长，渐变效果就越平滑。

3. 3D 材质拖放工具

3D 材质拖放工具可以对 3D 模型填充纹理效果，该功能只能在 3D 工作区中启动。

4. 删除命令

选择所需填充的区域，使用删除键【Delete】可对所选区域进行基本填充操作。

- 按【Delete】键将使用背景色对所选区域进行填充。
- 按【Alt＋Delete】键则用前景色对所选区域进行填充。

2.1.3 任务实施

1. 单击任务栏“开始”菜单，执行“所有程序”→“Adobe Photoshop CS6”，启动 Photoshop CS6。

2. 执行“文件”→“新建”命令，新建一个 500 * 500 像素，模式为 RGB，分辨率 72 像素/英寸，背景为白色，命名为“几何图形. jpg”的文件，“新建”对话框如图 2-1-10 所示。

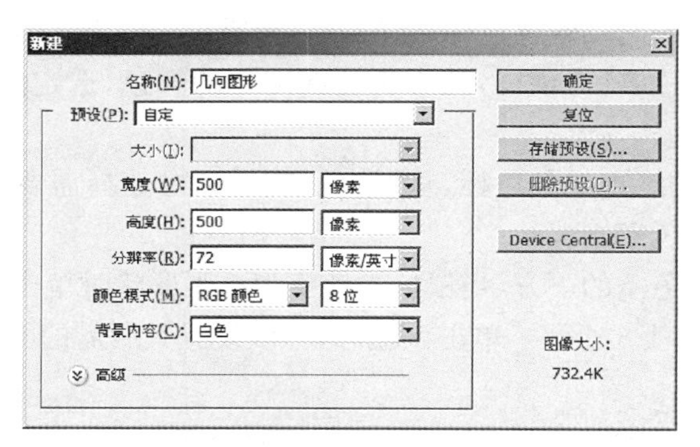

图 2-1-10 “新建”对话框

3. 选择工具箱上的渐变工具，单击选项栏中的渐变编辑按钮，弹出“渐变编辑器”对话框，在预设中选择从前景色到背景色渐变，然后在其渐变颜色条下将起点、终点色标都改为红色，再单击渐变颜色条下方添加一个颜色色标，将其色标颜色设置为浅红色，“渐变编辑器”对话框设置如图 2-1-11 所示，单击“确定”按钮完成渐变效果设置。

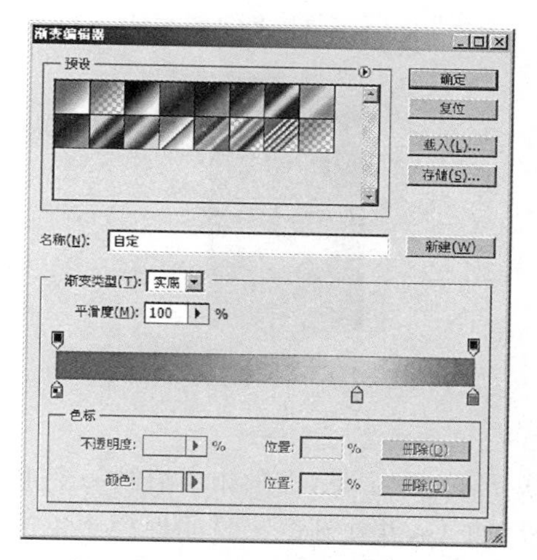

图 2-1-11　“渐变编辑器”对话框

4. 绘制圆柱体

(1) 选择工具箱中的“矩形选框”工具，在画布中绘制一个矩形选区。

(2) 选择工具箱中的渐变工具，并在渐变工具属性栏中单击“线性渐变”渐变方式。

(3) 将鼠标放在矩形选区中，从左到右拉出一个线性渐变，效果如图 2-1-12(a)所示。

(4) 选择工具箱中的“椭圆选框”工具，在矩形上方绘制一个椭圆选区，椭圆选区的水平轴刚好与矩形的上边重合，如图 2-1-12(b)所示。

(5) 选择工具箱上的渐变工具，在椭圆选区从右到左拉出一个线性渐变填充，效果如图 2-1-12(c)所示。

(6) 点按键盘中的“↓”方向键，将椭圆选区向下移动在矩形的偏下方，如图 2-1-12(d)所示。

(7) 执行“选择”→“反选”命令，将当前的椭圆选区反选。

(8) 单击工具箱中的橡皮擦工具，在图像中单击将椭圆形状下方多余的部分擦除掉，效果如图 2-1-12(e)所示。

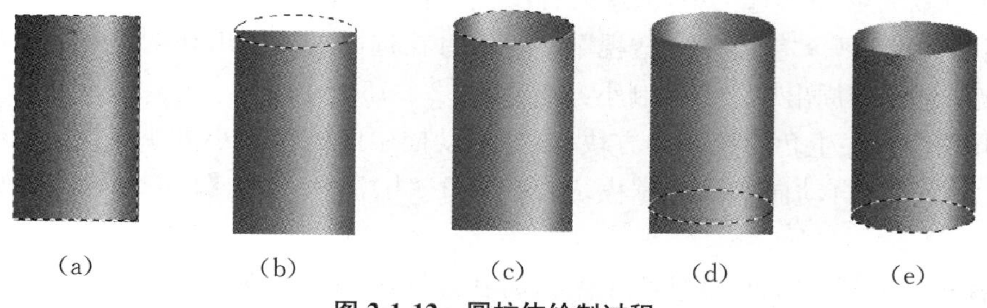

图 2-1-12　圆柱体绘制过程

(9) 执行“选择”→“取消选择”命令，圆柱体绘制完成，效果如图 2-1-13 所示。

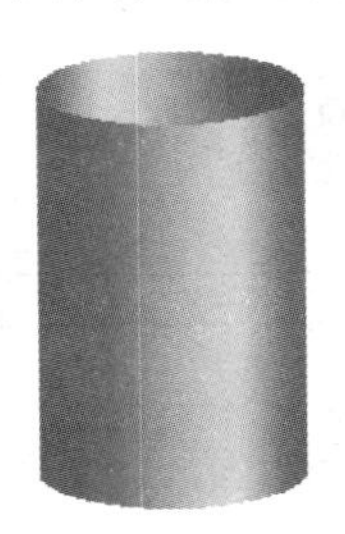

图 2-1-13　圆柱体完成图

5. 绘制圆锥体

(1) 选择工具箱中的“矩形选框”工具，在画布中绘制一个矩形选区。

(2) 选择工具箱中的渐变工具，并在渐变工具属性栏中单击“线性渐变”渐变方式，同时通过渐变编辑器将渐变调整为“红—浅红—红”渐变效果，且浅红位于整个渐变色的中间，如图 2-1-14 所示。

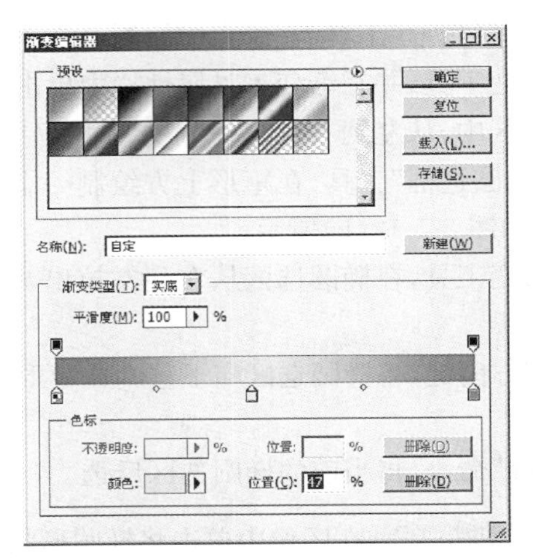

图 2-1-14　“红—浅红—红”渐变设置

(3) 将鼠标放在矩形选区中，从左到右拉出一个线性渐变填充。

(4) 执行“编辑”→“变换”→“透视”命令，这时在选区的四周出现调整选区角度和大小的矩形，矩形选区四周出现八个控制小方块，如图 2-1-15(a)所示。

(5) 单击矩形左上角的控制小方块，鼠标拖动向中间的控制小方块靠拢。这时右上角的控制小方块也会自动向中间点靠拢，如图 2-1-15(b)所示，单击【Enter】键确认此次变换操作。

(6) 执行“编辑”→“自由变换”命令，这时在选区的四周出现调整选区角度和大小的矩形，将鼠标放置在矩形右上角的外侧，拖动鼠标对选区进行旋转及调整大小，效果如图 2-1-15(c)所示，按【Enter】键确认此次操作。

(7) 执行“选择”→“取消选择”命令。

(8) 选择工具箱中的“椭圆选框”工具，在画布中绘制一个椭圆选区。

(9) 执行“选择”→“变换选区”命令。将鼠标放置在变换矩形右上角的外侧，拖动鼠标对选区进行旋转及调整大小，效果如图 2-1-15(d)所示，按【Enter】键确认此次操作。

(10) 选择渐变工具，在椭圆选区中从右向左拉出一个线性渐变填充，效果如图 2-1-15(e)所示。

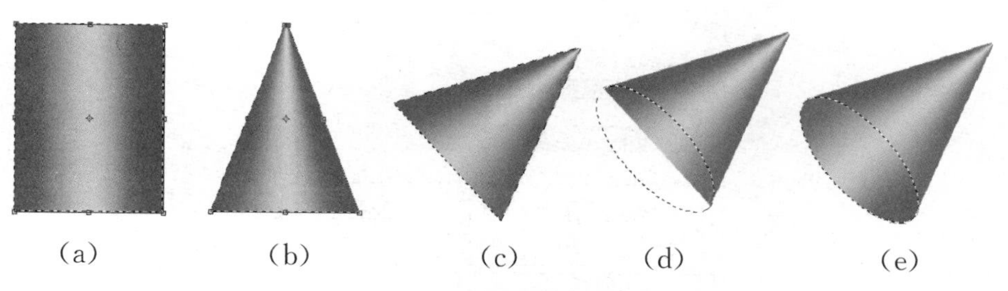

(a)　(b)　(c)　(d)　(e)

图 2-1-15　圆锥体绘制过程

(11) 执行“编辑”→“描边”命令，弹出“描边”对话框，按如图 2-1-16 所示设置，单击“确定”按钮，完成对选区的描边操作。

(12) 执行“选择”→“取消选择”命令，圆锥体效果如图 2-1-17 所示。

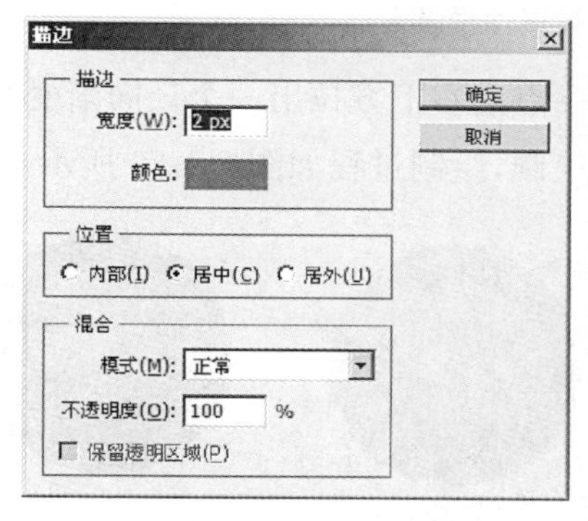

图 2-1-16　“描边”对话框

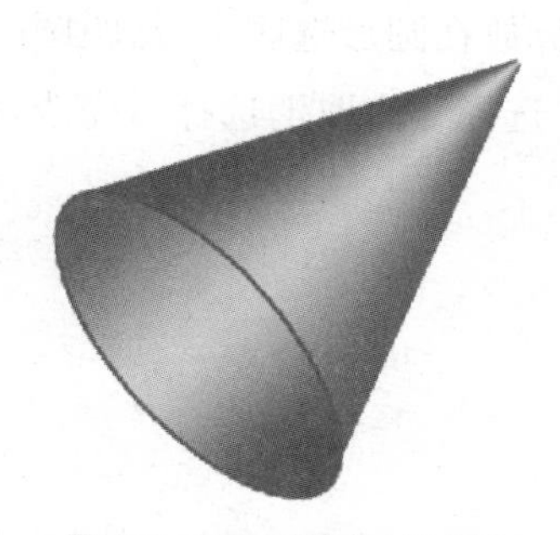

图 2-1-17　圆锥体完成图

6. 绘制球体

(1) 选择工具箱中的“椭圆选框”工具，按【Shift】键的同时拖动鼠标在画布中绘制一个圆形选区。

(2) 选择渐变工具，在渐变工具属性栏中单击“径向渐变”渐变方式，点击渐变编辑条打开“渐变编辑器”对话框，选择渐变颜色条下方的终点色标，拖动鼠标将其拖离渐变颜色条，并调整其他两个色标的位置，将当前渐变设置为“红—浅红”渐变，渐变编辑器设置如图 2-1-18所示。

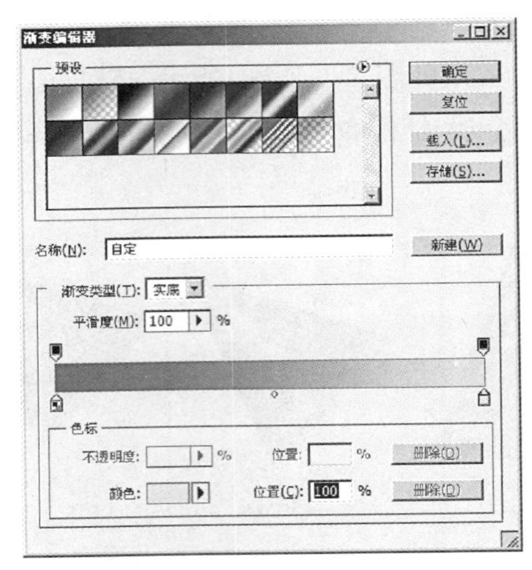

图 2-1-18　渐变设置

(3) 在渐变工具属性栏上选择“径向渐变”方式，并勾选“反向”项，如图 2-1-19 所示。

图 2-1-19　渐变工具属性栏设置

(4) 将鼠标放在圆形选区中，从距圆心偏上一点向右下方拉出一个径向渐变填充。

(5) 执行“选择”→“取消选择”，完成球体的绘制，绘制过程如图 2-1-20 所示。

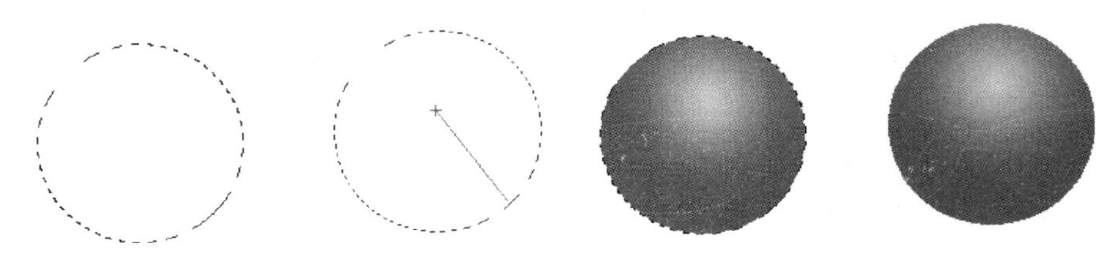

图 2-1-20　球体绘制过程

7. 绘制圆环

(1) 选择工具箱中的“椭圆选框”工具，按【Shift】键的同时拖动鼠标在画布中绘制一个圆形选区。

(2) 按下键盘中的【Alt】键，用“椭圆选框”工具在所绘制的圆形再绘制出一个小一点的圆形，小圆与大圆是同心圆，本步骤中将大圆形选区减去小圆形选区，操作完成后得到一个圆环形选区，如图 2-1-22 所示。

(3) 选择渐变工具，在渐变工具属性栏中单击“径向渐变”渐变方式，点击渐变编辑条打开“渐变编辑器”对话框，选择渐变颜色条下方的终点色标，拖动鼠标将其调整到渐变颜色条的中间位置，将当前渐变设置为“红—浅红”渐变，渐变编辑器设置如图 2-1-21 所示。

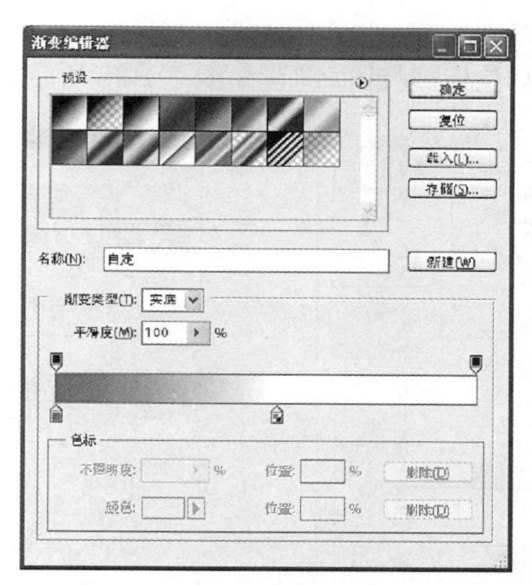

图 2-1-21　设置“浅红—红”渐变

(4) 设置渐变工具为“径向渐变”,“反向”,在圆环形选区中从圆心向外拉出一个半径长度的渐变填充,如图 2-1-22 所示。

(5) 执行“选择”→“取消选择”,完成圆环的绘制,绘制过程见图 2-1-22 所示。

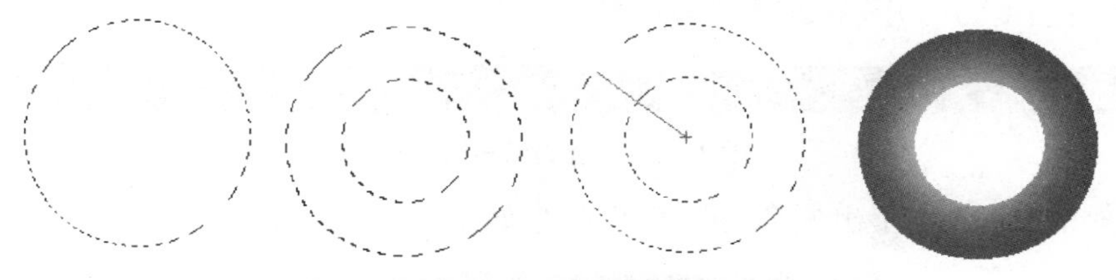

图 2-1-22　圆环绘制过程

8. 绘制完成,效果如图 2-1-1 所示。

9. 执行“文件”→“存储”,将文件保存为“几何图形.JPG”文件,并关闭文件。

2.1.4　任务拓展

1. 打开如图 2-1-23 所示的风景文件。

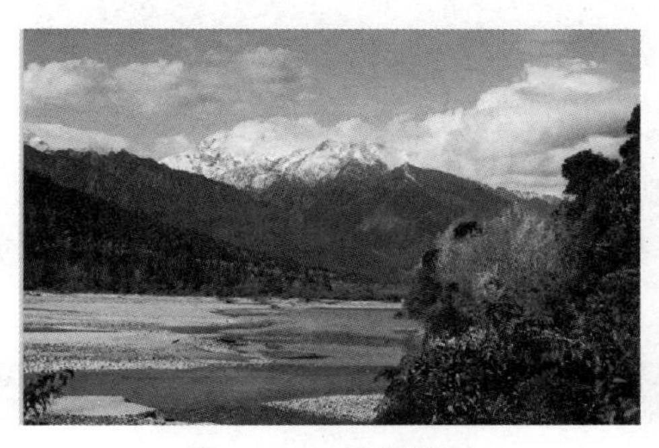

图 2-1-23　风景原图

2. 选择工具箱中的渐变工具,单击“渐变颜色编辑条”打开“渐变编辑器”对话框,选择

"透明彩虹渐变",如图 2-1-24 所示。

3. 移动颜色色标及透明色标,对话框设置如图 2-1-25 所示,单击"确定"按钮。

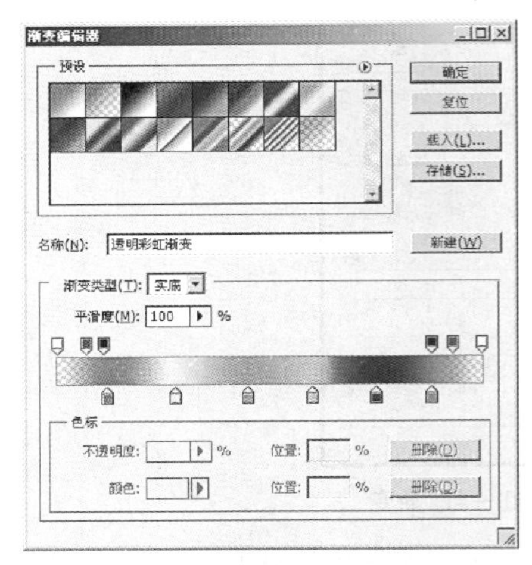

图 2-1-24　选择"透明彩虹渐变"

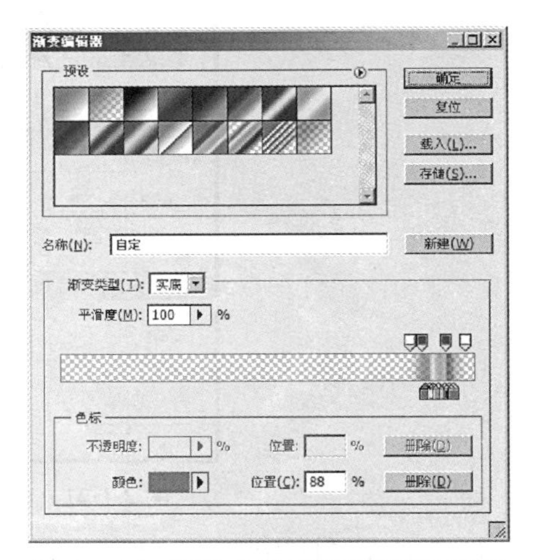

图 2-1-25　调整色标位置及透明度位置

4. 在渐变工具属性栏中选择"径向渐变"方式,为了使绘制的彩虹有透明效果,在属性栏中设置不透明度为"40%",如图 2-1-26 所示。

图 2-1-26　渐变工具属性栏

5. 在画布中从下向上出一个径向渐变,效果如图 2-1-27 所示。

图 2-1-27　绘制彩虹效果

6. 图 2-1-27 中所绘制的彩虹挂在山和树的前面,不符合常理,彩虹应该只能挂在空中,为了逼真显示彩虹效果。在工具箱中选择"橡皮擦"工具,并在其属性栏中勾选"抹到历史记录",如图 2-1-28 所示。

图 2-1-28　橡皮擦工具属性栏

7. 用"橡皮擦"工具在画布中将遮挡在山与树前面的部分彩虹细致地进行擦除,擦除调整后彩虹效果如图 2-1-29 所示。

图 2-1-29　彩虹调整后效果

8. 操作完成，最后保存并关闭文件。

2.2　任务二　绘制蓝天白云图

2.2.1　任务情境

美术基础不好的朋友，总是觉得自己的水平拿不出手，可自从学习了 Photoshop 之后，发现利用 Photoshop 软件也可以灵活绘制出漂亮的图像。本任务通过 Photoshop 绘制出一幅蓝天白云图。

2.2.2　任务剖析

一、应用知识点

(一) 绘图工具

(二) 图章工具

(三) 修复工具

(四) 色调工具

二、知识链接

(一) 绘图工具

1. 画笔工具

在 Photoshop 中，画笔是一个比较常用的工具，但要想真正用好画笔工具其实并不容易，主要原因是其属性相当复杂多样，画笔的功能非常丰富。画笔工具组共有四个工具，如图 2-2-1 所示。

画笔工具　B
铅笔工具　B
颜色替换工具　B
混合器画笔工具　B

图 2-2-1　画笔工具组

选取画笔工具后，在菜单栏的下方会有画笔的常用属性，最常见的设置就是“大小”和“硬度”，其中“大小”设置画笔笔刷的大小，“硬度”决定了画笔的边界的柔和程度，画笔工具属性栏如图 2-2-2 所示，可通过拖动滑块来调整大小或硬度的取值。

(1) 模式：主要用来控制使用画笔描绘或修复图像时所产生的不同效果。单击“模式”下拉列表，可选所需的模式。

(2) 不透明度：用来设置画笔绘制效果的透明程度，取值为 0%～100%，当数值为 100%时，表示完全不透明，当数值为 0%时，表示完全透明。

(3) 流量：用来设置笔迹运行时的浓淡和深浅，用百分比来表示，取值为 0%～100%，当数值为 100%时，表示最浓的颜色，当数值为 0%时，表示淡到看不到的颜色。

(4) 喷枪：在属性栏中单击此按钮，表示启用喷枪功能，喷枪专门用来绘制雾化、柔软的线条与色块，效果与平时的油漆喷枪、喷绘工具差不多。

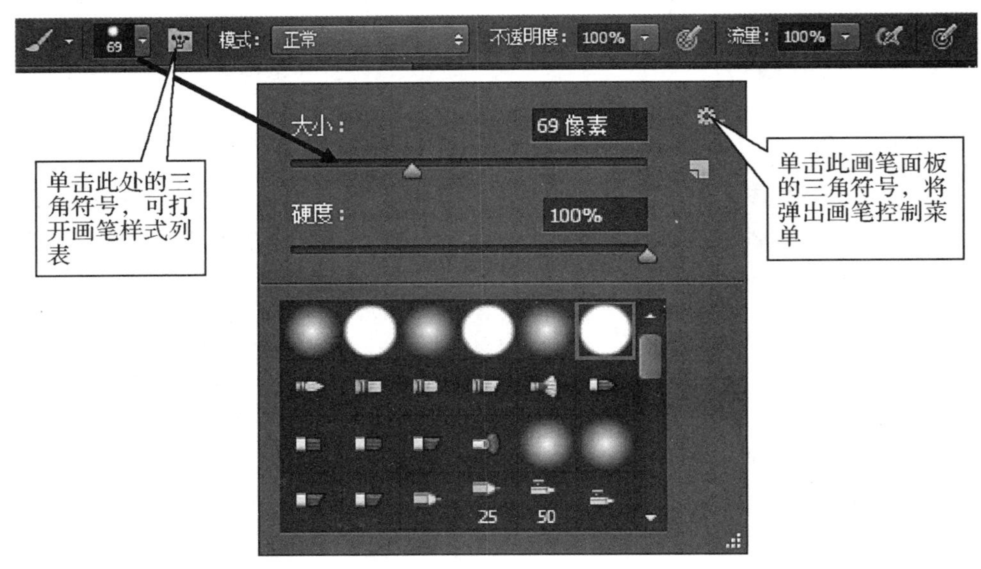

图 2-2-2　画笔工具属性栏

下面看看当画笔属性不同时的各种效果，如图 2-2-3 所示。

第一条为当画笔的硬度为 100%时；第二条将硬度调整为 0%，当画笔的硬度调为 0 时，画出的效果就有明显的差别；第三条是将不透明度调为 50%的效果；第四条是将流量调整为 50%的效果；第五条是将模式设置为“溶解”的效果。

图 2-2-3　设置画笔不同属性对比

单击画笔属性栏中的下拉三角，可调出如图 2-2-2 下方所示的画笔样式列表，在列表中列出了系统自带的多样画笔样本，可从中选择所需的不同大小或类型的画笔，如果无法找到所需的画笔，还可以再单击画笔列表的右上角的三角符号，将弹出如图 2-2-4 所示的画笔控制菜单，从中可以设置新画笔、重命名画笔、删除画笔、载入、复位、存储和替换画笔等操作对对画笔进行管理。

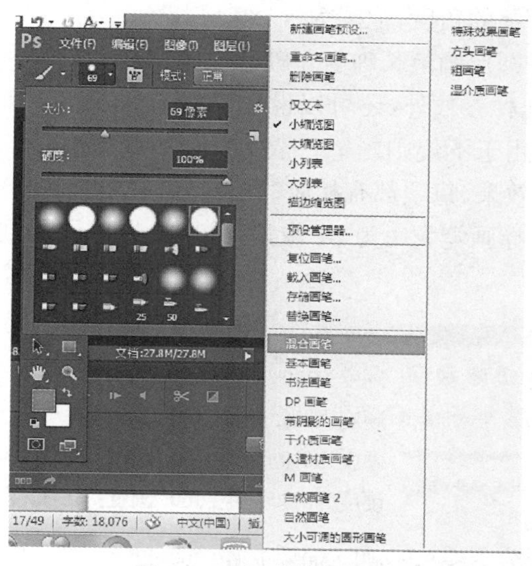

图 2-2-4　画笔控制菜单

以上画笔常见的属性通过“画笔”属性栏来设置，与画笔工具所对应的还有一个设置属性，即画笔面板，复杂一点的效果可通过画笔面板来设置。

调出画笔面板有两种方法：

①单击画笔工具属性栏中的按钮，可弹出如图 2-2-5 所示的画笔面板。

②执行“窗口”→“画笔”命令，也可弹出如图 2-2-5 所示的画笔面板。

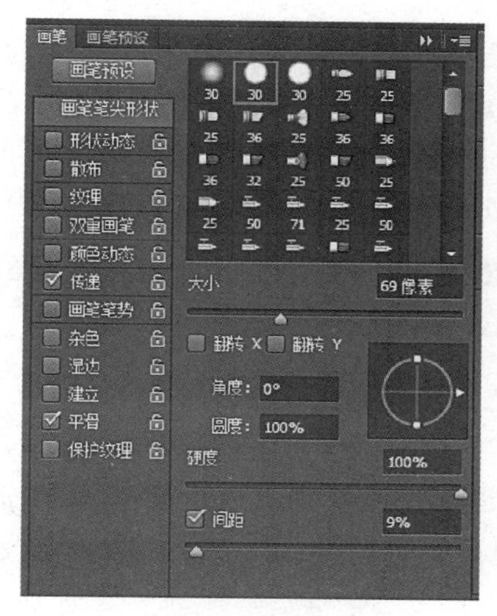

图 2-2-5　画笔面板

❖ 大小:用来设置画笔笔尖的直径的大小。可在文本框中输入 1～2500 像素的数值,也可直接拖动滑块调整大小。

❖ 硬度:用来设置画笔边界的柔和程度,取值范围为 0%～100%,值越小,画笔越柔和。

❖ 间距:用来定义画笔两个绘制点之间的中心距离,调整范围为 1%～1000%,值越大间距越大。

❖ 角度:用来设置画笔的角度,范围为−180°～180°。

❖ 圆度:用来控制椭圆形画笔长轴与短轴的比例,范围为 0%～100%。

除了可以设置以上几种参数外,还可以设置其他的效果。比如"形状动态"可以让画笔的形状动态变化,特别适用于不规则画笔;"散布"可以让画笔随机分布;还有"纹理"、"颜色动态"、"杂边"、"喷枪"等效果,每项都有相应的面板,可以根据需要对画笔进行设置。

如图 2-2-6 所示是选择画笔大小为 24 像素,分别设置不同的间距、圆度、角度、散布、喷枪等效果对比。

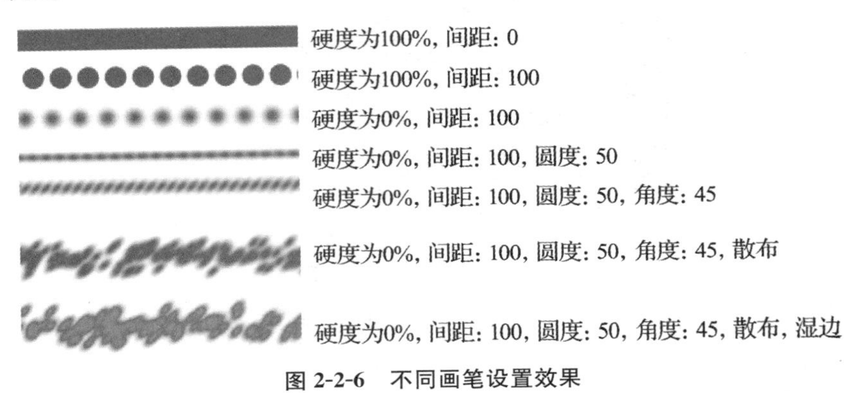

图 2-2-6　不同画笔设置效果

2. 定义画笔

用户除了可以使用或设置系统预设和自带的画笔之外,还可以将屏幕中的任何形状来定义为新的画笔。

操作方法如下:

(1) 首先选取需定义画笔的选区。

(2) 然后执行"编辑"→"定义画笔预设"命令,在弹出如图 2-2-7 所示的"画笔名称"对话框中输入所定义的画笔名称,单击"确定"按钮,定义的新画笔即存到预设的画笔中。所定义的新画笔与其他预设的画笔使用方法一样,也能对其进行各种属性的设置。

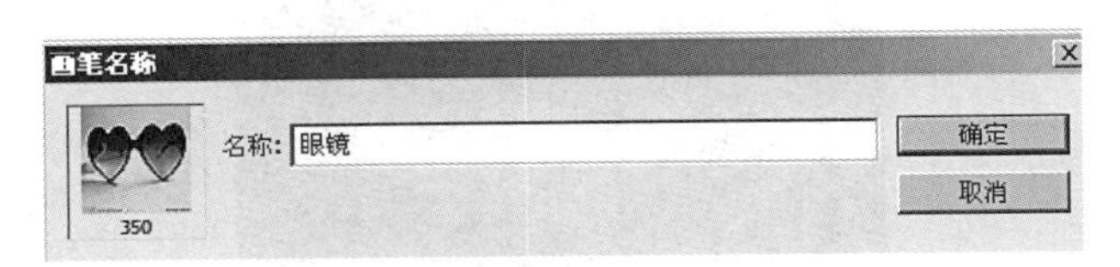

图 2-2-7　画笔名称

(3) 自定义的画笔,可以与当前画笔列表一起存储,单击如图 2-2-4 所示的画笔控制菜单中的"存储画笔"命令,将弹出如图 2-2-8 所示的"存储"画笔对话框,输入所定义的文件名称并按“保存”按钮完成操作。以后要使用该画笔时，可通过“载入画笔”命令，在弹出如图2-2-9所示“载入”对话框中选择需载入画笔的文件名即可。

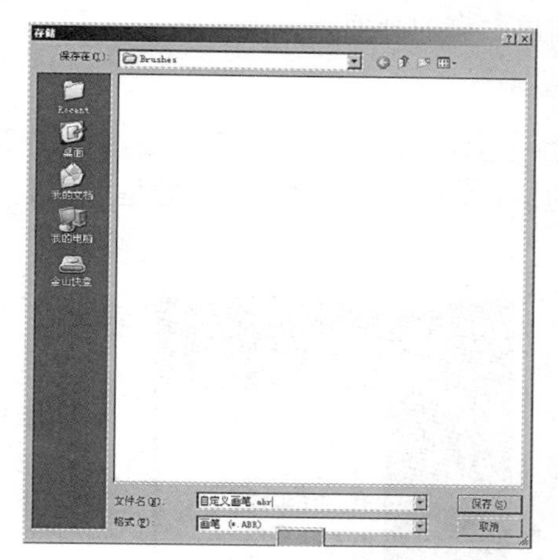

图 2-2-8 “存储”对话框

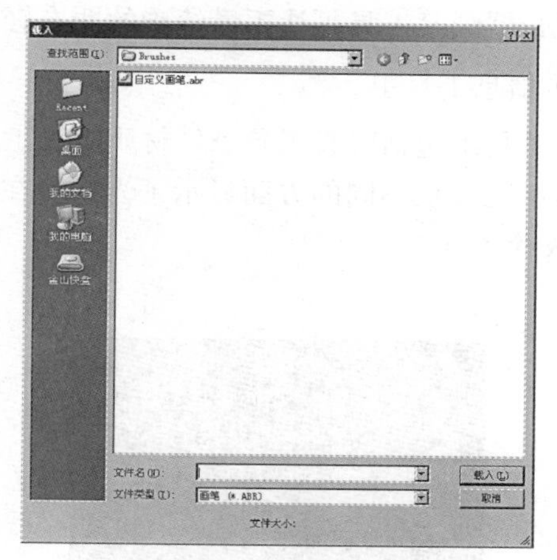

图 2-2-9 “载入”对话框

3. 铅笔工具

铅笔工具与画笔工具的使用方法相同，只是铅笔工具的笔刷都是硬的。工具属性栏也很类似，不同之处是铅笔工具中没有“流量”、“喷枪”工具，但是增加了一个“自动抹掉”复选框，用于实现自动擦除的功能。

4. 颜色替换工具

颜色替换工具的作用就是把别种颜色替换当时所选择的颜色，而且它除了可以用颜色模式替换外，还可以用色相、饱和度、亮度等模式来替换。其属性栏如图 2-2-10 所示。

图 2-2-10 颜色替换工具属性栏

(1) “取样”选项

- “连续”：在拖移时对颜色连续取样。
- “一次”：只替换第一次点按的颜色所在区域中的目标颜色。
- “背景色板”：只抹除包含当前背景色的区域。

(2) “限制”选项

- “不连续”：替换出现在指针下任何位置的样本颜色。
- “邻近”：替换与紧挨在指针下的颜色邻近的颜色。
- “查找边缘”：替换包含样本颜色的相连区域，能更好地保留形状边缘的锐化程度。

(3) “容差”，输入一个百分比值（范围为 1～100）或者拖移滑块。选取较低的百分比可以替换与所点按像素非常相似的颜色，而增加该百分比可替换范围更广的颜色。

(4) “消除锯齿”：可为所校正的区域定义平滑的边缘。

操作方法：

要替换不需要的颜色，请选择要使用的前景色，再在图像中点按要替换的颜色，然后在图像中拖移可替换目标颜色。

5. 混合器画笔工具

用混合器画笔工具可让不懂绘画的朋友轻易画出漂亮的画面。

（二）信息工具组

信息工具组包括吸管工具、3D 材质吸管工具、颜色取样器工具、标尺工具等，如图2-2-11所示。本组工具从不同的方面显示了光标所在点的信息，这个工具组的快捷键是字母 I。

1. 吸管工具

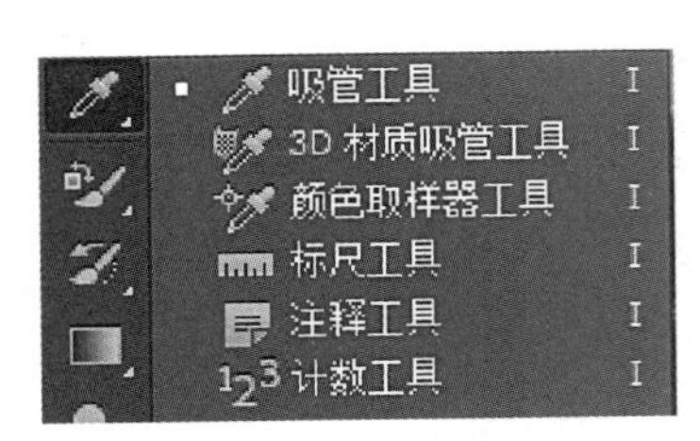

图 2-2-11　吸管工具

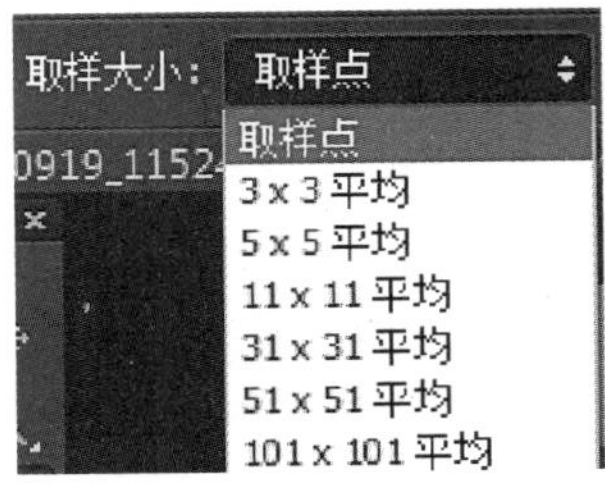

图 2-2-12　吸管工具属性栏

可以选定图像中的颜色，在信息面板中将显示光标所滑过的点的信息。

吸管工具的属性栏如图 2-2-12 所示，其取样大小选项用来设定吸管工具的取色范围，包括：取样点，3×3 平均，5×5 平均等方式。

2. 3D 材质吸管工具

3D 材质吸管工具只能在 3D 工作区启动。

3. 颜色取样器工具

可以在图像中最多定义四个取样点，而且颜色信息将在信息面板中保存。我们可以用鼠标拖动取样点，从而改变取样点的位置，如果想删除取样点，只需用鼠标将其拖出画布即可。

4. 标尺工具

使用标尺工具，可以测量两点或两线间的信息。信息将在信息面板中显示。使用方法为：选择度量工具在图像上单击“确定起点”，拖拉出一条直线，单击后就确定了一条线段；然后按【Alt】键创建第二条测量线。

（三）历史记录画笔工具组

历史记录画笔工具组中包括 2 种画笔工具，分别是“历史记录画笔”工具和“历史记录艺术画笔”工具，这个工具组的快捷键是字母 Y。在默认状态下，工具箱上显示的是“历史记录画笔”工具按钮，如图 2-2-13 所示。

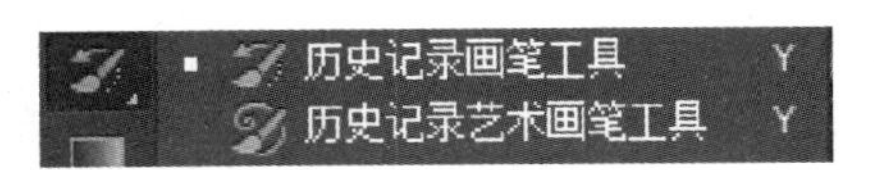

图 2-2-13　历史记录画笔工具组

1. 历史记录画笔工具

历史记录画笔工具可以将图像的一个状态或快照的拷贝绘制到当前图像窗口中。该工具创建图像的拷贝或样本，然后用拷贝的样本来绘画。

2. 历史记录艺术画笔工具

在 Photoshop 中，用历史记录艺术画笔工具绘画，也能够返回原来最初未保存前的图像状态，但是以创建模拟水彩画等艺术表现的特殊效果。

3. 历史记录面板

如果希望能够返回历史记录的操作状态，除了可以使用历史记录画笔工具外，还可以通过历史记录面板来完成每一步骤的历史记录。

执行“窗口”→“历史记录”命令，将弹出如图 2-2-14 所示的历史记录面板，单击面板右上角的三角符号，可以弹出下拉菜单命令，对历史记录进行“新建快照”、“清除历史记录”等操作。

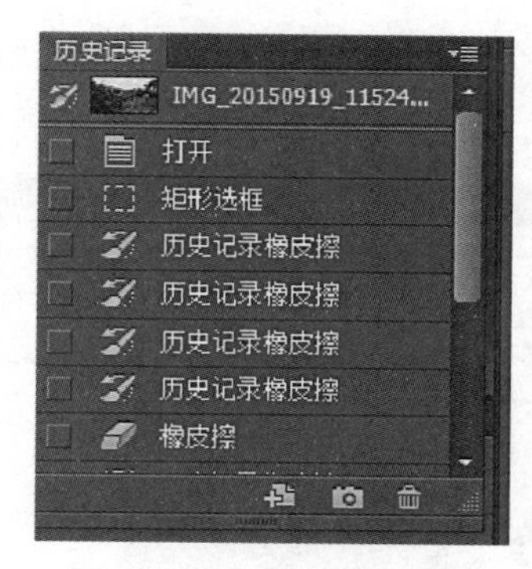

图 2-2-14　历史记录面板

历史记录是电脑对我们在处理图像时操作状态的记录。记录步骤的多少是可以设定的。选择“编辑”→“首选项”→“性能”命令，打开“首选项”对话框，如图 2-2-15 所示。在右边的“历史记录状态”设置框中输入需要的步骤数，数值越大，占用的内存就越多。默认设置为 20。

在操作过程中，可以单击历史记录面板中的“新建快照”命令，弹出如图 2-2-16 所示的“新建快照”对话框，输入名称后单击“确定”按钮对当前操作状态进行保存。

如果对后面的操作不满意想重新回到快照状态时，在历史记录面板中单击需返回的快照状态即可，如图 2-2-17 所示。

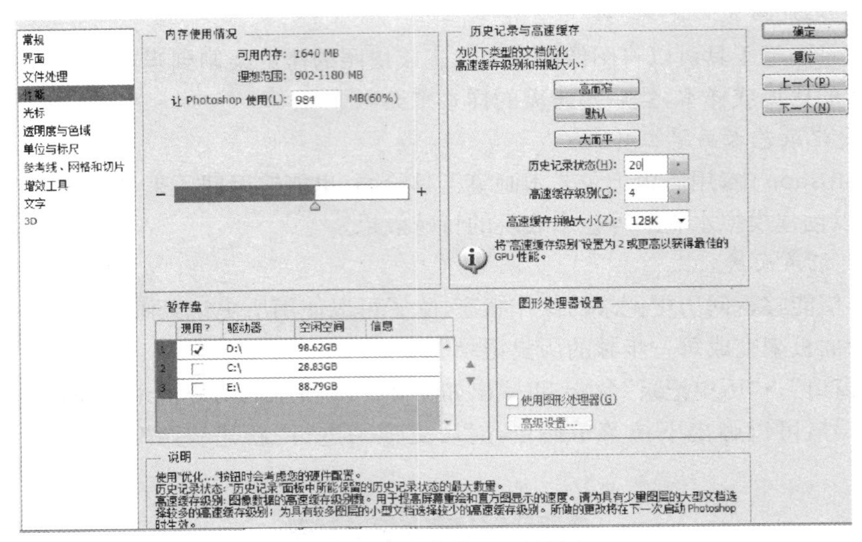

图 2-2-15 “首选项”对话框

图 2-2-16 “新建快照”对话框

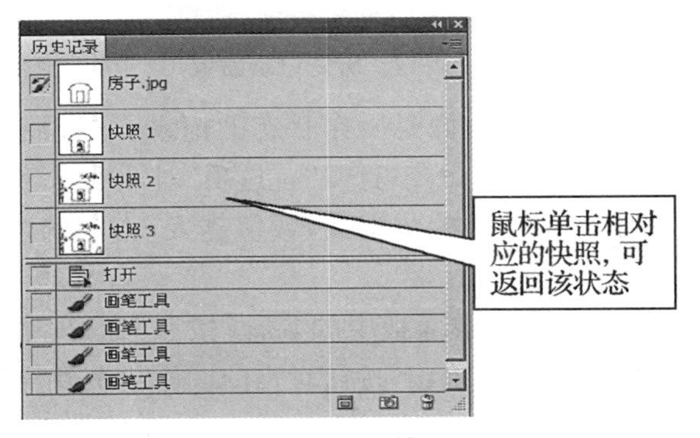

图 2-2-17 快照

（四）擦除工具

擦除工具主要用于图像的擦除和修改。选择工具中的橡皮擦工具时，弹出的扩展工具有三个工具，即“橡皮擦工具”、“背景色橡皮擦工具”和“魔术橡皮擦工具”。这个工具组的快捷键是字母 E，如图 2-2-18 所示。

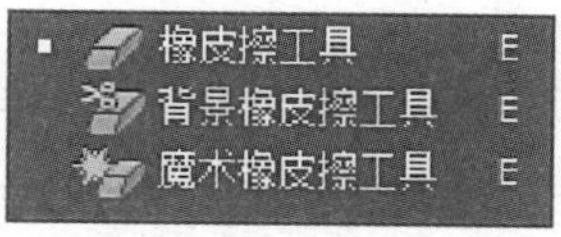

图 2-2-18　橡皮擦工具组

1. 橡皮擦工具

在工具栏选择“橡皮擦工具”或在键盘上按一下“E”，它的作用是用来擦去图像中不要的某一部分。当作用于背景图层时，则它擦去部分就会显示为所设定的背景色颜色；当作用于普通图层时，擦掉的部分会变成透明区显示。如果不小心擦到了应该保留的区域，可以通过“历史记录”面板进行恢复，还可以按住【Alt】键在被擦除部分拖动鼠标，将图像恢复到先前状态。

橡皮擦工具的属性栏：

(1) 笔刷：可设置“橡皮擦工具”的大小以及它的软硬程度，操作方法与画笔工具类似。

(2) 模式：分别是“画笔”、“铅笔”和“块”三种。如果选择“画笔”它的边缘显得柔和；也可改变“画笔”的软硬程度，如选择“铅笔”擦去的边缘就显得尖锐；如果选择的是“块”橡皮擦就变成一个方块。

2. 背景色橡皮擦工具

背景色橡皮擦工具用背景色来替换图像中的邻近颜色。使用背景色橡皮擦工具，擦头的对象是鼠标中心点所触及到的颜色，如果把鼠标放在图片某一点上所显示擦头的位置变成鼠标中心点所接触到的颜色，如果把鼠标中心点接触到图片上的另一种颜色时背景色也相应变更。

选择工具箱中的背景色橡皮擦工具，其属性栏如图 2-2-19 所示。

图 2-2-19　背景色橡皮擦工具属性栏

(1) 取样：该项选项中有“连续”、“一次”和“背景色版”三种选择。

❖ 如果选择“连续”，按住鼠标不放的情况下鼠标中心点所接触的颜色都会被擦除掉。

❖ 如果选择“一次”，按住鼠标不放的情况下只有在第一次接触的到的颜色才会被擦掉，如果在经过不同颜色时这个颜色不会被擦除，除非再点击一下其他的颜色才会被擦掉。

❖ 如果选择“背景色版”，擦掉的仅仅是背景色及设定的颜色，假如背景色设定为黄色，前景色设为绿色，例如图片上的背景是蓝色的，图是黄色的与背景色设定的颜色一样，那么我们把鼠标放在蓝色上，蓝颜色却没有被擦掉，只有鼠标经过图上的黄颜色区域与背景色相同的而被擦掉。

(2) 限制：有“不连接”、“邻近”和“查找边缘”三种选择。

❖ “不连续”：在画面上用笔刷工具画一个封闭的线条然后选橡皮擦工具，选择“不连续”而在取样内定义为一个连续的，例如我们把橡皮擦刷头放大到能覆盖所画的一个封闭线条里面的颜色，当点击一下橡皮擦工具后，我们发现鼠标中心点周围所覆盖的颜色被擦掉了。

❖“邻近”：再点一下鼠标就发现鼠标园区的颜色被擦掉，而线条外面的颜色却没被擦掉这就是不相连和邻近的使用方法。

❖“查找边缘”：利用鼠标在颜色接触边缘处点一下我们发现只有边缘处的颜色被擦掉而其他的颜色并没有被擦掉。

(3)“保护前景色”：选择该复选框，擦除图像时，保护图像中与前景色相同的颜色不被擦除。

(4)“容差”：主要设置鼠标擦除范围，值越高擦除的范围就越大。

3. 魔术橡皮擦工具

魔术橡皮擦工具可以用透明区域来替换图像中的颜色。比较类似工具箱中的魔棒工具使用方法，不同的是魔棒工具是选取相近颜色用的，而魔术橡皮擦工具是将相近颜色区域用透明区域来替换掉。

魔术橡皮擦工具比较适合于选择背景色与图像颜色反差较大的图像区域擦除。

(五) 移动工具

使用移动工具可以将图像中被选取的区域移动(此时鼠标必须位于选区内，其图标表现为黑箭头的右下方带有一个小剪刀)。如果图像不存在选区或鼠标在选区外，那么用移动工具可以移动整个图层。如果想将一幅图像或这幅图像的某部分拷贝后粘贴到另一幅图像上，只需用移动工具把它拖放过去就可以了。移动工具的属性栏如图 2-2-20 所示。

图 2-2-20 移动工具属性栏

(六) 缩放工具

缩放工具是用来放大或缩小画面的工具，使用缩放工具可以非常方便地对图像的细节加以修饰。在工具箱中选择缩放工具，其属性栏如图 2-2-21 所示。

图 2-2-21 缩放工具属性栏

“放大”：单击该按钮，将图像放大。

“缩小”：单击该按钮，将图像缩小。

“缩放所有窗口”复选框：选择该复选框，将使图像窗口在一定范围内与图像大小保持一致。

“实际像素”：单击该按钮，图像以实际像素尺寸显示图像。

“适合屏幕”：单击该按钮，图像以适合的缩放比例满画布将图像显示在工作区中。

“打印尺寸”：单击该按钮，图像以打印尺寸显示。

（七）抓手工具

抓手工具是用来移动画面使能够看到滚动条以外图像区域的工具。

抓手工具与移动工具的区别在于：它实际上并不移动像素或是以任何方式改变图像，而是将图像的某一区域移到屏幕显示区内，而且只有当图像窗口出现位置调节滚动条时，“抓手”工具才能使用。也可双击抓手工具，将整幅图像完整地显示在屏幕上。在工具箱中选择抓手工具，其属性栏如图 2-2-22 所示。

图 2-2-22　抓手工具属性栏

提示

如果在使用其他工具时想移动图像，可以按住【Ctrl＋空格】键，此时原来的工具图标会变为手掌图标，图像将会随着鼠标移动而移动。

（八）辅助工具

Photoshop CS6 提供了很多辅助用户处理图像的工具，这些工具图像不做任何修改，只是用于测量和定位图像。

1. 标尺

用来显示当前鼠标所在位置的坐标，使用标尺可以让用户更准确地对齐选取区域。

执行“视图”→“标尺”命令，可将标尺显示。

2. 参考线

参考线也叫辅助线，是制作复杂图形的重要辅助工具。用户可以移动或删除参考线，也可以锁定参考线。

执行“视图”→“新建参考线”命令；或打开标尺，用移动工具在标尺上往图像区域拖动鼠标，都可以将参考线调整显示出来。

3. 网格

网格的主要用途是对齐参考线以及方便在操作过程中对齐图像。

执行“视图”→“显示”→“网格”命令，可以显示网格。

2.2.3　任务实施

（一）绘制蓝天

1. 打开项目一中所绘制的“房子.jpg”文件。

2. 单击工具箱中的“默认前景色/背景色”按钮，将背景色设置为白色。

3. 选择工具箱中的橡皮擦工具，再在其属性栏选择合适的笔刷，在图像中月亮的位置拖动将月亮擦除掉，效果如图 2-2-23 所示。

图 2-2-23　将月亮图案擦除前后

4. 选择工具箱中的魔棒工具，在图像中房子外空白处单击，将除房子以外的背景选取，效果如图 2-2-24 所示。

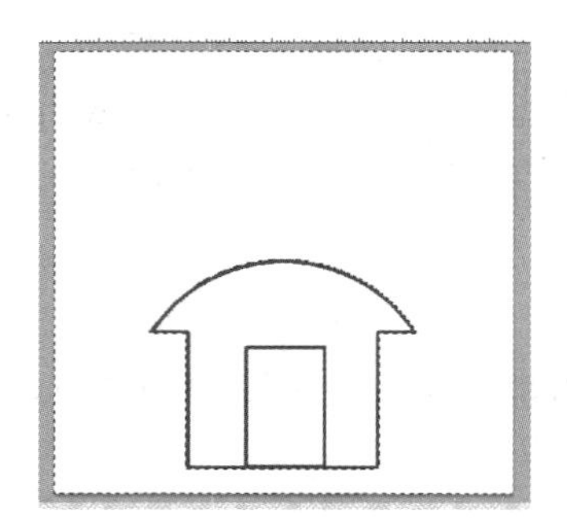

图 2-2-24　选取选区

5. 选择工具箱中的渐变工具，在其属性栏中单击颜色编辑条将“渐变编辑器”对话框打开，在渐变编辑器中设置“蓝白”渐变，对话框设置如图 2-2-25 所示，单击“确定”按钮。

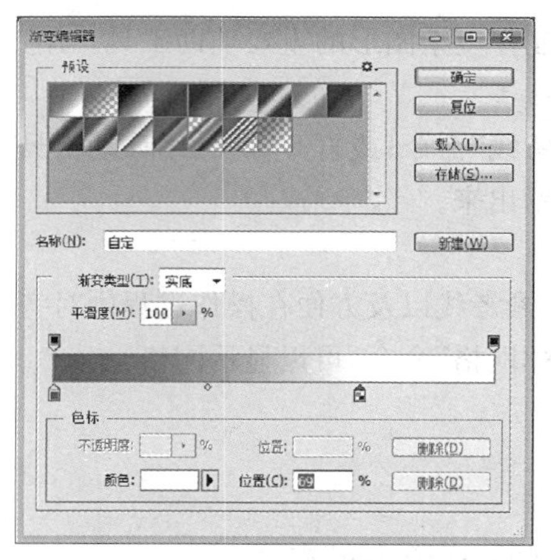

图 2-2-25　“渐变编辑器”对话框

6. 在渐变工具属性栏中选择“线性渐变”方式，在图像中绘制出蓝白渐变的蓝天效果，如图 2-2-26 所示。

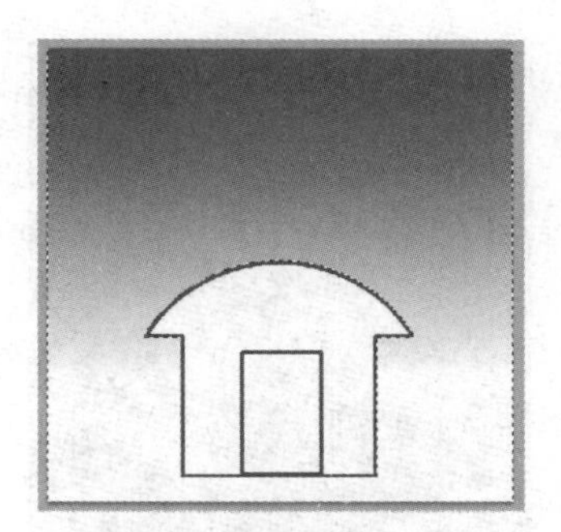

图 2-2-26　绘制蓝天

（二）绘制白云

1. 选择工具箱中的画笔工具，单击其属性栏选择笔刷及笔尖大小，本例中选择柔角笔刷，并将笔刷大小调整为 75 像素，笔刷设置如图 2-2-27 所示。

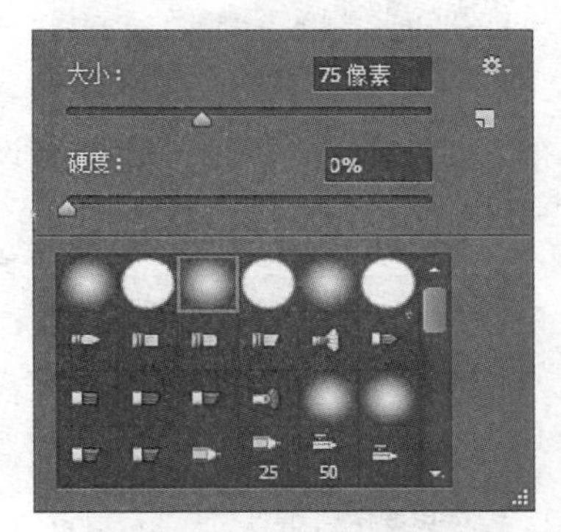

图 2-2-27　在画笔工具属性栏中选择笔刷

2. 执行“窗口”→“画笔”命令，弹出如图 2-2-28 所示画笔面板。

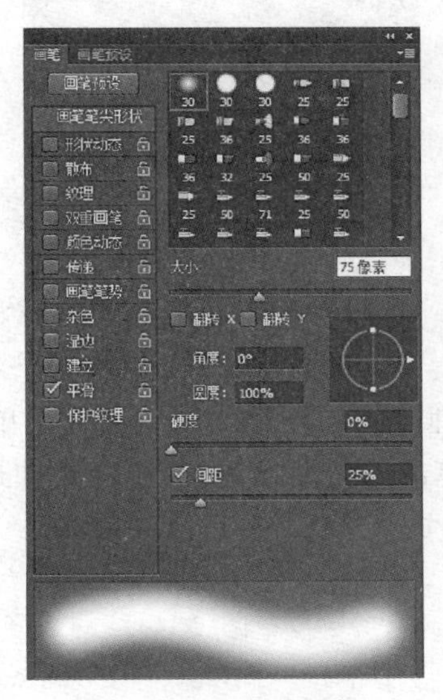

图 2-2-28　画笔面板

3. 在画笔面板中勾选“形状动态”选项，大小抖动设置为“100%”，如图 2-2-29 所示。

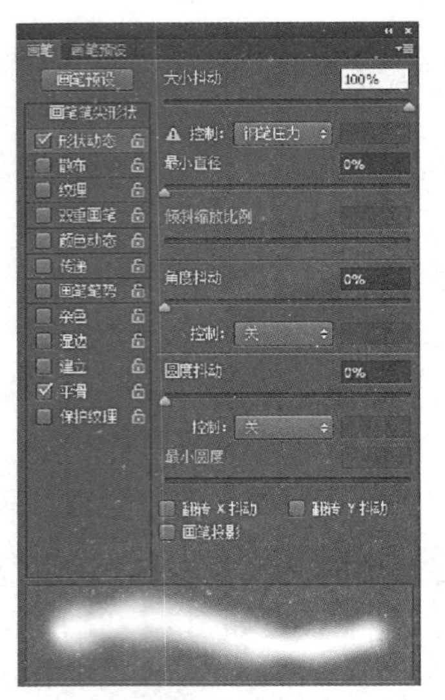

图 2-2-29　“形状动态”选项设置

4. 在画笔面板中勾选“散布”选项，勾选“两轴”项，散布设置为“0%”，数量设置为“5”，数量抖动设置为“80%”，如图 2-2-30 所示。

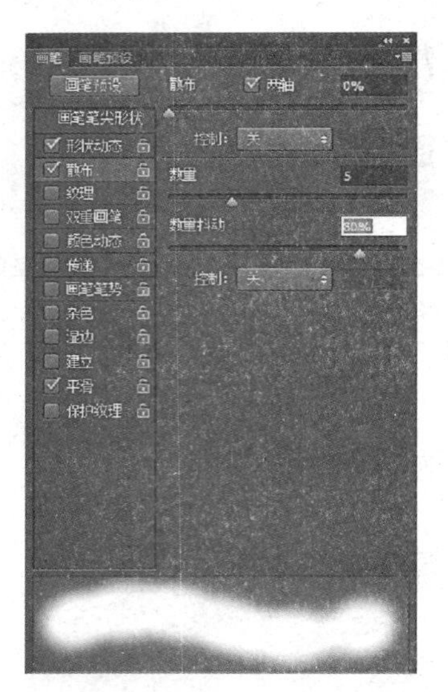

图 2-2-30　“散布”选项设置

5. 在画笔面板中勾选“纹理”选项，在“纹理”对话框中单击右侧的三角符号按钮，弹出“纹理”对话框，在对话框右角单击三角形按钮，弹出菜单中选择“填充纹理 2”，如图 2-2-31 所示。

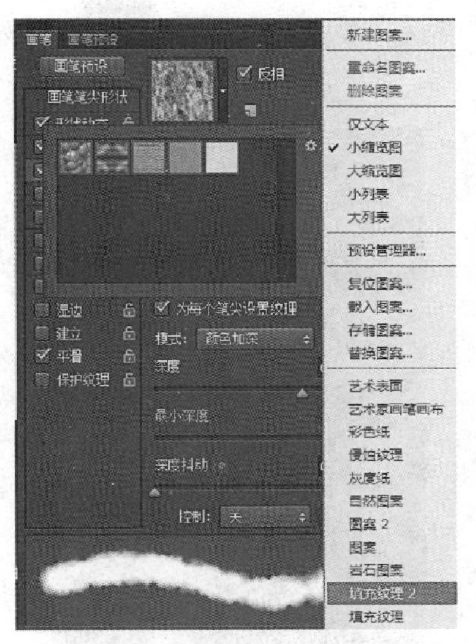

图 2-2-31　选择“填充纹理 2”

6. 将弹出“是否填充纹理 2 中的图案替换当前的图案”提示框，如图 2-2-32 所示，单击“确定”按钮。

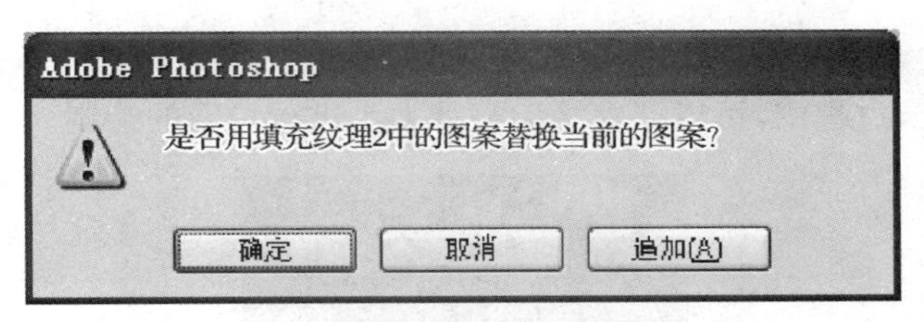

图 2-2-32　填充纹理提示框

7. 在“纹理”对话框中选择“灰泥 4 纹理”，勾选“反相”，缩放设置为“85%”，深度设置“65%”，模式选择“颜色加深”，如图 2-2-33 所示。

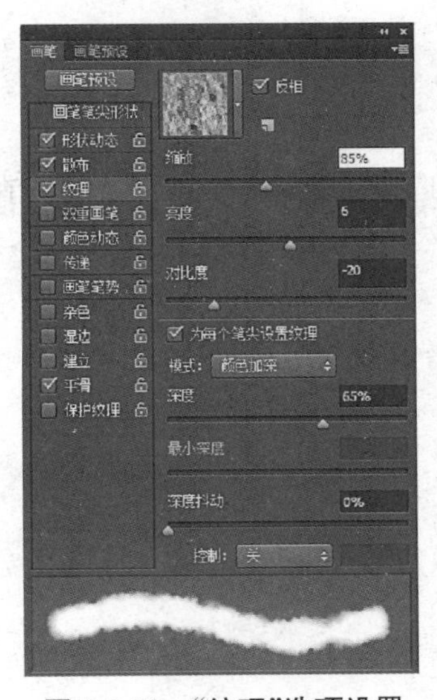

图 2-2-33　“纹理”选项设置

8. 在画笔面板中勾选“传递”选项，不透明抖动设置为“100%”，流量抖动设置为“30%”，如图 2-2-34 所示。

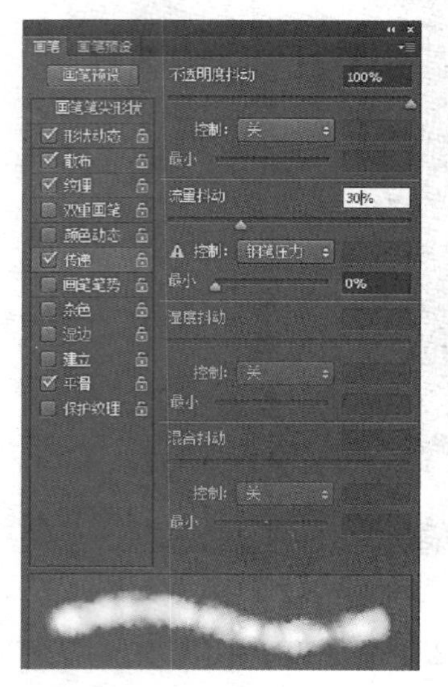

图 2-2-34 “传递”选项设置

9. 将前景色设置为白色，使用画笔在蓝天上随意绘制出几朵白云，效果如图 2-2-35 所示。（提示：绘制白云过程中，可以调整笔尖直径大小进行白云的绘制。）

图 2-2-35 添加白云效果

10. 将前景色设置为红色，选择工具箱中的画笔工具，在属性栏中选取“柔边圆压力不透明”笔刷，如图 2-2-36 所示。然后在图像右上角单击一下，绘制一轮红日，效果如图 2-2-37 所示。

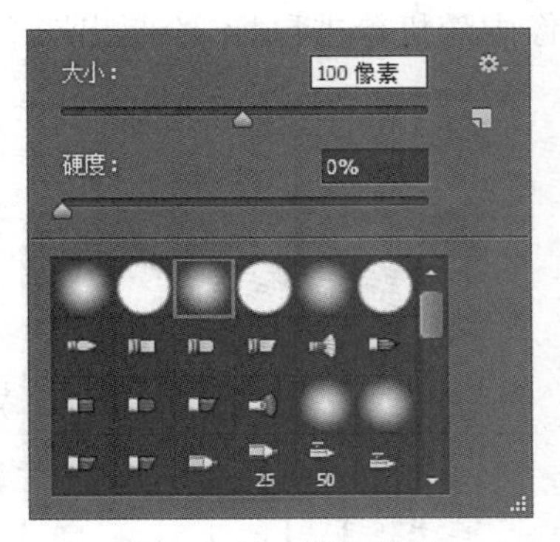

图 2-2-36 选取笔刷

图 2-2-37 绘制红日后效果

（三）绘制绿草

1. 将前景色设置为深绿色，背景色设置为浅绿色。

2. 选择画笔工具，在属性栏中选取“草”笔刷，将直径大小调整为“80PX”，如图 2-2-38 所示。

图 2-2-38 选取“草”画笔

图 2-2-39 添加草地

3. 在图像下方拖动鼠标，绘制出一片草地，效果如图 2-2-39 所示。

（四）绘制蝴蝶

1. 将前景色设置为红色，背景色设置为黄色。

2. 选择画笔工具，在属性栏中选取笔刷右三角下拉按钮，打开“画笔预设选取器”，在“画笔预设选取器”中单击右边的三角符号按钮，在弹出的下拉菜单中执行“特殊效果画笔”命令，将弹出如图 2-2-40 所示提示框，单击“确定”按钮，将“特殊效果画笔”加载进来。

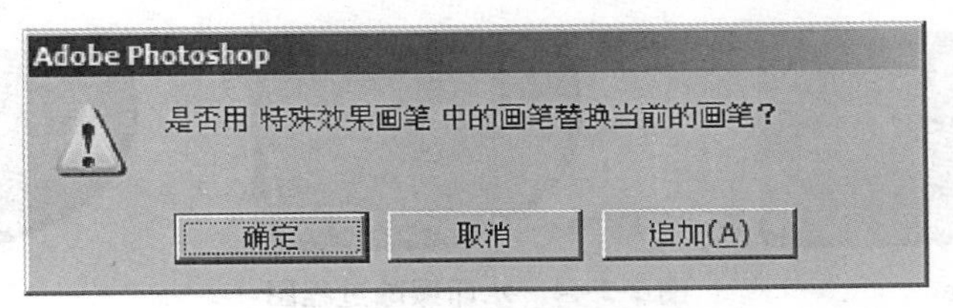

图 2-2-40 加载画笔提示框

3. 选择如图 2-2-41 所示的“蝴蝶”笔刷，在图像中随机单击鼠标，绘制出图 2-2-42 所示效果。

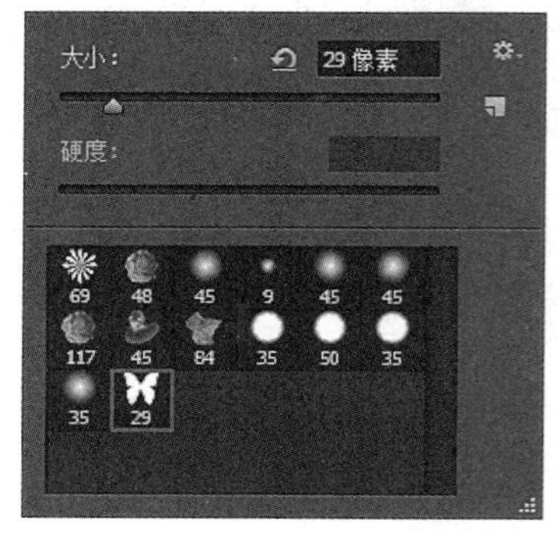

图 2-2-41 选择“蝴蝶”画笔

图 2-2-42 添加蝴蝶

2.2.4 任务拓展

如图 2-2-42 所示的图像有点单调，我们在房间中添加一只可爱的米奇吧。

1. 打开如图 2-2-43 所示的素材文件。

图 2-2-43 素材图像

❖ 由于原图像中有一个文字水印，现在想办法将它擦除。

2. 选择工具箱中的吸管工具 ，在米奇图像的鞋子上单击，将前景色变换为鞋子颜色，再单击工具箱中的“切换前景色与背景色按钮”，将背景色替换为图像中鞋子颜色。

3. 选择工具箱中的橡皮擦工具，在图像左边鞋子处擦除，将图像中的水印文字擦除掉，类似地，分别设置黑色、白色为背景色，再将鞋子边界处的黑色及背景中的白色文字水印擦除，擦除后效果如图 2-2-44 右侧图所示。

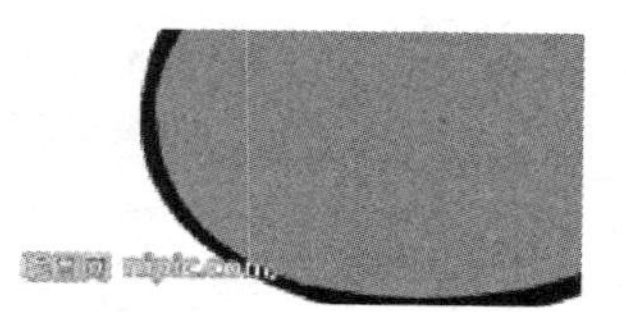

图 2-2-44 水印擦除过程图

4. 选择工具箱中的魔棒工具，并在属性地中选择“添加到选区”方式，在图像中的背景处单击，直到全部白色背景选取。

5. 执行“选择”→“反向”命令，将图像中的米奇图案选取，如图 2-2-45 所示。

6. 执行“编辑”→“定义画笔预设”命令，弹出如图 2-2-46 所示对话框，输入“米奇”，单击“确定”按钮，将当前图像设置为一个“米奇”画笔。

7. 选择“画笔”工具，可在画笔下拉列表中选择刚才所定义的“米奇”画笔，如图 2-2-47 所示。

图 2-2-45　选取米奇图像

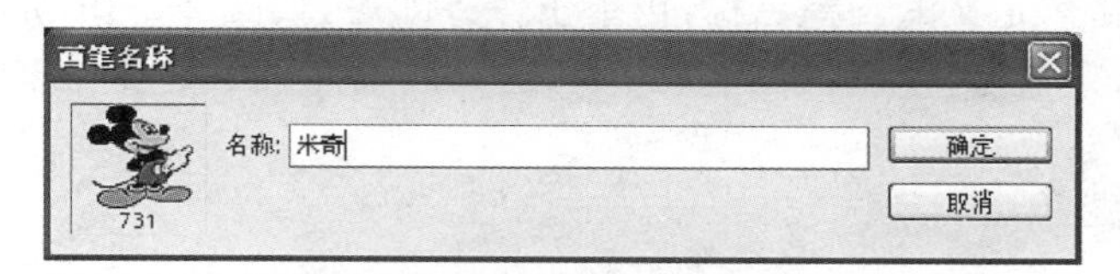

图 2-2-46　定义“米奇”画笔

8. 当前所选取的“米奇”画笔直径太大，在工具属性栏中将画笔大小调整为 130PX，如图 2-2-47 所示。

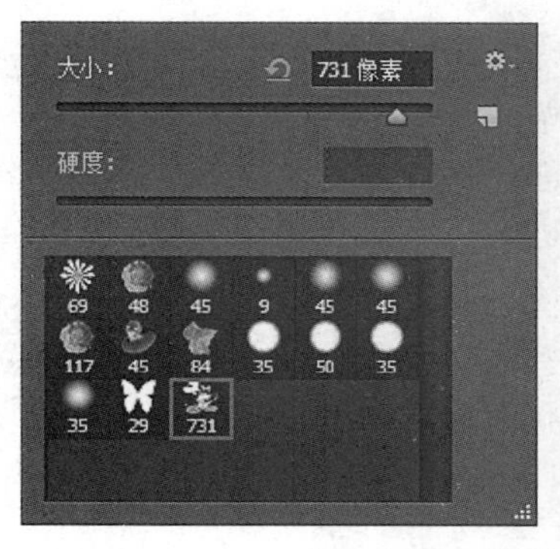

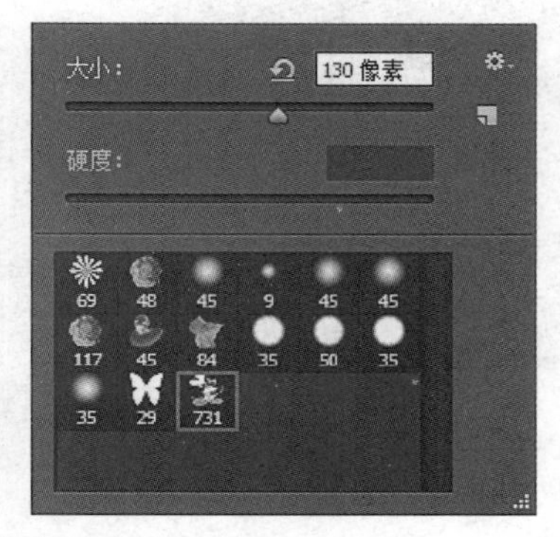

图 2-2-47　选取并调整“米奇”画笔

9. 将前景色调整为红色，用所选取的米奇画笔在图像中的门中处单击，在门中处画出一只可爱的米奇，效果如图 2-2-48 所示。

图 2-2-48　效果图

10. 操作完成,将文件保存。

提示

在使用画笔过程中,可以根据情况通过调整画笔大小,自定义的画笔,只能沿用原来的图像色调,但不能完成表现为原来的颜色,同时可以将自定义的画笔保存起来,以便以随时可以使用,具体操作是:单击画笔菜单中的“存储画笔”命令,在弹出的对话框中输入所需定义的画笔名称,再单击保存即可,如图 2-2-49 所示。以后如果需使用该画笔时,只需执行“载入画笔”命令,选择所需载入画笔的名称,即可将该画笔载入。

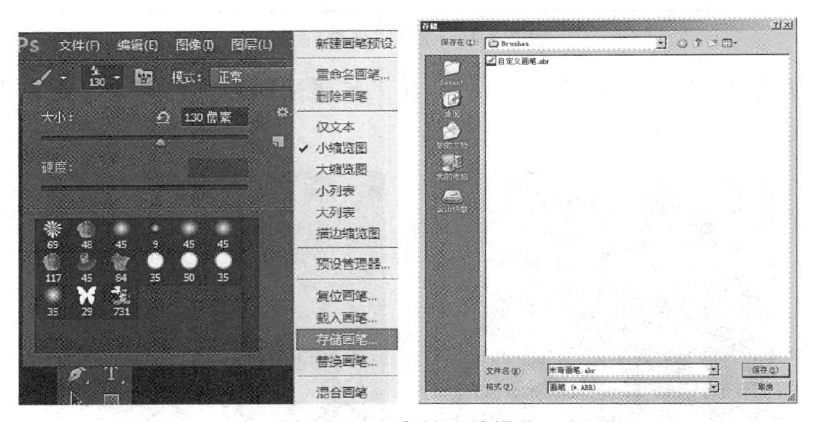

图 2-2-49　存储画笔操作

2.3　任务三　相片修复

2.3.1　任务情境

拍照有时会的受周边环境影响,拍出的相片往往还需修整一下才能达到满意的效果。本任务将对相片中的乱发进行修整以及将图像移植到相关图片中。

2.3.2　任务剖析

一、应用知识点

（一）修复工具

（二）图案图章工具使用

（三）涂抹工具

（四）缩放工具

二、知识链接

（一）修复工具

Photoshop 的修复画笔工具组内含五个工具，它们分别是污点修复画笔工具、修复画笔工具、修补工具、内容感知移动工具、红眼工具，这组工具的快捷键是字母 J，如图 2-3-1 所示。

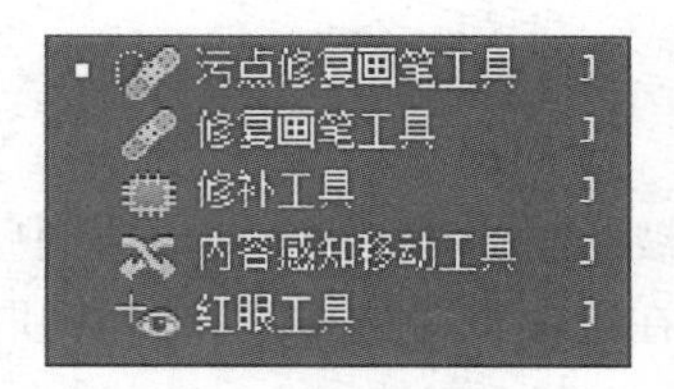

图 2-3-1　修复画笔工具组

1. 污点修复画笔工具

污点修复画笔工具可以快速移去照片中的污点和其他不理想部分。污点修复画笔的工作方式与修复画笔类似。它使用图像或图案中的样本像素进行绘画，并将样本像素的纹理、光照、透明度和阴影与所修复的像素相匹配。污点修复画笔将自动从所修饰区域的周围取样。

(1) 污点的概念

它是指包含在大片相似或相同颜色区域中的其他颜色，但不包括在两种颜色过渡处出现的其他颜色。

(2) 修复的原理

使用图像或图案中的样本像素进行绘画，并将样本像素的纹理、光照、透明度和阴影与所修复的像素相匹配。

(3) 样本像素的确定方法

①在“近似匹配”模式下：

❖ 如果没有为污点建立选区，则样本自动采用污点外部四周的像素。

❖ 如果选中污点，则样本采用选区外围的像素。

②在“创建纹理”模式下：

使用选区中的所有像素创建一个用于修复该区域的纹理。如果纹理不起作用，请尝试再次拖过该区域。

③在“内容识别”模式下：

当我们对图像的某一区域进行覆盖填充时，由软件自动分析周围图像的特点，将图像进行拼接组合后填充在该区域并进行融合，从而达到快速无缝的拼接效果。

(4) 属性栏(如图 2-3-2 所示)

图 2-3-2　污点修复画笔工具属性栏

①在选项栏中选取一种画笔大小。如果没有建立污点选区，则画笔比要修复的区域稍大一点最为适合，这样，只需点按一次即可覆盖整个域。

②从选项栏的“模式”菜单中选取混合模式。选取“替换”可以保留画笔描边的边缘处的杂色、胶片颗粒和纹理。

③如果在选项栏中选择“对所有图层取样”，可从所有可见图层中对数据进行取样。如果取消选择“对所有图层取样”，则只从现用图层中取样。点按要修复的区域，或点按并在较大的区域上拖移。

2. 修复画笔工具

(1) 设置取样点

按【Alt】键并单击。如果在被修复处单击且在选项栏中未选中“对齐”，则取样点一直固定不变；如果在被修复处拖动或在选项栏中选中“对齐”，则取样点会随着拖动范围的改变而相对改变。(取样点用十字型表示。)

提示

如果要从一幅图像中取样并应用于另一幅图像，则这两幅图像的颜色模式必须相同，除非其中一幅图像处于灰度模式中。

(2) 属性栏(如图 2-3-3 所示)

图 2-3-3　修复画笔工具属性栏

✣ 模式：如果选用“正常”，则使用样本像素进行绘画的同时把样本像素的纹理、光照、透明度和阴影与所修复的像素相融合；如果选用“替换”，则只用样本像素替换目标像素且与目标位置没有任何融合。(也可以在修复前先建立一个选区，则选区限定了要修复的范围在选区内而不在选区外。)

✣ 源：如果选择“取样”，必须按【Alt】键单击取样并使用当前取样点修复目标，如果选择“图案”，则在“图案”列表中选择一种图案并用该图案修复目标。

✣ 对齐：不选该项时，每次拖动后松开左键再拖动，都是以按下【Alt】键时选择的同一个样本区域修复目标；而选该项时，每次拖动后松开左键再拖动，都会接着上次未复制完成的图像修复目标。

✣ 如果在选项栏中选择“对所有图层取样”，可从所有可见图层中对数据进行取样。

❖ 如果取消选择“对所有图层取样”，则只从现用图层中取样。

3. 修补工具

修补工具会将样本像素的纹理、光照和阴影与源像素进行匹配。通过使用修补工具，可以用其他区域或图案中的像素来修复选中的区域。还可以使用修补工具来仿制图像的隔离区域。该工具的属性栏设置如图 2-3-4 所示。

图 2-3-4　修补工具属性栏

(1) 修补

❖ 源：指要修补的对象是现在选中的区域；方法是先选中要修补的区域，再把选区拖动到用于修补的区域。

❖ 目标：与“源”相反，要修补的是选区被移动后到达的区域而不是移动前的区域。方法是先选中好的区域，再拖动选区到要修补的区域。

(2) 透明

如果不选该项，则被修补的区域与周围图像只在边缘上融合，而内部图像纹理保留不变，仅在色彩上与原区域融合；如果选中该项，则被修补的区域除边缘融合外，还有内部的纹理融合，即被修补区域好像做了透明处理。

(3) 使用图案

选中一个待修补区域后，点击“使用图案”按钮，则待修补区域用这个图案修补。

4. 内容感知移动工具

这是 Photoshop CS6 新增的功能，非常实用，首先将需要移动的图像选取，然后利用内容感知移动工具将图像移动到新的位置，软件经过计算分析后，将会自动填补上被移走前所在位置的背景。其属性栏如图 2-3-5 所示。

图 2-3-5　内容感知移动工具属性栏

5. 红眼工具

红眼工具可移去用闪光灯拍摄的人物照片中的红眼，也可以移去用闪光灯拍摄的动物照片中的白、绿色反光。其属性栏如图 2-3-6 所示。

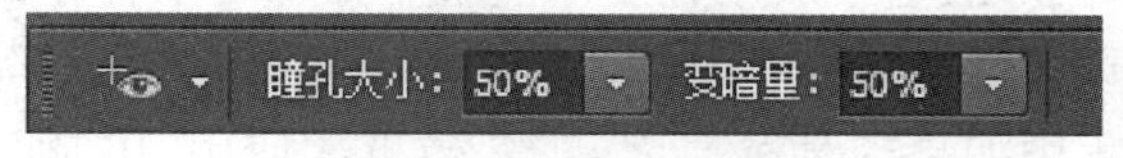

图 2-3-6　红眼工具属性栏

操作方法：

(1) 在工具箱中选择红眼工具。

(2) 在红眼中点按鼠标。如果对结果不满意，请还原修正，在选项栏中设置一个或多个以下选项，然后再次点按红眼。

❖ 瞳孔大小：设置瞳孔(眼睛暗色的中心)的大小。

❖ 变暗量：设置瞳孔的暗度。

(二) 图章工具

图章工具组包含两个工具，分别是仿制图章工具和图案图章工具，如图 2-3-7 所示。

图 2-3-7　图章工具组

1. 仿制图章工具

仿制图章工具可以通过复制图像的一部分，达到修复图像的目的。在图像合成过程中它往往用来修复图像的接缝处，还能够将一幅图像的一部分复制到另一幅图像中，其工具属性栏如图 2-3-8 所示。

图 2-3-8　仿制图章工具属性栏

单击“仿制图章工具”属性栏中的按钮，可以弹出如图 2-3-9 所示“仿制源”对话框，在该对话框中可以显示取样点的信息。

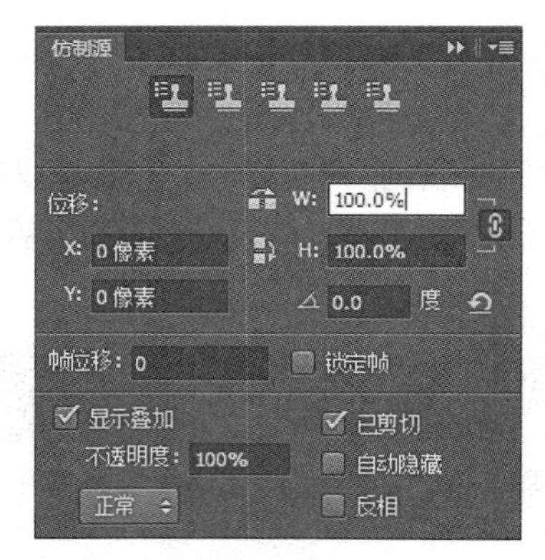

图 2-3-9　“仿制源”对话框

在工具属性栏中的“画笔”、“模式”、“不透明度”、“流量”等选项与其他工具用法相似。

“对齐”复选框：选择该复选框，表示在复制过程中如果因某种原因暂停，当再次使用“仿制图章工具”时，都会重新从原来的取样点开始画，直到重新再次取样为止；如果没有选择该复选框，表示在复制过程中如果因某种原因暂停，当再次使用“仿制图章工具”时，是继续接着原来的取样点所对应位置画图像。

2. 图案图章工具

图案图章工具能将图案复制到图像上，操作时只需选取相应的图案绘制即可，其工具属性栏如图 2-3-10 所示。选择“印象派效果”选项，将复制出类似于印象派艺术画效果。

图 2-3-10　图案图章工具属性栏

注意：在使用图案图章工具之前，必须先选择好图案（图案可以是自定义，也可以直接选择软件预设的图案），才能进行图案图章工具的复制。

（三）图像渲染工具

1. 模糊工具

顾名思义，它是一种通过笔刷使图像变模糊的工具。它的工作原理是降低像素之间的反差，其属性栏如图 2-3-11 所示。

图 2-3-11　模糊工具属性栏

- 画笔：选择画笔的形状。
- 模式：色彩的混合方式。
- 压力：画笔的压力。
- 用于所有图层：可以使模糊作用于所有层的可见部分。

2. 锐化工具

与模糊工具相反，它是一种使图像色彩锐化的工具，也就是增大像素间的反差，其属性栏如图 2-3-12 所示。

图 2-3-12　锐化工具属性栏

3. 涂抹工具

使用时产生的效果好像是用于笔刷在未干的油墨上擦过。也就是说笔触周围的像素将随笔触一起移动，其属性栏如图 2-3-13 所示。

图 2-3-13　涂抹工具属性栏

涂抹工具的属性栏选项与其他工具相似。

手指绘画：勾选此项后，可以设定图痕的色彩，好像蘸上色彩在未干的油墨上绘画一样。

（四）色调工具

色调工具包含“减淡工具”、“加深工具”和“海绵工具”。用于调节照片特定区域曝光度的传统摄影技术，可用于使用图像区域变亮或变暗。

1. 减淡工具

使用减淡工具可使处理的图像中所需处理的区域变亮，对局部曝光不足的区域，使用减淡工具可以对局部区域的图像增加明亮度，其属性栏如图 2-3-14 所示。

图 2-3-14 减淡工具属性栏

✣ 范围:该选项有三种不同的色调范围,分别是“暗调”、“中间调”和“高光”,“暗调”只对图像内暗调区域起作用;“中间调”只对图像内中间色调区域起作用;“高光”只对图像内高光区域起作用。

✣ 曝光度:设置图像曝光度数值。数值越大,减淡的程度也就越大。

2. 加深工具

使用加深工具可以对局部区域的图像变暗,其属性栏与减淡工具类似。

3. 海绵工具

可以精确更改被操作图像区域的色彩饱和度,如果“图像模式”为“灰度模式”,则该工具通过将灰阶远离或靠近中间灰色来增加或降低对比度,其属性栏如图 2-3-15 所示。

图 2-3-15 海绵工具属性栏

✣ 模式:分别有“加色”与“去色”两种模式,“加色”用来增加饱和度,“去色”用来减少饱和度。

✣ 流量:用于控制图像饱和度的大小。数值越大,饱和度效果越明显。

2.3.3 任务实施

(一) 修理乱发

1. 打开如图 2-3-16 所示图像文件。下面希望能将素材图像中女孩鼻子上的乱发修理干净。

图2-3-16 素材图像文件

2. 首先使用缩放工具将图像放大,并用抓手工具将需修改的部分调整到屏幕中央,如图 2-3-17 所示。

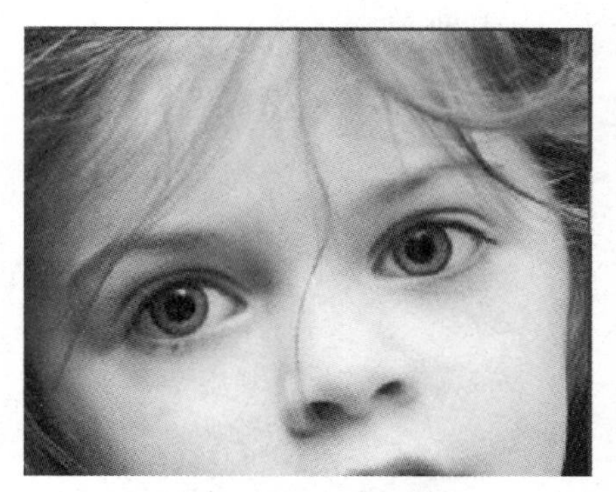

图 2-3-17　放大图像

3. 先修整鼻子下方的发丝，选择工具箱中的 工具，按住【Alt】键，在图像中鼻子下方没有发丝的周围单击鼠标，将图像取样到修复画笔。然后用修复画笔工具在发丝处拖动鼠标，将发丝处所在部分图像用所采样的图像替换掉，效果如图 2-3-18 所示。

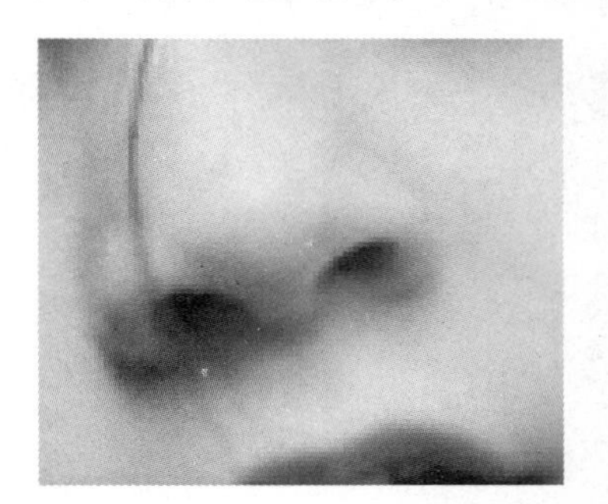

图 2-3-18　去除鼻子下方乱发污点前后对比图

4. 选择工具箱中的“修补工具”，先将鼻子上的发丝选取，然后将选区拖动到左脸干净部分取样，如图 2-3-19 所示。

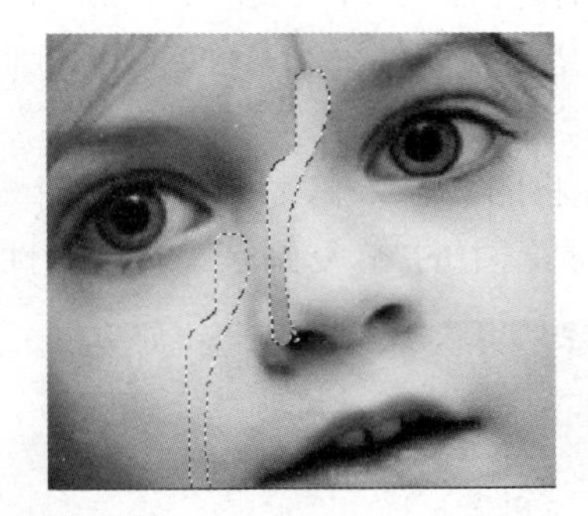

图 2-3-19　修补图像过程

5. 取消选区后效果如图 2-3-20 所示。

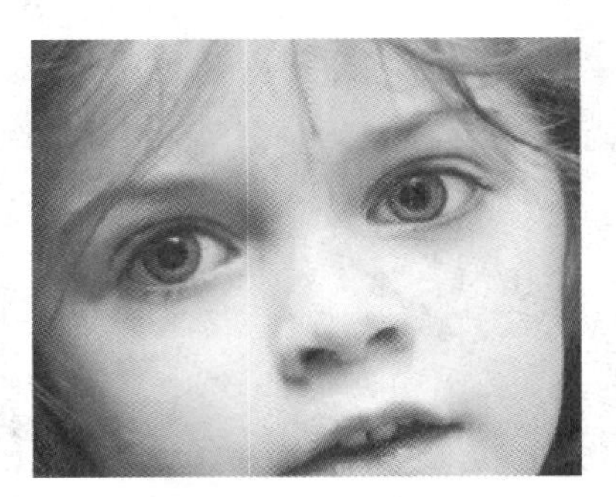

图 2-3-20　修补图像后效果

6. 还是刚才修理的那缕乱发，将额头上的一点再修理干净，选择工具箱中的"污点修复画笔工具"，在额头上需修整的部位单击，可将额头上的发丝清理干净，如果效果还不明显，也可以结合"修复画笔工具"，将额头部分干净地方取样后再修整，最后效果如图 2-3-21 所示。

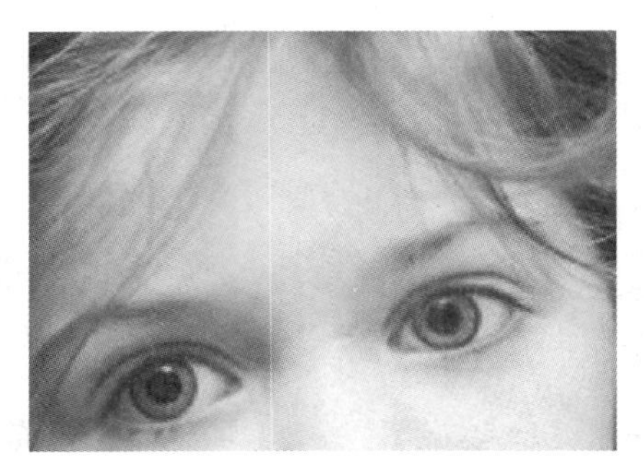

图 2-3-21　完成效果图

（二）移植图像

1. 分别打开如图 2-3-22、图 2-3-23 所示图像文件。

下面希望能将图 2-3-22 中的草地、湖泊、森林、高山等图像替换掉图 2-3-23 中的地面上的图像内容。

2. 首先将图 2-3-22 修复完整。原图 2-3-22 中左下方有一行文字水印，需要将其去除掉。选择工具箱中的"修复画笔工具"，属性栏如图 2-3-24 所示设置。

图 2-3-22　素材图像文件 1

图 2-3-23　素材图像文件 2

图 2-3-24　修复画笔工具属性栏

3. 按住【Alt】键，在图像中原水印的上方周围单击鼠标，将图像取样到修复画笔。然后用修复画笔工具在水印上拖动鼠标，将水印所在部分图像用所采样的图像替换掉，效果如图 2-3-25 所示。

图 2-3-25　去除图像水印

4. 选择工具箱中的“仿制图章工具”，属性栏如图 2-3-26 所示设置。

图 2-3-26　仿制图章工具属性栏

5. 按住【Alt】键，用仿制图章工具在图像中从左下角处单击，表示从单击处开始取样。

6. 返回到图 2-3-23 所示图像文件，用仿制图章工具在图像中从左下角处开始拖动鼠标，如图 2-3-27 所示。

图 2-3-27　仿制图章使用起点

7. 使用仿制图章工具绘制图像过程如图 2-3-28 所示。

2-3-28　仿制图章工具绘制图像过程图

8. 直到将仿制图章工具中的图像移植过来，效果如图 2-3-29 所示。

图 2-3-29　效果图

2.3.4　任务拓展

任务：底纹的制作

1. 新建一个 500＊500 像素、背景内容透明的 RGB 模式图像文件。

2. 将前景色设置为“淡绿色”，单击工具箱中的“油漆桶”工具，在图像中单击，将整个背景填充为淡绿色。

3. 执行“视图”→“显示”→“网格”命令，将网格显示，如图 2-3-30 所示。

4. 选取工具箱中的“画笔工具”，单击画笔工具属性栏中画笔选项旁边的小三角，在弹出的下拉菜单中执行“载入画笔”命令，然后在弹出的对话框中选取“混合画笔”，将“混合画笔”载入。

5. 选择自己喜欢的画笔，将前景色设置为自己喜欢的颜色，在图像中合适的位置单击鼠标设计出自己喜欢的图案，本例图案效果如图 2-3-31 所示。

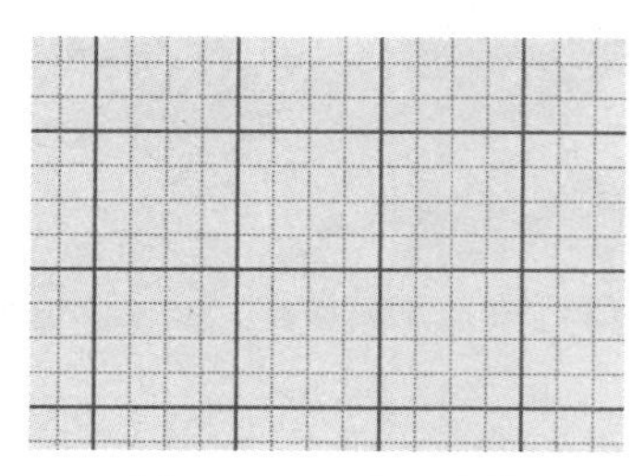

图 2-3-30　显示网格

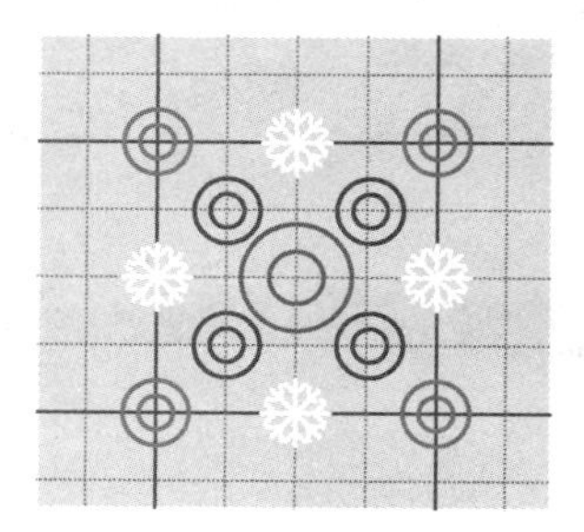

图 2-3-31　图案

提示

将网格显示出来，就是为了能准确地定位图案内容及位置。

6. 在图像中设计好自己的图案后，使用“矩形选取工具”在图像中绘制出一个矩形选区，如图 2-3-32 所示。

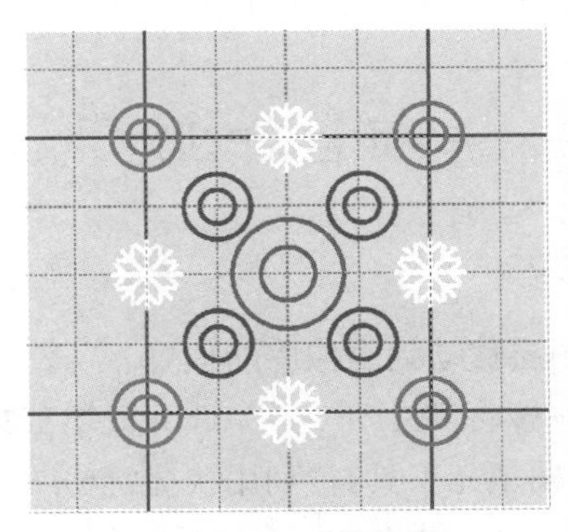

图 2-3-32　选取图案

7. 执行“编辑”→“定义图案”命令，在弹出的“图案名称”对话框中输入“底纹图案”，如图 2-2-33所示，将选区中的图像内容定义为“底纹图案”。

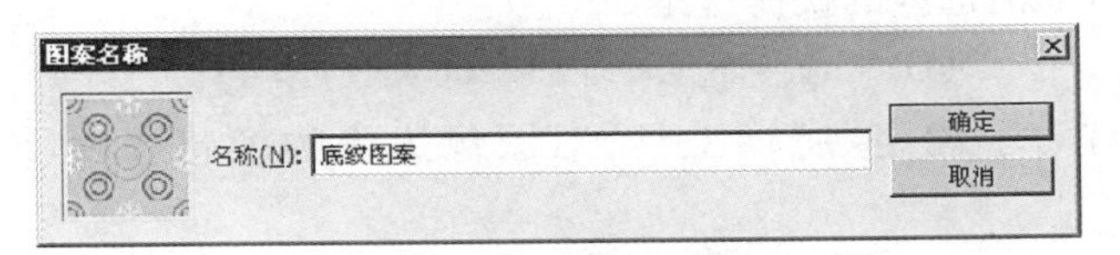

图 2-3-33　输入图案名称

8. 执行“选择”→“取消选择”命令，将选区取消。

9. 执行“编辑”→“填充”命令，在弹出的“填充”对话框中，内容使用图案方式填充，并选择所定义的“底纹图案”，如图 2-3-34 所示。单击“确定”按钮，可得到如图 2-3-35 所示效果，底纹制作完成。

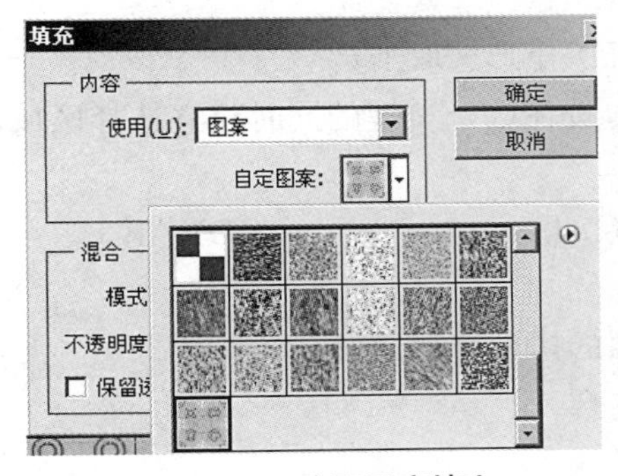

图 2-3-34　选取图案填充

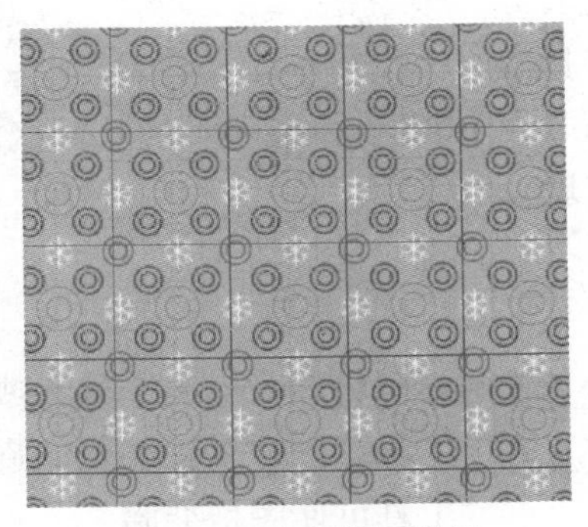

图 2-3-35　包装纸效果

项目小结

本项目系统地学习了工具箱中常用工具的使用，掌握了工具的应用功能及技巧。

项目作业

一、选择题

1. 使用(　　)可以将选区或图层移动到图像中的位置。
   (A) 抓手工具　(B) 移动工具　(C) 裁切工具　(D) 选框工具
2. 在 Photoshop 中，使用油漆桶填充工具时，利用快捷键(　　)向选择区域填充背景色。
   (A) Alt+Delete　(B) Alt+Shift　(C) Shift+Delete　(D) Ctrl+Delete
3. 在 Photoshop 中，使用椭圆选框工具，配合(　　)可以绘制圆形选区。
   (A) Alt　(B) Crtl　(C) Tab　(D) Shift
4. 在 Photoshop 中，取消选区的快捷键是(　　)。
   (A) Ctrl+A　(B) Ctrl+S　(C) Ctrl+D　(D) Ctrl+N
5. 在 Photoshop 中，为了确定"魔棒工具"对图像边缘的敏感程度，应调整下列哪个数值(　　)。
   (A) 边对比度　(B) 容差　(C) 套索宽度　(D) 颜色容差
6. 在 Photoshop 中，应用前景色填充图层的快捷键是(　　)。
   (A) Ctrl+Shift　(B) Alt+Delete
   (C) Ctrl+Delete　(D) Shift+Delete
7. 在 Photoshop 中，下列哪个工具选项调板中可设定"容差"(　　)。
   (A) 套索工具　(B) 磁性套索工具
   (C) 魔棒工具　(D) 矩形选取工具
8. 在 Photoshop 中，当图像中已经存在选择区域时，按住(　　)键的同时建立选择区域，将增加选择区域。
   (A) Shift　(B) Ctrl　(C) Delete　(D) Alt

二、填空题

1. ____________使用户可将图像的一个状态或快照的拷贝绘制到当前图像窗口中。
2. 使用____________工具可创建多种颜色的逐渐混合。
3. 使用____________工具可使图像变暗。
4. 利用____________工具可以选择图像中颜色相近的区域。
5. "变换"选区命令要对范围进行____________、____________、____________三种编辑。

三、操作题

1. 制作如图 2-4-1 所示的底纹效果。

（提示：使用画笔工具、定义图案命令、填充命令等操作）

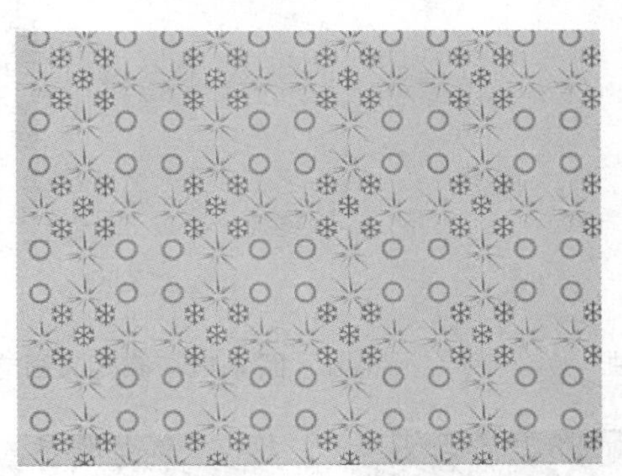

图 2-4-1　底纹效果

2. 制作如图 2-4-2 所示的图像效果。

（提示：使用定义图案命令、填充命令及变换等相关操作）

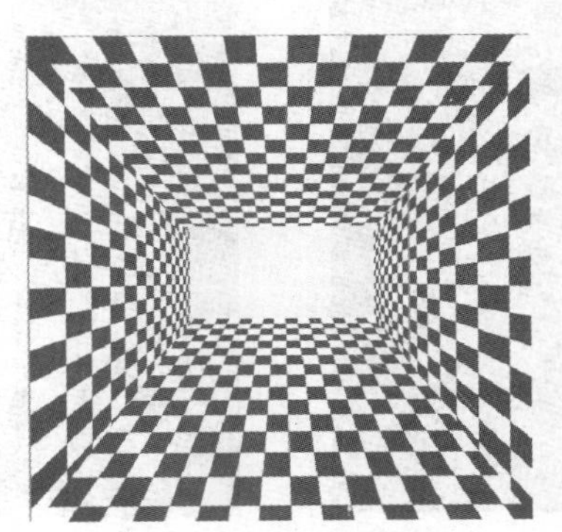

图 2-4-2　隧道效果

3. 制作如图 2-4-3 所示的立方体图像效果。

（提示：使用选区变换、渐变等相关操作）

图 2-4-3　立方体

4. 绘制如图 2-4-4 所示的蜡烛，并自定画笔，完成如图 2-4-5 所示图像绘制操作。

（提示：使用渐变填充制作蜡烛体、画笔绘制火焰效果，通过画笔面板中“动态形状”分别

设置两个大小不一的笔刷绘制火焰的内焰、外焰，画笔面板设置如图 2-4-6 所示）

图 2-4-4　蜡烛

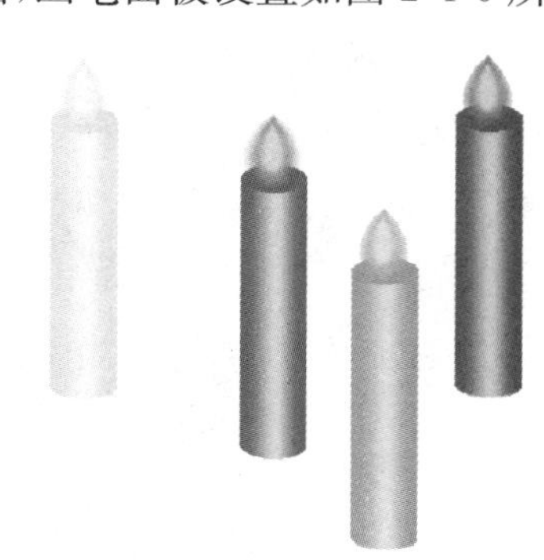

图 2-4-5　自定义画笔绘制多支蜡烛

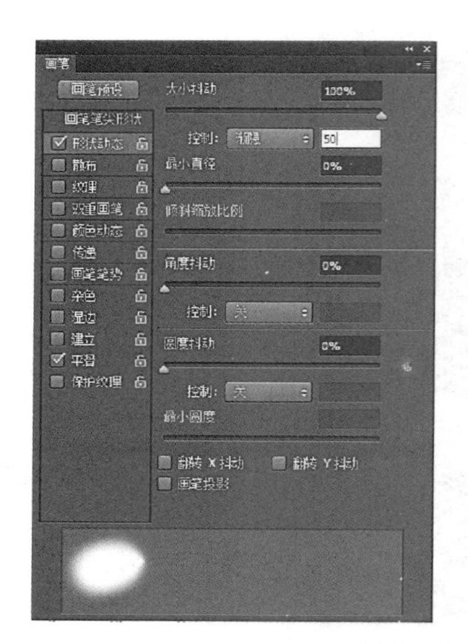

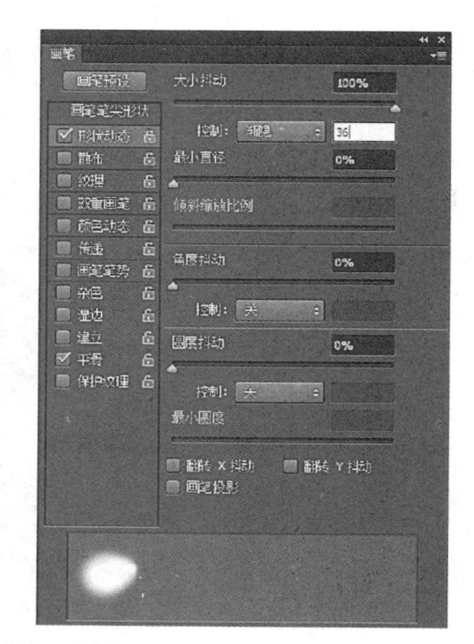

图 2-4-6　画笔设置

项目三　图层与通道运用

项目描述

本项目通过宝贝明星照、晶莹字和个性名片、艺术照处理等4个任务的完成，使读者能了解并掌握图层的创建方法、图层模式、图层样式及图层蒙版的基本应用以及通道的灵活应用。

能力目标

★了解图层、图层样式和图层蒙版的基本概念。

★熟练掌握图层、图层样式和图层蒙版的基本操作。

★理解通道的概念以及灵活应用。

3.1　任务一　宝贝明星照

3.1.1　任务情境

许许多多年轻的爸爸妈妈，在宝宝出生后的日子里，特别喜欢用相机给自己的宝宝照相。可是，面对那么多可爱的照片，却无能为力，不知如何才能将其美化处理，以达到最满意的效果，从而给宝宝留下童年最美好的回忆。

下面，我们将给大家介绍宝贝明星照的制作方法。

3.1.2　任务剖析

一、应用知识点

（一）图层的基本概念

（二）图层的基本操作

二、知识链接

（一）图层的基本概念

1. 图层的基本原理

在现实生活作画的过程中，所有的图像都是在一个层面上，这将导致对于其中的任一部分能随意的移动与修改，任何改动都可能影响到图像的其他部分。图层概念的引入改变了

这一切。在制作图像时，用户可以先在不同的图层上绘制不同的图画并进行编辑，由于各个部分不在一块图层上，所以对任一部分的改动都不会影响到其他图层。最后将这些图层按想要的次序叠放在一起，就构成了一幅完整的图像。

什么是图层呢？我们可以把图层比喻成一张张透明的纸，在多张纸上画了不同的东西，然后叠加起来，就是一幅完整的画。如图 3-1-1 所示。

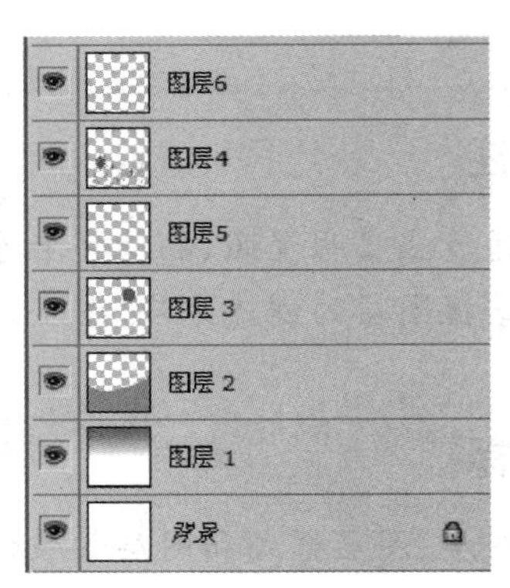

图 3-1-1　图层示意图

图 3-1-1 中的各种物体，都在不同的图层中，这些图层叠加起来，就形成了一幅画。要注意的是，图层是有上下顺序的，上面的图层会遮住下面的图层。若图层 1 放置于图层 2 的上方，则图层 2 中的绿地将被遮盖，从而无法显示。

2. 图层的基本分类

(1) 普通图层

普通图层是一个透明无色的图层，就像是一张透明的纸，用户可以在这个图层上任意地进行修改、绘制和调整(如用画笔、喷枪等工具在它上面进行绘制)，而不会影响到原来图像的效果。在普通图层中，用户可以进行任何图层操作，可以设置不透明度和混合模式等选项。

建立普通图层的方法很简单：只要在“图层”面板上单击“创建新的图层”按钮 ，就可以新建一个空白图层，如图 3-1-2 所示。

图 3-1-2　创建一个普通图层

用户也可以执行“图层”→“新建”→“图层”命令或者按下【Shift＋Ctrl＋N】键，建立新图层，此时会弹出“新图层”对话框，如图 3-1-3 所示，在对话框中设置图层的名称、不透明度和颜色等参数，然后单击“确定”按钮即可。

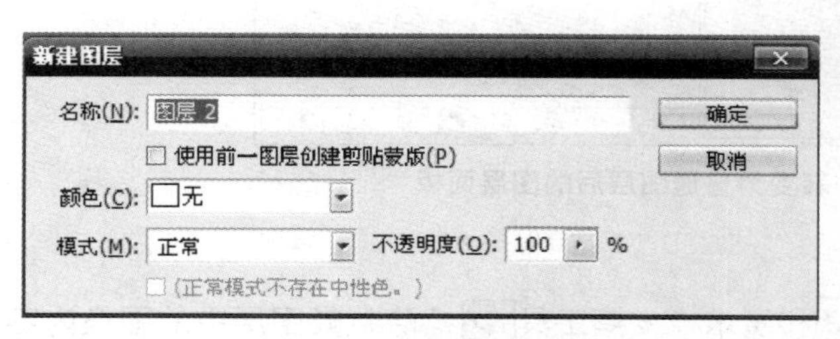

图 3-1-3　创建新图层

3-1-4　重命名图层

提示

用户可以更改图层名称，方法是在“图层”面板上双击要重新命名的图层，然后直接输入新名称即可，如上图 3-1-4 所示。

（2）背景图层

背景图层位于所有图层最下方的图层，名称只能是“背景”。与普通图层有很大区别，它的主要特点如下：

❖ 背景图层是一个不透明的图层，以背景色为底色，并且始终被锁定。如图 3-1-2 所示，在背景图层右侧有一个锁图标，它表示当前图层是锁定的。

❖ 背景图层不能进行图层不透明度、图层混合模式和图层填充颜色的调整。

❖ 背景图层的图层名称始终以“背景”为名，位置在“图层”面板的最底层。

❖ 用户可以在背景图层与普通图层之间互换，方法是双击背景图层，此时出现如图3-1-5所示的对话框，在“名称”框中输入图层名称，然后单击“确定”按钮就可以将背景图层转换为普通图层，如图 3-1-6 所示，背景图层变成了“图层 0”。

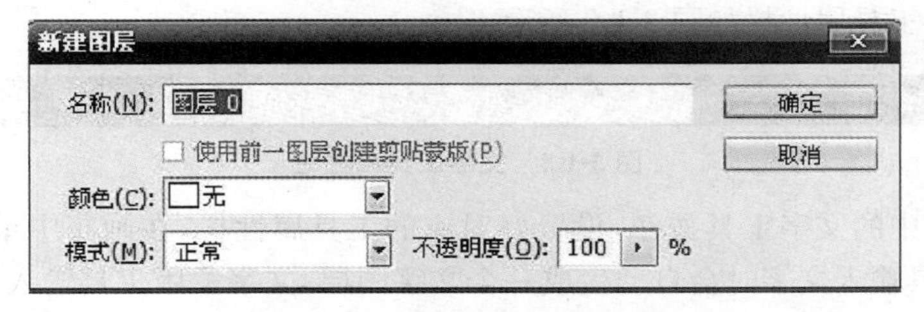

图 3-1-5　将背景图层变为普通图层

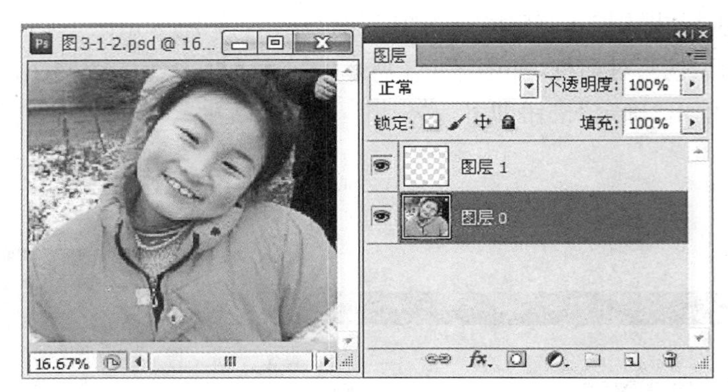

图 3-1-6　转变为普通图层后的图层面板

提示

当使用背景色橡皮擦工具和魔术橡皮擦工具擦除背景图层中的图像内容时，背景图层也会自动变为普通图层。

如果一个图像中没有背景图层，而想建立一个背景图层时，可以按如下方法进行创建，先选中要作为背景图层的普通图层，然后执行“图层”→“新建”→“背景图层”命令即可。新建立的背景图层将出现在“图层”面板的最底部，并使用当前所选的背景色作为背景图层的底色。

(3) 文字图层

在 Photoshop 中，通过文字工具输入文字。在 Photoshop 中输入文字并生成文字图层工具共有 2 组，如图 3-1-7 所示。

横排文字工具　T
直排文字工具　T

图 3-1-7　文字工具组

①横排文字工具：可以沿水平方向输入文字，生成文字图层。

②直排文字工具：可以沿垂直方向输入文字，生成文字图层。

在属性栏中可以设置文字的字体、字号、颜色、对齐方式等基本信息，也可以进行变形文字等操作。文字工具属性栏如图 3-1-8 所示。

宋体　72点　锐利

图 3-1-8　文字工具属性栏

单击工具箱中的文字工具按钮，设置好对应的工具属性栏，在画布中单击即可输入文字，使用文字工具输入文字时会自动生成一个文字图层，文字蒙版工具输入文字时，将产生一个所输入文字的选区。

在图像中输入文字后，会在在 Photoshop CS6 中自动建立一个文本图层。文本图层与普通图层一样被单独保存在图像文件中，用户可以设置不透明度和模式等参数，如图 3-1-9

所示，这样可以方便以后编辑和修改。但它与普通图层有区别，在文本图层上不能使用 Photoshop CS6 的许多工具来编辑和绘图，如喷枪、画笔、铅笔、直线、图章、渐变和橡皮擦等。所以，如果要在文本图层上应用上述这些工具，必须将文字图层转换为普通图层，方法有两种，具体如下：

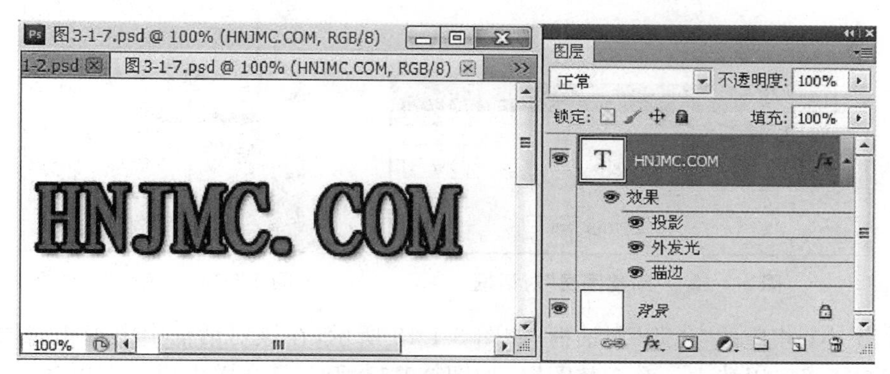

图 3-1-9　建立一个文本图层

❖ 在“图层”面板中选中文本图层，然后选择“图层”→“栅格化”→“文字”命令。

❖ 在“图层”面板中的文本图层上单击鼠标右键，在弹出的快捷菜单中执行“栅格化图层”命令，如图 3-1-10 所示。

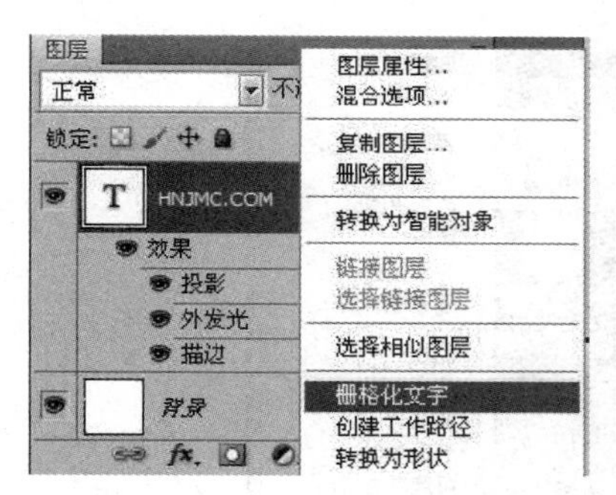

图 3-1-10　将文本图层栅格化

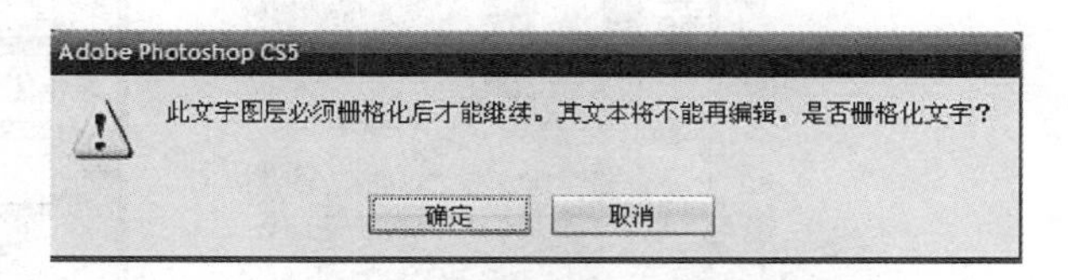

图 3-1-11　对文本图层执行滤镜时提示栅格化

提示

不能直接在文本图层上使用滤镜功能，需要先将文本图层转换为普通图层，如果直接在文本图层上执行滤镜命令，将会出现如图 3-1-11 所示的对话框，提示用户先进行文本图层栅格化，选择“确定”按钮后就可以将文本图层转换为普通图层。

（4）调整图层

调整图层是一种比较特殊的图层，主要用来控制色调和色彩的调整。创建调整图层的操作如下：

①选择“图层”→“新建调整图层”命令打开子菜单，在其中选择一个命令，例如选择“色阶”命令。

②此时将弹出如图 3-1-12 所示的“新建图层”对话框，在对话框中设置图层名称、颜色、

模式和不透明度，单击“确定”按钮。

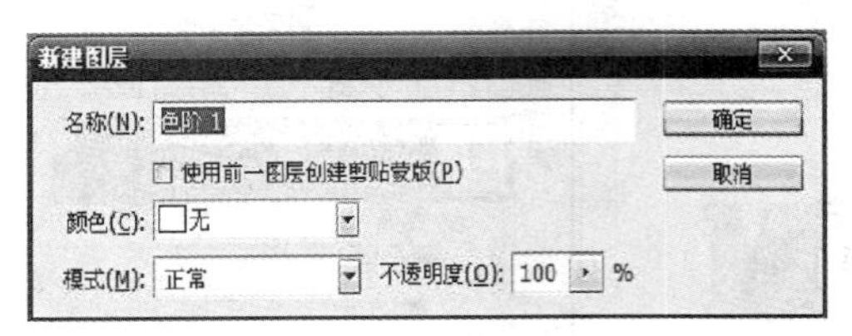

图 3-1-12 “新建图层”对话框

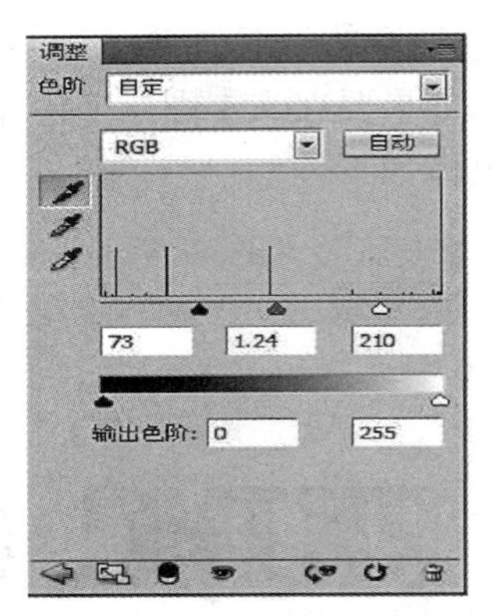

图 3-1-13 “色阶”对话框

③弹出一个相应的“色阶”对话框，如图 3-1-13 所示，在该对话框中设置相应的参数，单击“确定”按钮就可以建立一个调整图层，如图 3-1-14 所示。这样用户就可以对调整图层下方的图层进行色彩和色调调整，并不会影响原图像。

在“图层”面板底部单击“创建新的填充和调整图层”按钮，选择如图 3-1-15 所示下拉菜单中的命令，即可在图像上建立一个新的调整图层。

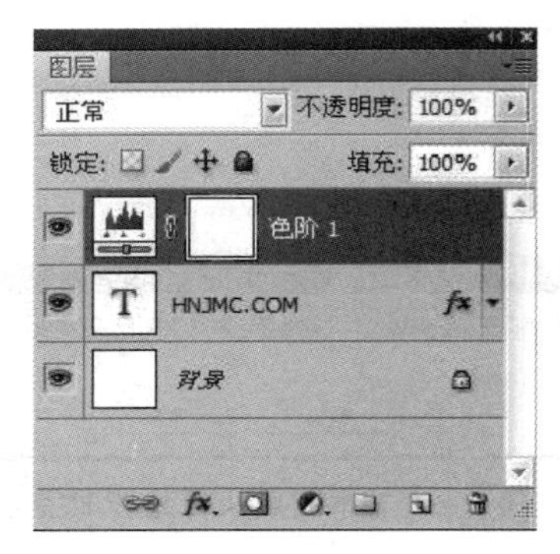

图 3-1-14 “图层”面板

图 3-1-15 按钮菜单

提示

对设置效果不满意时，可以重新进行调整。只要双击调整图层中的缩览图（图层缩览图），即可重新打开相应的对话框进行设置。

3. 图层的基本操作

(1) 移动图层

要移动图层中的图像，可以使用“移动工具”。若要移动整个图层，先选中整个图层，再点击移动工具；若要移动图层中的某一块区域，则必须先选取范围后，再使用移动工具进行移动。

（2）复制图层

复制图层是较为常用的操作，可将某一图层复制到同一图像中，或者复制到另一幅图像中。

①在同一图像中复制图层

当在同一图像中复制图层时，可以用下面介绍的几个方法来完成复制图层的操作。

❖ 用鼠标拖放复制

方法是在“图层”面板中选中要复制的图层，然后将图层拖动至“创建新的图层”按钮 上。

❖ 使用菜单命令复制

先选中要复制的图层，然后选择“图层”菜单或“图层”面板菜单中的“复制图层”命令，打开“复制图层”对话框，如图 3-1-16 所示。在“为”文本框中可以输入复制后的图层名称，在“目的”选项组中可以为复制后的图层指定一个目标文件，在“文件”下拉列表框中列出当前已经打开的所有图像文件，从中可以选择一个文件以便在复制后的图层上存放；如果选择“新建”选项，则表示复制图层到一个新建的图像文件中，此时“名称”文本框将被激活，用户可在其中为新文件指定一个文件名，单击“确定”按钮即可将图层复制到指定的新建图像中。

提示

复制图层后，新复制的图层出现在原图层的上方，并且其文件名以原图层名为基底并加上“副本”两字，如图 3-1-17 示。

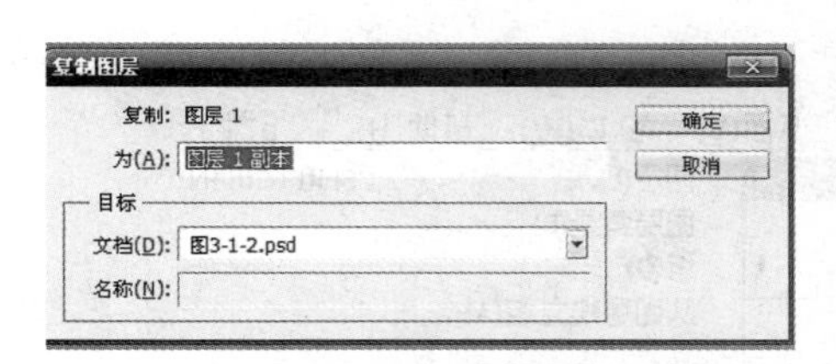

图 3-1-16　“复制图层”对话框

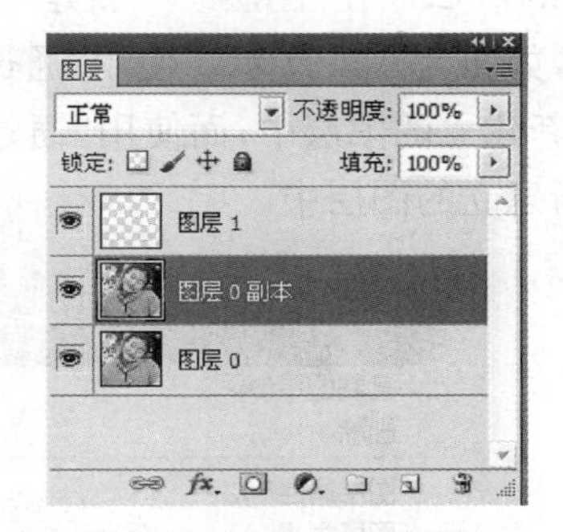

图 3-1-17　复制后的图层

②在不同图像之间复制图层

在两个不同的图像之间复制，方法如下：

使用鼠标拖放复制。先打开要进行复制和被复制的图像，使它们同时显示在屏幕上，如图 3-1-18 所示，并显示“图层”面板，接着在“图层”面板中按下要进行复制的图层并拖动至另一图像窗口中即可。

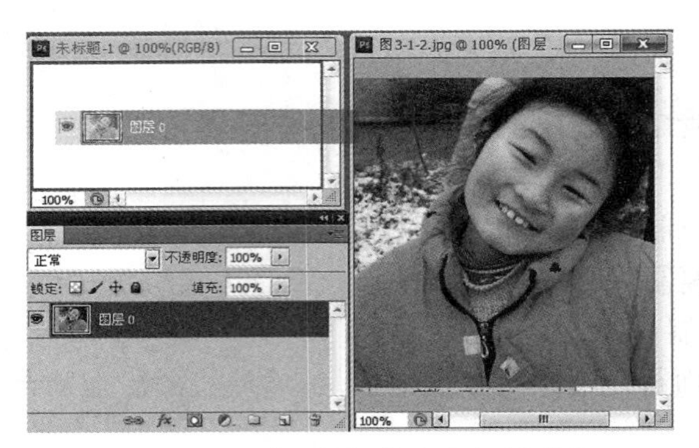

图 3-1-18　在不同图像之间复制图层

③复制整个图像到新文件

打开一个含有多个图层的文件，然后选择“图像”→“复制”命令，打开如图 3-1-19 所示的“复制图像”对话框，在“为”文本框中输入新文件的名称，单击“确定”按钮，可以将原图像复制到一个新建的图像中。

图 3-1-19　复制整个图像

(3) 通过剪切和拷贝建立图层

Photoshop CS6 在“图层”→“新建”子菜单中提供了“通过拷贝的图层”和“通过剪切的图层”命令，如图 3-1-20 所示。使用“通过拷贝的图层”命令，可以将选取范围中的图像复制后，粘贴到新建立的图层中；而使用“通过剪切的图层”命令，则可将选取范围中的图像剪切后粘贴到新建立的图层中。

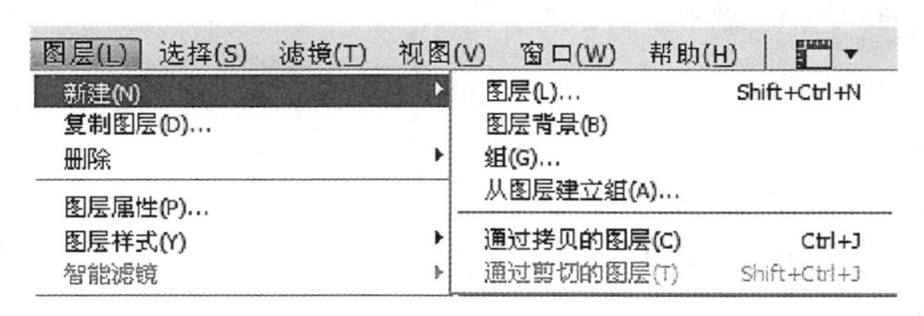

图 3-1-20　“新建”子菜单

提示

使用“通过拷贝的图层”和“通过剪切的图层”命令之前要选取一个选区。

(4) 锁定图层内容

Photoshop CS6 提供了锁定图层的功能，可以锁定某一个图层和图层组，使它在编辑图像时不受影响，从而可以给编辑图像带来方便。锁定功能主要通过“图层”面板中的“锁定”选项组中的 4 个选项来控制，如图 3-1-21 所示。

图 3-1-21　锁定图层内容

❖ “锁定透明像素”：会将透明区域保护起来。因此在使用绘图工具绘图（以及填充和描边）时，只对不透明的部分（即有颜色的像素）起作用。

❖ “锁定图像像素”：可以将当前图层保护起来，不受任何填充、描边及其他绘图操作的影响。因此，此时在这一图层上无法使用绘图工具，绘图工具在图像窗口中将显示为图标。

❖ “锁定位置”：单击此图标，不能对锁定的图层进行移动、旋转、翻转和自由变换等编辑操作。但可以对当前图层进行填充、描边和其他绘图的操作。

❖ “锁定全部”：将完全锁定这一图层，此时任何绘图操作、编辑操作（包括删除图像、图层混合模式、不透明度、滤镜功能和色彩和色调调整等功能）都不能在这一图层上使用，而只能够在“图层”面板中调整这一层的叠放次序。

提示

锁定图层后，在当前图层右侧会出现一个锁定图层的图标。

（5）删除图层

对一些没有用的图层，可以将其删除，有以下几种方法：

❖ 选中要删除的图层，单击“图层”面板上的“删除图层”按钮。

❖ 选中要删除的图层，选择“图层”面板菜单中的“删除图层”命令。

❖ 直接用鼠标拖动图层到“删除图层”按钮上。

❖ 如果所选图层是链接图层，则可以选择“图层”→“删除”→“链接图层”命令将所有链接图层删除。

❖ 如果所选图层是隐藏的，则可以选择“图层”→“删除”→“隐藏图层”命令来删除。

4. 图层面板

Photoshop 的图层操作主要是通过“图层”面板来完成的，下面我们来认识一下“图层”面板的组成，以及它的使用方法。

选择"窗口"→"图层"命令或按【F7】键可以显示"图层"面板，如图 3-1-22 所示，其中将显示当前图像的所有图层信息。

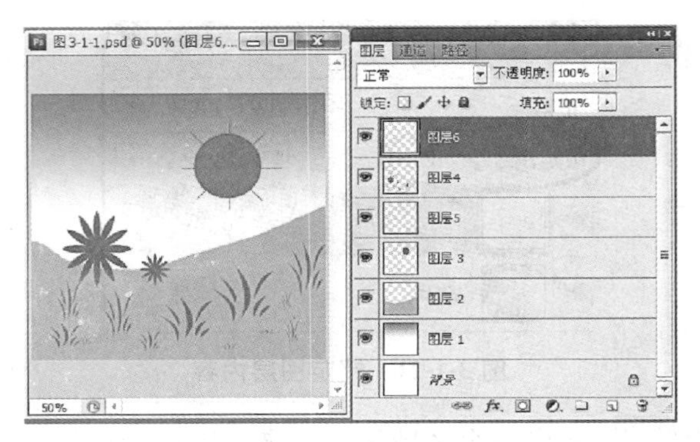

图 3-1-22 "图层"面板

"图层"面板中的各个选项的功能如下：

✣ "设置图层的混合模式" 正常 ：单击该列表框可以打开一个下拉菜单，从中选择不同色彩混合模式，来制作这一层图像与其他图层叠合在一起的效果。

✣ "图层名称"：每个图层都可以设置自己的名称，以便区分和管理图层。如果在建立新图层的时候，Photoshop CS6 会自动命名为：图层 1、图层 2……。

✣ "不透明度"：用于设置图层的不透明度，经常用于多图层混合效果的制作。

✣ "显示和隐藏" ：用于显示或隐藏图层。不显示眼睛图标时，表示这一层中图像是被隐藏的；反之，表示这一层图像是显示的。用鼠标单击 ，就可以切换显示或隐藏状态。注意：当某个图层隐藏时，将不能对它进行任何编辑。

✣ "图层缩略图"：在图层名称的左侧有一个小方框形的预览图 图层 2 ，显示该层图像内容，它的作用也是为了便于辨识图层，预览缩略图的内容随着对图像的改变而改变。

✣ "使用图层样式" fx ：单击此图标就会弹出"图层样式"对话框，在这个对话框中可以为当前作用图层的图像制作各种样式的效果。

✣ "图层蒙版" ：单击此图标，可以建立一个图层蒙版。

✣ "创建新组" ：可利用图层组，对繁杂众多的图层进行有序的管理。

✣ "创建新的填充或调整图层" ：这种类型的层用来控制和调整层色彩和色调。Photoshop CS6 会将色调和色彩的设置，如图案、色彩平衡等命令制作的动作效果，单独存放到某个图层中。调整和修改图像时不会直接影响和改变原始图像。用户可以随时删除调节层，任意调整图像显示效果。

✣ "建立新图层" ：单击此图标就可以创建一个新图层；如果用鼠标把某个图层拖曳到这个图标上就可以复制该图层。

❖ “删除图层” ：单击该图标可将当前选中的图层删除；用鼠标拖曳图层到该按钮图标上也可以删除图层。

❖ “图层链接” ：当链接框中显示链接条 图标时，表示这一层与当前作用层链接在一起了，这样就可以跟当前作用层一起移动了。

3.1.3　任务实施

具体操作步骤：

1. 新建文档。执行“文件”→“新建”命令，弹出“新建”对话框，设置文档名称为“宝贝明星照”，其设置如图 3-1-23 所示，单击“确定”按钮。

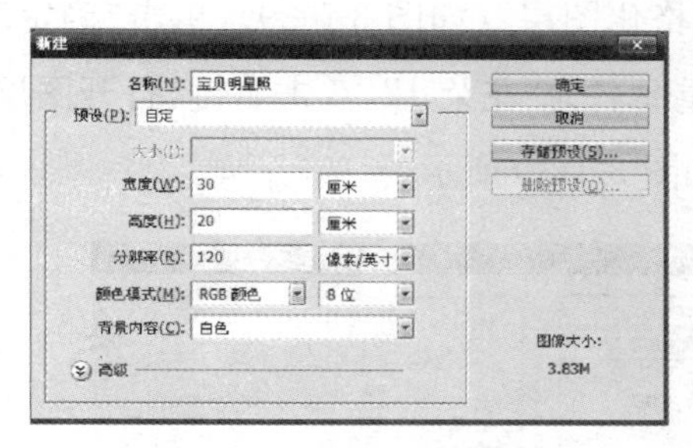

图 3-1-23　“新建”文档对话框

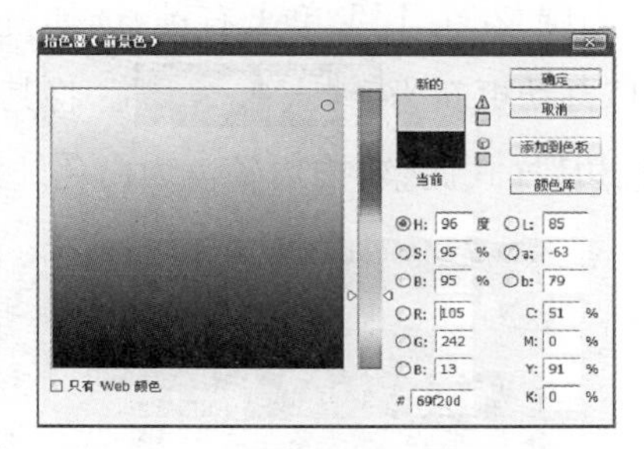

图 3-1-24　“拾色器(前景色)”对话框

2. 打开前景色和背景色调色窗口(注意：此时图层面板中只有一个背景图层)，在“拾色器(前景色)”对话框中设置 RGB 值，如图 3-1-24 所示，单击“确定”按钮。

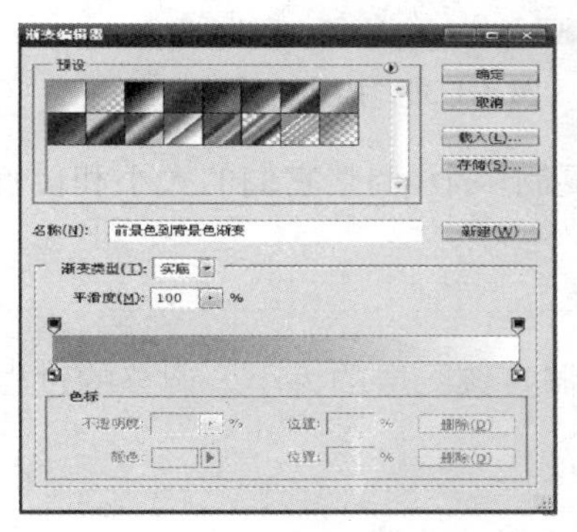

图 3-1-25　“渐变编辑器”对话框

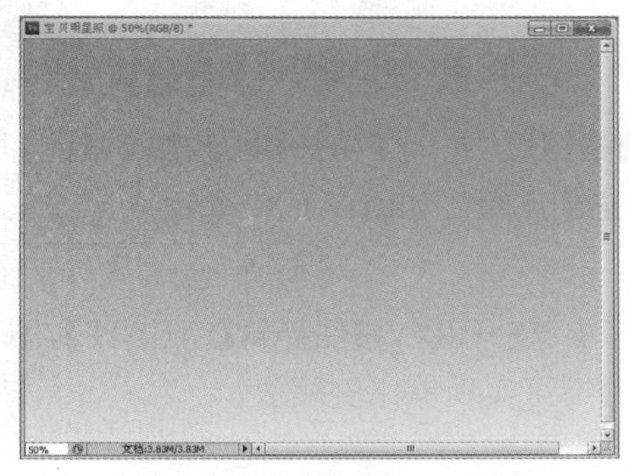

图 3-1-26　从上向下渐变效果

3. 打开工具箱中的渐变工具，在 中点击，弹出如图 3-1-25 对话框。选择“前景色到背景色渐变”，单击“确定”按钮。在背景图层中，从上向下渐变，效果图如图3-1-26所示。

4. 新建图层 1，重命名为“花朵 1”。在工具箱中，选择“自定义形状工具”，在属性栏的“形状”下拉列表中，找到如图 3-1-27 所示的“三叶草”形状。找到 颜色: 颜色调色板，将前景色调整为(R：226；G：250；B：20)。在图层“花朵 1”中绘制如图 3-1-28 所示的小花。

图 3-1-27　自定义形状

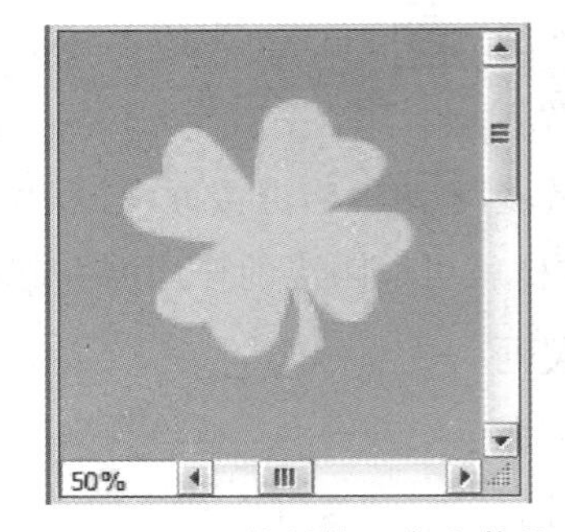

图 3-1-28　绘制第一个小花儿

5. 在图层“花朵 1”上单击右键，选择“栅格化图层”(如图 3-1-29)，单击“确定”按钮，图层“花朵 1”自动更新为 形状 1 。将其重命名为“花朵 1”，双击右键，打开图层样式，对其进行“描边”样式调整，描边颜色为白色。如图 3-1-30 所示。

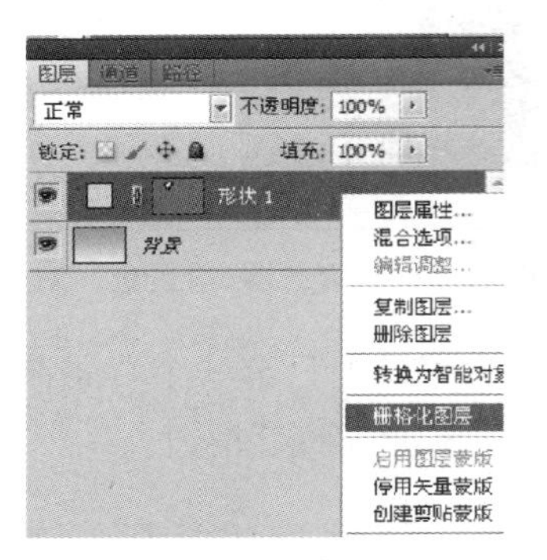

图 3-1-29　栅格化图层

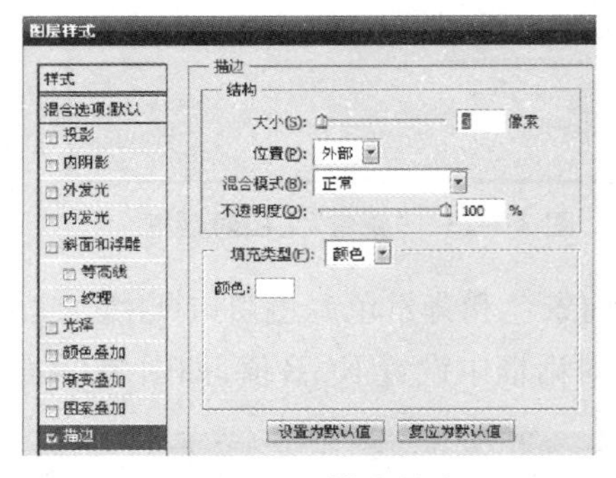

图 3-1-30　描边样式

6. 调整图层“花朵 1”的透明度为“50%”，并复制多个，调整它们的大小和位置，作为整个页面的花朵点缀。如图 3-1-31 所示。

提示

选中某一图层，按快捷键【Ctrl＋T】，即可调整该图层的大小。调整的过程中，按【Shift】键可实现等比例缩放。

图 3-1-31　花朵效果图

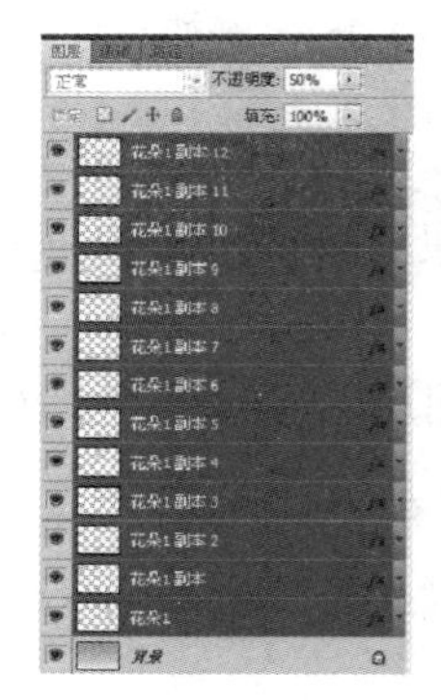

图 3-1-32　选中所有花朵图层

7. 选中所有的花朵图层，如图 3-1-32 所示。单击菜单“图层”，下拉菜单中选择“合并图层”。即可实现所有花朵图层的合并。这时，图层名称为“花朵 1 副本 12”，将其重命名为“花朵”。

提示

选中最上面的“花朵 1 副本 12”，按【Shift】键的同时，选中最下面的“图层花朵 1”，即可实现连续图层的选中。

8. 新建图层，将其重命名为“蝴蝶”。运用工具箱中的“自定义形状工具”，绘制如图 3-1-33 的蝴蝶。栅格化图层，单击“确定”按钮，自动更新为 形状 1 ，将其重命名为“蝴蝶”。双击右键，打开图层样式，对其进行“描边”样式调整，描边颜色为白色，大小为 10。如图 3-1-34 所示。

图 3-1-33　蝴蝶效果图

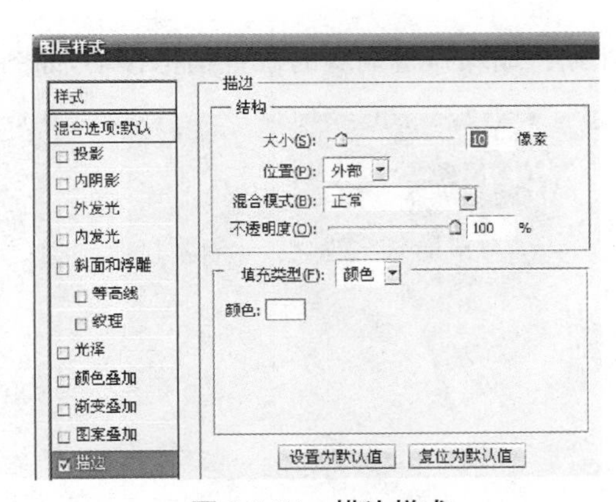

图 3-1-34　描边样式

9. 新建图层，其自动命名为“图层 1”，将其重命名为“小人一边框”。将前景色调整为(R:216;G:247;B:6)用矩形选框工具绘制一个长方形，如图 3-1-35 所示。填充前景色，按【Ctrl＋D】键取消选区，如图 3-1-36 所示。

图 3-1-35　矩形选区

图 3-1-36　填充后的矩形

按复合键【Ctrl＋T】，如图 3-1-37 所示，调整矩形的大小，至适当大小。

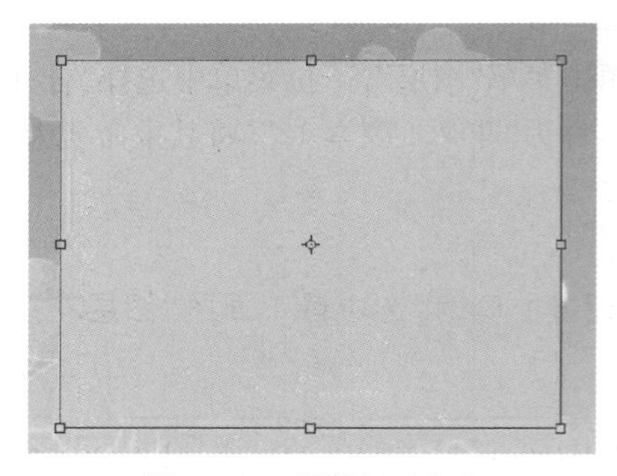

图 3-1-37　调整矩形大小

图 3-1-38　填充后的矩形

10. 打开图片“小人一.jpg”。将其拖动到“宝贝明星照.jpg”中，自动产生一个新的图层“图层一”，将其重命名为“小人一”。如图 3-1-38 所示。按复合键【Ctrl＋T】，调整图片的大小，如图 3-1-39 所示。

选中图层“蝴蝶”，将蝴蝶的位置稍稍移动，如图 3-1-40 所示。

图 3-1-39　调整图片大小以适应相框

图 3-1-40　移动位置后的蝴蝶

11. 选中图层“小人一边框”，点击右键弹出复制图层窗口，将其重命名为“小人二边框”。如图 3-1-41 所示。按复合键【Ctrl＋T】，调整矩形的大小，并移动其位置，如图 3-1-42 所示。

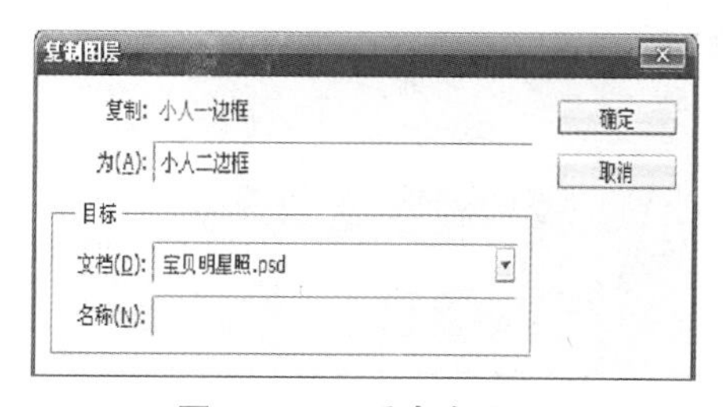

图 3-1-41　重命名图层

图 3-1-42　调整后的矩形

12. 打开图片“小人二.jpg”，将其重命名为“小人二”。运用裁剪工具将其大小进行裁剪，如图 3-1-43 所示。按复合键【Ctrl＋T】，调整图片“小人二”的大小，并移动其位置，如图 3-1-44所示。

图 3-1-43　裁剪后的小人二

图 3-1-44　调整图片大小以适应相框

13. 复制图层“小人一边框”，“小人三边框”。按复合键【Ctrl＋T】，调整矩形的大小，并移动其位置，如图 3-1-45 所示。

图 3-1-45　调整后的矩形

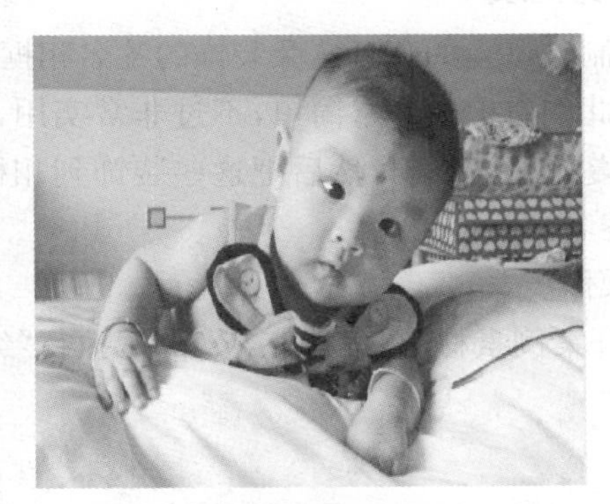

图 3-1-46　裁剪后的小人三

14. 打开图片“小人三.jpg”，将其重命名为“小人三”。运用裁剪工具将其大小进行裁剪，如图 3-1-46 所示。按复合键【Ctrl＋T】，调整图片“小人三”的大小，并移动其位置，如图 3-1-47 所示。调整图层顺序，使图层“小人三”和“小人三边框”在最上端，如图 3-1-48 所示。

图 3-1-47　调整图片大小以适应相框

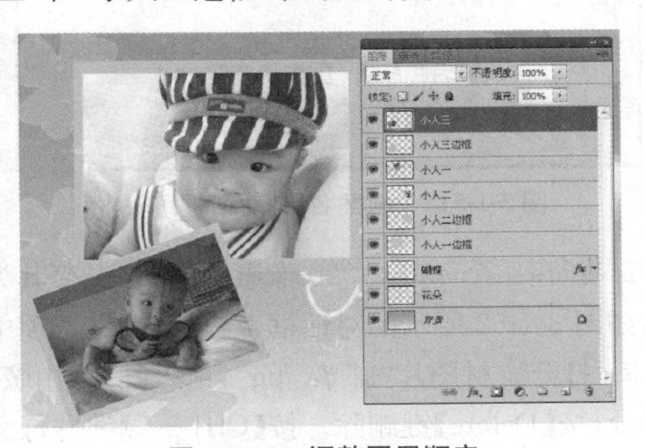

图 3-1-48　调整图层顺序

15. 将前景色调整为(R:76;G:175;B:56),运用文字工具(字体:隶书;大小:50),在窗口中输入文字"幸福宝宝,快乐成长",如图 3-1-49 所示。双击图层,对齐进行图层样式的调整,"投影"样式采用默认样式,"描边"样式(大小:4;颜色:白色)。并调整文字的位置,最终效果如图 3-1-50 所示。

图 3-1-49 输入文字

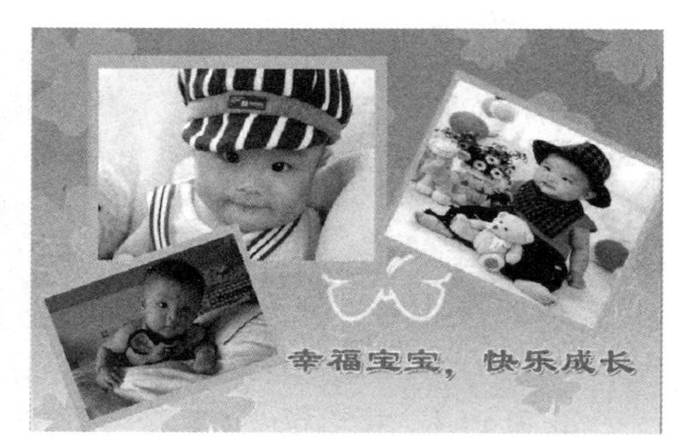

图 3-1-50 最终效果

3.1.4 任务拓展

任务:制作可爱的藤蔓花朵装饰的签名相框

解析:此例看上去非常简单,不过非常实用,制作方法也比较简单。制作之前需要找一些花朵、藤蔓及高光素材,然后把这些装饰到相框边缘,呈现一定的艺术感,再加上人物,高光素材及签名文字即可。

具体操作步骤:

1. 打开案例素材"图案填充花.jpg",执行"编辑"→"定义图案",弹出如图 3-1-51 所示的对话框。

图 3-1-51 "图案名称"对话框

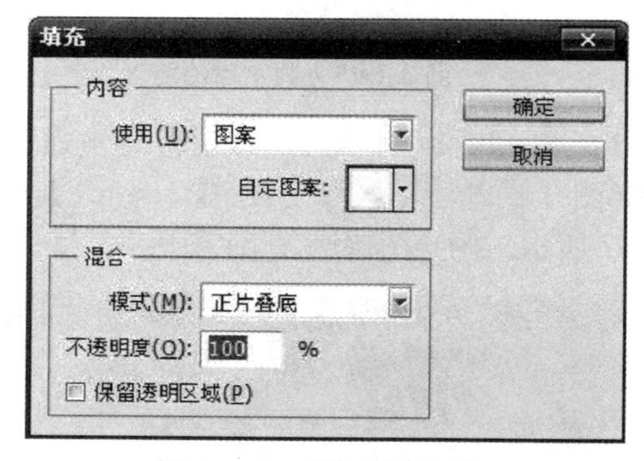

图 3-1-52 "填充"对话框

2. 新建一个 450 * 320 像素的画布,保存其为"花藤相框.psd"。执行"编辑"→"填充",弹出如图 3-1-52 所示的对话框,在自定图案选项中选择刚定义的图案"图案填充花"。

3. 打开素材图片"邮票.jpg",拖入其中,用魔术棒工具选择中间的白色和相框外面的白色部分,按【Delete】键删除。按【Ctrl+T】键进行变换,将其放大至一定的大小。如图 3-1-53 所示。

图 3-1-53　拖动邮票的大小

4. 打开素材图片"藤蔓、花瓣和叶子"，分别抠出来放到相框下方位置，适当调整好大小和位置。复制"藤蔓"图层，将复制后的图层模式设置为"滤色"，不透明度为"50%"，将藤蔓图层和复制后的藤蔓图层合并。如图 3-1-54 所示。

图 3-1-54　调整并合并后的图层

5. 打开素材"纹理.jpg"，拖入到图层中，将其图层混合模式改为"柔光"，用橡皮擦工具把先前的斜杠擦到不显眼为止。

6. 打开素材"小人四.jpg"，拖入到图层中，调整其大小使其适应相框。

7. 添加文字，其最终效果如图 3-1-55 所示。

图 3-1-55　最终效果

3.2 任务二 晶莹字

3.2.1 任务情境

在我们生活的周围，能看到各式各样、绚丽多彩的海报。不知你是否发现，海报的美丑与否，除了上面的人物或者风景是否很美以外，还有一个不可或缺的元素，那就是文字。

下面，我们将给大家介绍各种炫彩文字的制作方法。

3.2.2 任务剖析

一、应用知识点

（一）图层的混合模式

（二）图层的样式

（三）图层剪贴蒙版

二、知识链接

（一）图层的混合模式

通过设置图层的混合模式，可以将某个图层与其下方图层的颜色进行色彩混合，从而获得各种特殊图像效果。其设置方法很简单，只需用鼠标单击“图层”调板中“图层混合模式”右侧的下拉按钮，打开混合模式下拉列表，然后从25种模式中选择适当的选项即可。

为了便于用户更好地理解混合模式，我们先来了解3个术语：“基色”、“混合色”和“结果色”。

基色：指当前图层下方图层的颜色。对于绘画工具来讲，基色是图像中原来的颜色。

混合色：指当前图层的颜色。对于绘画工具来讲，混合色为绘画工具使用的颜色。

结果色：指混合后得到的颜色。对于绘画工具来讲，结果色为选择一种混合模式并在原图像中进行绘画后，在计算机屏幕上显示的颜色。

下面分别介绍各种色彩混合模式的意义。

正常：这是Photoshop中默认的色彩混合模式，此时上面图层中的图像将完全覆盖下层图像（透明区除外）。

溶解：在这种模式下，系统将用混合色随机取代基色，以达到溶解效果。

变暗：查看每个通道的颜色信息，混合时比较混合颜色与基色，将其中较暗的颜色作为结果色。也就是说，比混合色亮的像素被取代，而比混合色暗的像素不变。

正片叠底：将基色与混合色混合，结果色通常比原色深。任何颜色与黑色混合都产生黑色，任何颜色与白色混合保持不变。黑色或白色以外的颜色与原图像相叠的部分将产生逐渐变暗的颜色。

颜色加深：查看每个通道的颜色信息，通过增加对比度使基色变暗。其中，与白色混合时不改变基色。

线性加深：通过降低亮度使基色变暗。其中，与白色混合时不改变基色。

深色：比较混合色和基色的所有通道值的总和并显示值较小的颜色。“深色”不会生成第三种颜色(可以通过"变暗"混合获得),因为它将从基色和混合色中选择最小的通道值来创建结果颜色。

变亮:混合时比较混合色与基色,将其中较亮的颜色作为结果色。比混合色暗的像素被取代,而比混合色亮的像素不变。

(二) 图层样式

1. 投影

投影就是为图层上的对象、文本或形状后面添加阴影效果。投影参数由"混合模式"、"不透明度"、"角度"、"距离"、"扩展"和"大小"等各种选项组成,通过对这些选项的设置可以得到需要的效果。

2. "内阴影"效果

"内阴影"效果使当前图层中的图像向内产生阴影效果,在其右侧的参数设置区中可以设置"内阴影"的不透明度、角度、阴影的距离和大小等参数。

3. "外发光"效果

"外发光"效果可以使当前图层中图像边缘的外部产生发光效果。

4. "内发光"效果

"内发光"效果可以在图像边缘的内部产生发光效果,具体参数与"外发光"的相似。

5. "斜面和浮雕"效果

"斜面和浮雕"效果可以使当前图层中的图像产生不同样式的浮雕效果。

6. "光泽"效果

"光泽"效果可以使当前图层中的图像产生类似光泽的效果。

7. "颜色叠加"效果

"颜色叠加"效果可以在当前层的上方覆盖一种颜色,然后对颜色设置不同的混合模式和不透明度,使当前图层中的图像产生类似于纯色填充图层所产生的特殊效果。参数设置区中可以设置光泽的颜色、不透明度、角度、距离和大小等参数。

8. "渐变叠加"效果

"渐变叠加"效果可以在当前层的上方覆盖一种渐变颜色,使其产生类似渐变填充层的效果

9. "图案叠加"效果

"图案叠加"效果可以在当前层的上方覆盖不同的图案,然后对图案的"混合模式"和"不透明度"进行调整、设置,使之产生类似于图案填充层的效果。

10. "描边"效果

"描边"效果可以为当前图层中的图像添加描边效果,描绘的边缘可以是一种颜色或一种渐变色,也可以是一种图案。

(三) 图层剪贴蒙版

这是一种特殊的蒙版,剪贴蒙版是一种常用的混合文字、形状及图像的方法,它通过使用处于下方图层的形状限制上方图层显示内容的技术,从而创造混合效果。用于创建剪贴蒙版的图层必须是连续相邻的。将处于下方的用于限制上层图像显示区域的图层称为"基层",处于上方的图层称为"内容层"。

1. 创建剪贴蒙版。选择上层图层,执行"图层"→"创建剪贴蒙版"(或在图层面板中,按

【Alt】键并用鼠标单击两图层的交接边界线处)。

2. 释放剪贴蒙版。如果要取消剪贴蒙版,可在剪贴蒙版中选择基层,执行"图层"→"释放剪贴蒙版"(或在图层面板中,按【Alt】键并用鼠标单击两图层的交接边界线处)。

3.2.3 任务实施

(一) 输入文字

1. 新建文档。执行"文件"→"新建"命令,弹出"新建"对话框,按图 3-2-1 所示设置参数,单击"确定"按钮,新建一个名为"晶莹字"的文件。

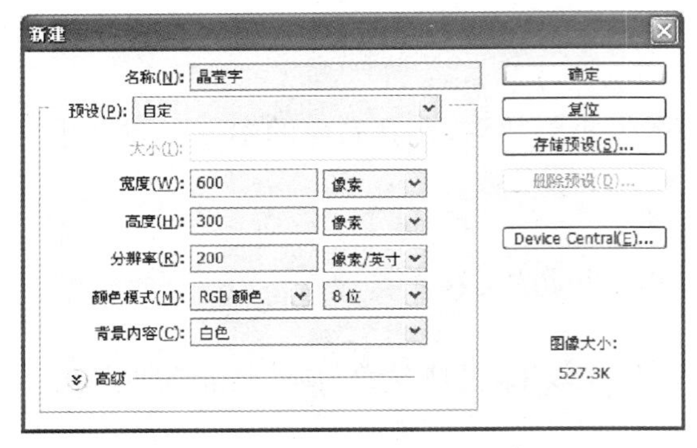

图 3-2-1 "新建文件"对话框

图 3-2-2 输入文字

2. 选择工具箱中的文字工具,输入"HELLO!"文字,字体设置为:华文琥珀,颜色蓝色,如图 3-2-2 所示。

3. 执行"图层"→"图层模式"→"混合选项"命令,在弹出"图层样式"对话框中分别设置以下各项参数。

(1) 投影选项,如图 3-2-3 所示。

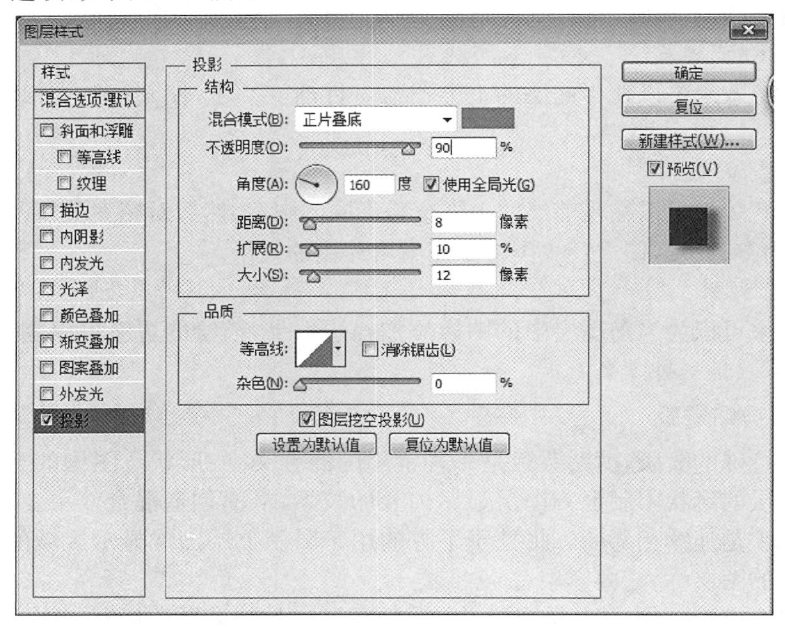

图 3-2-3 投影选项设置

（2）内阴影选项，如图 3-2-4 所示。

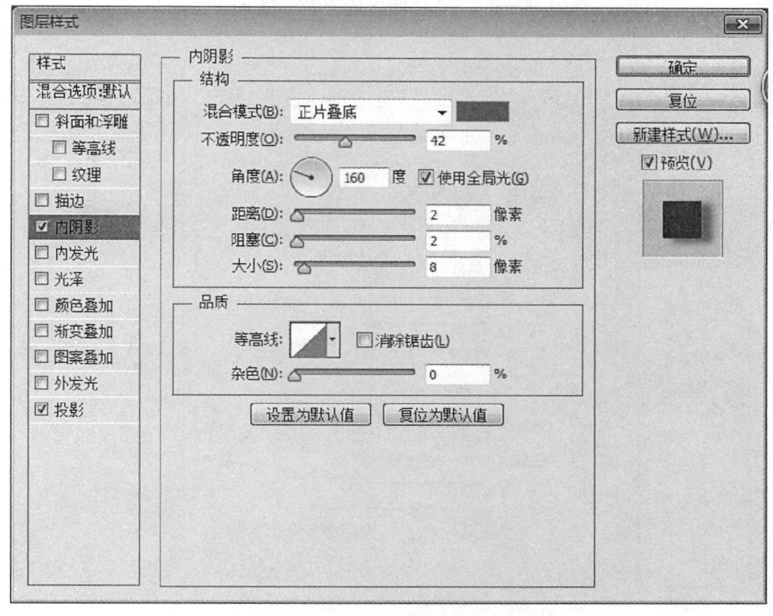

图 3-2-4　内阴影选项设置

（3）外发光选项，如图 3-2-5 所示。

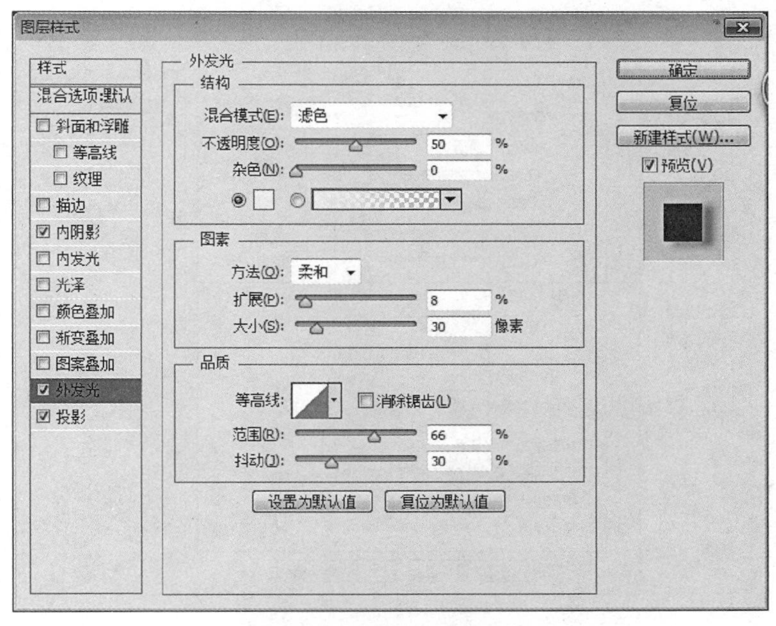

图 3-2-5　外发光选项设置

(4) 内发光选项,如图 3-2-6 所示。

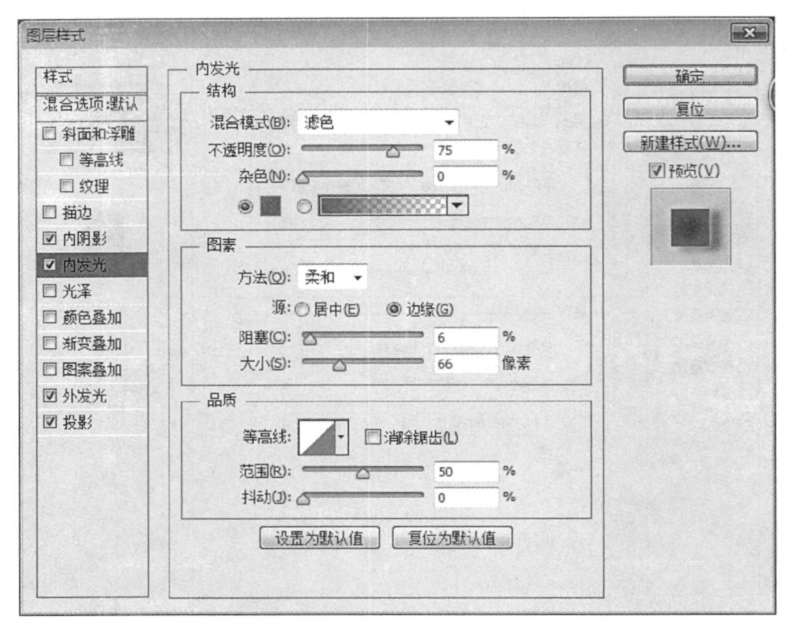

图 3-2-6　内发光选项设置

(5) 斜面与浮雕选项,如图 3-2-7 所示。

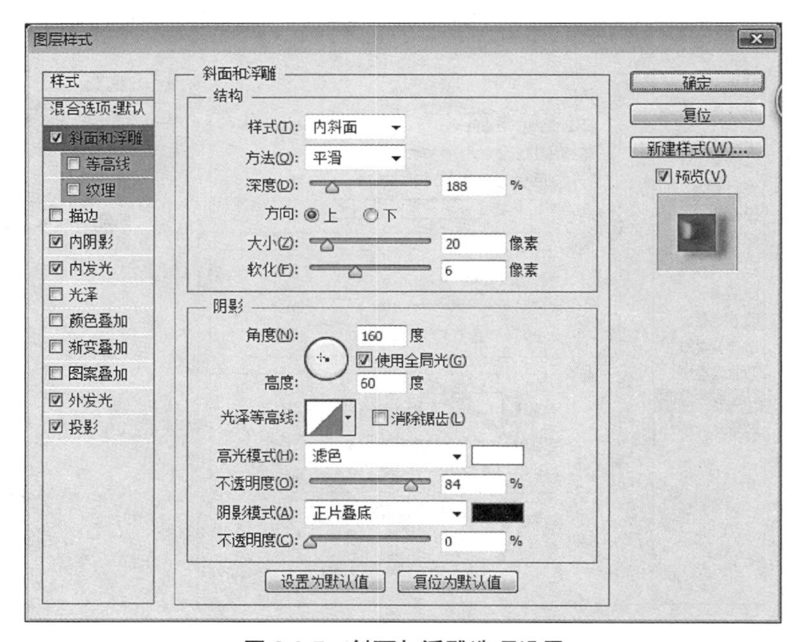

图 3-2-7　斜面与浮雕选项设置

（6）光泽选项，如图 3-2-8 所示。

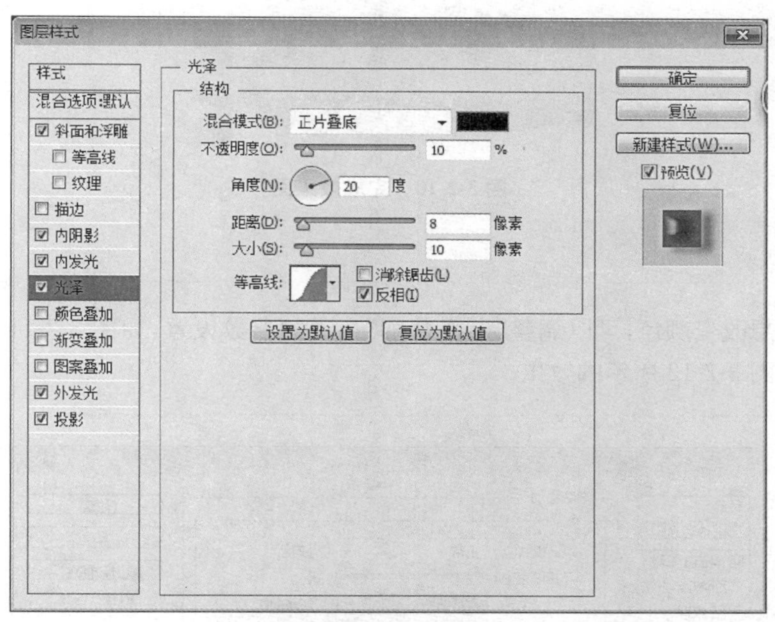

图 3-2-8 光泽选项设置

（7）渐变叠加选项，如图 3-2-9 所示。

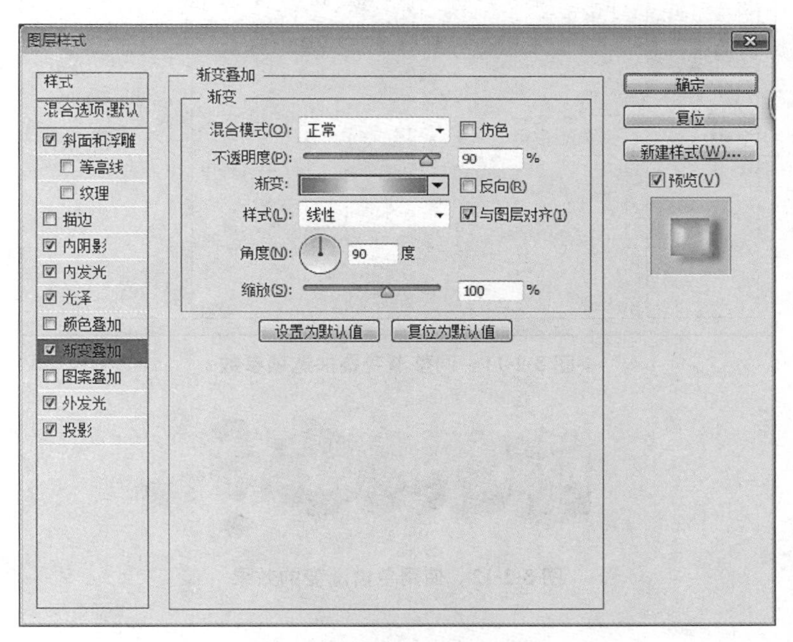

图 3-2-9 渐变叠加选项设置

4. 所有选项设置完成后，单击“确定”按钮，操作完成效果如图 3-2-10 所示。

图 3-2-10　完成效果图

提示

如果想改变颜色，可以调整“渐变叠加”选项的参数设置，如图 3-2-11 所示设置，可得到如图 3-2-12 所示的效果。

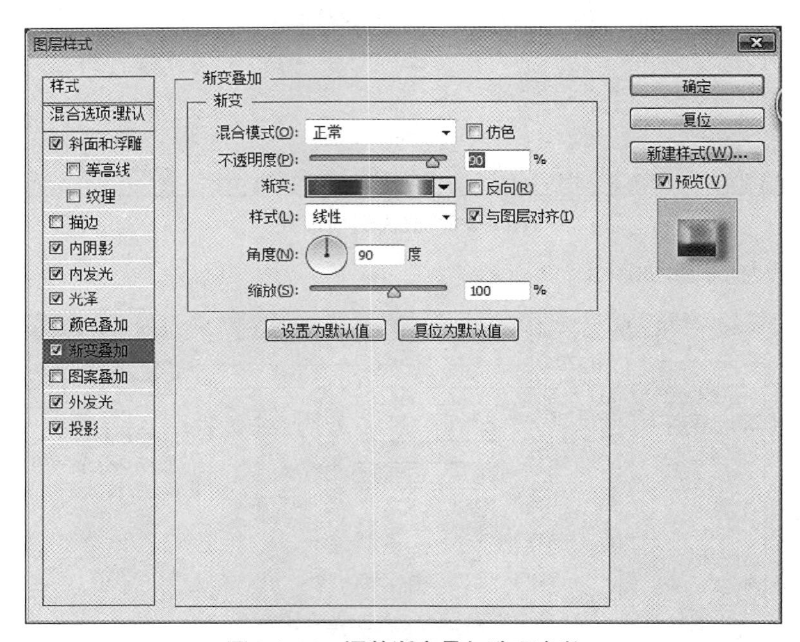

图 3-2-11　调整渐变叠加选项参数

图 3-2-12　使用色谱渐变的效果

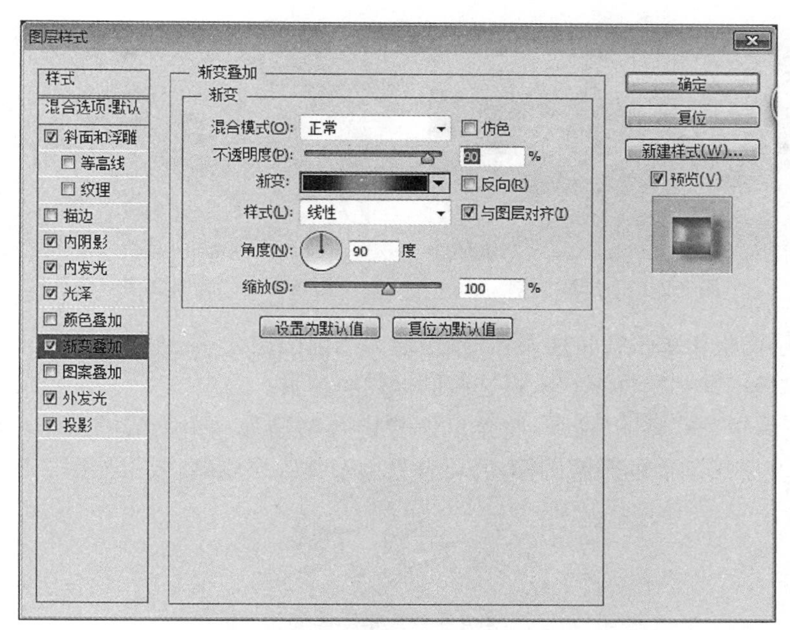

图 3-2-13　设置蓝一青一蓝渐变叠加

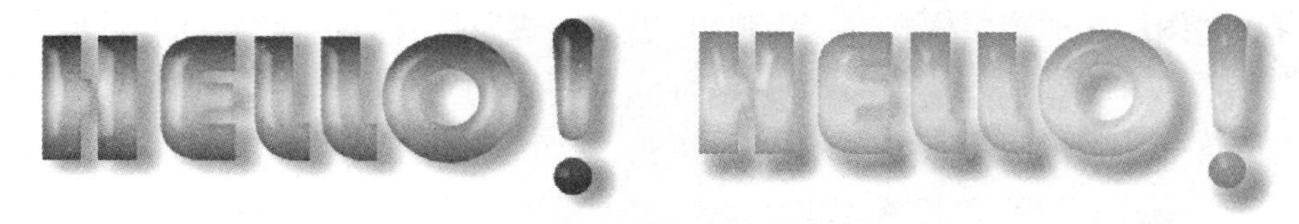

图 3-2-14　使用不同渐变的效果

3.2.4　任务拓展

（一）图案浮雕字

1. 打开如图 3-2-15 的所示的一幅岩石背景图片。

2. 选择“横排文字工具”，在画布中单击输入“欢迎您！”几个字，生成一个文字图层，效果如图 3-2-16 所示。

3. 按住【Ctrl】键，在图层面板中的双击文字图层的缩览图，将文字选取，如图 3-2-17 所示。

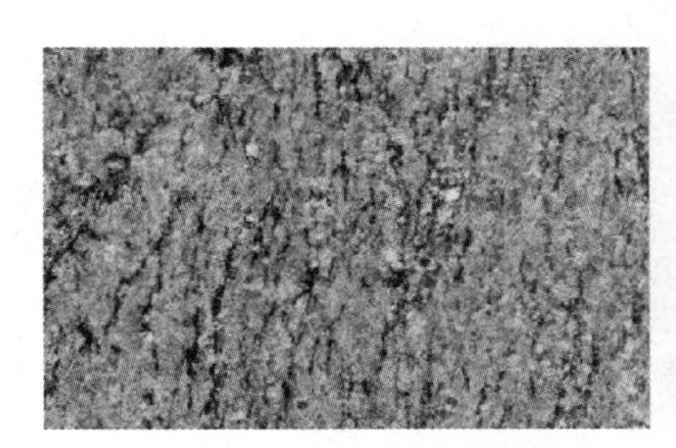

图 3-2-15　岩石背景素材

图 3-2-16　输入文字

图 3-2-17　选取文字

图 3-2-18　选取文字一确认后

4. 在图层面板中单击背景层，将背景层设为当前图层。

5. 执行“编辑”→“拷贝”命令，将选区图像内容拷贝。

6. 执行“编辑”→“粘贴”命令，将选区图像内容粘贴为一个新的图层，分别单击图层面板中背景层、文字层前面的眼睛图标，并将背景层及文字层隐藏，效果如图 3-2-19 所示。

欢迎您！

图 3-2-19　粘贴图像

7. 单击图层面板中背景层前面的眼睛图标，将背景层显示，并选择图层 1 为当前图层。

8. 执行“图层”→“图层样式”命令，弹出“图层样式”对话框，选择“斜面和浮雕”中的“枕状浮雕”样式，对话框如图 3-2-20 所示，设置完成单击“确定”按钮，得到如图 3-2-21 所示效果。

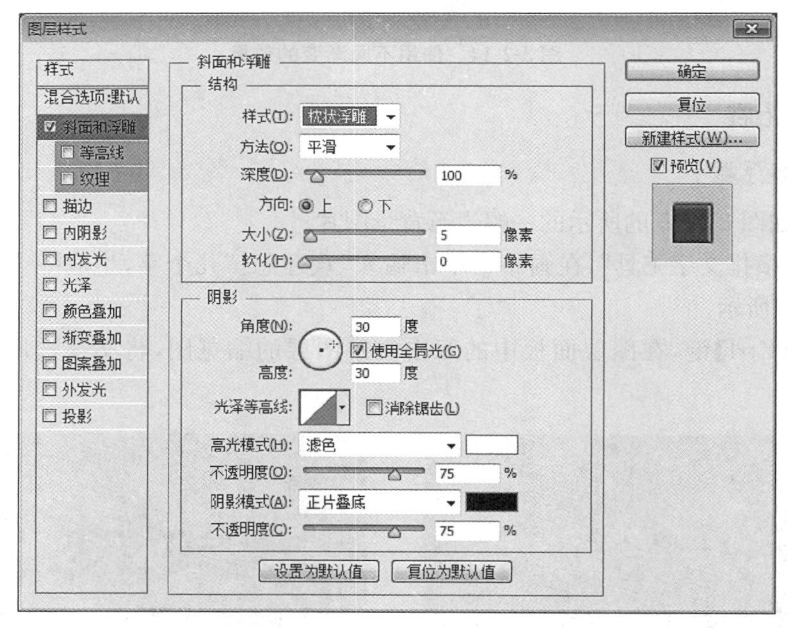

图 3-2-20　“图层样式”对话框设置

图 3-2-21　浮雕效果

（二）云端美女

1. 在 Photoshop 中分别打开“黄昏. jpg”、“枫叶. jpg”、“广告. jpg”3 个素材文件，如图 3-2-22所示。

图 3-2-22　三个素材文件

2. 在“枫叶. jpg”文件中，使用魔棒工具将枫叶选取，执行“编辑”→“拷贝”命令，再回到“黄昏. jpg”文件中，执行“编辑”→“粘贴”命令，将枫叶粘贴“黄昏. jpg”文件中，给该图层命名为“枫叶”。

3. 类似地，将“广告. jpg”文件中的明星头像拷贝并粘贴到“黄昏. jpg”文件中，并给该图层命名为“明星”，效果如图 3-2-23 所示。

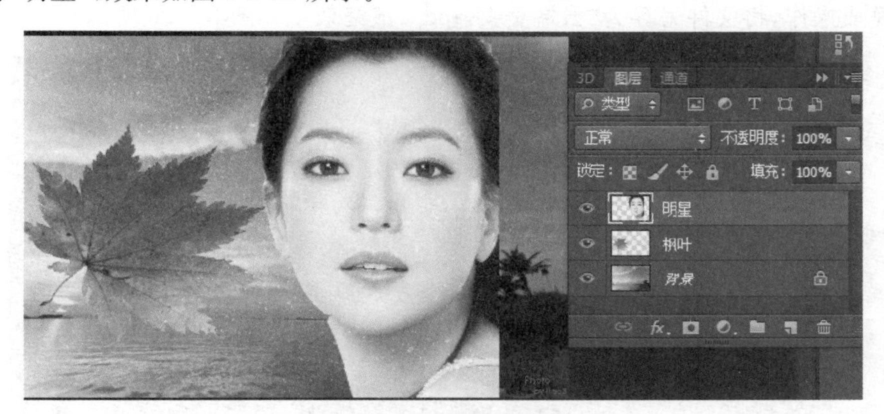

图 3-2-23　粘贴图像后

4. 设明星图层为当前图层，执行“图层”→“创建剪贴蒙版”命令，将“明星”图层作为剪贴蒙版的“内容层”，而下方的“枫叶”图层是剪贴蒙版的“基层”，再用移动工具调整“明星”、

“枫叶”图层位置，效果如图 3-2-24 所示。

图 3-2-24　建立剪贴编组效果

5. 设置“枫叶”图层为当前图层，在图层面板中调整不透明度为“43%”，图层面板设置如图 3-2-25 所示。

图 3-2-25　图层面板设置

6. 完成操作，将文件另存为“云端美女.jpg”，最终效果如图 3-2-26 所示。

图 3-2-26　云端美女效果图

3.3　任务三　个性名片

3.3.1　任务情境

自定义名片是非常重要的，无论你运行一个企业或找工作，最好的方法之一是推销你自己和你所提供的服务。因此，设计出适合自己风格的名片，对于一个对自己有着特殊要求的上班族来说，是非常重要的。

下面，我们将给大家介绍个性名片的制作方法。

3.3.2　任务剖析

一、应用知识点

（一）图层组

（二）图层蒙版

二、知识链接

（一）图层组

若内存或磁盘空间允许，Photoshop CS6 可以在一幅图像中创建近 8000 个图层，而在一个图像中创建了数十个或上百个图层之后，对图层的管理就变得很困难了。所以，为了便于进行图层管理，Photoshop 提供了图层组功能，使用图层组可以创建文件夹用来放置图层内容，其功能类似 Windows 的"资源管理器"。

1. 创建图层组

新建图层组的方法主要有以下几种：

❖ 单击"图层"面板右上角的三角形，在弹出的菜单中选择"新建组"命令，打开如图 3-3-1 所示的"新建组"对话框。这时可以为新建的图层组设置图层组名称、图层组的颜色（为便于识别，一般要设置一个颜色）、模式和不透明度等参数，设置完成后单击"确定"按钮就可以建立一个图层组，如图 3-3-2 所示。

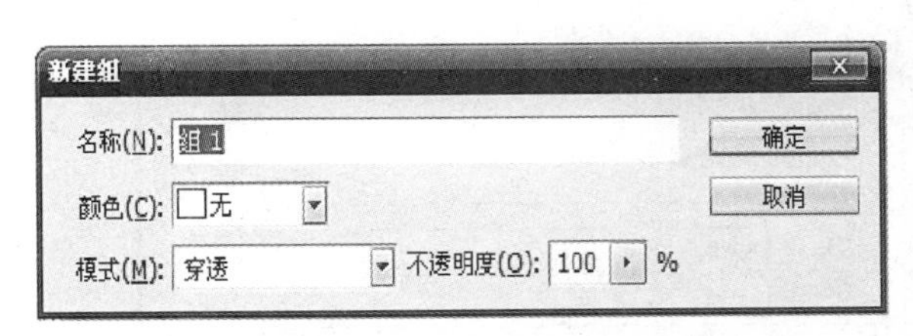

图 3-3-1　"新建组"对话框

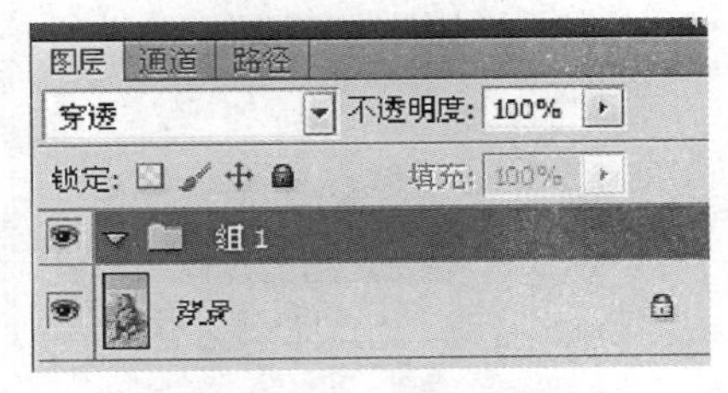

图 3-3-2　新建一个组

❖ 在"图层"面板上单击"新建图层组"图标，也可新建一个空白图层组，如图 3-3-2 所示。

❖ 选择"图层"→"新建"→"图层组"命令，也可新建一个空白图层组。

提示

如果要更改图层组名称，可以在“图层”面板中双击图层组名称激活该图层，然后输入新名称即可。

2. 将图层添加到图层组中

建立图层组后，用户可以直接在图层组中新建图层，方法是选中图层组，然后单击“图层”面板中的“创建新的图层”按钮，如图 3-3-3 所示。

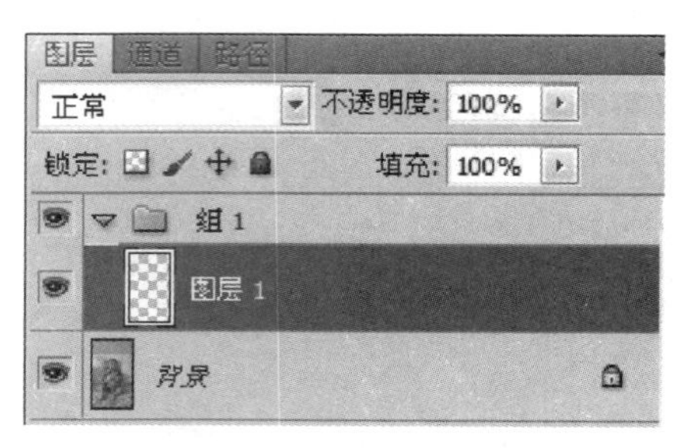

图 3-3-3 在图层组中创建新的图层

用户也可以将已有的图层编入图层组，方法是：将鼠标光标移到要进行编组的图层上按下鼠标不放，然后拖动到图层组图标上即可。

3. 复制图层组

需要多个同样的图层组时，就可以复制图层组，主要有以下 3 种方法：

- 在“图层”面板上选定要复制的图层组，拖拽到图标上，如图 3-3-4 所示。
- 选择“图层”→“复制组”命令，在如图 3-3-5 所示的“复制组”对话框中设置新复制的图层组的名称，然后单击“确定”按钮即可。
- 单击“图层”面板右上角的三角形，在弹出的快捷菜单中选择“复制图层组”命令，也可以复制图层组。

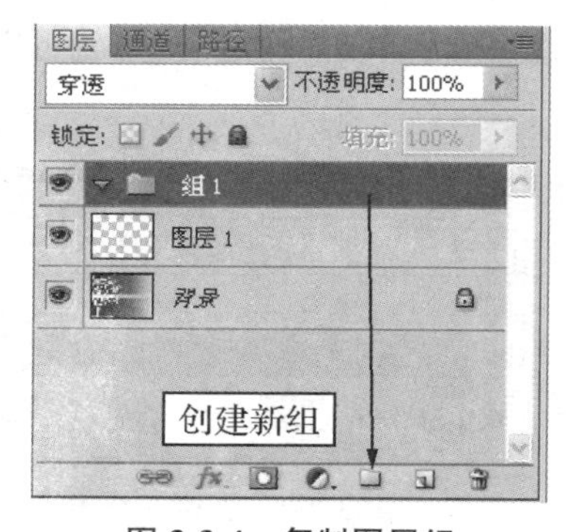

图 3-3-4 复制图层组

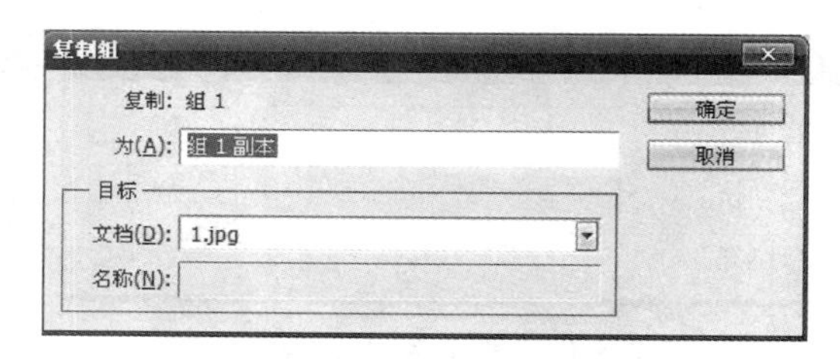

图 3-3-5 “复制组”对话框

4. 删除图层组

删除图层组有以下几种方法：

❖ 在“图层”面板上，用鼠标直接把想要删除的图层组拖到“图层”面板下方的 按钮上，如图 3-3-6 所示。

❖ 选定想要删除的图层组，单击“图层”面板下方的 按钮，弹出如图 3-3-7 所示的警告框，单击“组和内容”按钮，确定对图层组的删除。

❖ 选定想要删除的图层组，选择“图层”→“删除”→“组”命令。

❖ 选定想要删除的图层组，在“图层”面板菜单中选择“删除组”命令。

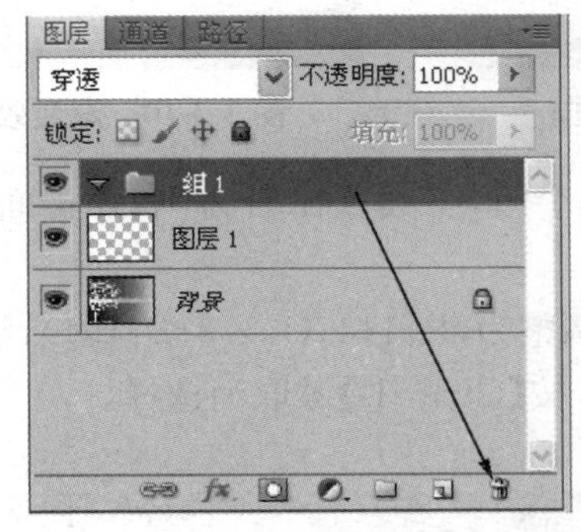

图 3-3-6　删除图层组

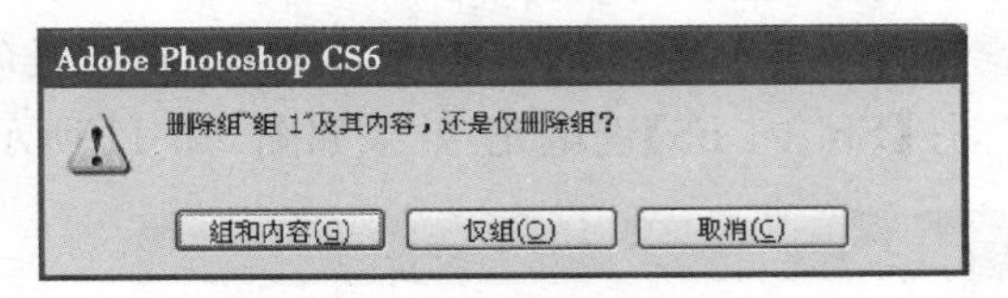

图 3-3-7　删除时警告

（二）图层蒙版

1. 直接添加图层蒙版

单击“图层”调板中的 “添加图层蒙版”按钮可为当前图层创建一个白色的图层蒙版，画面中会显示当前图层的内容，相当于选取“图层”|“图层蒙版”|“显示全部”菜单命令；按住【Alt】键单击 按钮可创建一个黑色的蒙版，黑色的蒙版会遮住当前图层的所有内容，相当于选取“图层”|“图层蒙版”|“隐藏全部”菜单命令。

2. 从选区创建蒙版

在创建图层蒙版时，如果当前文件中存在选区，则可以从选区中创建蒙版。下面通过实例来掌握如何从选区创建图层蒙版从而合成图像。

3.3.3　任务实施

（一）绘制名片的正面

1. 新建文档。执行“文件”→“新建”命令，弹出“新建”对话框，设置文档名称为“名片”，宽度和高度分别为 9.4cm、5.8cm，分辨率为 300 像素/英寸，背景为白色，颜色模式为 RGB 颜色(8 位)，单击“确定”按钮。

2. 打开一幅图片“向日葵.jpg”。将其移动到名片中，修改其大小，以适应整个窗口。点击图层面板下方的“添加矢量蒙版”按钮，为向日葵图层添加蒙版，如图 3-3-8 所示。

3. 单击“渐变”工具，选择默认的线性渐变，采用如图 3-3-9 所示的渐变方向，从而形成一个漂亮的向日葵背景，效果如图 3-3-10 所示，并将其重命名为“名片背景”。

图 3-3-8　添加矢量蒙版

图 3-3-9　渐变方向

图 3-3-10　渐变效果

4. 单击图层面板下面的“创建新组”按钮，新建一个组，将其重命名为“名片正面”。将图层“名片背景”拖动到该组中。

5. 新建图层 1，将其重命名为“蓝色”。将前景色调整为(R：114；G：173；B：194)，绘制一个矩形，按【Shift+F5】键填充，效果如图 3-3-11 所示。按【Ctrl+D】键取消选择。

图 3-3-11　绘制蓝色矩形

图 3-3-12　绘制红色圆角正方形

6. 新建图层，将其重命名为“红色圆角”。将前景色调整为(R：229；G：84；B：45)，应用圆角矩形工具(注意：此时应选取“填充像素”按钮)，从而得到一个圆角正方形(按住【Shift】键可绘制正方形)，如图 3-3-12 所示。

7. 复制图层“红色圆角”，将其重命名为“绿色圆角”。按【Ctrl】键，点击前面的缩略图，将图层载入选区，按【Delete】键删除颜色，将前景色调整为(R：5；G：122；B：78)，按【Shift+F5】键填充，效果如图 3-3-13 所示。

按照这个方法，绘制剩下的 3 个圆角正方形，效果如图 3-3-14 所示。

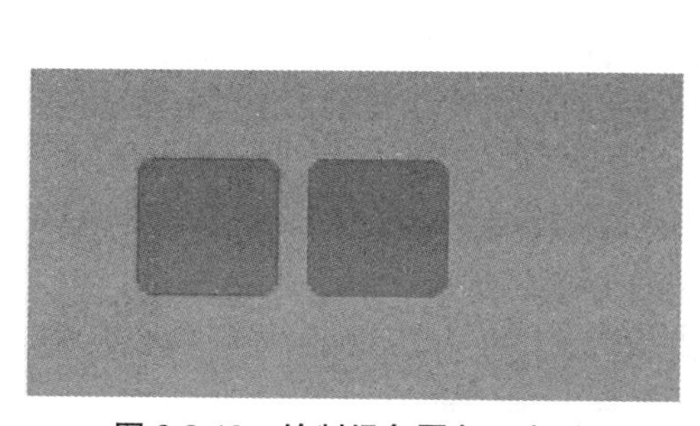

图 3-3-13　绘制绿色圆角正方形

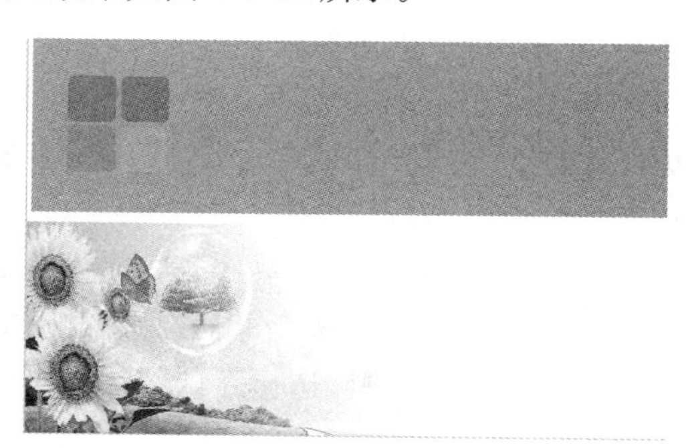

图 3-3-14　圆角正方形效果图

8. 输入文字“HCEB”，字体和颜色属性设置，如图 3-3-15 所示。

9. 输入学院文字“海南经贸职业技术学院”，字体设置为：微软雅黑；8 号；加粗；黑色；无间距。

10. 输入姓名文字“董阁”，字体设置为：方正姚体；18 号；加粗；黑色；无间距。

11. 输入教研室文字“计算机多媒体技术专业”，字体设置为：方正姚体；8 号；加粗；黑色；无间距。效果如图 3-3-16 所示。

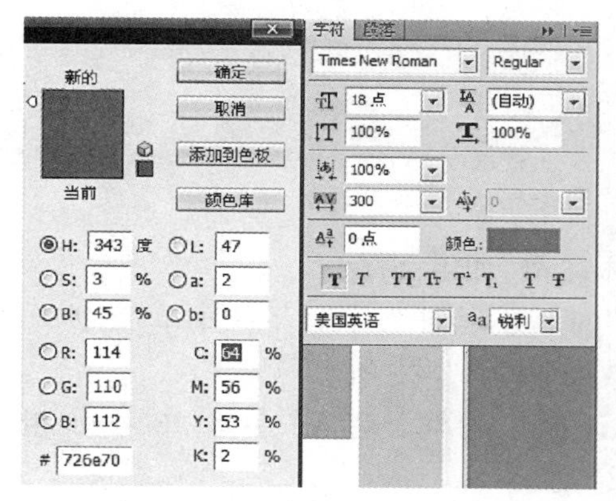

图 3-3-15　字体和颜色属性设置

图 3-3-16　文字效果

12. 打开素材“气泡.jpg”，将其重命名为“气泡”。将其移动到当前图层组中，调整其大小和位置，其中图层模式设置为滤色，透明度 48%。效果如图 3-3-17 所示。

图 3-3-17　添加气泡背景

图 3-3-18　文字效果

13. 输入文字，字体设置与第 9 步中保持一致。名片正面的效果，如图 3-3-18 所示。

（二）绘制名片的背面

1. 在组“名片正面”的上方，新建一个“名片背面”组。复制“名片正面”组中的图层“名片背景”，将其拖动到组“名片背面”中，图层面板如图 3-3-19 所示。点击“编辑”下拉菜单“变换”中“水平翻转”。效果如图 3-3-20 所示。

2. 从组“名片正面”中，复制图层“蓝色背景”、“5 个圆角正方形”、“HCBE”、“海南经贸职业技术学院”这几个图层。将其拖动到“名片背面”组中，并调整位置，图层面板和效果图分别如图 3-3-21 和图 3-3-22 所示。

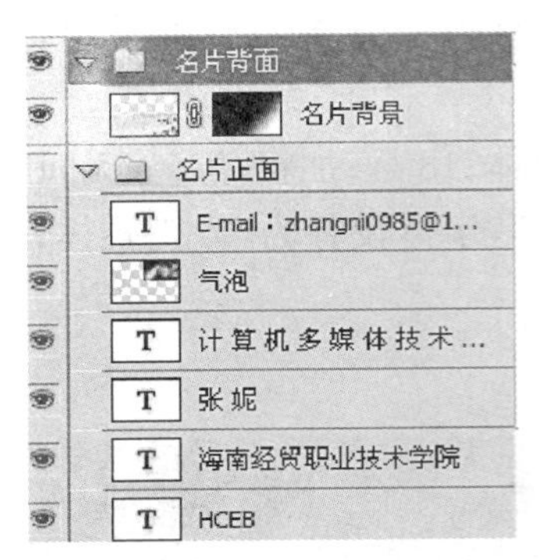

图 3-3-19　图层面板

图 3-3-20　翻转背景

3. 输入姓名文字“董阁”，字体设置为：方正姚体；8 号；加粗；白色。

4. 复制文字图层，将其位置移动到图层“董阁”的下方，点击“编辑”下拉菜单“变换”中“垂直翻转”，适当进行拉伸，调整透明度为 77%。效果如图 3-3-23 所示。

5. 输入文字“天行健，君子以自强不息”。字体设置为：草檀斋毛泽东字体；18 号；加粗；红色(R:227;G:87;B:49)。移动其位置，如图 3-3-24 所示。

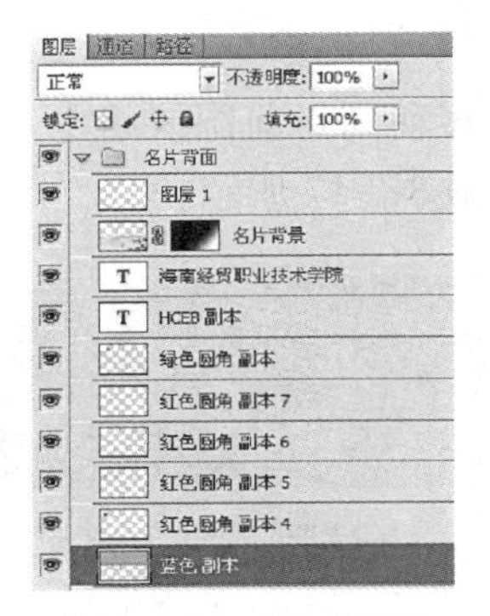

图 3-3-21　图层面板

图 3-3-22　复制后的效果

图 3-3-23　输入文字调整后效果

图 3-3-24　输入文字

提示

草檀斋毛泽东字体可在网上进行下载。

6. 输入文字“人生格言”，字体设置为：微软雅黑；10 点；加粗；红色。输入最后的文字，字体设置为：微软雅黑；7 点；加粗；黑色。移动其位置，名片背面最终的效果如图 3-3-25 所示。

图 3-3-25　名片背面效果图

至此，一张漂亮的名片就制作完成了。

3.3.4　任务拓展

（一）制作彩虹字

应用知识点：文字、选区、图层的基本知识、图层蒙版。

具体操作步骤：

1. 新建文档。执行“文件”→“新建”命令，弹出“新建”对话框，设置文档名称为“彩虹字”，其设置如图 3-3-26 所示，单击“确定”按钮。

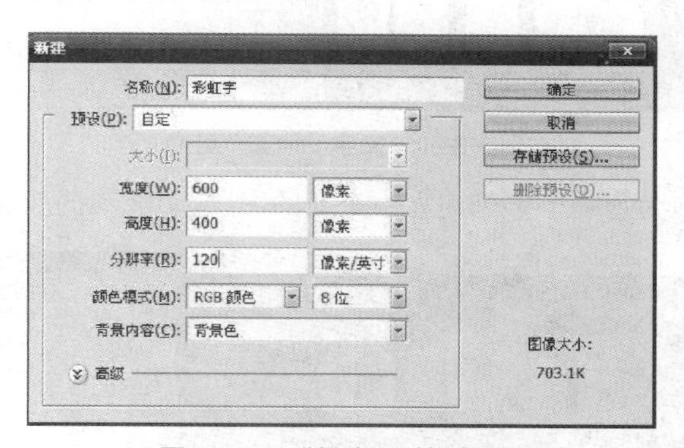

图 3-3-26　“新建”文档对话框

2. 输入文字“rainbow”，此时选用的字体如图 3-3-27 所示。字符样式如图 3-3-28 所示。效果如图 3-3-29 所示。

图 3-3-27　字体样式

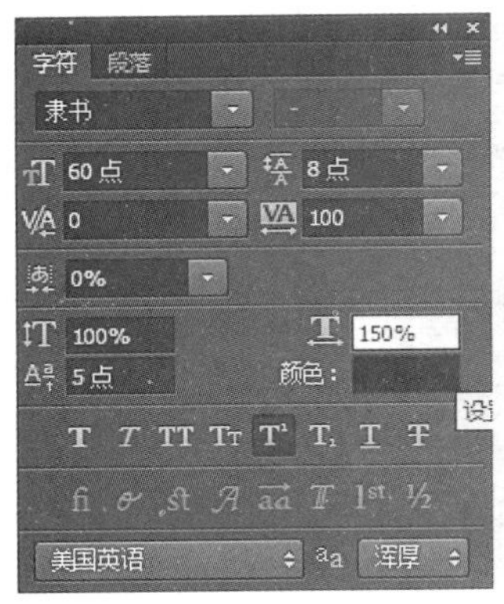

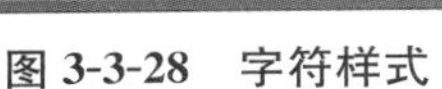
图 3-3-28　字符样式

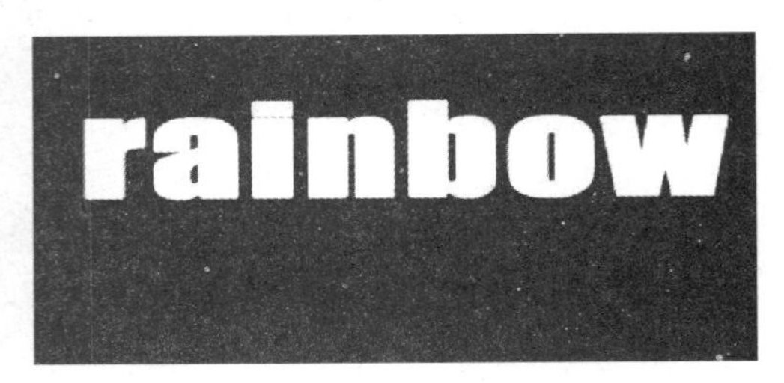

图 3-3-29　输入文字

3. 用魔棒选中第一个字母“r”，新建一个空白图层 1，重命名为“文字 r”，并将文字填充玖红色(R:187;G:15;B:140)，如图 3-3-30 所示。

图 3-3-30　文字 r 填充玖红色

4. 重复上述步骤，为每一个字母建立一个新的图层，填充不同颜色，如图 3-3-31 所示。

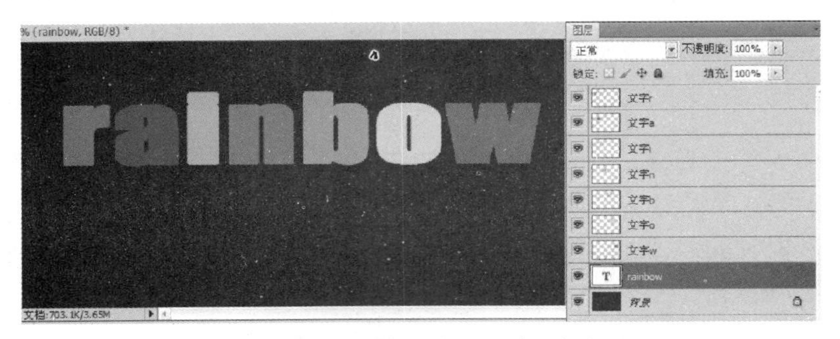

图 3-3-31　为每一个字母填充颜色

5. 合并带颜色的字母图层，然后按住【Ctrl】键，单击图层缩略图，选中文字，如图 3-3-32 所示。

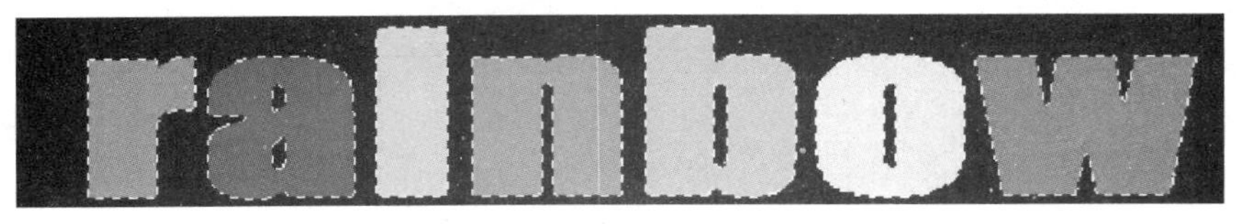

图 3-3-32　选中带颜色的文字图层

6. 用矩形选框工具减去选区的下半部分，新建空白图层“白色的文字”，填充白色，如图 3-3-33 所示。

图 3-3-33　选中带颜色的文字图层

7. 将白色字图层的透明度降低到 50%，并合并彩色和白色文字图层，如图 3-3-34 所示。

图 3-3-34　合并图层

8. 复制"白色的文字"图层，并运用"编辑"→"变换"→"垂直翻转"来制作倒影。并给倒影图层添加蒙版，添加黑白渐变，如图 3-3-35 所示。

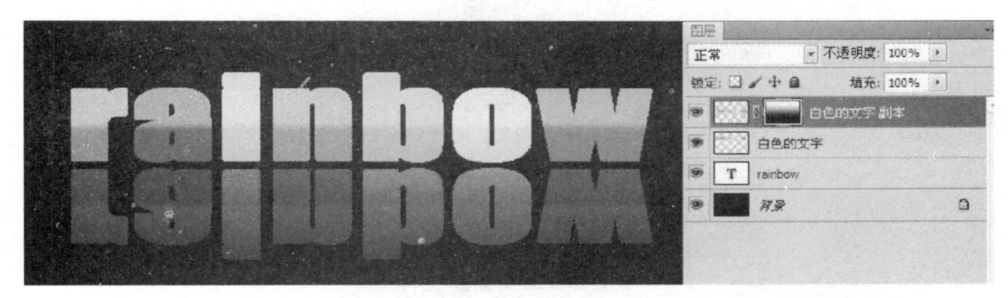

图 3-3-35　给倒影添加蒙版效果

9. 输入文字"愿你的生活如彩虹般多姿多彩！"，如图 3-3-36 所示。

图 3-3-36　添加文字

10. 选出中文的选区，新建空白图层"彩虹文字"，添加渐变色。渐变色设置如图 3-3-37 所示。最终效果如图 3-3-38 所示。

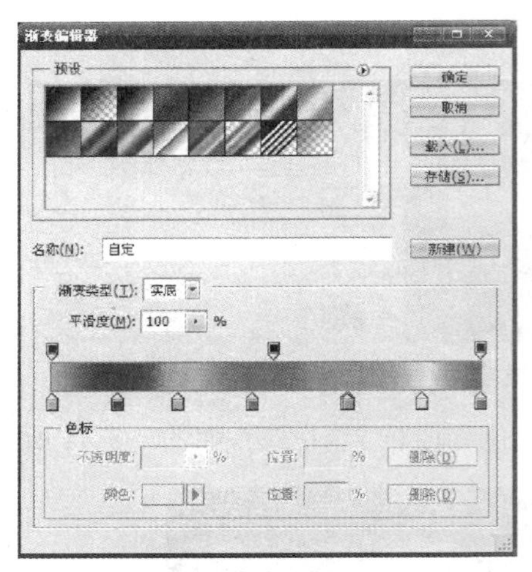

图 3-3-37 “渐变编辑器”对话框

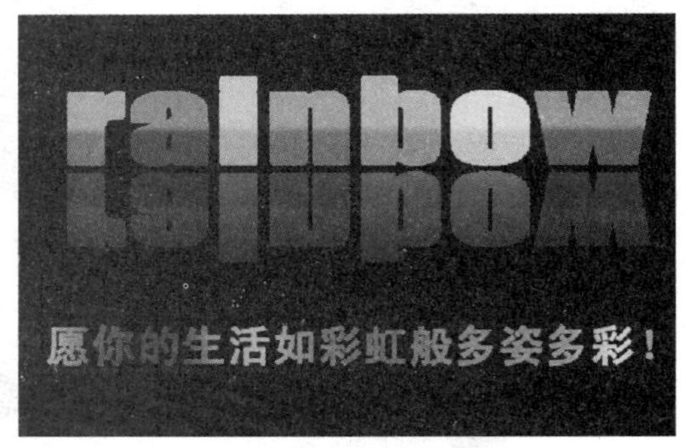

图 3-3-38 最终效果

（二）绘制奥运五环

1. 新建一个 600＊300 像素的文件，如图 3-3-39 所示。

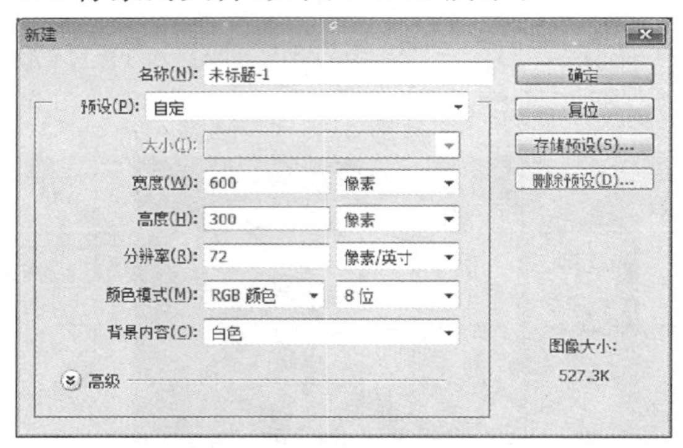

图 3-3-39 新建文件

2. 执行“图层”→“新建图层”命令新建图层，命名为“蓝色环”，如图 3-3-40 所示。

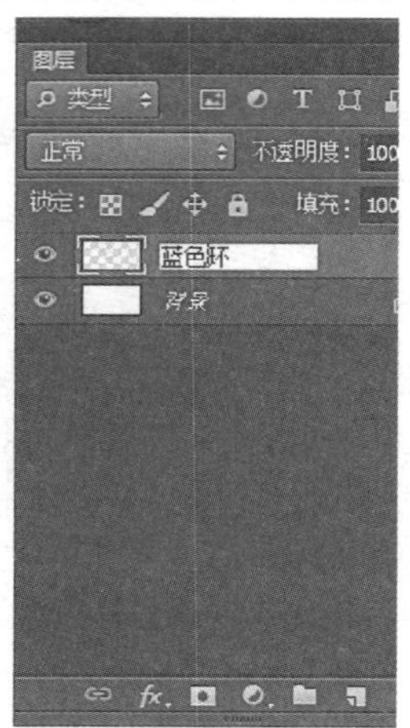

图 3-3-40 新建蓝色环图层

3. 执行"视图"→"显示"→"网络",将网络显示出来。

4. 选择工具箱中的"椭圆选框工具",并将样式设置为"固定大小",宽度:150 像素,高度 150 像素,在图像中选取网络交叉处为中心点同时按下【Alt】键拖动鼠标画出一个以网络交叉处为圆心的圆形选区,属性栏设置及效果如图 3-3-41 所示。

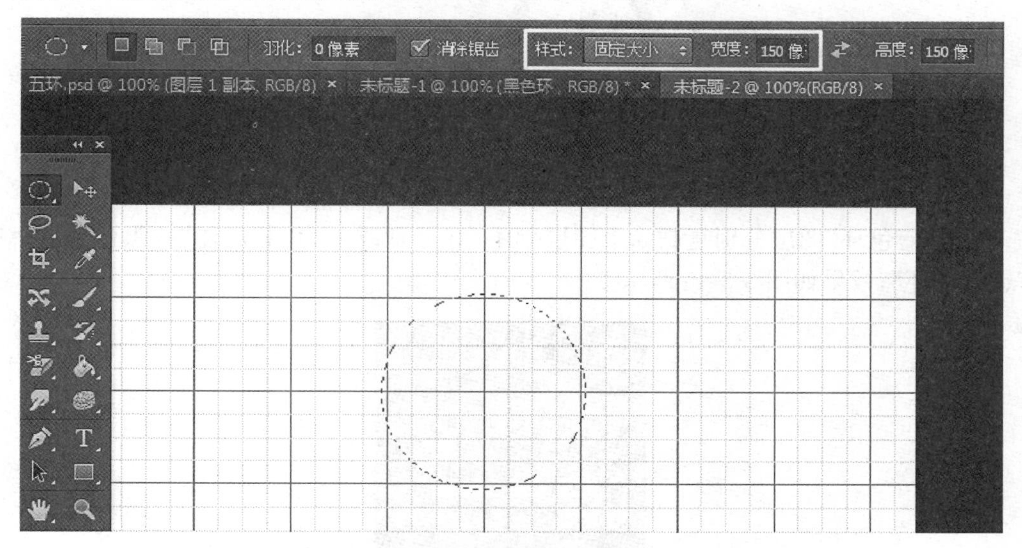

图 3-3-41　圆形选区绘制

5. 设"蓝色环"为当前图层,将前景色调整为蓝色,并用油漆桶工具,将圆形填充蓝色,如图 3-3-42 所示。

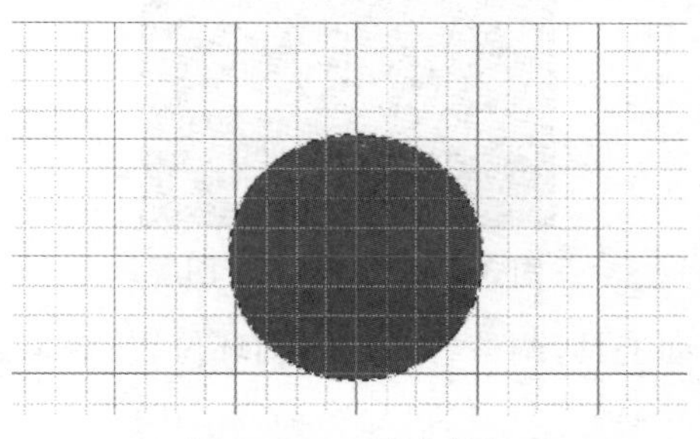

图 3-3-42　填充蓝色

6. 选择工具箱中的"椭圆选框工具",并将样式设置为"固定大小",宽度:120 像素,高度 120 像素,取与第 4 步中所画圆形的圆心为中心点同时按下【Alt】键拖动鼠标画出一个与第 4 步中所画圆形的同心圆选区,如图 3-3-43 所示。

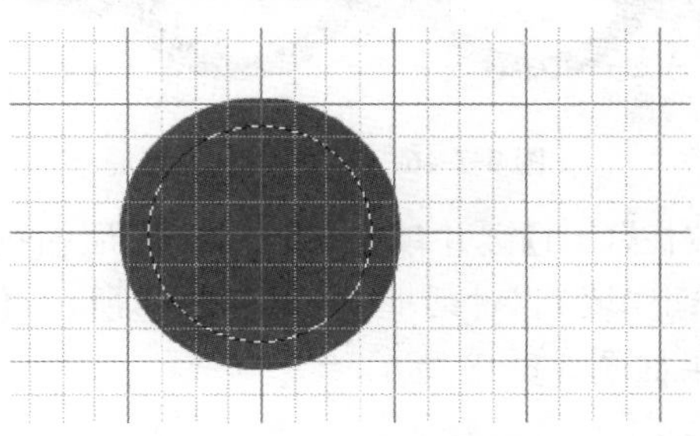

图 3-3-43　同心圆选区

7. 按【Delete】键将选区部分内容删除，效果如图 3-3-44 所示。

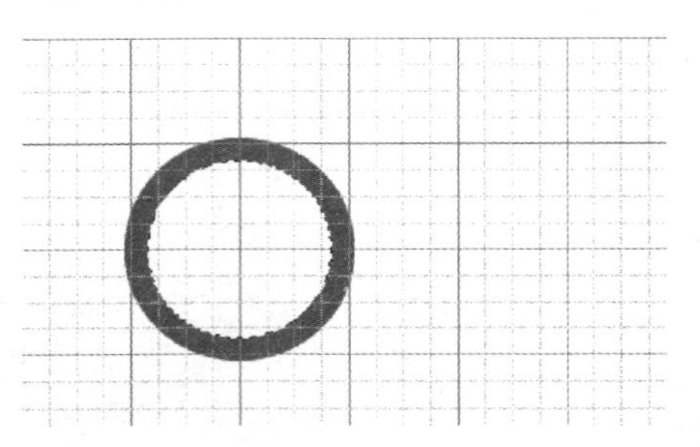

图 3-3-44　蓝色环

8. 将“蓝色环”图层分别复制 5 个图层副本，并分别改名为“黄色环”、“黑色环”、“绿色环”、“红色环”，效果如图 3-3-45 所示。

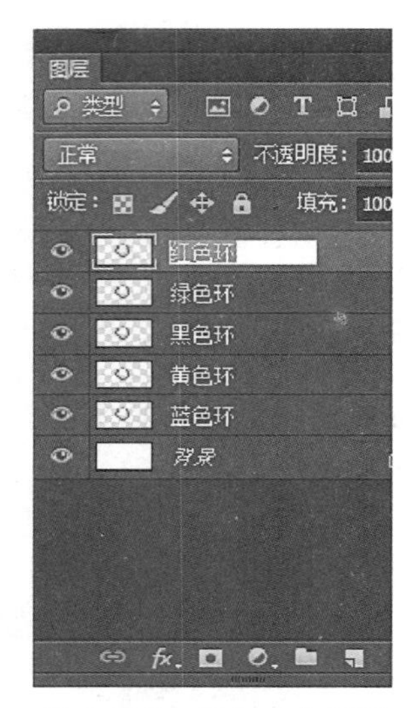

图 3-3-45　复制 5 个图层

9. 选择工具箱中的移动工具，调整各图层中圆环位置，效果如图 3-3-46 所示。

图 3-3-46　调整圆环位置

10. 先在图层面板中按住【Ctrl】键并单击“黄色环”图层缩览图，将黄色环选取，然后执行“编辑”→“填充”命令，弹出“填充”对话框，如图 3-3-47 所示，使用颜色，设置黄色填充选区，完成黄色环的修改，效果如图 3-3-48 所示。

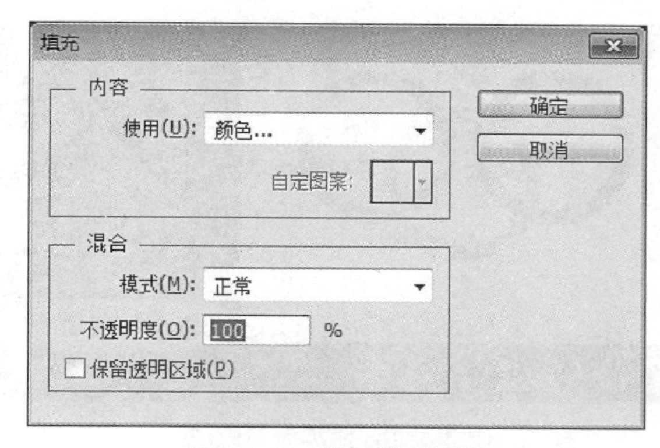

图 3-3-47 “填充”对话框

图 3-3-48 填充黄色环

11. 类似地,分别给其他几个环填充相应的颜色,效果如图 3-3-49 所示。

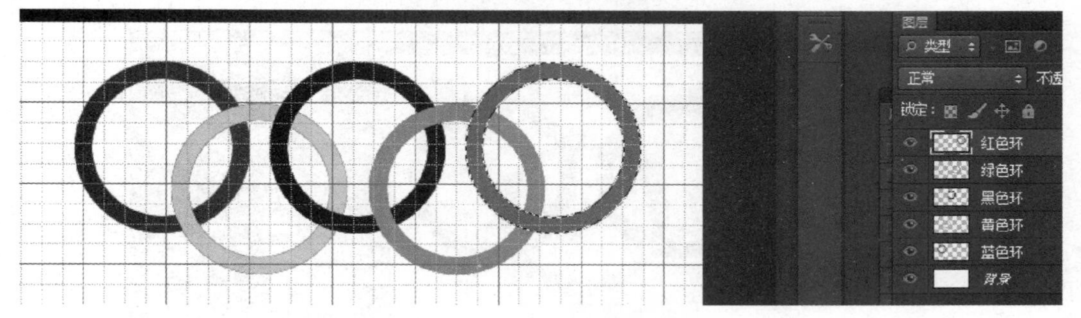

图 3-3-49 五环填充完成图

12. 奥运五环是环环相扣的效果,下面利用图层蒙版,实现环环相扣效果。设置黄色环图层为当前图层,在图层中单击“添加矢量蒙版”按钮,给黄色环添加图层蒙版,如图 3-3-50 所示。

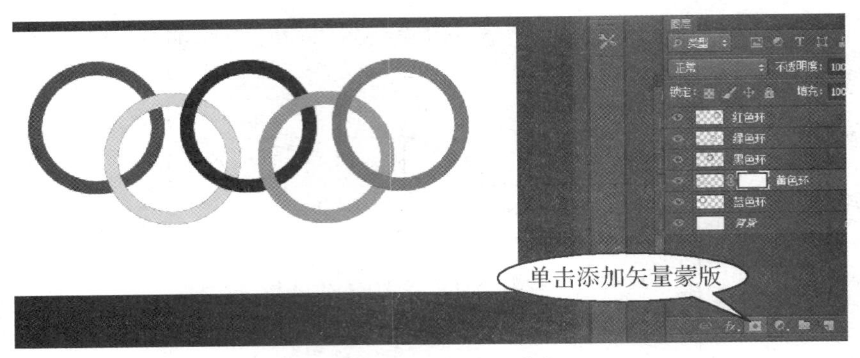

图 3-3-50　添加矢量蒙版

13. 在图层面板中，按下【Ctrl】键，先单击蓝色环图层将蓝色环选取，并将前景色设置为黑色，再单击黄色环图层蒙版缩览图，选择画笔工具在蓝色环与黄色环交叉处拖动鼠标绘制，直到将交叉处的黄色环部分隐藏，效果如图 3-3-51 所示，操作完成后取消选区。

图 3-3-51　黄色环部分隐藏效果

14. 类似地，其他环也如第 11～12 步操作完成，需注意的是希望隐藏哪个颜色环的部分内容，就要在该环图层中添加图层蒙版，所有环完成后效果如图 3-3-52 所示。

图 3-3-52　五环效果

15. 增加立体效果。分别将五环合并为一个五环图层，改名为“五环”，选择“图层”→“图层样式”命令，给图层添加投影等效果，对话框设置如图 3-3-53 所示，效果如图 3-3-54 所示。

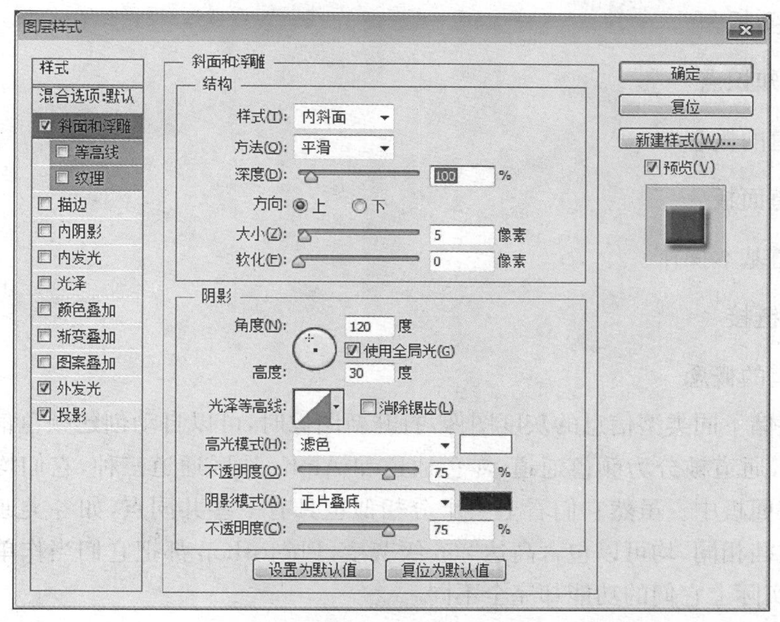

图 3-3-53　“图层样式”对话框

图 3-3-54　完成效果图

3.4　任务四　艺术照处理

3.4.1　任务情境

现在数码相片已深入我们的生活中，许多人希望能将相片置于不同的背景中，为了制作出更多令人满意的效果，但对于一些复杂点的图像，图像的选取不是太容易。Photoshop 软件所提供的通道功能，能很好地将复杂图像选取，再放置到不同的背景中以达到效果。

3.4.2 任务剖析

一、应用知识点

（一）通道的概念

（二）通道面板

（三）通道基本操作

二、知识链接

（一）通道的概念

通道是存储不同类型信息的灰度图像，打开新图像时，可以自动创建颜色信息通道。在Photoshop中，通道被分为颜色通道、专色通道和Alpha选区通道三种，它们均以图标的形式出现在通道面板中。虽然它们看上去十分相似也具有一些共同点，如各类通道的尺寸与包含它们的文档相同，均可以包含高达256级灰度，Photoshop都把它们当作单独的灰度文档处理等，但实际上它们的功能却完全不同。

1. *颜色通道*

颜色通道记录所有打印和显示颜色的信息。图像的颜色模式确定对应的颜色通道数目，如RGB模式的图像包含红、绿、蓝通道；CMYK模式的图像包含青色、洋红、黄色和黑色通道；Lab模式的图像包含明度a、b两个通道。所以在绘制、编辑图像或对图像进行色彩调整、应用滤镜时，实际上是在改变颜色通道中的信息。

在一幅图像中，像素点的颜色就是由这些颜色模式中的原色信息来进行描述的。那么，所有像素点所包含的某一种原色信息便构成了一个颜色通道。

2. *专色通道*

专色通道扩展了通道的含义，同时也实现了图像中专色版的制作。

在一些高档的印刷品制作时，往往需要在四种原色油墨之外加印一些其他颜色，以便更好地再现其中的纯色信息，这些加印的颜色就是“专色”。

印刷时，每一种专色油墨都对应着一块印版，为了准确地印刷图像，需要定义相应专色通道。

3. *Alpha选区通道*

Alpha选区通道是存储选择区域的一种方法，也是非常有用的工具之一，很多Photoshop特殊效果都是利用Alpha选区通道制作的，如人像的头发、动物毛皮的轮廓、烟雾等。

提示

如果需要再次使用Alpha选区通道，可以执行“选择”→“存储选区”命令，将这个选区作为永久的Alpha选区通道保存起来。当再次需要使用这个选区时，可以执行“选择”→“载入选区”命令，即可调出通道表示的选择区域。

（二）通道面板

通道基本操作主要通过如图 3-4-1 所示通道面板来完成，通道面板中的左侧的显示图标控制主图像窗口中的显示内容，在显示图标上单击就可以切换开关状态。高亮显示的通道是可以进行编辑的激活通道。单击通道名称可以激活这个通道；如果想同时激活多个通道，可以按住【Shift】键单击这些通道的名称。同时点亮图像中所有颜色通道与任何一个 Alpha 选区通道的显示图标，会看到一种类似于快速蒙版的状态，选区保持透明，而选区外的区域则被一种具有透明度的蒙版颜色所覆盖，可以直观地区分出 Alpha 选区通道所表示选择区的范围。

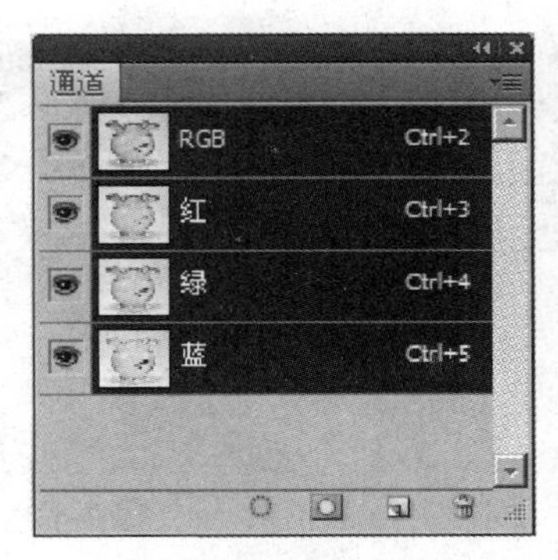

图 3-4-1 通道面板

（三）通道基本操作

1. 创建与修改 Alpha 通道

在通道面板的底部单击“创建新通道”按钮，可新建一个 Alpha 通道。

2. 将选区存储为 Alpha 选区通道

在图像中制作一个选区后，直接单击通道面板下方的“将选区存储为通道”图标，即可将选区存储为一个新的 Alpha 选区通道。

3. 将通道作为选区载入

通道可以作为选区载入到图像中使用。在通道面板中选择需作为选区载入的通道，再单击“将通道作为选区载入”按钮，即可将通道中的白色部分载入选区。

4. 复制通道

拖动需复制的通道到通道面板底部的按钮上松开鼠标，即可以对该通道进行复制。

5. 删除通道

拖动需要删除的通道到通道面板底部的按钮上松开鼠标，即可以将通道删除。

3.4.3 任务实施

1. 打开如图 3-4-2 所示的“秀发飘飘.jpg”图像文件。
2. 执行“窗口”→“通道”命令，打开通道面板。
3. 通过不同通道效果对比，发现红色通道的头发与背景对比明显些。选取红色通道为当前通道，并按下鼠标将其拖动到面板底部的“创新建通道”按钮处松开，新建一个红色副本通道，如图 3-4-3 所示。

4. 执行“图像”→“调整”→“反相”命令，效果如图 3-4-4 所示。

5. 执行“图像”→“调整”→“色阶”命令，打开“色阶”对话框，完成如图 3-4-5 所示设置后单击“确定”按钮，将秀发以明显的白色显示出来，效果如图 3-4-6 所示。

6. 选择工具箱中的磁性套索工具，沿着人物轮廓选取人物图像，选取区域如图 3-4-7 所示。

图 3-4-2 素材图

图 3-4-3 新建红色副本通道

图 3-4-4 执行反相命令

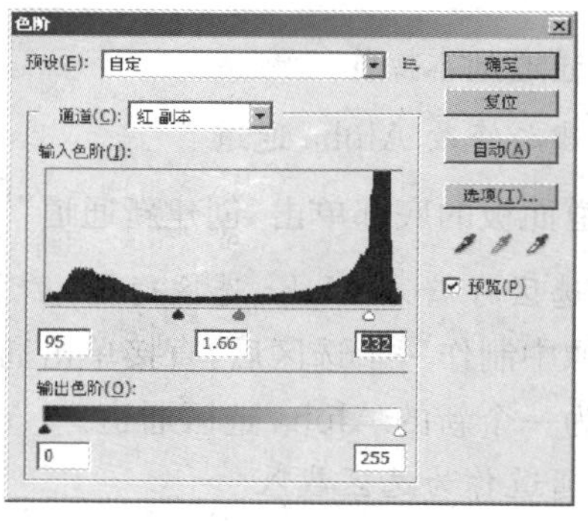

图 3-4-5 “色阶”对话框

图 3-4-6 执行“色阶”命令

图 3-4-7 选取选区

7. 选择工具箱中的画笔工具，在选取区域中用白色画笔绘制，绘制后效果如图 3-4-8 所示。

8. 在通道面板中单击◌按钮，将通道作为选区载入，效果如图 3-4-9 所示。

图 3-4-8　绘制白色区域

图 3-4-9　将通道作为选区载入

提示

与图层蒙版功能类似，在专色通道中白色部分为显示的选区，黑色部分表示不能显示的选区，所以往往通过在通道中用白色填充需选取的部分来选取图像区域，能将较复杂的图像选取。

9. 打开如图 3-4-10 所示的背景素材文件。

10. 返回“秀发飘飘”图像文件，单击通道面板的“RGB 通道”使图像回到彩色状态，效果如图 3-4-11 所示。

图 3-4-10　背景图

图 3-4-11　选取的图像内容

11. 选择工具箱中的移动工具，将选择的图像内容移动到背景文件，效果如图 3-4-12 所示。

12. 操作完成，将文件保存。

图 3-4-12　效果图

3.4.4　任务拓展

1. 打开如图 3-4-13 所示的“足球少年. jpg”图像文件。

2. 执行“窗口”→“通道”命令，打开通道面板。

3. 通过不同通道效果对比，发现蓝色通道的黑白部分对比明显些。选取蓝色通道为当前通道，并按下鼠标将其拖动到面板底部的“创新建通道”按钮处松开，新建一个蓝色副本通道，如图 3-4-14 所示。

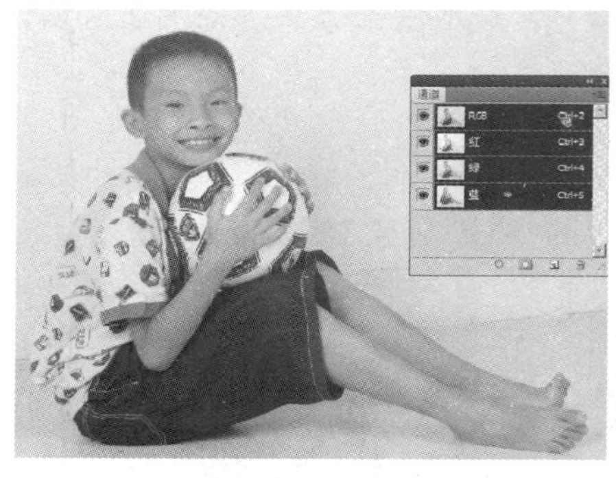

图 3-4-13　足球少年原图

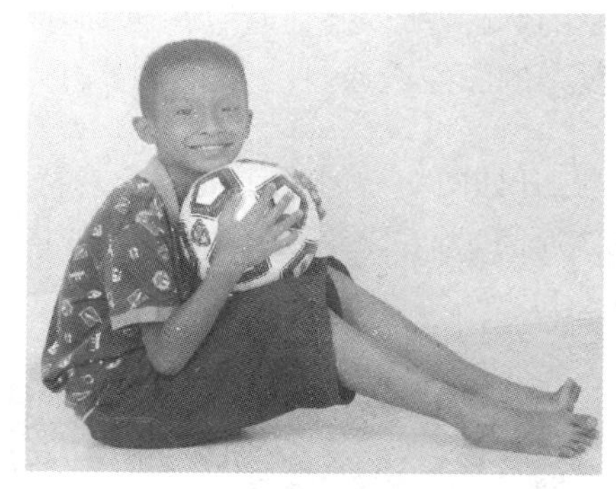

图 3-4-14　蓝副本

4. 执行“图像”→“调整” →“反相”命令，效果如图 3-4-15 所示。

5. 执行“图像”→“调整” →“色阶”命令，打开“色阶”对话框，完成如图 3-4-16 所示设置后单击“确定”按钮，将背景以明显的黑色显示出来，效果如图 3-4-17 所示。

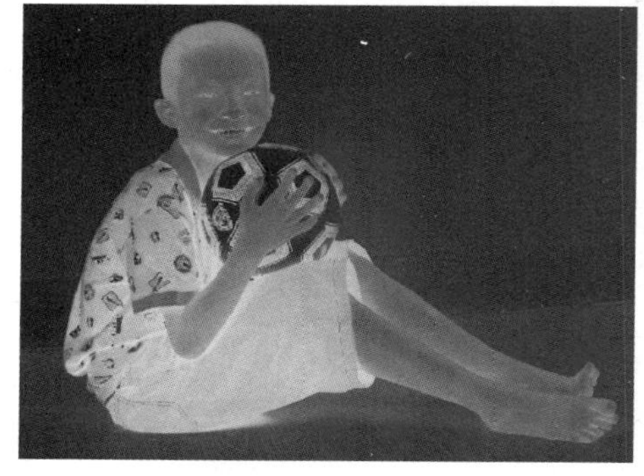

图 3-4-15　执行反向命令

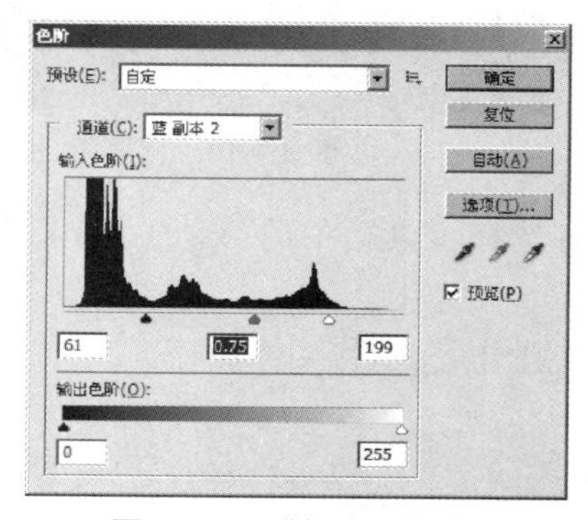

图 3-4-16　“色阶”对话框

6. 选择工具箱中的画笔工具，仔细地将少年轮廓外的背景用黑色画笔绘制，绘制后效果如图 3-4-18 所示。

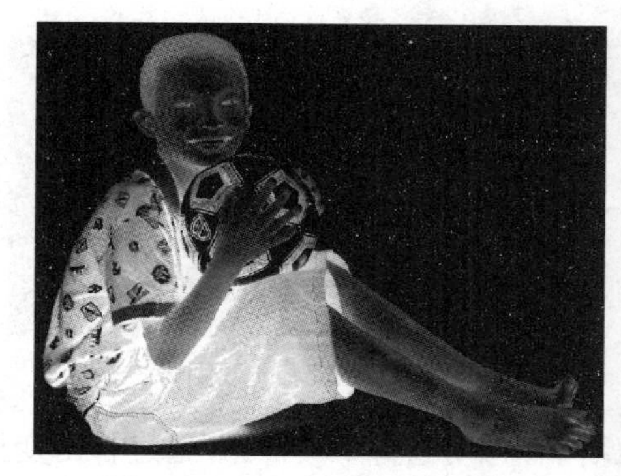

图 3-4-17　执行“色阶”命令效果

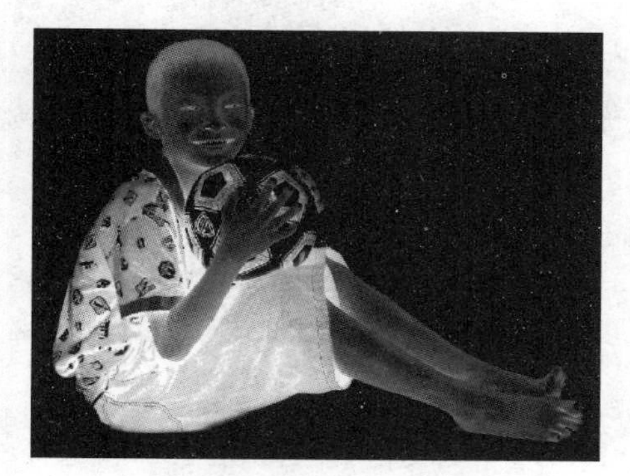

图 3-4-18　黑色画笔绘制背景

7. 选择工具箱中的魔棒工具，在背景中单击将背景选取。

8. 执行“选择”→“反向”，将当前选区反选。

9. 选择工具箱中的画笔工具，在选区中用白色画笔绘制填充，效果如图 3-4-19 所示。

10. 在通道面板中单击 [按钮图标] 按钮，将通道作为选区载入，如图 3-4-20 所示。

图 3-4-19　白色画笔填充少年轮廓

图 3-4-20　将通道作为选区载入

11. 打开如图 3-4-21 所示的背景素材文件。

12. 返回“足球少年”图像文件，单击通道面板的“RGB 通道”使图像回到彩色状态，效果如图 3-4-22 所示。

图 3-4-21　背景图像

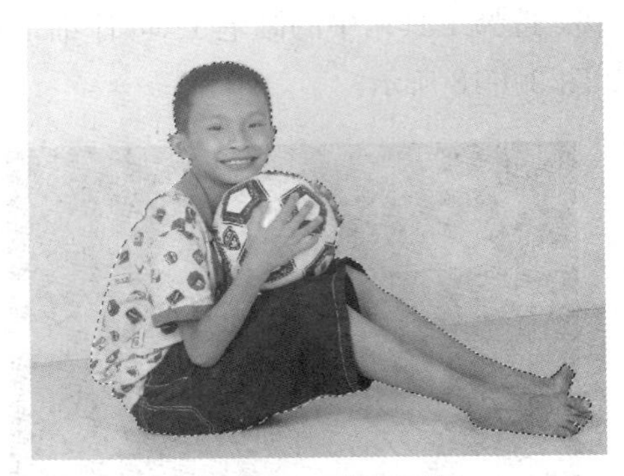

图 3-4-22　选取图像

13. 选择工具箱中的移动工具，将选择的图像内容移动到背景文件，并通过自由变换调整其大小位置，效果如图 3-4-23 所示。

14. 图像内容有点偏暗，执行“图像”→“调整”→“曲线”命令，弹出曲线对话框，对话框如图 3-4-25 所示设置，单击“确定”按钮。

图 3-4-23　移动图像并调整大小位置

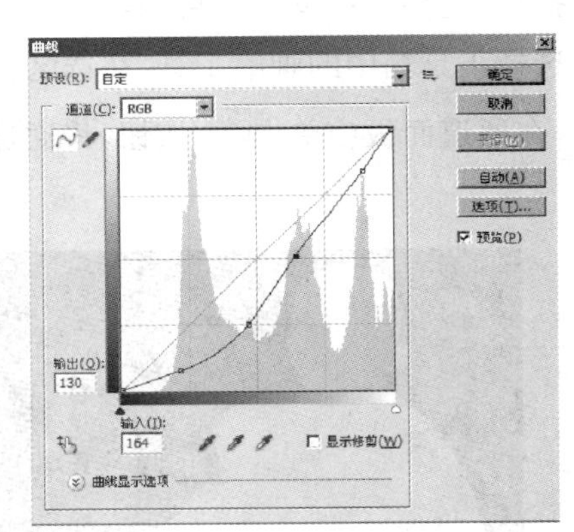

图 3-4-24　“曲线”对话框设置

15. 操作完成，最终效果如图 3-4-25 所示，将文件保存为“绿茵少年.jpg”。

图 3-4-25　完成图

项目小结

本项目学习了如何在 Photoshop 中利用图层、图层模式、图层样式和图层蒙版等进行图层的相关操作以及利用通道进行图像内容的选取。

项目作业

一、选择题

1. 将两个图层创建了链接，则以下陈述正确的是(　　)。
   (A) 对一个图层添加模糊，另一个也会被添加
   (B) 对一个图层进行移动，另一个也会随着移动
   (C) 对一个图层使用样式，另一个也会被使用
   (D) 对一个图层进行删除，另一个也会被删除
2. 如果一个图层被锁定，那么下列说法哪个是不正确的？(　　)。
   (A) 此图层可以被移动　　(B) 此图层可以进行任何的编辑
   (C) 此图层不可能被编辑　　(D) 此图层像素可以改变
3. 下列哪种合并将一个图像中所有图层合并到一个图层中，而其他图层没有发生任何变化(　　)。
   (A) 向下合并图层　　(B) 合并可见图层
   (C) 盖印可见　　(D) 合并图像
4. 下列叙述中，哪个不会在操作过程中创建新图层(　　)。
   (A) 将一个图像中的图层拖拉到别的图像中
   (B) 将一个图层添加蒙版
   (C) 将一个图层的不透明部分剪切，然后再粘贴
   (D) 使用横排文字工具向图像中插入文字
5. 在图层上创建了图层蒙版，并使用了渐变工具填充了该蒙版，则该图层(　　)。
   (A) 已完全被破坏　　(B) 部分被破坏
   (C) 完全没有被破坏　　(D) 可能被破坏
6. 一个图层使用了图层蒙版，则以下陈述正确的是(　　)。
   (A) 使用图层蒙版后，在该图层上编辑蒙版时前景色还可设为彩色
   (B) 在该图层上可以使用橡皮擦工具将图层的部分擦掉
   (C) 在图层上绘画或擦除，该图层的图像将不会被破坏
   (D) 将该图层拖拉到垃圾箱中，删除的只是蒙版而不是图像
7. 在“图层”中，双击一个图层，在打开的对话框中我们可以对该图层的什么进行设

置(　　)。

(A) 图层样式　　(B) 图层混合模式

(C) 图层的排列顺序　　(D) 图层的合并

8. 下列关于图层样式说法不正确的一项是(　　)。

(A) 对一个图层使用图层样式后,其原图像将被破坏

(B) 对图层添加了多个图层样式后,不能将其中的一个图层样式取消

(C) 两个图层将作用了图层样式,若两个图层合并那么图层样式也将合并

(D) 图层样式与图层无关,不依赖图层而存在

9. 在"图层样式"面板中,将"高级混合"下的"不透明度"设置为0,那么(　　)。

(A) 只有图层样式可见,原图层的图像不可见

(B) 原图层图像与图层样式效果均不可见

(C) 只有原图层的图像可见,添加的图层样式效果将不可见

(D) 原图层图像与添加的图层样式均可见

10. 在一个图层中,使用选区将图像的一部分进行选取,然后对该图层添加图层样式,那么(　　)。

(A) 仅选区内的图像被添加了图层样式

(B) 对选区内的图像可以添加个别的图层模式

(C) 不能对一个图层的部分图像进行图层样式的添加

(D) 带有选区的图像添加图层样式

二、填空题

1. 图层的种类有背景图层、__________、__________、__________。

2. 图层的混合模式是指当前图层与下面图层的__________的混合模式,共有__________种混合模式。

3. 图层的编辑包括__________、__________、__________、__________和__________。

4. 图层样式的种类分别是__________、__________、__________、__________、__________、__________、__________、__________、__________、__________。

5. "图层"调板中显示出了当前图像文件所含有的________,每个图层左侧都有________,所有的图层叠加在一起就构成了一幅精美的图像。

6. 要同时选择多个图层,可以按键盘的__________键单击要选的图层。

7. 使用______________命令可以将当前图层与其下面的图层合并为一层;使用________命令可以将"图层"调板中的所有可见图层合并;使用______________可以将所有的图层合并为一个图层。

8. 在默认状态下,背景是在锁定状态,按__________键双击背景层就可以解锁。

9. 选择____________________、____________________工具输入文字可以生成文字图层。

10. 文字图层是特殊的图层,需通过__________________操作才能转换为普通图层。

三、操作题

1. 将自己平时的生活照,进行处理加工,形成一张个人生活照集锦。

2. 试着设计如下的文字。

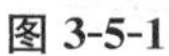
图 3-5-1

图 3-5-2

图 3-5-3

3. 根据您喜欢的风格,制作一张属于自己的个人名片。

4. 打开如图 3-5-4 所示明星图像,请通过通道操作,将明星人物选取出来,移动到其他背景图像中,如图 3-5-5 所示为参考效果图。

图 3-5-4　明星图像

图 3-5-5　参考效果图

项目四　路径和形状绘制

项目描述

本项目通过设计公司标志、绘制邮票和明信片、绘制兰花草等 3 个任务，使读者能了解 Photoshop 路径与形状的应用，掌握钢笔工具组、路径选择工具、形状工具组等的使用技巧及操作方法。

能力目标

★掌握路径的绘制。

★钢笔工具组的使用。

★形状工具的应用。

★路径面板的使用。

4.1　任务一　绘制公司标志

4.1.1　任务情境

公司的形象体现在方方面面，尤其体现在小小的公司徽标——标志上。

一个设计完美的公司标志，包含丰富的企业文化。它的内涵是多层次的。一般来讲，公司标志，应包含如下内容：公司名称的文本信息，有特殊涵义的线条与图形，有鲜明个性的色彩。

下面我们来设计信元科技有限公司的标志。

4.1.2　任务剖析

一、应用知识点

（一）路径的绘制

（二）路径工具的使用

（三）形状工具的使用

二、知识链接

在 Photoshop 中，路径是由贝赛尔曲线构成的开放或闭合的曲线段。贝赛尔曲线上存在若干个锚点(或称节点),两个锚点间的曲线形状可以通过控柄上的控点加以控制和变形。在 Photoshop 中路径位于工具箱的中间,共有五组,如图 4-1-1 所示。

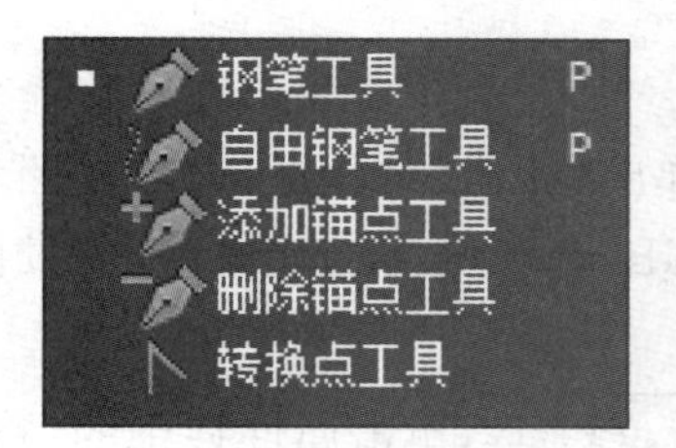

图 4-1-1　钢笔工具组

图 4-1-2　路径选择工具组

1. 钢笔工具

(1) “钢笔”工具 :绘制比较精确的直线和平滑流畅的曲线,使用方法类似多边形套索。

(2) “自由钢笔”工具 :用于绘制随意的路径,就像用钢笔在纸上绘图一样,其使用方法与套索工具类似。

(3) “添加锚点”工具 :在路径上增加一个锚点。

(4) “删除锚点”工具 :在路径上删除一个已有锚点。

(5) “转换点”工具 :用于调整某路径控制点位置,即调整路径的曲率。

2. 路径选择工具组

(1) “路径选择”工具 :可以选择整个路径以便复制或移动路径。

(2) “直接选择”工具 :可以选择路径的某个锚点移动以改变路径的形状。

3. 钢笔工具属性栏

选择钢笔工具,钢笔工具属性栏如图 4-1-3 所示,单击图标 ,将弹出 ,如选择“橡皮带”选项,则绘制路径时可以依据节点与钢笔光标间的线段,判断下一段路径线的走向。

(1) 形状:如果在属性栏上选择“形状”选项,表示将在新的图层上绘制矢量图形。

(2) 路径:如果选择“路径”选项,绘制的曲线表示路径。

(3) 像素:如果选择“像素”选项,表示将在当前图层绘制以前景色填充的矢量图形。

图 4-1-3　钢笔工具属性栏

4.1.3 任务实施

（一）绘制标志

绘制如图 4-1-4 所示的信元科技公司微标。

1. 新建文档。执行“文件”→“新建”命令，弹出“新建”对话框，设置文档名称为“公司标志”，宽度为 5 厘米，高为 4 厘米，颜色模式为 RGB，分辨率为 150 像素，背景色为白色，单击“确定”按钮。

2. 新建工作路径。在工具箱中选择“钢笔”工具，单击属性栏中的“路径”按钮，在画布上绘制工作路径，绘制过程如图 4-1-5 所示。

图 4-1-4　公司标志　　图 4-1-5　钢笔工具绘制工作路径过程

3. 调整工作路径。在工具箱中选择“转换点”工具，点击锚点，通过调整方位线对建立路径进行调整，操作过程如图 4-1-6 所示。

4. 执行“窗口”→“路径”命令，将路径面板调出来。

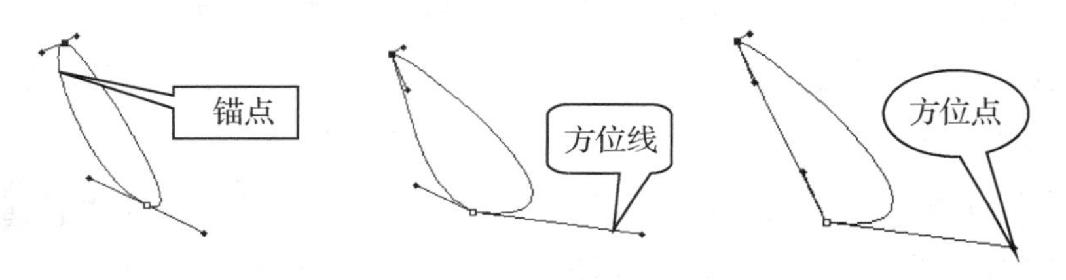

图 4-1-6　调整路径方位线

提示

在“钢笔”工具选择状态下，按住【Shift】键，将限制“钢笔”工具沿着 45 度的倍数方向移动；按住【Ctrl】键，“钢笔”工具将暂时变换成“直接选择”工具；按住【Alt】键，“钢笔”工具将暂时变换成“转换点”工具。

在“转换点”工具状态下，按住【Shift】键，将以 45 度的整倍数调整方位线；按住【Alt】键，“转换点”工具将暂时变换成“直接选择”工具。

在这些组合键的配合下，调节路径将变得非常容易，能极大提高工作效率。

5. 在路径面板中单击右上角的按钮，在弹出的路径面板下拉菜单中执行“建立选区”命令，如图 4-1-7 所示，弹出的对话框及效果如图 4-1-8 所示设置，将路径变换为选区。

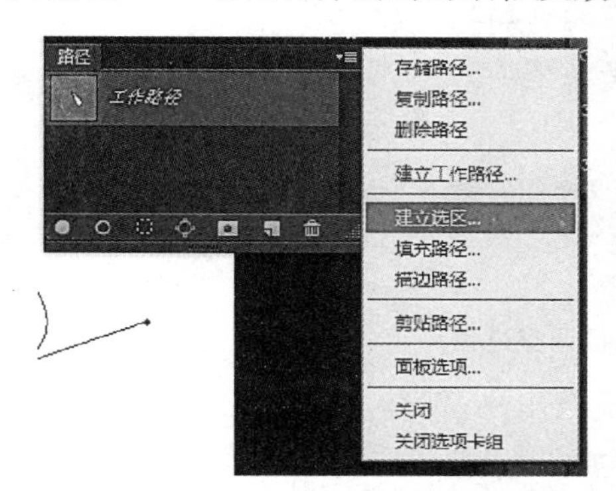
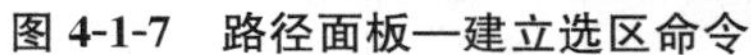

图 4-1-7　路径面板—建立选区命令

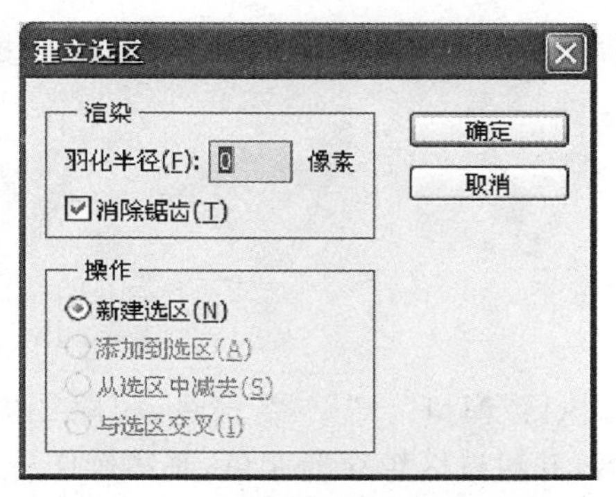

图 4-1-8　“建立选区”对话框设置

6. 选择工具箱中的渐变工具，设置如图 4-1-9 所示的绿—淡绿渐变色，在画布中沿选区从左上向右下拉出一条渐变，对选区进行绿色渐变填充。

7. 执行“选择”→“修改”→收缩“命令，在收缩选区对话框中收缩量设置为 10 像素，将选区收缩，操作过程如图 4-1-10 所示。

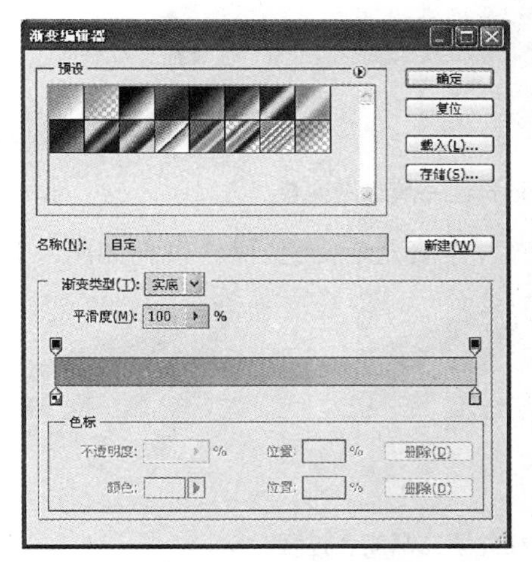

图 4-1-9　渐变编辑器设置

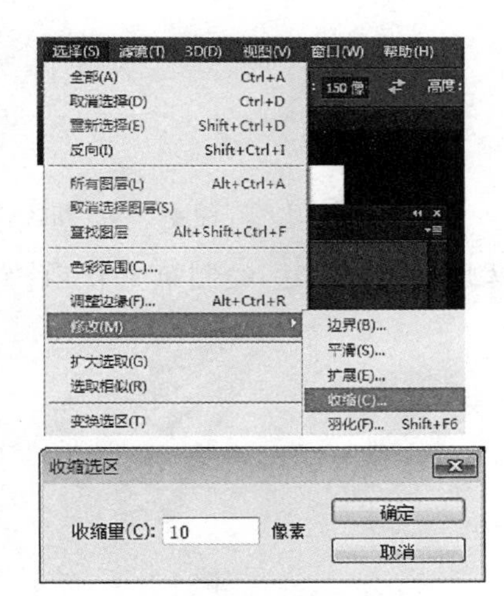

图 4-1-10　收缩选区

8. 按【Delete】键将选区内容删除，效果如图 4-1-11 的所示。

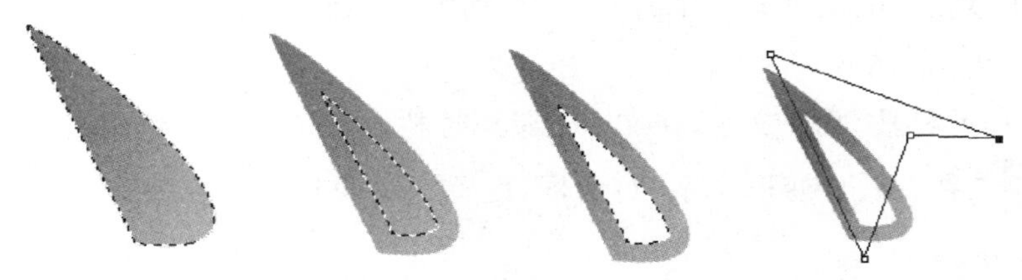

图 4-1-11　删除收缩选区后图像内容　　　　图 4-1-12　路径

9. 新建工作路径。在工具箱中选择“钢笔” 工具，单击属性栏中的“路径”选项，在画布上绘制如图 4-1-12 所示的工作路径。

10. 调整工作路径。在工具箱中选择“转换点”工具，点击锚点，通过调整方位线对建立路径进行调整，操作过程如图 4-1-13 所示。

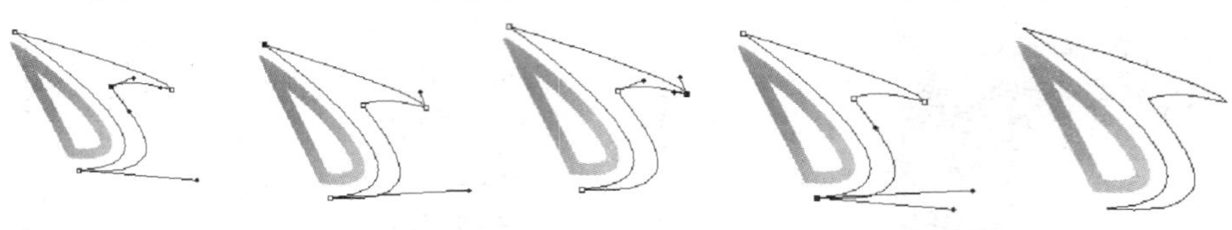

图 4-1-13　路径调整过程

11. 执行“窗口”→“路径”命令，将路径面板调出来，重复上述第 5、6 步操作，将路径转换为选区，并对选区填充渐变色，具体操作过程如图 4-1-14 所示。

提示

在使用转换点工具对路径进行调整时，也可适当使用“路径选择工具”及“直接选择工具”对路径锚点位置进行调整，从而绘制出满意的路径。

图 4-1-14　路径转换选区—填充渐变色

12. 采用类似的方法，绘制第 3 个工作路径，并填充渐变色，操作过程如图 4-1-15 所示。

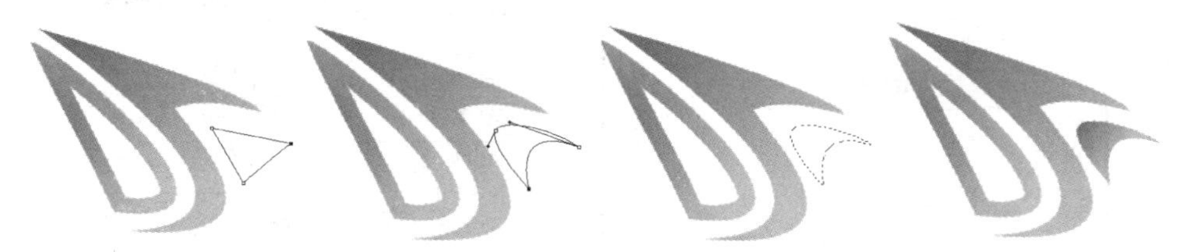

图 4-1-15　绘制路径并填充渐变色过程

（二）添加文字

1. 选择工具箱中的横排文字工具 T，在标志下方输入“信元科技”，调整字体大小及位置后效果如图 4-1-16 所示。

2. 选择“信元科技”几个文字，在文字工具属性栏中单击颜色按钮将文字颜色调整为橙色，再单击按钮，弹出“变形文字”对话框，设置如图 4-1-17 所示，单击“确定”按钮，效果如图 4-1-18 所示。

图 4-1-16　输入文字

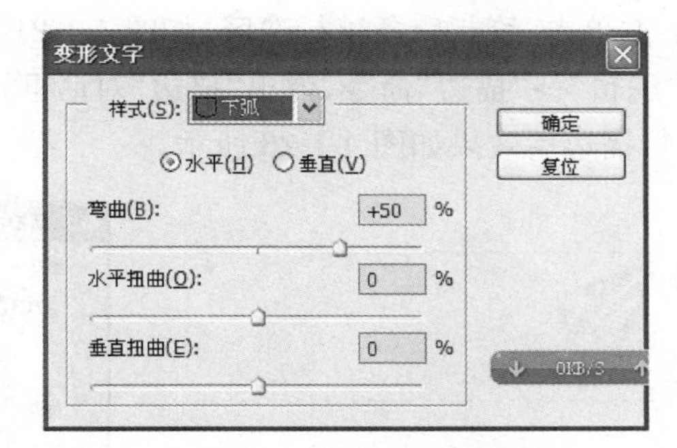

图 4-1-17　“变形文字”对话框

图 4-1-18　标志效果

4.1.4　任务拓展

任务:制作公司名片

1. 新建文档。新建一个 8＊6 厘米,背景为白色,分辨率为 150 像素的文件,命名为“名片”。

2. 选择“渐变”工具,设置黄白渐变,背景上从下往上拉出一条黄白线性渐变色,效果如图 4-1-19 所示。

3. 打开上例所绘制的“信元科技”标志文件,单击工具箱的“移动”工具,将鼠标放在图像中,并按住鼠标拖动到“名片”文件的画布中,再松开鼠标,调整大小及位置,效果如图 4-1-20 所示。

图 4-1-19　填充黄白渐变背景

图 4-1-20　添加标志后

4. 新建图层,命名为“线条”,将前景色设置为蓝色,选择工具箱中的“单行选框”工具,在公司微标下方单击，绘制一条单行选区，如图 4-1-21 的所示。

5. 执行“编辑”→“描边”命令，弹出“描边”对话框，如图 4-1-22 所示设置，单击“确定”按钮，对选区进行描边后效果如图 4-1-23 所示。

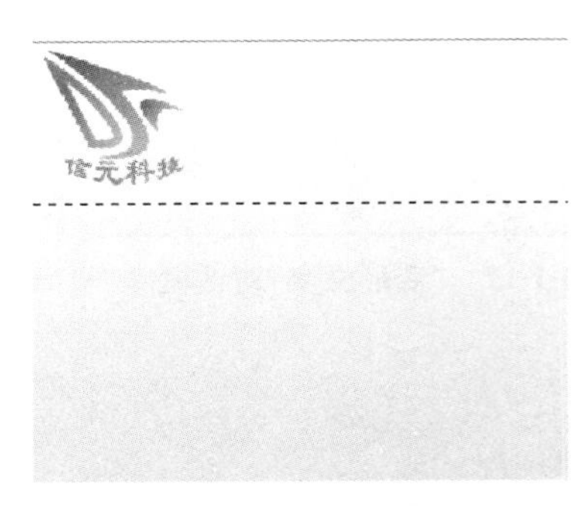

图 4-1-21　单行选区

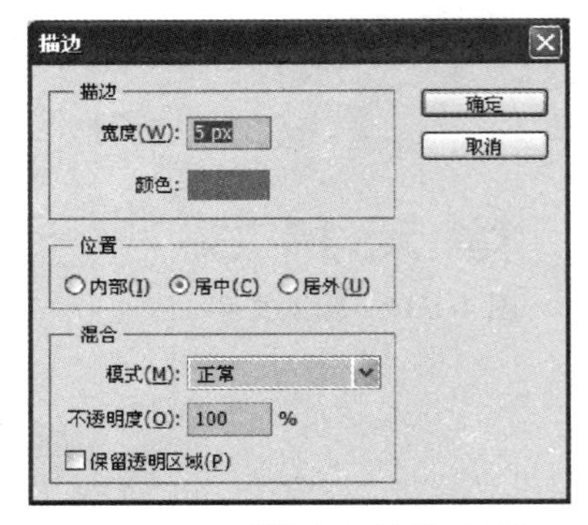

图 4-1-22　“描边”对话框设置

图 4-1-23　描边后效果

图 4-1-24　绘制直线路径

6. 选择钢笔工具在蓝色线条上方画一条直线路径，如图 4-1-24 所示。

7. 选择转换点工具，对路径锚点进行调整，将直线路径调整为一条弧度路径，如图 4-1-25 所示。

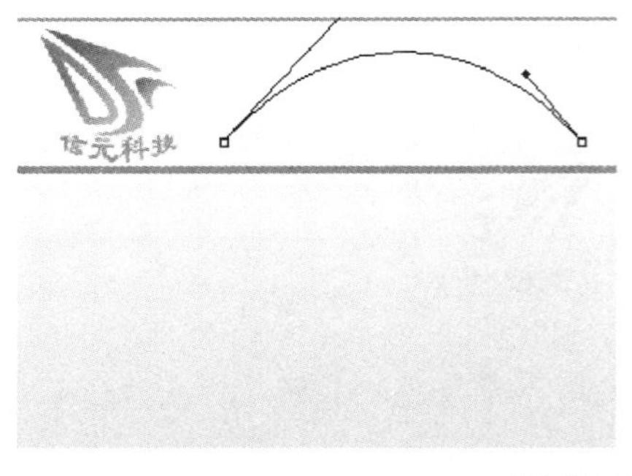

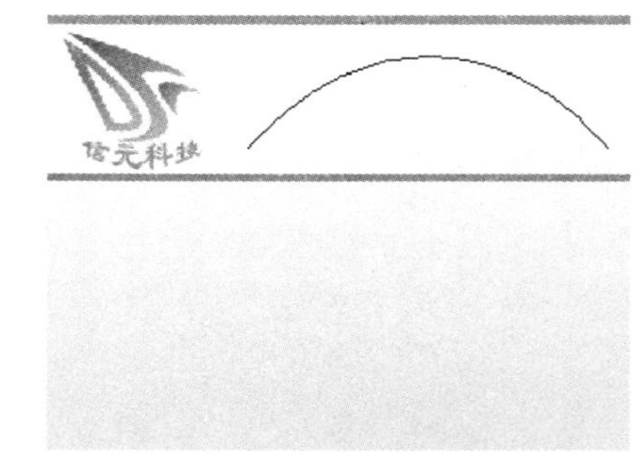

图 4-1-25　调整路径

8. 选择工具箱中的横排文字工具，将鼠标放到弧度路径上，鼠标形状有变化时单击，如图 4-1-26 所示，可沿着路径输入“海南信元科技有限公司”，效果如图 4-1-27 所示。

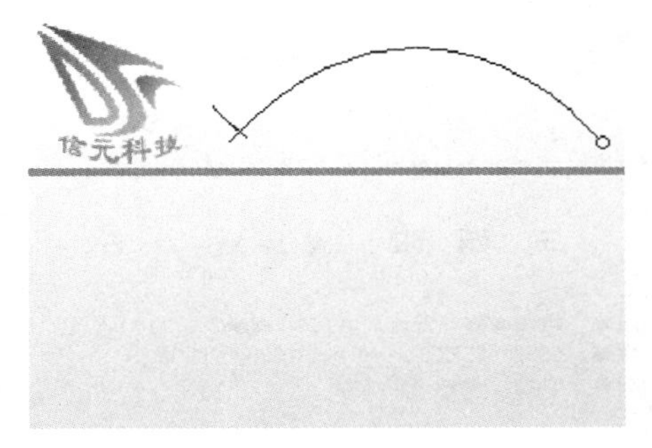

图 4-1-26　路径文字

图 4-1-27　输入文字后

9. 选择工具箱中的横排文字工具，将鼠标放到弧度路径上，鼠标形状有变化时单击，如图 4-1-26 所示，可沿着路径输入“海南信元科技有限公司”，效果如图 4-1-27 所示。

注意

在 Photoshop 中可以用钢笔或形状工具创建工作路径，可使用文字工具在其边缘单击输入文字。沿路径输入文字时，文字会顺着路径中锚点添加的方向排列。

10. 新建图层。使用矩形选框工具选择线条上方区域，选择渐变工具，单击属性栏中的渐变编辑器，设置蓝白渐变，并将透明度设置为 50%，渐变编辑器设置如图 4-1-28 所示。

11. 在选区中从中间到右边拉出一条对称渐变，操作过程如图 4-1-29 所示。

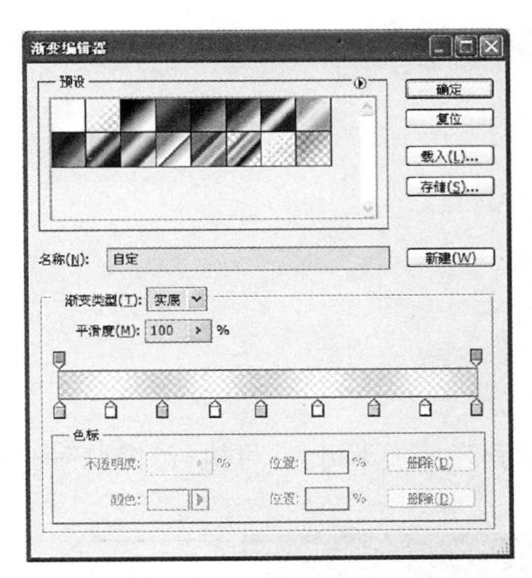

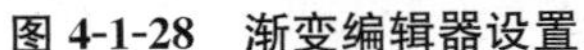

图 4-1-28　渐变编辑器设置

图 4-1-29　渐变填充过程

12. 选择工具箱中的横排文字工具，在画布中输入名片内容，输入文字时按回车键可换行后再输入，最终效果如图 4-1-30 所示。

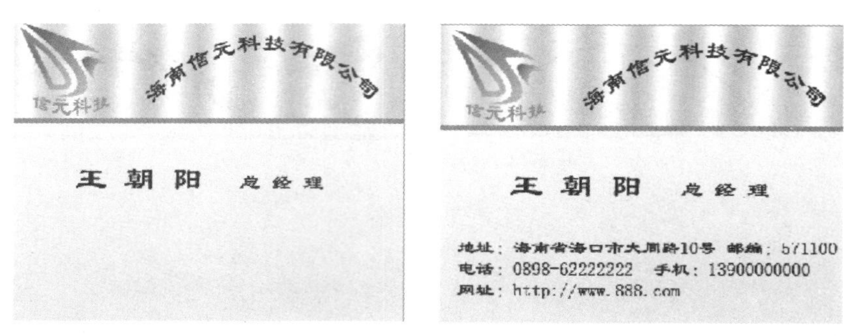

图 4-1-30 添加名片文字内容

4.2 任务二 绘制邮票和明信片

4.2.1 任务情境

六一儿童节快到了，小朋友们都期待着能得到来自爸爸妈妈、老师同学、叔叔阿姨们的祝福。为了能让小朋友们如愿以偿，设计公司现阶段的重要业务就是：制作一个系列的个性化明信片，给孩子们送去节日的祝福。下面我们将学习使用 Photoshop 的路径工具来完成明信片的设计。

4.2.2 任务剖析

一、应用知识点

（一）路径面板的使用

（二）路径与选区的变换

（三）形状工具的使用

二、知识链接

（一）路径面板

路径面板通常是与图层面板放在一起的，如果路径面板不可见，可执行“窗口”→“路径”命令，将路径面板显示出来，如图 4-2-1 所示。

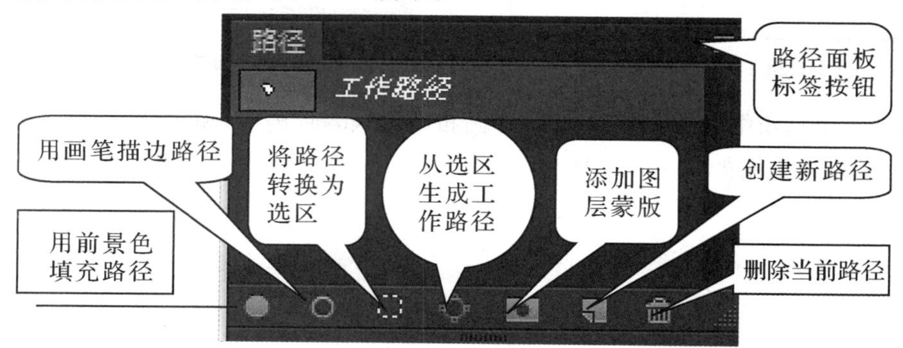

图 4-2-1 路径面板

(二) 路径转换为选区

无论是使用哪一种工具都无法建立光滑的选区,而且一旦选区建好后,很难进行调整。路径刚好可以克服这个缺陷,它由多外锚点组成,可以灵活进行位置或平滑度的调整,因此对于复杂度较大的选区,往往会选择先建立工作路径,再转换为选区。具体操作如下:

1. 单击路径面板中的"将路径作为选区载入"按钮。

2. 单击面板下拉菜单"建立选区"命令。

执行"建立选区"命令后,弹出如图 4-2-3 所示对话框,具体设置各项参数,其中羽化半径用来定义路径变换为选区时是否设置羽化效果;操作是定义路径转换选区与原来选区的运算方式,如果没有选区,则操作中的后面三项是灰色的。

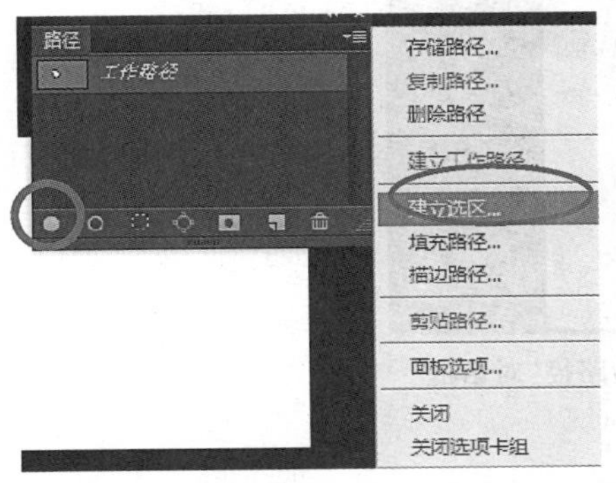

图 4-2-2　路径面板菜单一建立选区

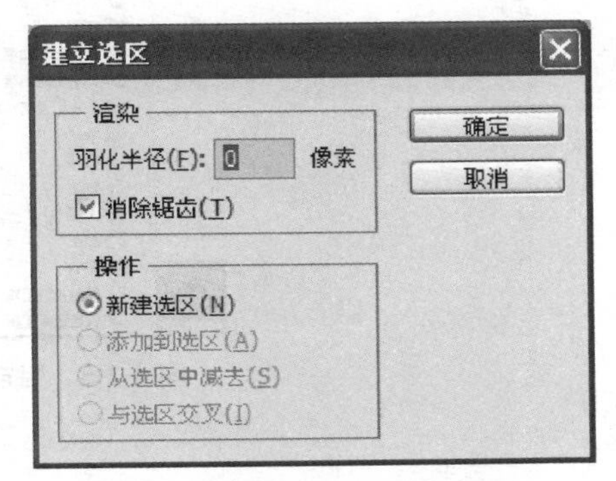

图 4-2-3　"建立选区"对话框

(三) 选区转换为路径

有时需调整选区时,一般会先将选区转换为路径,调整好路径再将路径转换为选区。具体操作如下:

1. 单击路径面板中的"从选区生成工作路径"按钮。

2. 单击面板下拉菜单"建立工作路径"命令。

执行路径面板菜单"建立工作路径"命令时弹出如图 4-2-4 所示对话框,容差取值范围为 0.5～10 之间的像素,容差值越高,生成工作路径的锚点会越少,路径越平滑。

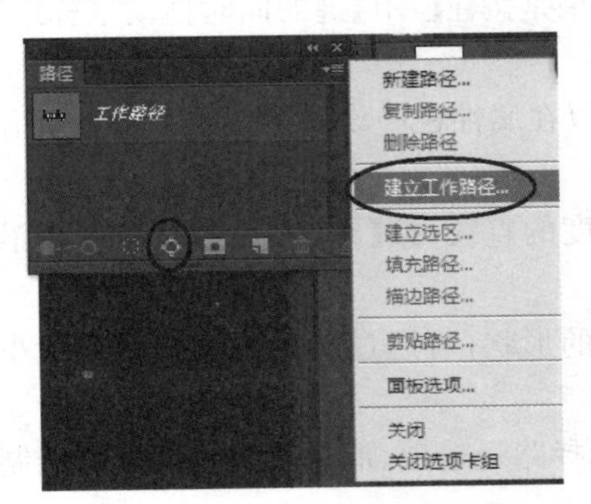

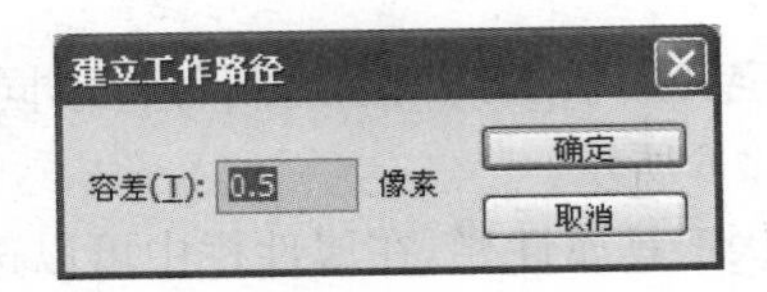

图 4-2-4　"建立工作路径"对话框

（四）描边路径

单击路径面板下方的"用画笔描边路径"按钮或执行路径面板下拉菜单中的"描边路径"命令，弹出如图 4-2-5 所示的对话框，选择不同的工具，则可以采用所选工具画笔对路径进行描边。

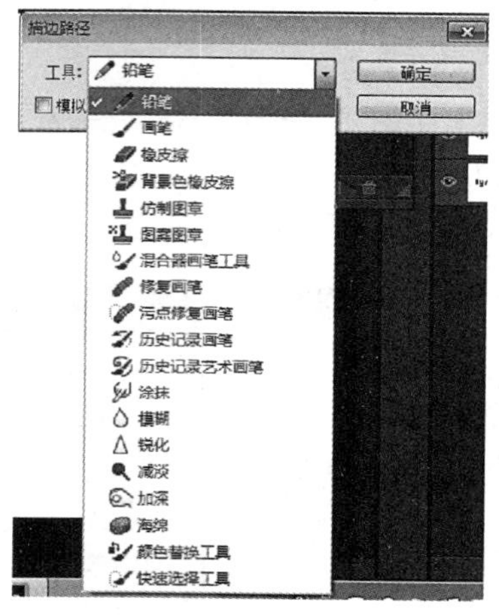

图 4-2-5 "描边路径"对话框

提示

描边路径效果与工具箱中所选的工具及画笔的大小都有关系，在操作描边路径之前，将选择用来描边的工具的笔刷形状及大小等参数要事先设置完成。

（五）形状工具

形状工具组是调用已有的矢量图形在绘图区绘制路径或形状图层的工具组，可以绘制 Photoshop 中存在的各种形状，如图 4-2-6 所示。

1. 单击"矩形工具"、"圆角矩形工具"、"椭圆工具"在图像中拖动，可以分别绘制出矩形、圆角矩形和椭圆的路径或形状图层。如果是按住【Alt】键的同时拖动鼠标绘制则可以绘制方形、圆角方形、圆形。

2. 多边形工具的操作不同之处在于可以在属性栏中设置多边形的边数，而绘制出不同的多边形。

3. 直线工具可以绘制出所设置粗细宽度的直线，按【Shift】键可以绘制出沿 45 度倍数的直线。

4. 自定义形状工具用于绘制各种不同的形状，可通过属性栏设置形状大小、比例等参数，如图 4-2-6 所示。

5. 形状工具属性栏，在属性栏中可以选择路径选项、形状工具等调整需绘制的形状，如图 4-2-6 所示。

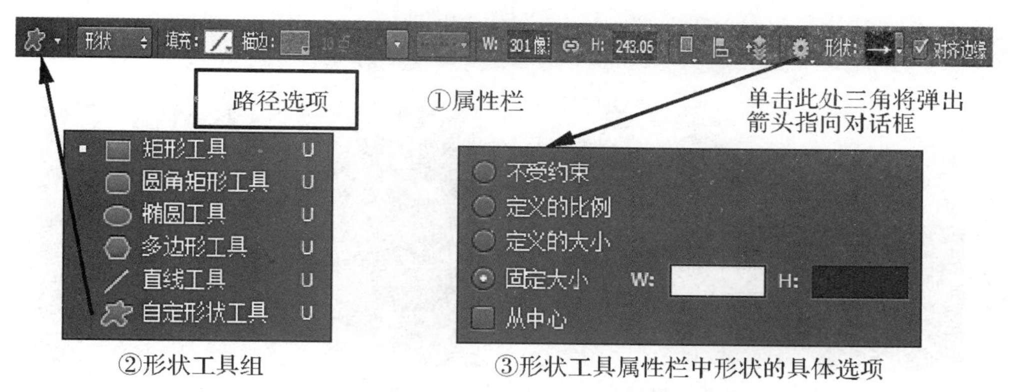

图 4-2-6　形状工具组及形状工具属性栏

4.2.3　任务实施

（一）绘制邮票

1. 新建文档。执行“文件”→“新建”命令，弹出“新建”对话框，设置文档名称为“邮票”，宽度为 8 厘米，高为 10 厘米，颜色模式为 RGB，分辨率为 120 像素，背景色为白色，单击“确定”按钮。

2. 打开素材文件。打开“素材文件/路径/501. jpg”，在工具箱中选择“移动”工具，将素材图片拖曳到“邮票”文档中，执行“编辑”→“自由变换”命令或按【Ctrl＋T】快捷键，适当调整图片的大小和位置，调整完成后按【Enter】键或单击工具箱中任一个工具，确认操作，效果如图 4-2-7 所示。

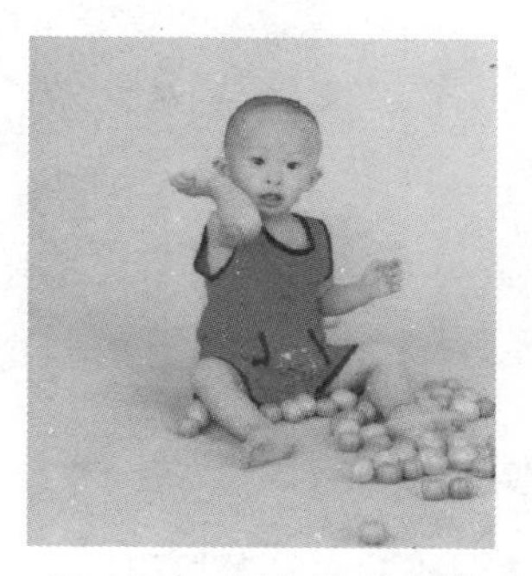

图 4-2-7　导入素材文件

3. 制作邮票边缘

（1）选择自定义形状工具。在工具箱中选择“自定义形状”工具，单击属性栏中的“形状”按钮，在弹出的对话框中单击如图 4-2-8 所示的▶按钮，在弹出的下拉菜单中选择“全部”，将全部形状加载进来，然后通过滚动条选择“邮票 1”形状，如图 4-2-9 所示。

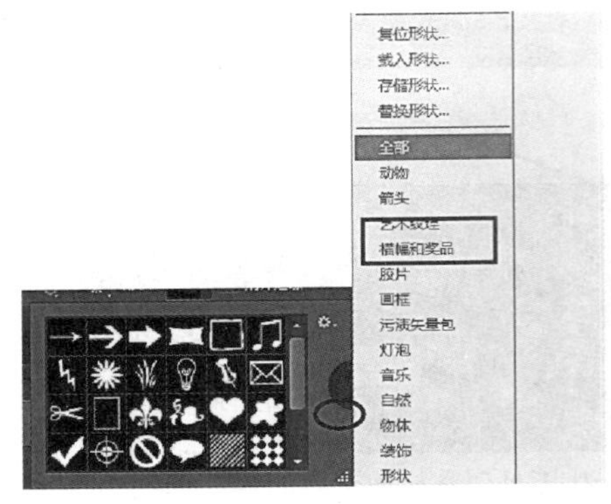

图 4-2-8 加载全部形状

图 4-2-9 选择邮票 1 形状

(2) 选择属性栏中的“路径”按钮，如图 4-2-10 所示，在图像窗口中拖动鼠标绘制图形，效果如图 4-2-11 所示。

图 4-2-10 自定义形状属性栏中选择路径

(3) 单击“路径面板”，选择路径面板下拉菜单中的“新建选区”或单击面板下面的“将路径作为选区载入”按钮，如图 4-2-12 所示，将路径转换为选区，效果如图 4-2-13 所示。

图 4-2-11 绘制邮票图形

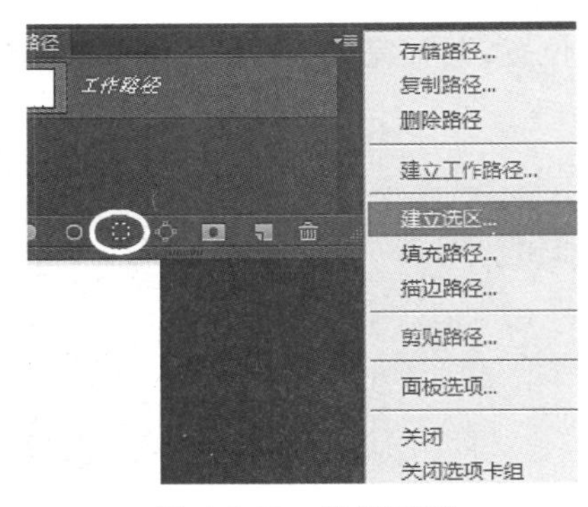

图 4-2-12 路径面板

(4) 执行“选择”→“反向”命令，按【Delete】键，删除所选区域图像内容，效果如图 4-2-13 所示，再次执行“选择”→“反向”命令，将图像当前选区回到邮票图形选区。

图 4-2-13 邮票轮廓

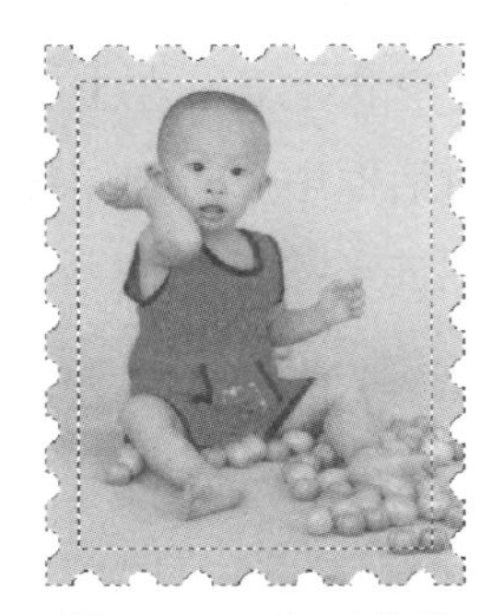

图 4-2-14 矩形选区

(5) 选择工具箱中的“矩形选框”工具，在其属性栏中选取“从选区减去”按钮，在图像中拉出一个矩形选区，效果如图 4-2-14 所示。

(6) 将背景色设置为白色，执行“编辑”→“填充”命令，弹出“填充”对话框，如图 4-2-15 所示设置，单击“确定”按钮，得到如图 4-2-16 所示效果。

(7) 执行“选择”→“取消选择”命令，将选区取消。

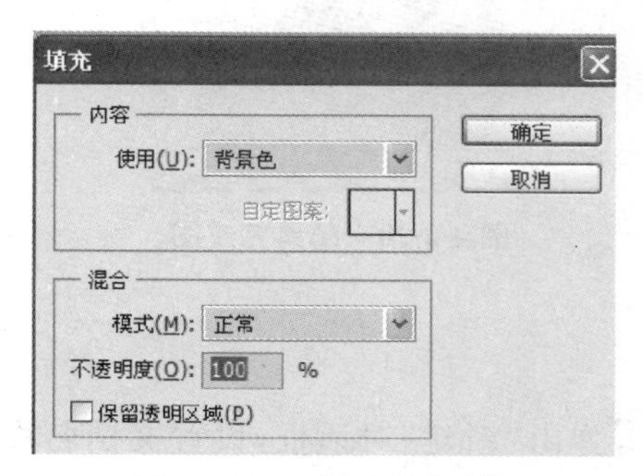

图 4-2-15　“填充”对话框

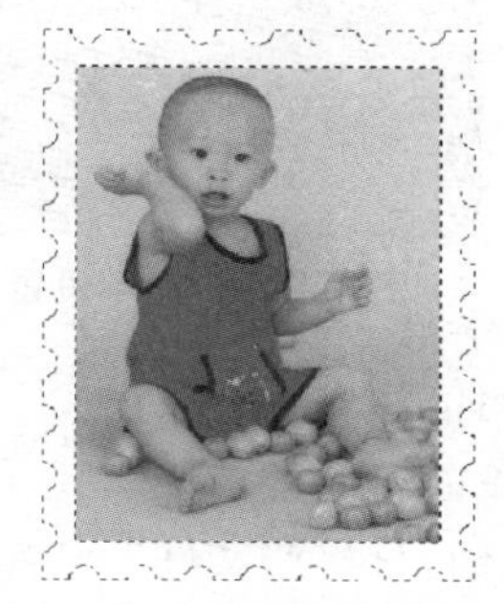

图 4-2-16　选区填充背景色后效果

4. 添加图层样式。执行“图层”→“图层样式”→“投影”命令，给图层添加投影效果，如图 4-2-17 所示。

5. 输入邮票上文字。

(1) 选择工具箱中的直排文字工具，在画面上输入“中国邮政 CHINA”，字体设置“仿宋_GB2312”，大小为 12 点，加粗，适当调整位置，效果如图 4-2-18 所示。

图 4-2-17　设置图层样式后效果

图 4-2-18　输入文字

(2) 选择工具箱中的横排文字工具，在画面上输入“3.60 元”，字体设置“华文彩云”，大小为 14 点，颜色为绿色。选取“元”字，在文字工具属性栏中单击按钮，在弹出的对话框中单击按钮，将“元”字设置为上标格式，并将文字调整到合适位置，效果如图 4-2-19 所示。

6. 合并图层。选择图层面板，单击背景层前面的图标，将背景层隐藏，然后图层面板下拉菜单，单击“合并可见图层”，将文字层与图像层合并为一个图层，再次单击背景层前面的图标，将背景层显示，最终效果如图 4-2-20 所示。

7. 保存文件。执行“文件”→“存储”，将文件保存为“邮票.PSD”文件。

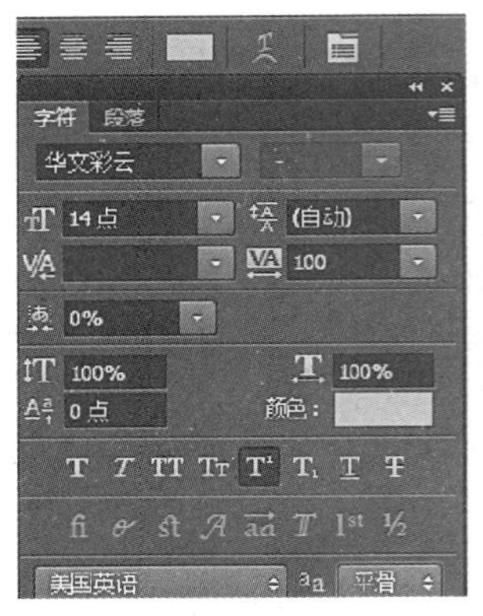

图 4-2-19　文字设置

图 4-2-20　邮票完成图

（二）绘制明信片

1. 明信片正面图案绘制

（1）新建文档。执行"文件"→"新建"命令，弹出"新建"对话框，设置文档名称为"明信片"，宽度为 18 厘米，高为 12 厘米，颜色模式为 RGB，分辨率为 120 像素，背景色为白色，单击"确定"按钮。

（2）背景设置。新建图层，命名为"明信片底纹"，单击工具箱中的"渐变"工具，在渐变编辑器中设置为蓝白渐变，如图 4-2-21 所示设置。选择属性栏中的"线性渐变"，在画布中拉出一个蓝白渐变底纹，效果如图 4-2-22 所示。

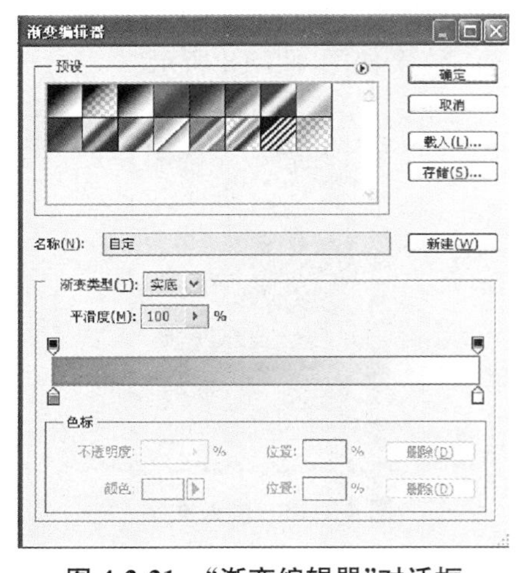

图 4-2-21　"渐变编辑器"对话框

图 4-2-22　明信片底纹

（3）绘制白云图案。将前景色设置为白色，新建图层，命名为"云彩"，单击工具箱中的"自定义形状"工具，单击属性栏中的"形状"按钮，在下拉框中选取"云彩 2"形状，如图 4-2-23 所示。选择属性栏中的"填充像素"按钮，如图 4-2-24 所示设置。在画布上拖动鼠标随机绘制出朵朵白云，效果如图 4-2-25 所示。

图 4-2-23　选择“云彩 1”形状工具

图 4-2-24　自定义形状属性栏设置

图 4-2-25　绘制白云图案后效果

(4) 绘制飞机形状。将前景色设置为如图 4-2-26 所示颜色，新建图层，命名为“飞机”，单击工具箱中的“自定义形状”工具，单击属性栏中的“形状”按钮，在下拉框中选取“飞机”形状，如图 4-2-27 所示。选择属性栏中的“填充像素”按钮，在画布上拖动鼠标画出一架飞机，调整大小及位置后效果如图 4-2-28 所示。

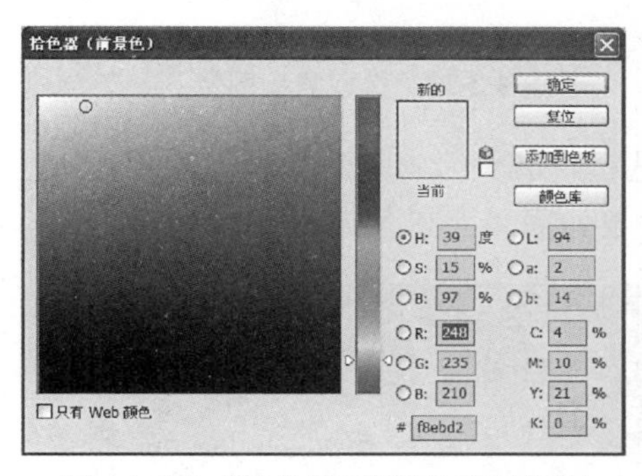

图 4-2-26　“拾色器(前景色)”对话框

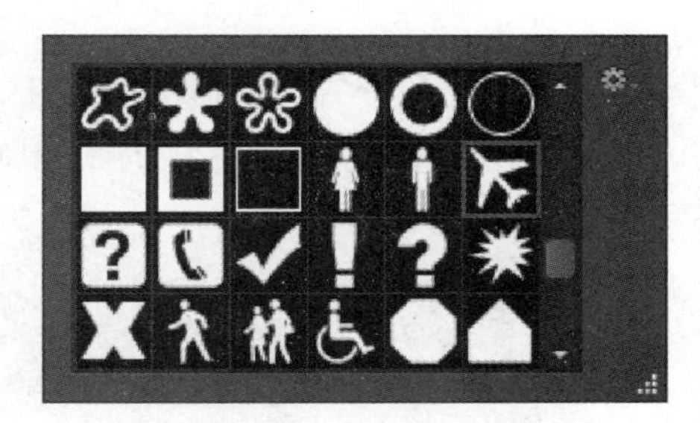

图 4-2-27　选择飞机形状

图 4-2-28　绘制飞机形状

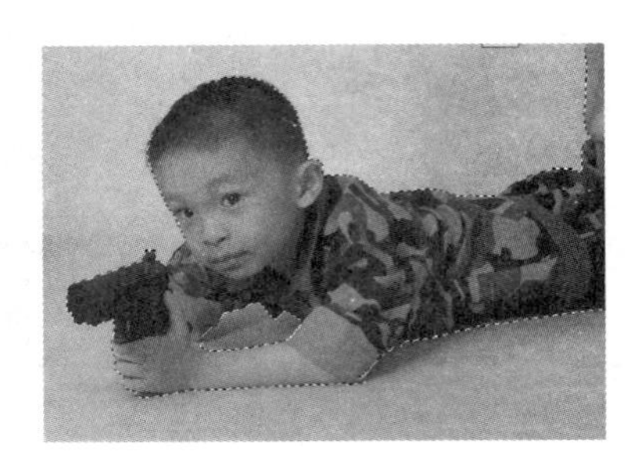
图 4-2-29　选取男孩图像

（5）为了增加立体感，添加图层投影样式。当前图层为“飞机”图层，执行“图层”→“图层样式”→“投影”命令，给“飞机”图层添加投影效果。

（6）打开图像。打开“素材/路径/502. JPG”文件，选择工具箱中的魔棒工具，在图像中选取图像背景，并执行“选择”→“反向”命令，将素材文件中的男孩子选取，效果如图4-2-29所示。

（7）选择工具箱中的移动工具，将“402. JPG”文件中所选取的男孩子图像拖到“明信片”文档中，通过“自由变换”命令调整图像大小并移到合适位置，将当前图层重命名为“宝贝”，如图 4-2-30。

（8）选择工具箱中的椭圆选框工具，并在其属性栏中设置羽化值为“20”像素，在画布中选取一个椭圆形选区，如图 4-2-31 所示。

图 4-2-30　绘制飞机形状

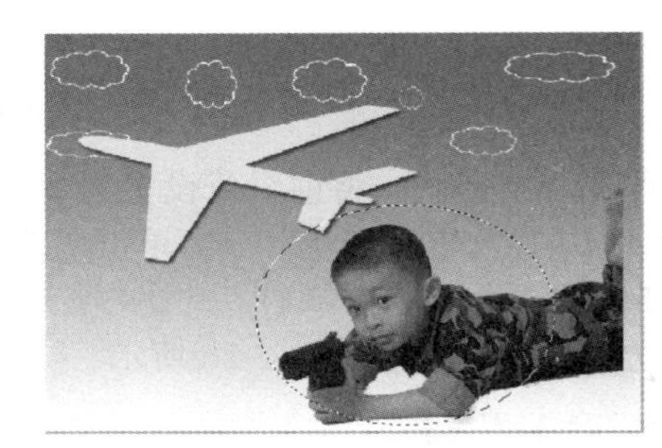
图 4-2-31　选取男孩图像

（9）执行“选择”→“反向”命令，将选区反向选择，如图 4-2-32 所示。

（10）按【Delete】键，将选区中的图像删除，效果如图 4-2-33 所示。

图 4-2-32　绘制飞机形状

图 4-2-33　选取男孩图像

(11) 新建图层,并将图层改名为“学校”。单击工具箱中的“自定义形状”工具,单击其属性栏中的“形状”按钮,在下拉框中选取“学校”形状,如图 4-2-34 所示。选择属性栏中的“路径” 按钮,在画布上拖动鼠标画出学校形状,调整大小及位置后效果如图 4-2-35 所示。

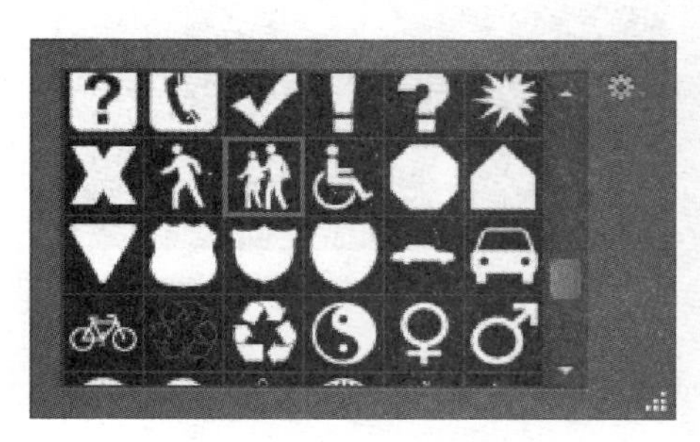
图 4-2-34　选择学校形状

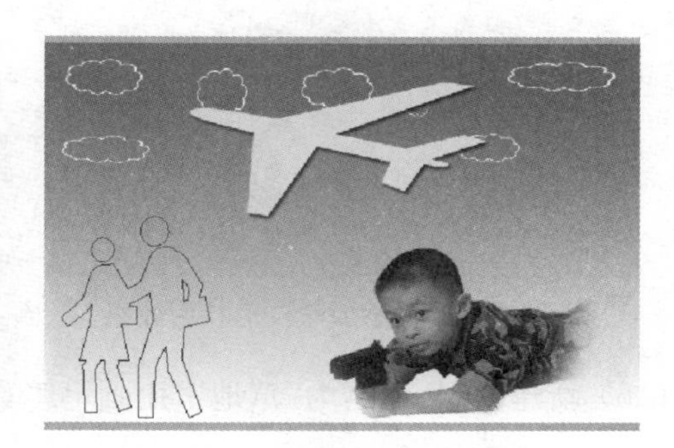
图 4-2-35　绘制学校路径

(12) 设置笔刷。将前景色设置为橙色,单击工具箱中的“画笔”工具,将其属性栏笔刷如图 4-2-36 所示设置。

(13) 路径描边。单击“路径面板”右上角三角弹出下拉菜单,选择“描边路径”命令,弹出“描边路径”对话框,选择“画笔”,如图 4-2-37 所示设置,单击“确定”完成描边操作。

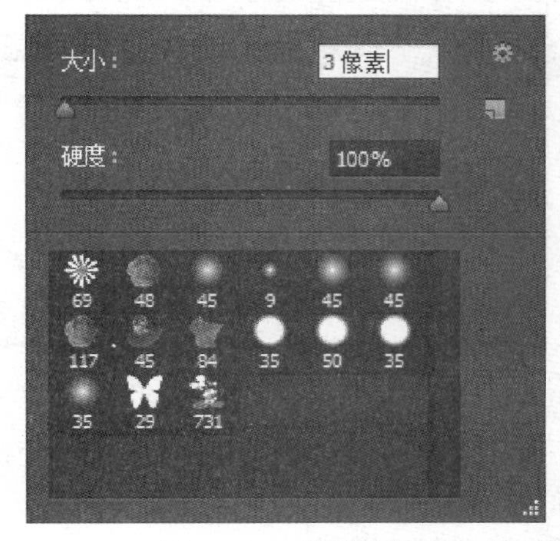

图 4-2-36　笔刷设置

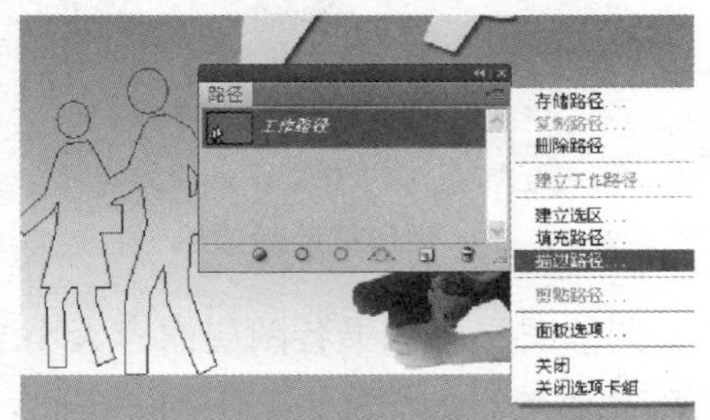

图 4-2-37　路径面板—描边路径设置

(14) 删除路径。单击“路径面板”右上角三角弹出下拉菜单,单击“删除路径”命令,单击“确定”完成删除路径操作,完成后效果如图 4-2-38 所示。

(15) 将前景色设置为绿色,单击工具箱中的“画笔”工具,选择“草”笔刷,大小设置为“100”,如图 4-2-39 所示。

图 4-2-38　添加学校形状后效果

图 4-2-39　"草"笔刷设置

(16) 新建图层，命名为"草地"，用画笔工具在画布下方画出一片草地，效果如图 4-2-40 所示。

(17) 添加文字。选择工具箱中的横排文字工具，在图像中输入"快乐童年，幸福从这里起航！"，字体为"方正舒体"，大小为 60，颜色为黄色，并点击属性栏中的 [变形文字图标] 按钮，设置如图 4-2-41所示变形文字，单击"确定"按钮。

图 4-2-40　添加草地后效果

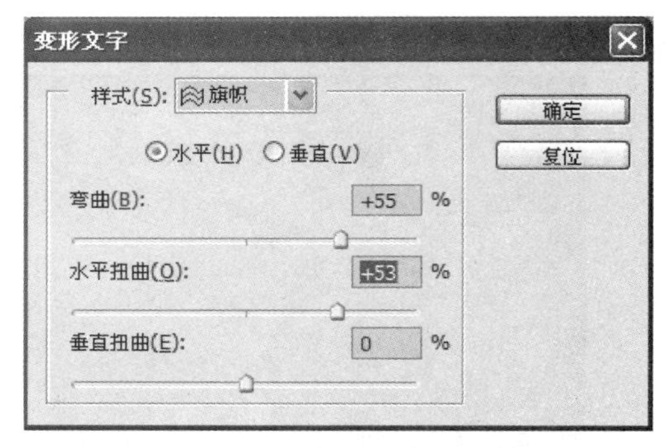

图 4-2-41　"变形文字"对话框

(18) 调整图层。如果各图层内容大小或位置不合理，可适当通过移动或自由变换调整图像内容，完成效果如图 4-2-42 所示，至此，明信片的正面绘制完成。

图 4-2-42　完成图

2. 明信片背面绘制

（1）调整画布大小。增加与正面一样大小的画布绘制背面内容。执行“图像”→“画布大小”命令，弹出“画布大小”对话框，调整画布高度为原来的两倍，具体参数设置如图 4-2-43 所示，设置完成后单击“确定”按钮完成操作。

（2）显示网络。为了精确调制，执行“视图”→“显示”→“网络”命令，如图 4-2-44 所示。

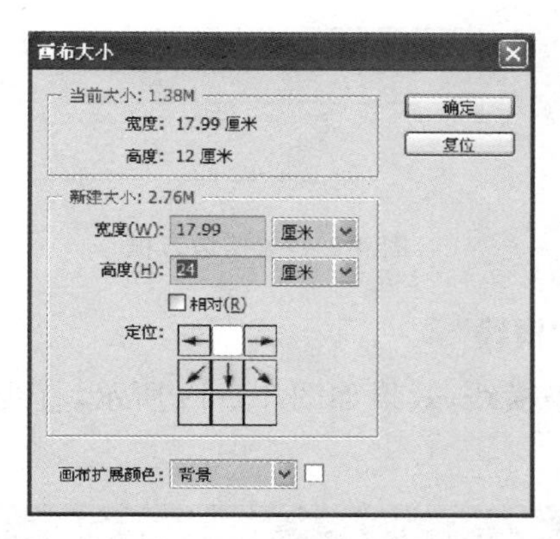

图 4-2-43　画布调整

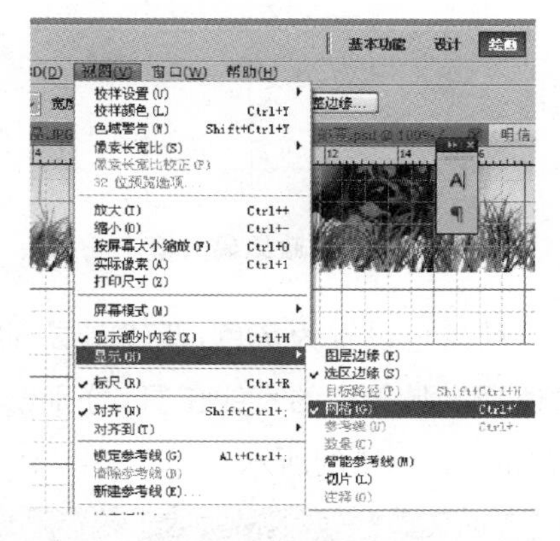

图 4-2-44　显示网络

（3）绘制邮政编码方框。选择工具箱中的矩形选框工具，其属性栏设置如图 4-2-45 所示，在画布中画出一个方框。

图 4-2-45　矩形选框工具属性栏设置

（4）执行“编辑”→“描边”命令，弹出“描边”对话框，对话框设置如图 4-2-46 所示，单击“确定”按钮，得到如图 4-2-47 所示效果。

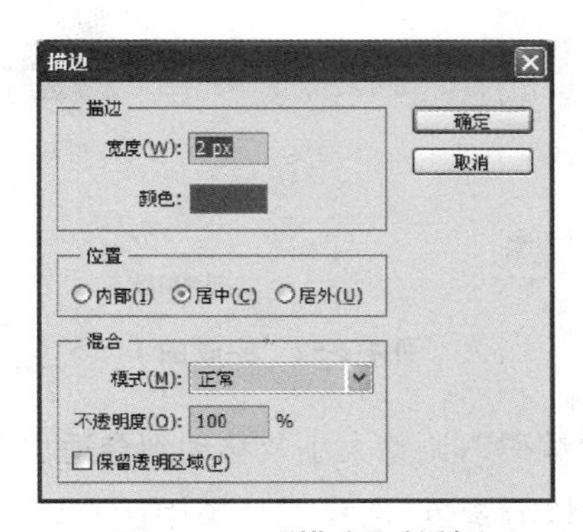

图 4-2-46　“描边”对话框

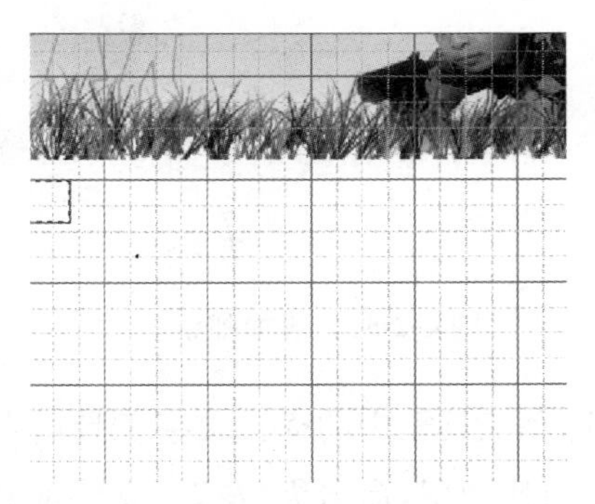

图 4-2-47　描边方框

(5) 平移矩形选区,重复上一步操作 5 次,绘制并描边 6 个矩形方框,效果如图 4-2-48 所示,取消选区。

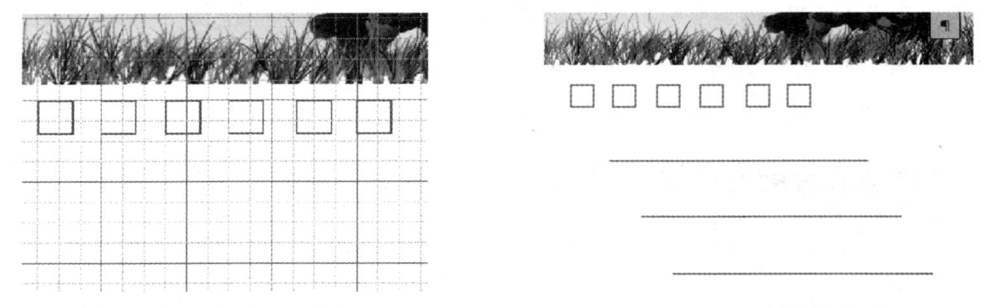

图 4-2-48　邮政编码方框　　　　图 4-2-49　描边方框

(6) 将前景色设置为灰色,新建图层,命名为"横线"。

(7) 选择工具箱中的直线工具,分别绘制三条横线,效果如图 4-2-49 所示,直线工具属性栏设置如图 4-2-50 的所示。

图 4-2-50　直线工具属性栏设置

(8) 添加邮票。打开前面绘制的邮票文件,选择图层,选择工具箱中的移动工具将邮票移动到"明信片"文档中,通过"自由变换"调整大小,并移动位置,得到如图 4-2-51 所示效果。

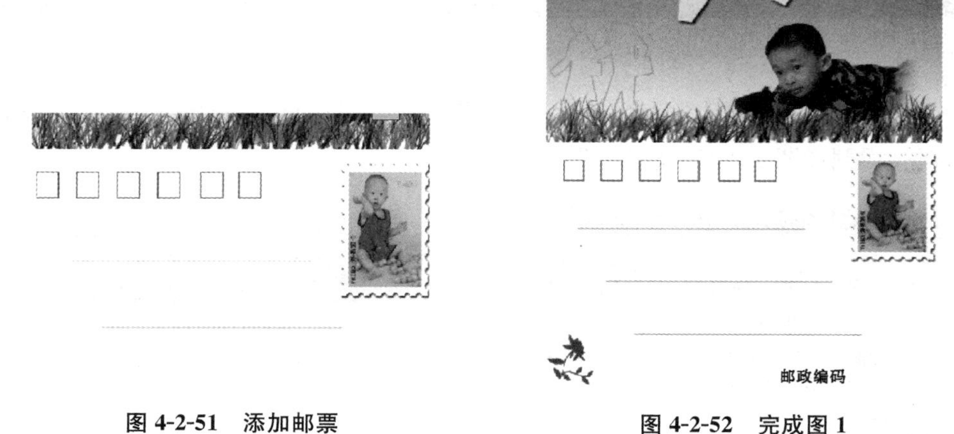

图 4-2-51　添加邮票　　　　图 4-2-52　完成图 1

(9) 选择工具箱中的横排文字工具输入"邮政编码",调整大小及移动到合适位置。

(10) 新建图层,命名为"花"。先将前景色调整为紫色,选择工具箱中的自定义形状工具,在其属性栏中选择"花 2"形状,在画布的左下角画一朵紫色小花点缀,效果如图 4-2-52 所示。

(11) 为了增强明信片背面质感,我们可以设置彩色纸底纹。首先新建图层,命名为"底纹”，选择工具箱中的矩形选框工具，选取明信片的背面部分，执行“编辑”→“填充”命令，弹出对话框如图 4-2-53 所示设置，将“彩色纸”图案追加进来，选择其中的“斑纹光亮纸”图案填充，填充后将该图层下移直至明信片背面的内容全部能显示，最终效果如图 4-2-54 所示。

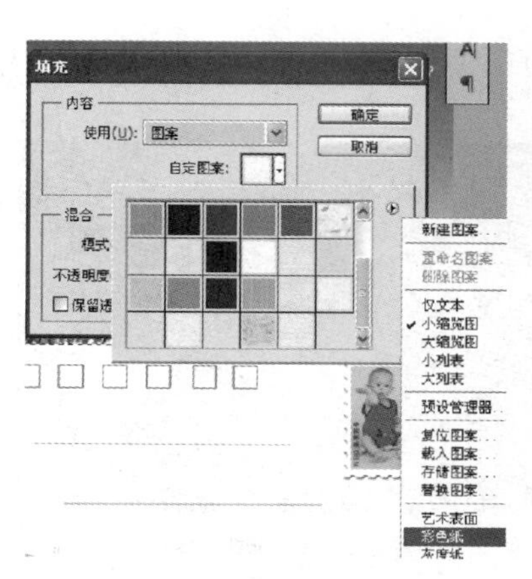

图 4-2-53　设置图案

图 4-2-54　添加底纹后的完成图

（12）所有操作完成，合并所有图层，将文件存储为“明信片.JPG”。

4.2.4　任务拓展

（一）邮票绘制

在上例中邮票边缘的绘制，直接采用了形状工具来绘制，邮票边缘的齿轮大小有可能不适合图像，或者是不能制作如圆形、三角形等形状的邮票，我们还可以采用路径描边的方法绘制邮票边缘，解决此问题。

下面我们将上例所绘制的明信片图像制作一张圆锥形邮票。

1. 打开“明信片.JPG”文件，将前景色设置为默认的白色。

2. 选择画笔工具。选择工具箱中的画笔工具，选择硬边圆笔刷，执行“窗口”→“画笔”命令，在画笔面板中设置画笔笔尖形状，大小 20，间距 133，如图 4-2-55 所示设置。

3. 在工具箱中选择“椭圆工具”，单击属性栏中的“路径”按钮，在画布中拉出一个椭圆路径，如图 4-2-56 所示。

4. 单击路径面板，单击右上角的三角符号，执行弹出的下拉菜单中的“描边路径”命令，选择“画笔”工具描边，得到如图 4-2-57 所示效果。

5. 单击路径面板，单击右上角的三角符号，执行弹出的下拉菜单中的“建立选区”命令，将椭圆路径转换为选区。

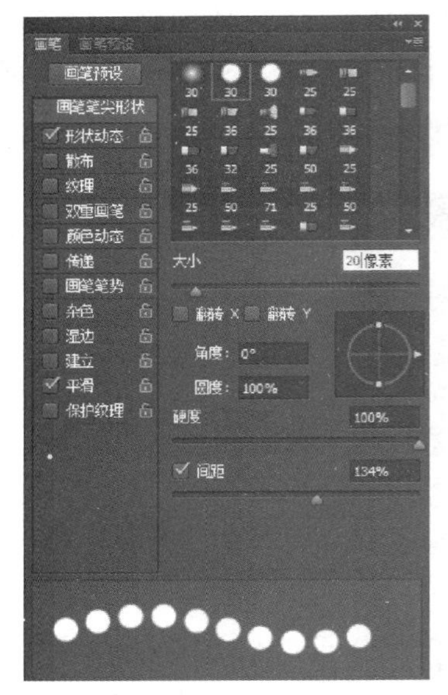

图 4-2-55　设置画笔笔刷

图 4-2-56　椭圆路径

图 4-2-57　路径描边

图 4-2-58　邮票边缘绘制完成

6. 执行“选择”→“反向”命令，将选区反选。

7. 执行“编辑”→“填充”命令，选择背景色或白色填充选区内容，效果如图 4-2-58 所示，取消选择。

8. 邮票图案上的文字操作可参考上例完成。

（二）圆圈字制作

1. 新建 500＊500 像素的黑色背景文档。

2. 选择工具箱中的“横排文字蒙版工具”，字体为隶书，大小为 180 点，如图 4-2-59 设置，在画布中输入“海南”两个字，并用选框工具将文字蒙版移动到合适的位置，如图 4-2-60 所示。

图 4-2-59　横排文字蒙版工具属性栏设置

3. 选择“路径面板”，单击面板右上角的三角符号，在弹出的下拉菜单中选择“建立工作路径”命令，如图 4-2-61 所示，将当前选区转换为路径，效果如图 4-2-62 所示。

4. 如果文字还不够大，可以执行“编辑”→“自由变换路径”命令，调整路径字体大小，如图 4-2-63 所示。

图 4-2-60　文字蒙版

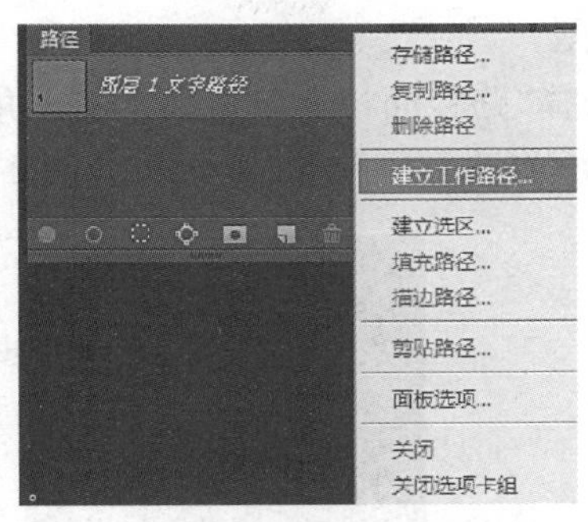

图 4-2-61　“建立工作路径”命令

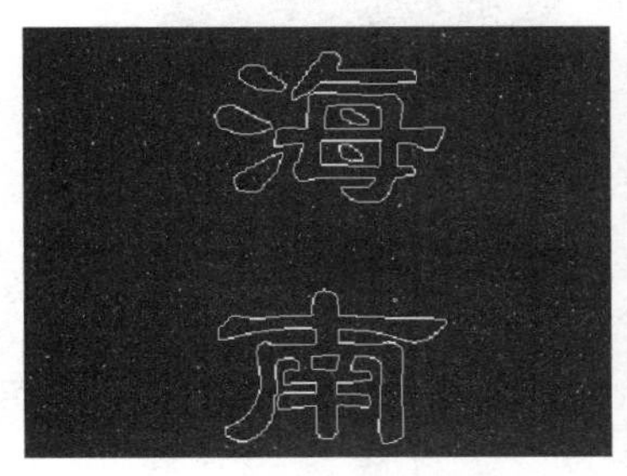

图 4-2-62　转换为路径

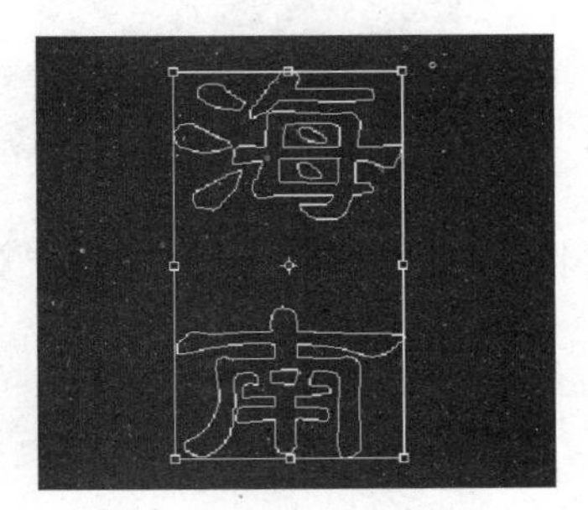

图 4-2-63　自由变换路径

5. 选择工具箱中的画笔工具，选择“虚线圆 1”笔刷（如果没有看到此笔刷，请先将“混合画笔”组追加进来）。

6. 执行“窗口”→“画笔”命令，在画笔面板中设置画笔笔尖形状，大小为 12，间距为 50，如图 4-2-65 所示设置。

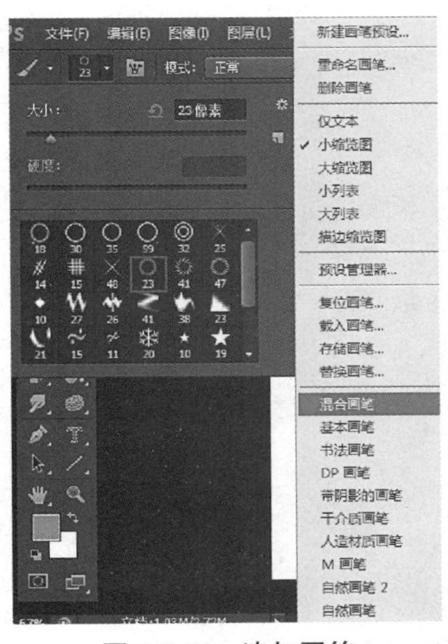

图 4-2-64　追加画笔

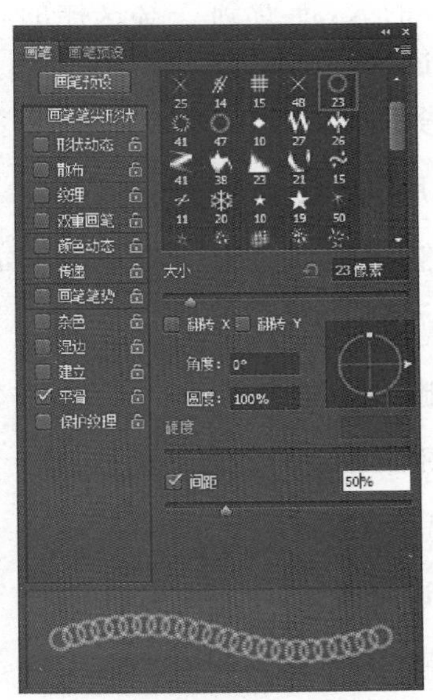

图 4-2-65　画笔笔尖形状设置

7. 将前景色设置为蓝色。再选择“路径面板”，单击面板右上角的三角符号，在弹出的下拉菜单中选择“描边工作路径”命令，选择“画笔”进行描边，给文字路径描边，效果如图4-2-66所示。

8. 选择“路径面板”，单击面板右上角的三角符号，在弹出的下拉菜单中选择“删除工作路径”命令，将路径删除，最终效果如图 4-2-67 所示。

图 4-2-66 追加画笔

图4-2-67 画笔笔尖形状设置

9. 最后将文件存储为“圆圈字. jpg”文件。

4.3 任务三 绘制兰花草

4.3.1 任务情境

素雅的兰花草以其特有的品质，一直被人们所喜爱。如果能时时在自己的目光所及之处，看到这么一盆绿意葱葱、花气袭人又高贵典雅的兰花草，是多么惬意的事情，特别是在办公室中久坐的人，能看到一盆这样的花，心情会大好。现在我们还是动手来设计吧，Photoshop 能帮我们的忙。

4.3.2 任务剖析

一、应用知识点

（一）路径面板的使用

（二）填充路径操作

（三）删除路径操作

（四）图层样式使用

（五）选区的变形

二、知识链接

（一）填充路径

填充路径，指在指定的闭合路径中填充前景色、背景色、图案或选择颜色等，它有类似于

工具箱中的油漆桶工具的功能。其具体操作有如下几种方法：

1. 路径面板下面的“填充路径”按钮。

2. 执行路径面板下拉菜单中的“填充路径”命令。

3. 在路径选取的状态下单击右键弹出的对话框中选择“填充路径”命令。

执行“填充路径”命令后在弹出的“填充路径”对话框中设置填充颜色或图案。

（二）路径变换

与选区变换操作类似，路径也可以进行自由变换或变换操作，在路径选取的情况下，可执行“编辑”→“自由变换路径”或“变换路径”命令对路径进行缩放、旋转、扭曲等操作。

（三）删除路径

当不再需要路径时，可采用路径面板菜单“删除路径”命令或点击面板下方按钮将当前路径删除掉。

4.3.3　任务实施

1. 新建文档。执行“文件”→“新建”命令，弹出“新建”对话框，设置文档名称为“兰花草”，大小为 500 * 400 像素，颜色模式为 RGB，分辨率为 72 像素，背景色为白色，单击“确定”按钮。

2. 新建图层，命名为“兰草”，选择工具箱中的钢笔工具，选择“路径”方式绘制，在图层中画出一条闭合的路径，并选择转换点工具按钮，点击锚点，调整方位线方向对路径进行调整，调整后效果如图 4-3-1 所示。

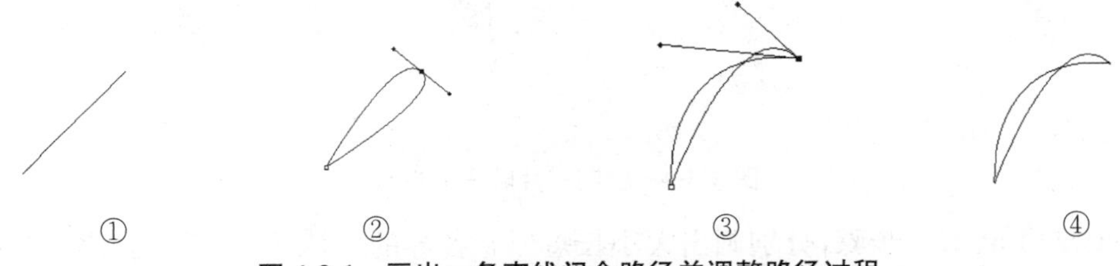

图 4-3-1　画出一条直线闭合路径并调整路径过程

3. 单击工具箱中的前景色，打开“拾色器(前景色)”对话框，选择绿色，将前景色调整为绿色。

4. 选择路径面板，点击面板右上角的三角符号，弹出下拉菜单中选择“填充路径”命令，如图 4-3-2 所示，将路径填充为绿色，再次选择路径面板下拉菜单的“删除路径”命令，将当前路径删除，效果如图 4-3-3 所示。

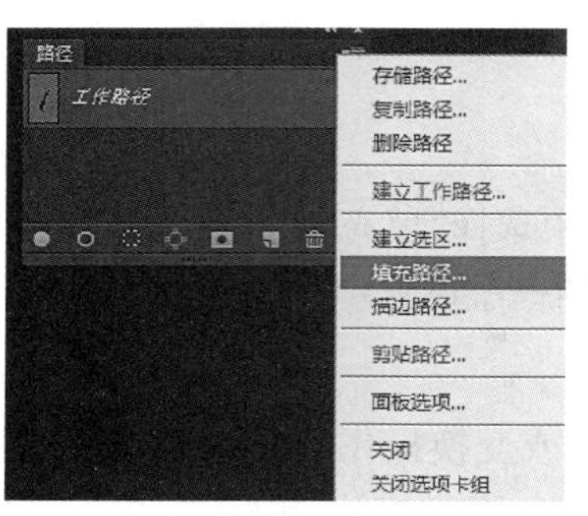

图 4-3-2　路径面板—填充路径

图 4-3-3　一片叶子

5. 绘制另一片叶子，重复第 3、第 4 步骤，绘制叶子，效果如图 4-3-4 所示。

注意

为了让叶子有层次感，前景色可以设置为深浅不一的绿色，从嫩绿到黄绿色，在调整路径锚点过程中，可能选择工具箱中的 路径选择工具 A 或 直接选择工具 A 对路径锚点位置进行调整，同时与 转换点工具相结合调整出理想的叶子形状。一片叶子的绘制过程请见图 4-3-4 所示。

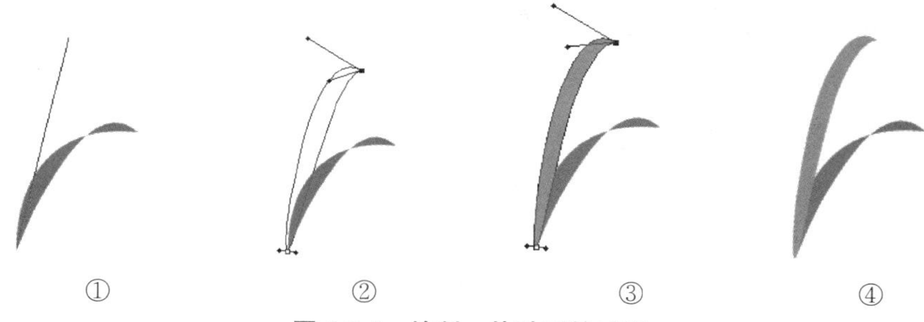

图 4-3-4　绘制一片叶子的过程

6. 重复第 3、第 4 步骤，分别画出大小长短形态各异的兰草叶子，需要画多少片叶子就重复操作多少次，叶子绘制完成后效果如图 4-3-5 所示。

图 4-3-5　叶子绘制完成效果

图 4-3-6　渐变编辑器设置

7. 下面我们来绘制花梗。新建一图层，命名为“花梗”，选择工具箱中的“矩形选框工具”，画出一个长条矩形选区。

（1）选择工具箱中的渐变工具，单击属性栏中的颜色条，打开“渐变编辑器”对话框，设置如图 4-3-6 所示的“绿—浅绿—绿”渐变，单击“确定”按钮。

（2）在渐变工具属性栏中选择“线性渐变”方式，在矩形选区中从左到右拉出一个绿—浅绿—绿线性渐变。

（3）执行“编辑”→“自由变换”→“变形”命令，将原来长条形的花梗调整为弯曲的有弧度的花梗形状，调整过程及效果如图 4-3-7 所示。

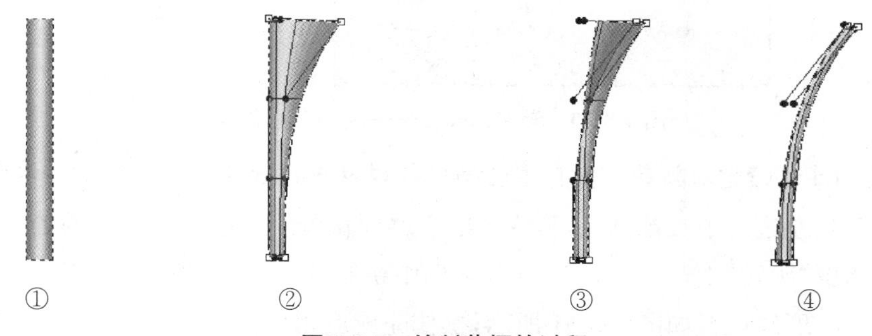

①　②　③　④

图 4-3-7　绘制花梗的过程

（4）调整完成后单击工具箱中任意一个工具，在弹出的对话框中点击“应用”按钮，确认本次变换操作，如图 4-3-8 所示。

（5）单击工具箱中的移动工具，将花梗移到合适的位置，如图 4-3-9 所示。

图 4-3-8　应用变换

图 4-3-9　花梗调整后效果

8. 下面我们来绘制一朵兰花。新建一图层，命名为“花”，选择工具箱中的“椭圆选框工具”，画出一个椭圆形选区，作为花朵的一片花瓣。

（1）选择工具箱中的渐变工具，设置紫红—浅红的渐变色，在椭圆形选区上拉出一个从左到右的线性渐变，效果如图 4-3-10 所示，执行“编辑”→“拷贝”命令，将当前选区内容复制。

（2）按【Ctrl＋V】键将前面所复制的内容粘贴为一个新图层，生成一片新的花瓣。

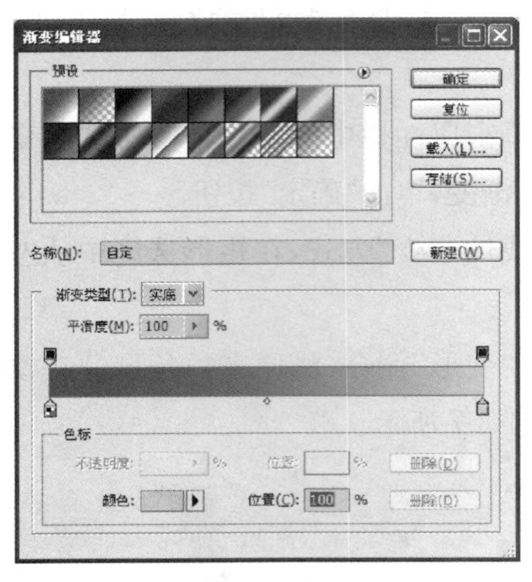

图 4-3-10 渐变编辑器——绘制一片花瓣

(3) 按【Ctrl+T】键对新花瓣做自由变换操作，按【Alt】键的同时按住鼠标将变形中心点移动到变形工具左边的中心控制点，将变形中心移到花瓣的左边作为旋转的轴心，再在工具属性栏中的角度“旋转”中输入“60.00 度”(本例中绘制 6 片花瓣，所以每片花瓣间的角度设置为 360/6=60 度)，设置如图 4-3-11 所示，操作完成应用变换操作。

(4) 再重复操作第(2)、(3)步 4 遍，分别再绘制其他 4 片花瓣。需注意属性栏的调整角度分别为“120 度”、“180 度”、“－120 度”、“－60 度”，绘制花瓣过程及效果如图 4-3-12 所示。

图 4-3-11 自由变换属性栏——设置变换角度为 60 度

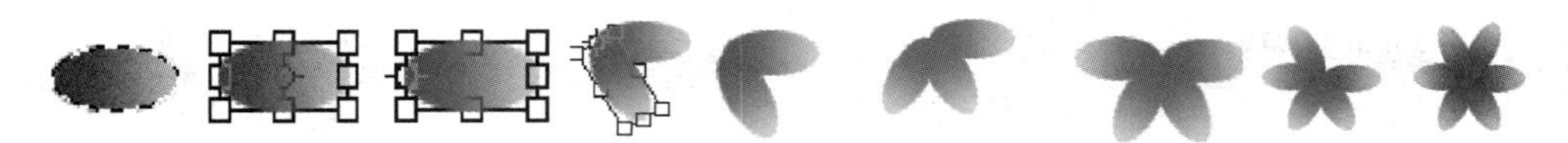

图 4-3-12 一朵花的六片花瓣绘制过程

注意

在进行选区自由变换操作时，旋转操作有一个变形中心 ，按住【Alt】键单击变形中心拖动鼠标可将变形中心调整到合适的位置，旋转时会以变形中心为轴心来进行转动。

(5) 将前景色设置为黄色，选择工具箱中的画笔工具，选择半径为 5 的柔边圆笔刷，在花朵的中间随机地点击画出花蕊，效果如图 4-3-13 所示。

(6) 用移动工具将花朵移到花梗上面，如果大小或方向不合理，还要执行“自由变换”命令，对花朵进行缩放或旋转调整，操作完成效果如图 4-3-14 所示。

图 4-3-13　一朵花绘制完成

图 4-3-14　花朵绘制完成

技巧

如果需要绘制多朵花朵，可以将所有花瓣图层、花蕊、花梗图层合并为一个图层，复制另一朵花，通过自由变换对花朵进行调整即可，如图 4-3-14 右图所示。

(7) 操作完成后，将所有叶子图层及花所在图层合并，命名为"兰花草"，并单击"兰花草"图层前面的 按钮，将该图层隐藏。

9. 绘制花盆

新建一图层，命名为"花盆"，选择工具箱中的"矩形选框工具"，画出一个矩形选区。

(1) 先执行"选择"→"变换选区"命令，再执行"编辑"→"变换"→"透视"命令将矩形选区变换为如图 4-3-15 所示梯形，应用变换操作。

(2) 设置红—浅红—红的渐变，在梯形选区中从左向右拉出一个如图 4-3-15 所示线性渐变填充梯形，取消选区。

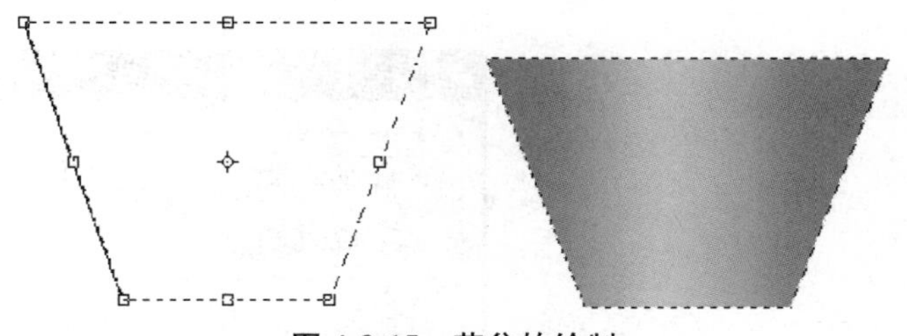

图 4-3-15　花盆的绘制

(3) 执行"图层"→"图层样式"→"投影"命令，对话框如图 4-3-16 所示设置，给图层加上投影效果以增强立体感，效果如图 4-3-16 所示。

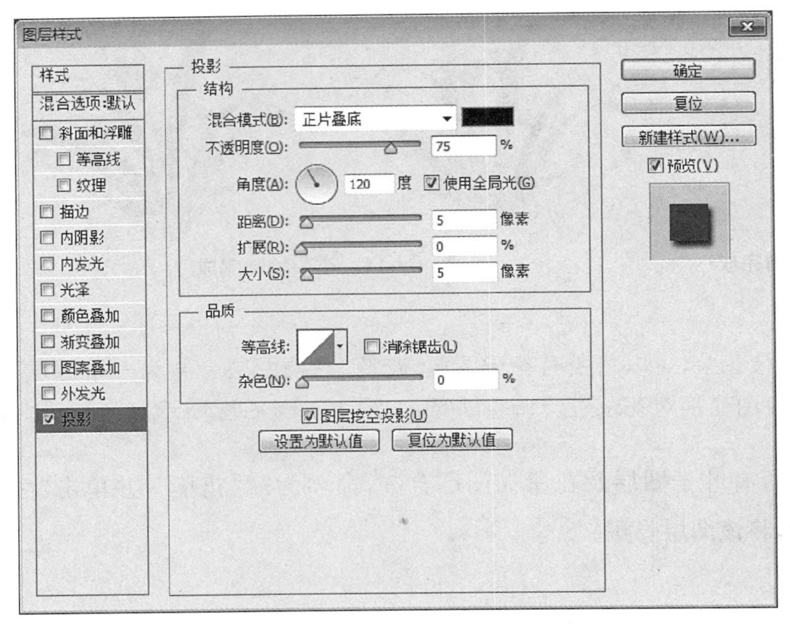

图 4-3-16 “图层样式”对话框——投影样式设置后效果

(4) 选择工具箱中的“椭圆选框工具”,在梯形上方画出如图 4-3-17 所示的椭圆形选区,并按【Delete】键将选区内部图像删除。

(5) 执行“编辑”→“描边”命令,如图 4-3-18 所示设置,单击“确定”按钮,得到如图 4-3-19 所示效果。

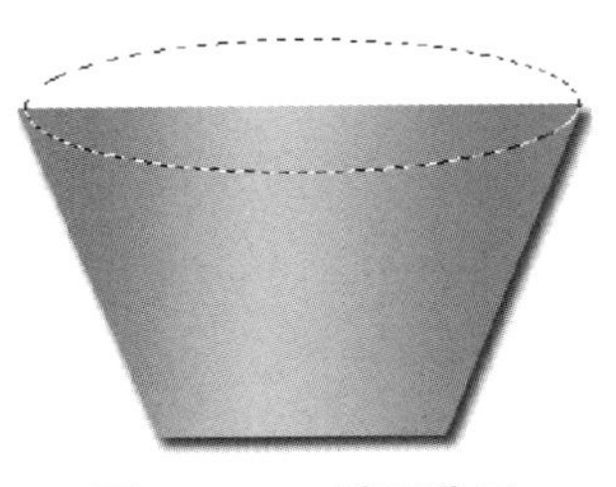

图 4-3-17 椭圆选区

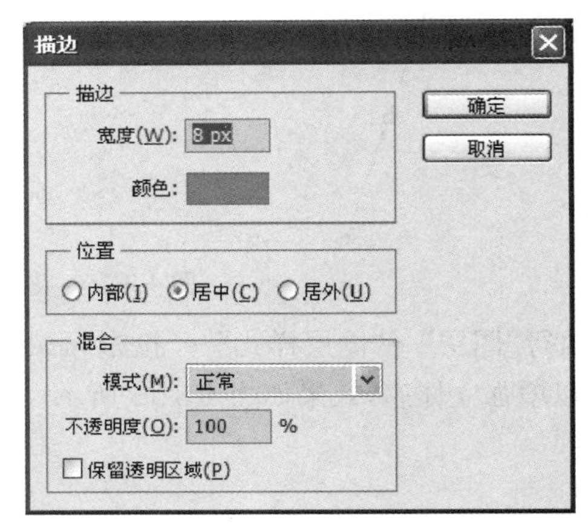

图 4-3-18 “描边”对话框

(6) 将椭圆选区向下平移,再将选区反向选择,单击工具箱上的“橡皮擦”工具,沿着下边沿小心地擦除,将花盆的下边沿绘制出一个弧度来,操作过程及效果如图 4-3-20 所示。

图 4-3-19　执行“描边”后效果

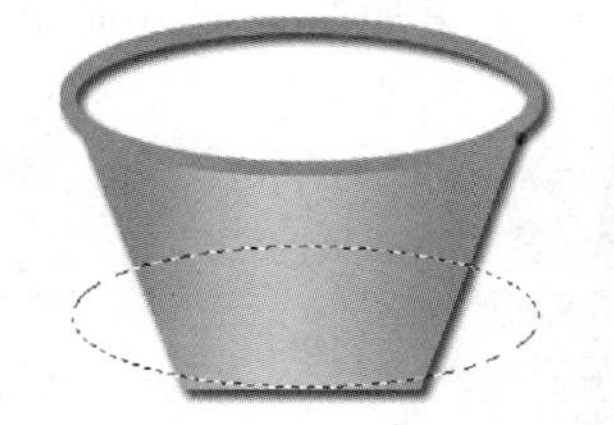

图 4-3-20　花盆下边沿弧度绘制

（7）现在的花盆还是空荡荡的，再给它添点土吧。用魔棒工具选取花盆中间的椭圆形区域，新建一图层，命名为“土”。

（8）执行“编辑”→“填充”命令，如图 4-3-21 所示设置，在“填充”对话框中选择使用“图案”填充，并在自定图案中选择“浅黄软牛皮纸”图案，单击“确定”按钮完成填充操作，效果如图 4-3-22 所示。

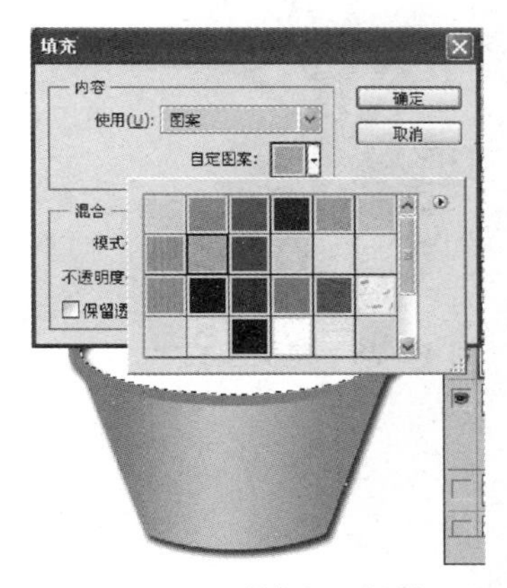

图 4-3-21　“填充”对话框

图 4-3-22　花盆填土后效果

10. 图像合成

（1）将“兰花草”图层显示出来，选择工具箱中的移动工具位置，自由变换调整其大小，得到如图 4-3-23 所示效果。

（2）如果想让花盆中填充鹅卵石，可以打开一幅鹅卵石素材文件，如图 4-3-24 所示，全选图像内容，并执行“编辑”→“拷贝”命令，将图像鹅卵石复制。

图 4-3-23　完成图

图 4-3-24　鹅卵石素材图像

（3）选择“土”所在图层图像，如图 4-3-25 所示，执行“编辑”→“选择性粘贴”→“贴入”命令,将鹅卵石图像贴入到选区中,效果如图 4-3-26 所示。

图 4-3-25　选择花盆开口区域

图 4-3-26　贴入鹅卵石后效果

(4) 还可以设置图层的不同混合模式,产生不同的效果,如图 4-3-27 和图 4-3-28 所示。

图 4-3-27　变暗模式

图 4-3-28　差值模式

4.3.4　任务拓展

任务:绘制一个立体红色五角星

1. 新建一个 500 * 500 像素,RGB 模式的文件。

2. 新建图层,命名为“红五星”,在工具箱中选择“自定义形状工具”,在该工具的属性栏中选择“像素”方式,在形状下拉列表中选择“五角星形状”,如图 4-3-29 所示。

图 4-3-29　选择五角星形状

3. 执行“视图”→“显示”→“网格”,将网格显示,如图 4-3-30 所示。

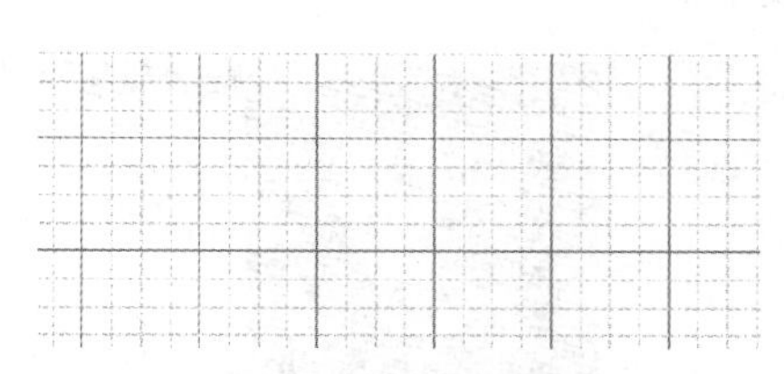

图 4-3-30　显示网格

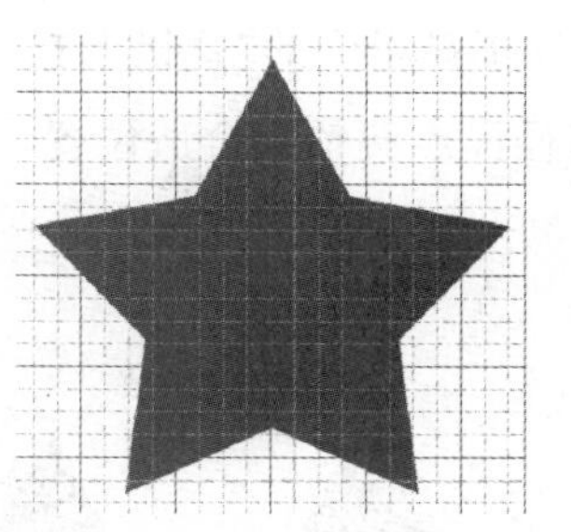

图 4-3-31　创建五角星

4. 前景色设置为红色，选择中间的网格交叉点，同时按下【Alt】和【Shift】键，从所定位的中心点拉出一个红色五角星，如图 4-3-31 所示。

提示

按下【Alt】键拖动鼠标表示以起点为中心画出所需形状，按下【Shift】键拖动鼠标表示所画的形状长宽是成正比的，在本例中同时按下【Alt】和【Shift】键，即表示所画的形状是以所定位的起点为中心画出一个长宽一致的五角星。

5. 选择工具箱中的“钢笔工具”，并选择“路径”属性，如图 4-3-32 所示。

6. 在画布中用钢笔工具从五角星中心点沿着网格画出如图 4-3-33 所示的闭合路径。

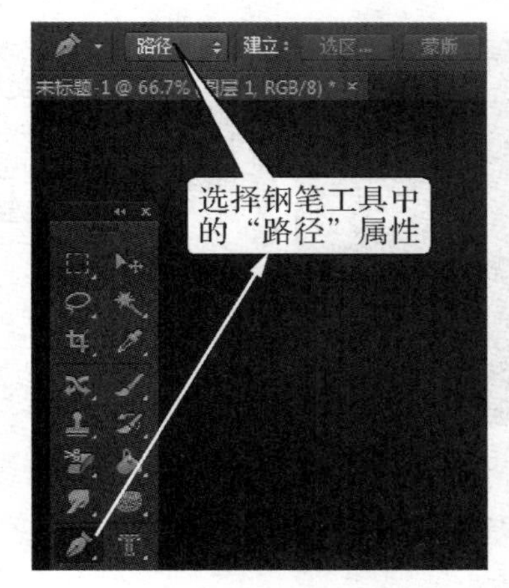

图 4-3-32　选择“钢笔工具”的“路径”属性

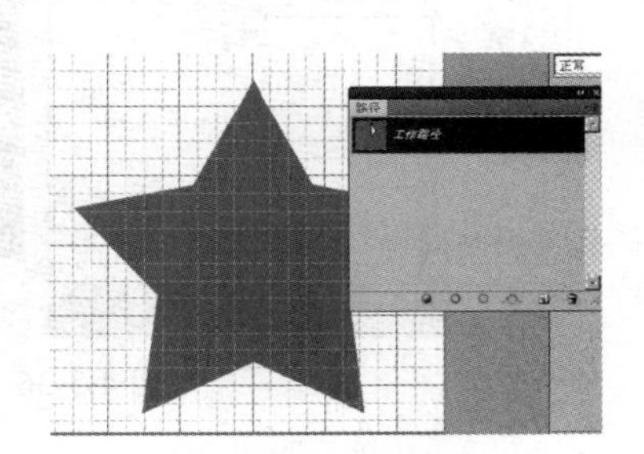

图 4-3-33　三角形路径

7. 为了更精确地调整所画路径，选择工具箱中的“缩放工具”，选择放大模式，在画笔中单击，将画笔放大到 200%比例，再在工具箱中选择“抓手工具”，将五角星的中心点调整到屏幕中间。

提示

因为在网格显示状态，路径的锚点往往会自动调整到网格交叉点上，而且网格线与路径显示也类似，为了更清楚地看到路径，更方便微调路径锚点位置，这里将执行“视图”→“显示”→“√网格”命令，将网格隐藏。

8. 选择工具箱中的“直接选择工具”，在画的路径中通过拖移锚点，来调整三角形路径，将路径锚点调整到合适位置，调整前后效果如图 4-3-34 所示。

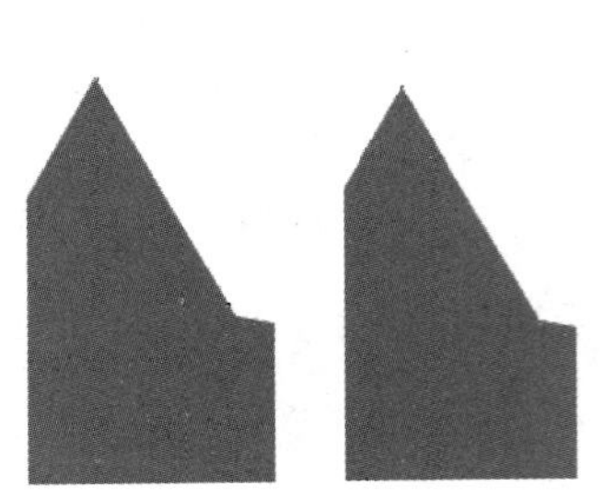
(a) 调整前　　(b)调整后

图 4-3-34　路径调整对比

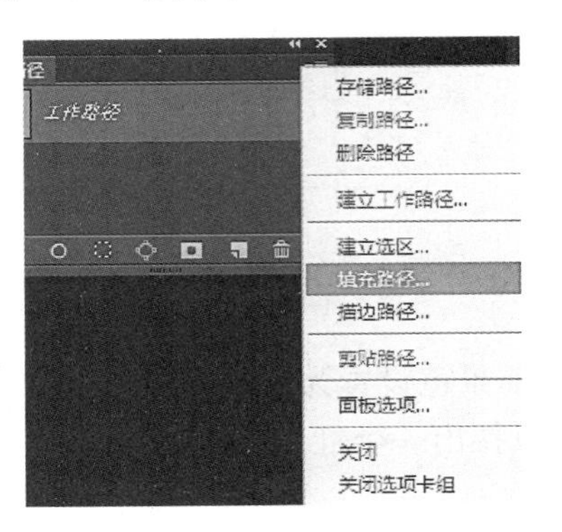

图 4-3-35　选择“填充路径”命令

9. 将路径调整完成，选择“路径面板”，在面板中单击右健，在弹出的菜单中选择“填充路径”命令，如图 4-3-35 所示。

10. 在弹出的“填充路径”对话框中，使用“颜色”，再在弹出的“选取一种颜色”对话框中选择如图 4-3-36 所示颜色，单击“确定”按钮，填充路径后效果如图 4-3-37 所示。

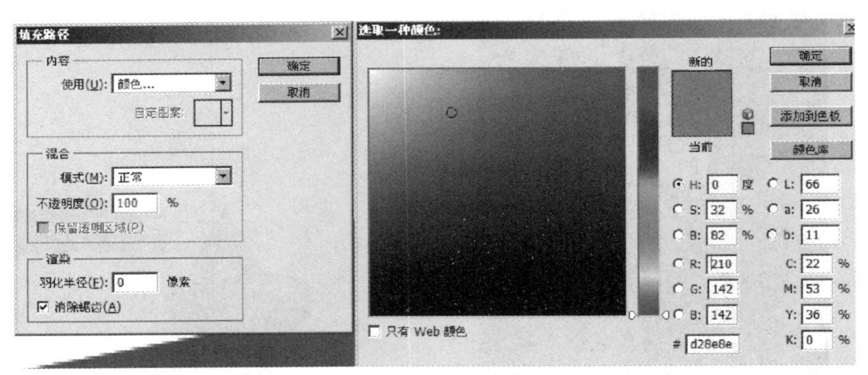

图 4-3-36　“填充路径”对话框

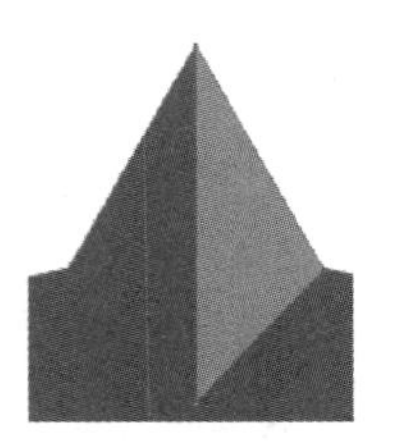

图 4-3-37　填充路径后效果

11. 类似地，依次对其余角的半边三角形也采用此方法进行填充操作，操作过程如图 4-3-38所示。

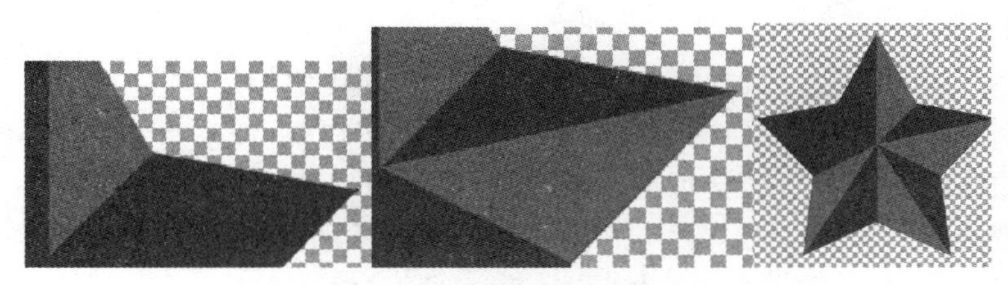

图 4-3-38　五角星路径填充操作过程

12. 五个角全部填充完成后，选择“路径面板”，单击右键，选择“删除路径”命令，将所有路径删除掉，最终效果如图 4-3-39 所示。

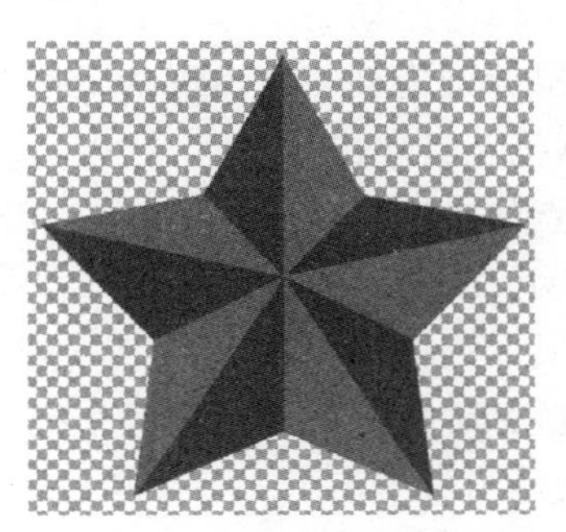

图 4-3-39　五角星效果图

项目小结

本项目学习了如何在 Photoshop 中利用路径与形状工具进行图像的绘制，同时灵活应用了选区的变换、图层的样式、画笔的设置等操作，绘制出理想的图形图像。

项目作业

一、选择题

1. 使用(　　)可以移动某个锚点的位置，并可以对锚点进行变形操作。

(A) 钢笔工具　　(B) 路径直接选择工具

(C) 添加锚点工具　　(D) 自由钢笔工具

2. 在 Photoshop 中，用钢笔工具绘制路径时，路径上的点称为(　　)。

(A) 锚点　　(B) 插入点　　(C) 顶点　　(D) 转折点

3. 使用下面哪种方法能进行路径的创建(　　)。

(A) 使用钢笔工具　　(B) 使用画笔工具

(C) 使用图章工具　　(D) 使用移动工具

4. 在 Photoshop 中使用钢笔工具创建路径时，按住(　　)键，可以绘制水平垂直或倾斜

45 度角的标准直线路径(　　)。

(A) Shift　　　　(B) Alt+Ctrl

(C) Ctrl　　　　(D) Alt

5. 要在平滑曲线转折点和直线转折点之间进行转换,可以使用(　　)工具。

(A) 删除锚点　　　　(B) 添加锚点

(C) 自由钢笔　　　　(D) 转换点

6. 使用钢笔工具创建直线点的方法是(　　)。

(A) 用钢笔工具直接单击

(B) 用钢笔工具单击并按住鼠标键拖动

(C) 用钢笔工具单击并按住鼠标键拖动使之出现两个把手，然后按住【Alt】键单击

(D) 按住【Alt】键的同时用钢笔工具单击

7. 使用钢笔工具创建曲线转折点的方法是(　　)。

(A) 用钢笔工具直接单击

(B) 用钢笔工具单击并按住鼠标键拖动

(C) 用钢笔工具单击并按住鼠标键拖动使之出现两个把手,然后按住【Alt】键单击节点

(D) 按住【Alt】键的同时用钢笔工具单击

8. 使用平滑工具时,不影响平滑程度的因素有(　　)。

(A) 路径上节点数量的多少

(B) 平滑工具对话框中 fidelity(精确度)的数值的设定

(C) 路径是否为闭合路径或者开放路径

(D) 在平滑工具对话框中 smoothness(平滑度)的数值的设定

二、填空题

1. __________可以绘制矩形、正方形路径或形状。

2. __________可以绘制直线路径或箭头的形状路径。

3. __________是由具有多个节点和矢量线条构成的图形。

4. 在选中直接选择工具的情况下,要一次性选中整个路径,可以按下__________键进行选取。

三、操作题

1. 绘制如图 4-4-1 所示的公司标志。

(a)　　(b)　　(c)　　(d)

图 4-4-1　公司标志

2. 制作一张邮票。

3. 设计如图 4-4-2 所示的迪贝尔公司徽标。

图 4-4-2　迪贝尔公司徽标

项目五　图像色彩调整

项目描述

本项目通过矫正偏色照片、移花接木、生活照调出艺术风等 3 个任务，使读者能了解并掌握色彩的基本理论以及色彩调整的基本应用。

能力目标

★掌握基本的色彩理论。

★使学生能根据色彩理论，对图像色彩进行基本的调整。

★培养学生的色彩感知力。

5.1　任务一　矫正偏色照片

5.1.1　任务情境

工作之余，大家都喜欢带着相机或者直接用手机拍摄，留下美好的回忆。但是因为光线、相机设置、拍摄技术等问题，往往会使一些照片出现曝光过度或者曝光不足甚至偏色等问题，不能正确地还原本来的色彩，造成遗憾。

下面，我们将给大家介绍如何运用色彩原理矫正偏色照片。

5.1.2　任务剖析

一、应用知识点

（一）色彩的相关概念

（二）色彩的模式

（三）图像色彩的调整——调整色阶、调整曲线、调整色相/饱和度

二、知识链接

（一）色彩的基本概念

色彩是由不同波长的光照射而产生的。部分的光波，人眼是无法感受到的。所谓的色彩，就是指光波刺激人眼所产生的视感觉。1966 年，英国科学家牛顿利用三棱镜的折射，将太阳光拆解为红、橙、黄、绿、青、蓝、紫等 7 种光，如图 5-1-1 所示。

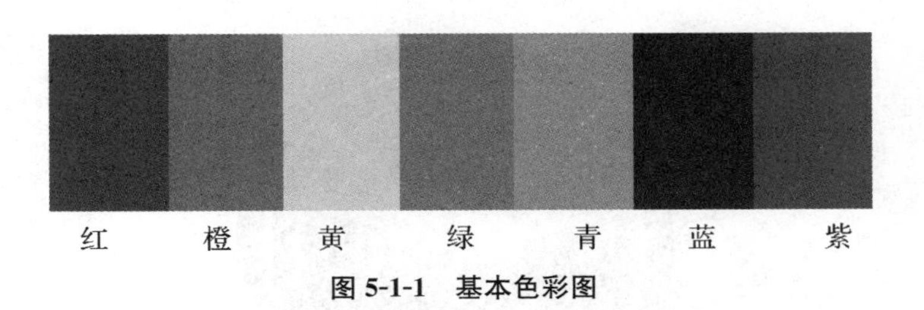

图 5-1-1　基本色彩图

1. 色彩的构成

色彩构成是根据构成原理，将色彩按照一定的关系进行组合，调配出符合需要的颜色。

色彩一般分为无彩色和有彩色。其中，黑、白、灰是无彩色，有彩色则包括红、橙、黄、绿、青、蓝、紫等常见的颜色。

自然界中的色彩是千变万化的，色彩的变化主要由色彩的三个要素——色相、明度、纯度及心理要素——色性来决定。

(1) 色相

色相指的是色彩的相貌，是一个颜色区别于其他颜色的特征。一般来说，有彩色 12 色相环中的各色都有较明确的色相，它们由红、黄、蓝三原色产生间色橙、绿、紫，再由原色、间色产生复色。在色相环中，相距 30°左右的颜色称为同类色，相距 50°左右的颜色称为类似色，相距 90～180 度的颜色称为对比色或互补色，如图 5-1-2 所示。

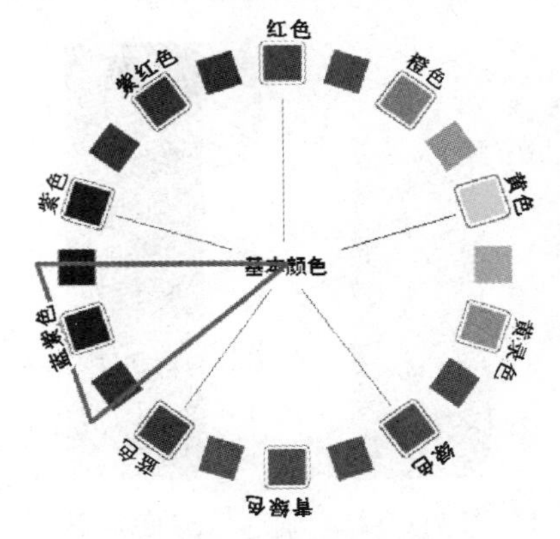

图 5-1-2　色相环

(2) 明度

明度是指色彩的明暗度，对光源色而言称为光度，对物体表面色而言称为明度或亮度。用黑色颜料和白色颜料，随分量比例的递增，可以制作出等差渐变的“明度序列”，即无彩色系统。如图 5-1-3 所示。

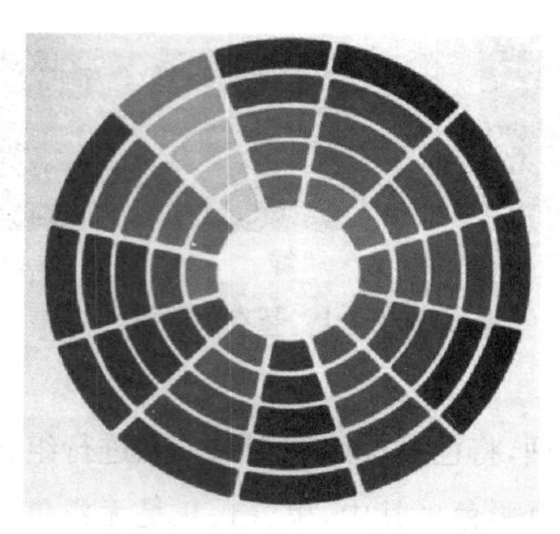

图 5-1-3　有明度变化的 12 色相环

从 12 色相环图中我们可以看到，黄色明度最高，紫色明度最低，其他颜色则依次形成明度的过渡转化。此外，在无彩色系中，白色明度最高，黑色明度最低，黑与白之间有明度渐变的灰色系列。要提高一个颜色的明度，可适量加入白色；要降低一个颜色的明度，可适量加入黑色，但在加白或加黑的同时，颜色的纯度也会降低。

（3）纯度

纯度即是指色彩的饱和度。原色和间色为纯色，三原色的彩度最高，无彩色的彩度为零，纯色与无彩色是彩度的两极色。一种颜色加白被增亮的同时，其色彩纯度被降低，而加黑变暗的同时其色彩彩度被降低。所以，色彩纯度与明度有直接关系。另外，用任何纯色与同级明度的无彩灰混合，按比例递增，可构成“纯度序列”。如图 5-1-4 所示。

黑色加白明度色阶

原色加白

原色加黑

纯色加灰纯色色阶

图 5-1-4　不同色彩的纯度变化

（4）色性

色性是指色彩的冷暖倾向、冷暖感觉。色性是由人对现实生活中不同事物颜色的感受而产生的一种感官经验联想，如：由红黄色联想到火焰、血液而产生温暖感，由蓝紫色联想到冰雪、大海而产生寒冷感等。所以说色性是人的一种主观心理要素。如图 5-1-5 所示的冷暖色相环。

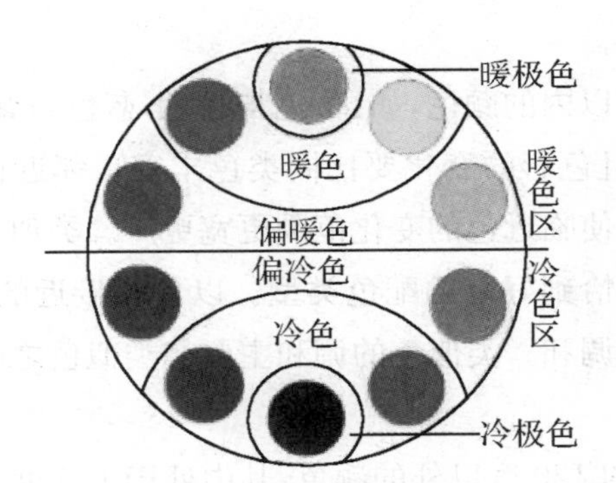

图 5-1-5　冷暖色相环

色彩的冷暖也是相对而言的，在两极之间冷暖色的过渡渐变显示了不同色相的冷暖关系。任何一个颜色的冷暖感觉是由周围色彩的对比决定的，如绿色与黄色相比偏冷，与红色相比更冷，而与蓝色相比它又偏暖。在同类色相中，如黄色、柠檬黄要比中黄冷，橙黄则比中黄暖。一个度较低的颜色，与暖色相比它可能偏冷，与冷色相比它可能偏暖。所以说色彩的冷暖是相对的，一个颜色会随周围色彩环境的变化而转变自身的冷暖性质。此外，一个颜色加白后会变冷，加黑后会偏暖。

2. 色彩的调和

两种或两种以上的色彩合理搭配，产生统一和谐的效果，称为色彩调和。

把色相接近的那些色(色相环中相距 30 度左右的色)称为同类色；色相差别适中的那些色(色相环中相距 50 度左右的色)称为邻近色。如图 5-1-6 所示。

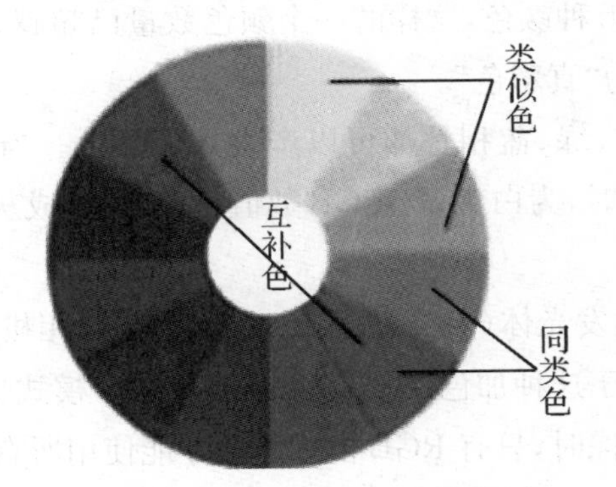

图 5-1-6　互补色、类似色和同类色

(1) 同类色的调和

一般指单一色相系列的颜色，如黄色系、蓝绿色系等。同类色因色相纯，效果一般极为协调、柔和，但也容易使画面显得平淡、单调。同类色在运用时应注意追求对比和变化，可加大颜色明度和纯度的对比，使画面丰富起来。相同色相，不同明度和纯度的色彩调和的方法为：使之产生循序的渐进，在明度、纯度的变化上，形成强弱、高低的对比，以弥补同色调和的单调感。

（2）类似色的调和

它是指色相环上 90 度以内的颜色，如：黄色与绿色，蓝色与紫色等。邻近色因色相相距较近，也容易达到调和，而且色彩的变化要比同类色丰富。邻近色在运用时，同样应注意加强色彩明度和纯度的对比，使临近色的变化范围更宽更广。类似色较同类色显得安定、稳重的同时又不失活力，是一种恰到好处的配色类型。以色相接近的某类色彩，如红与橙、蓝与紫等的调和，称为类似色的调和。类似色的调和主要靠类似色之间的共同色来产生作用。

（3）对比色的调和

对比色是指色相环上的 120 度以外的颜色，其中处于 180 度相对应的两色叫互补色，对比最为强烈。对比色的效果活泼、刺激，变化丰富，在应用时要注意色彩的调和与统一。配置对比色可以采用以下的方法使画面协调。以色相相对或色性相对的某类色彩，如红与绿、黄与紫、蓝与橙的调和。调和方法有：选用一种对比色将其纯度提高或降低另一种对比色的纯度；在对比色之间插入分割色（金、银、黑、白、灰等）；采用双方面积大小不同的处理方法，以达到对比中的和谐；对比色之间具有类似色的关系，也可起到调和的作用。

（二）色彩的模式

1. RGB 色彩模式

RGB 是色光的色彩模式。电脑屏幕上的所有颜色，都可以由红色（R）、绿色（G）、蓝色（B）三种色光按照不同的比例混合而成。因此红色（R）、绿色（G）、蓝色（B）被称为光的三原色。因为三种颜色分量分别被分配一个 0～255 范围内的强度值，所以三种色彩叠加 256 * 256 * 256 就能形成 1678 万种颜色，这样的一个颜色数量已超越人眼的辨色数量，可用于表示真实世界的色彩，常称为“真彩色”。

在 RGB 模式中，由红、绿、蓝相叠加可以产生其他颜色。当 RGB 数值均为零时，为黑色；当 RGB 数值均为 255 时，为白色；当 RGB 数值相等时，生成灰色。因此该模式也叫做加色模式。

RGB 模式适用于描述发光体（色光）的颜色。所有数码相机、显示器、投影设备以及电视机等许多设备都是依赖于这种加色模式来实现的。RGB 模式也是图像编辑的首选模式，在使用 Photoshop 处理图像时，只有 RGB 模式图像才能使用所有的调整功能。

2. CMYK 色彩模式

CMYK 模式又称为印刷模式，CMYK 是一种依靠反光的色彩模式。当阳光照射到一个物体上时，这个物体将吸收一部分光线，并将剩下的光线进行反射，反射的光线就是我们所看见的物体颜色。如图 5-1-7 所示，这是一种减色色彩模式，同时这也是 CMYK 模式与 RGB 模式的根本不同之处。不但我们看物体的颜色时用到了这种减色模式，而且在纸上印刷时应用的也是这种减色模式。按照这种减色模式，就演变出了适合印刷的 CMYK 色彩模式。

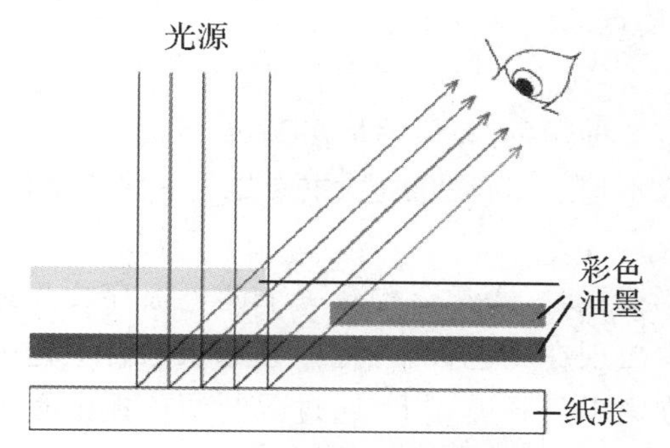

图 5-1-7　减色色彩模式

CMYK 代表印刷上用的四种颜色，青色(C)、洋红色(M)、黄色(Y)、黑色(K)。其中青色(C)、洋红色(M)、黄色(Y)是色的三原色，其实在实际应用中，青色、洋红色和黄色叠加形成黑色，但是这种黑色最多不过是褐色而已，并不是纯黑色，因此才引入了 K(黑色)。黑色的作用是强化暗调，加深暗部色彩。

CMYK 是以百分比来表示的，相当于油墨的浓度，在通道中 CMYK 灰度表示油墨浓度，较白表示油墨含量较低，较黑表示油墨含量较高，纯白表示完全没有油墨，纯黑表示油墨浓度最高。CMYK 模式一般运用于印刷类，比如画报、杂志、报纸、宣传画册等。以打印油墨在纸张上的光线吸收特性为基础，每个像素的每种印刷油墨都会被分配一个百分比值，CMYK 模式是以对光线的反射原理来应用的，所以它的混合方式则刚好与 RGB 色彩模式相反，采用了“减法混合”——当它们的色彩相互叠合时，亮度就会降低。

3. HSB 色彩模式

HSB 是根据人体视觉而开发的一套色彩模式，也是最接近人类大脑对色彩辨认思考的模式。HSB 是由颜色三要素表示颜色的系统即色相(H)、饱和度(S)、明度(B)。

4. Lab 色彩模式

Lab 模式包含了正常人的视觉能够看到的所有颜色。Lab 模式描述不是设备形成的色彩，而是一个与设备无关的基于人眼生理特性的颜色最多、色域最大的色彩模式。

Lab 模式以明度(L)和两个色彩的成分描述色彩：a 指绿色和红色，b 指蓝色和黄色。L 的取值范围是 0～100，数值越大，颜色的明度值越大。a 和 b 的取值范围为－128～127，对于 a 值，数值越大，颜色越红，反之颜色偏绿色；b 值越大，颜色发黄，反之，数值越小，该颜色越偏蓝。

Lab 模式既不依赖光线，也不依赖于颜料，它是一个理论上包括了人眼可以看见的所有色彩的色彩模式。所以 Lab 模式弥补了 RGB 和 CMYK 两种色彩模式的不足，可以用这一模式编辑处理任何一种图像(包括灰度图像)，并且与 RGB 模式同样快，比 CMYK 模式则快好几倍。

因为 Lab 模式是一种与设备无关的色彩空间，所以 Lab 模式在任何时间、地点、设备都是唯一的，因此在色彩管理中它是重要的表色体系。无论使用何种设备(如显示器、打印机、计算机或扫描仪)创建或输出图像，这种模型都能生成一致的颜色。当 RGB 模式图像需要转换成 CMYK 模式时，Photoshop 将自动将 RGB 模式转换为 Lab 模式，再转换为 CMYK

模式，这样可以减少图像信息的损失。

5. 索引(Index)模式

这种模式最多使用256种颜色，其目的是在Web页面上和其他基于计算机的图像中显示。该模式把图像限制成不超过256种颜色，主要是为了保护文件具有较小尺寸，索引色最多只有256种色彩。

图像转换为索引色彩模式时，通常会构建一个调色板存放并索引图像中的颜色。如果原图像中的一种颜色没有出现在调色板中，程序会选取已有颜色中最接近的颜色或使用已有颜色模拟该种颜色。在索引色彩模式下，通过限制调色板中颜色的数目可以减小文件大小，同时保持视觉上的品质没有太大的变化。在网页设计中常常需要使用索引色彩模式的图像。

6. 位图模式

位图模式的图像只由黑色和白色两种像素组成，每个像素用"位"来表示。"位"只有两种状态：0表示有点，1表示无点。位图模式主要用于早期不能识别颜色和灰度的设备。如果需要表示灰度，则需要通过点的抖动来模拟。位图模式通常用于文字识别。如果需要使用OCR(光学文字识别)技术识别图像文件，需要将图像转化为位图模式。

7. 灰度(Grayscale)模式

灰度模式最多使用256级灰度来表现图像，图像中的每个像素有一个0～255之间的亮度值。灰度值可以用黑色油墨覆盖的百分比来表示。

在将色彩模式的图像转换为灰度模式时，会丢掉原图像中的所有的色彩信息。与位图模式相比，灰度模式能够更好地表现高品质的图像效果。

需要注意的是，尽管一些图像处理软件可以把一个灰度模式的图像重新转换成彩色模式的图像，但转换后不可能将原先丢失的颜色恢复。所以，在将彩色图像转换为灰度模式的图像时，请记得保存好原件。

(三) 图像色彩的调整

通常我们拍到一张照片进行后期处理的时候，都会用色阶或是曲线先调整一下明暗度，如果遇到偏色的照片则会使用色彩平衡、色相/饱和度、通道混合器甚至色阶、曲线等命令来矫正，方法虽然有区别，但是目的是一致的，矫正色彩的原理也是相同的。

1. 调整色阶

色阶是表示图像亮度强弱的指数标准，也就是我们说的色彩指数，在数字图像处理教程中，指的是灰度分辨率(又称为灰度级分辨率或者幅度分辨率)。图像的色彩丰满度和精细度是由色阶决定的。色阶是指亮度和颜色无关，但最亮的只有白色，最不亮的只有黑色。

2. 调整曲线

与"色阶"命令很类似，也是为了调整敏感度和对比度，但与"色阶"不同的是，它不止使用高光、中间调和暗调来进行调整，还可以在图像的整个色调范围(从暗部到高光)内最多调整14个点。

3. 调整色相/饱和度

对色相的调整，就是颜色发生变化；对饱和度的调整，就是颜色纯度的变化。

4. 调整亮度/对比度

利用亮度/对比度命令可以对图像的色调范围进行简单的调整。与曲线和色阶不同，它会对每个像素进行相同程度的调整。但对于高端输出，不能使用亮度/对比度命令，因为它可能会导致图像细节丢失。

5. 调整色彩平衡

利用色彩平衡命令可以进行一般性的色彩校正，可更改图像的总体混合颜色，但不能精确控制单个颜色成分，只能作用于复合颜色通道。

5.1.3 任务实施

本案例是在海边拍摄的酒店建筑，由于曝光过度，远处的海天界限不明显，也看不到我们想象中的蓝色。近物色调过于明亮，整体色调偏灰偏红色，照片比较平淡，缺少层次感。对于这张照片，我们要先用色阶或者曲线调整照片的明暗度，再矫正照片的偏色问题，调出局部的色彩，使风景更加饱满。

图 5-1-8　原图

具体操作步骤：

1. 打开原图“5-1-8.jpg”。执行“图像”→“调整”→“色阶”，或者直接按下快捷键【Ctrl＋L】，参数设置如图 5-1-9 所示。

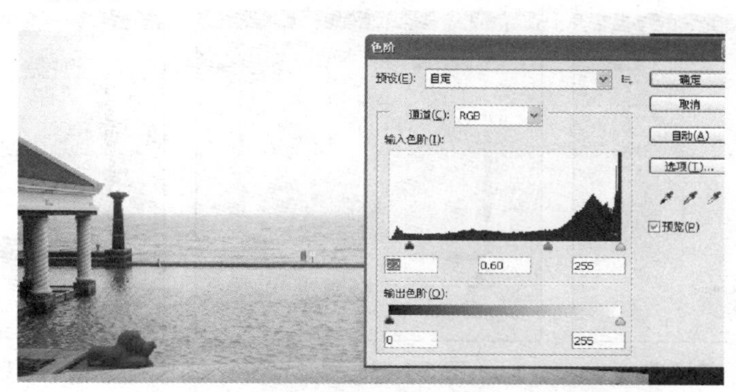

图 5-1-9　色阶参数设置

2. 执行“图像”→“调整”→“亮度/对比度”，参数设置如图 5-1-10 所示。

图 5-1-10　亮度/对比度设置

3. 执行“图像”→“调整”→“曲线”，或者直接按下快捷键【Ctrl＋M】，打开“曲线设置”对话框，在“通道”列表中分别选择“红”通道，“绿”通道，“蓝”通道分别进行调整，效果如图5-1-11所示。

图 5-1-11　执行命令后的效果

参数设置如图 5-1-12、图 5-1-13、图 5-1-14 所示。

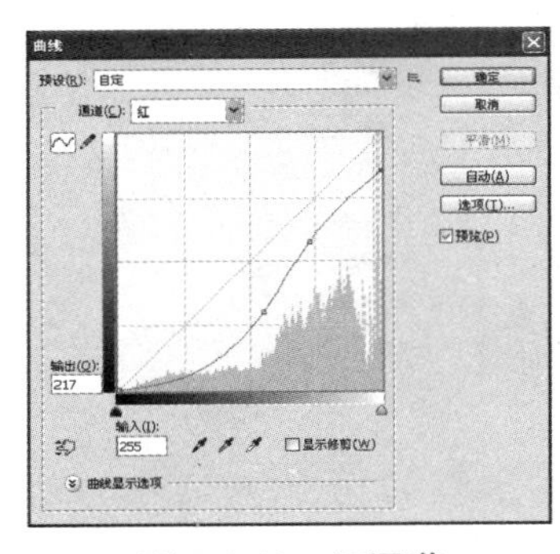

图 5-1-12　红通道

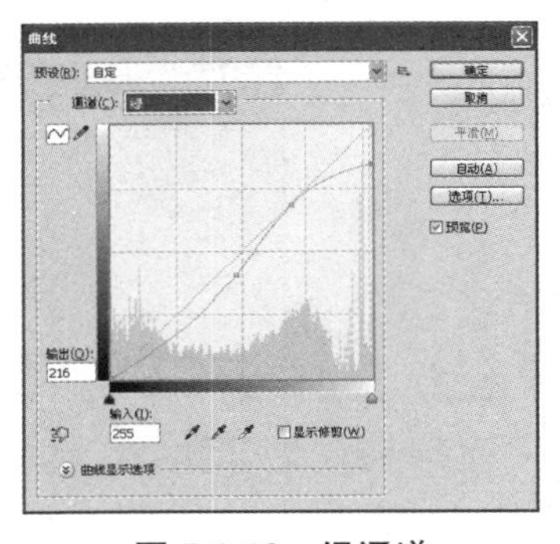

图 5-1-13　绿通道

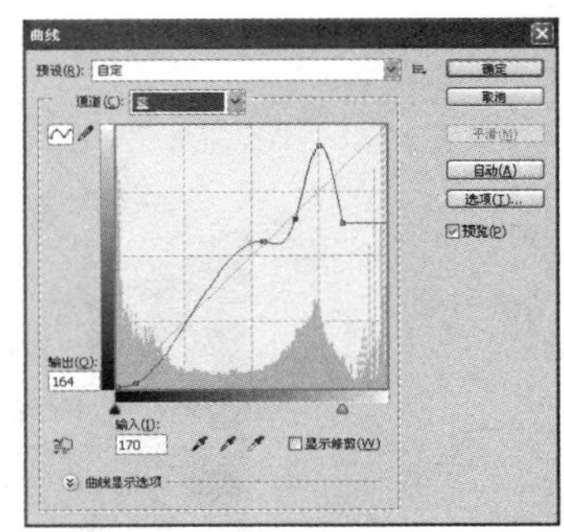

图 5-1-14　蓝通道

4. 再次执行“图像”→“调整”→“曲线”，或者直接按下快捷键【Ctrl＋M】，打开“曲线设置”对话框，将“RGB”综合通道的曲线稍稍上提，提亮整体色调。

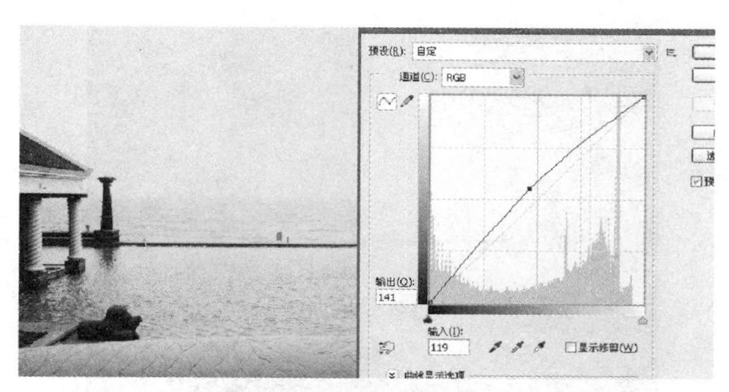

图 5-1-15　曲线调整明暗

5. 执行“图像”→“调整”→“色相/饱和度”，或者直接按下快捷键【Ctrl＋U】，打开“色相/饱和度”设置对话框，参数设置如图 5-1-16 所示。

图 5-1-16　色相/饱和度调整

6. 新建图层 1，选择渐变工具，将前景色恢复到黑色，打开渐变编辑器，选择“前景色到透明渐变色”，如图 5-1-17 所示，编辑渐变色。点击“径向渐变”选项，在新建图层上拖动鼠标左键不放，制作一个渐变遮罩，透明度为 70%，如图 5-1-18 所示。

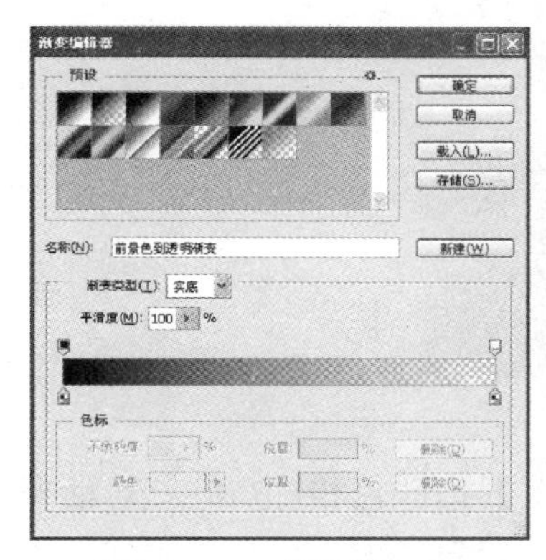

图 5-1-17　编辑渐变色

图 5-1-18　制作渐变遮罩

7. 加上文字“听海”，字体为华文行楷，大小为 362 点。最终效果如图 5-1-19 所示。

图 5-1-19　最终效果图

提示

调整偏色的照片除了应用色阶和曲线的通道来调整之外，最常用的还有"色彩平衡"命令。例如，在办公室的日光灯环境拍摄时，照片颜色会偏蓝，我们将滑块朝远离蓝色的方向——黄色方向拖动，就可以减少蓝色，让色彩恢复为原有的面貌。

5.1.4　任务拓展

任务：给黑白照片上色

解析：每个人都有许多黑白照片，灵活利用 Photoshop，就可以让它们露出"本来面貌"。其实很简单，主要是利用色相/饱和度给黑白照片上色，接下来让我们一起学习。

具体操作步骤：

1. 把准备好的黑白照片打开，如图 5-1-20 所示。

图 5-1-20　打开黑白照片

2. 执行复制背景图层(快捷键【Ctrl＋J】)，执行【Ctrl＋U】打开"色相/饱和度"对话框，并勾选右下角的"着色"复选框，给图像添加颜色，使图片接近皮肤的颜色，给皮肤添加颜色。如图5-1-21所示。

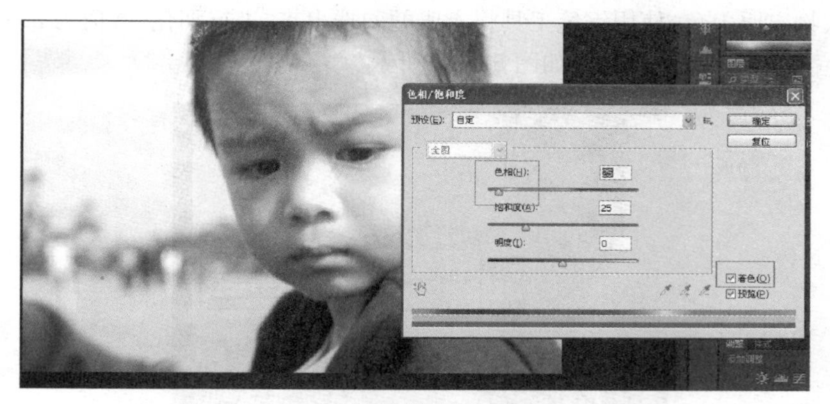

图 5-1-21　打开“色相/饱和度”给皮肤添加颜色

3. 使用钢笔工具将人物的嘴唇的轮廓勾选出来，进行羽化(数值为 2)，如图 5-1-22 所示。

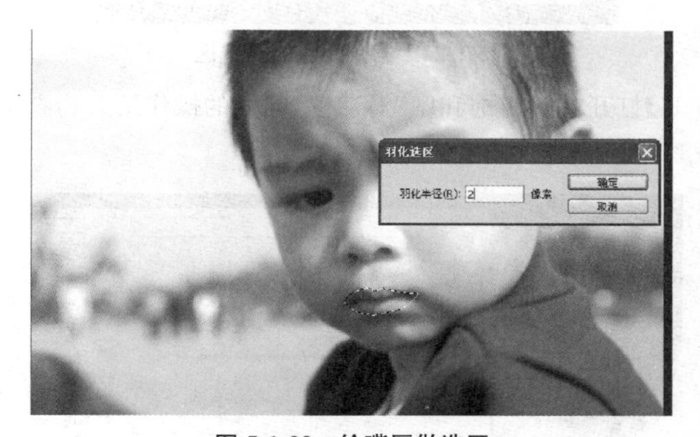

图 5-1-22　给嘴唇做选区

4. 执行【Ctrl＋U】打开色相/饱和度，给人物嘴唇添加颜色，具体参数设置如图 5-1-23 所示。

图 5-1-23　给人物嘴唇着色

5. 给人物衣服上色，使用钢笔工具将衣服的勾选出来，进行羽化（数值为 20），执行【Ctrl＋U】打开“色相/饱和度”对话框，如图 5-1-24 所示。

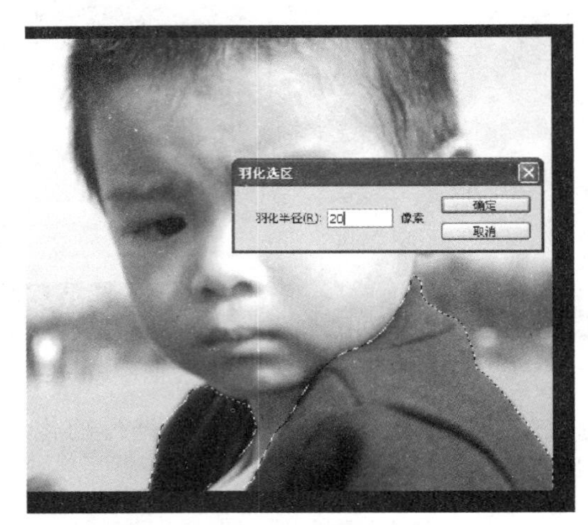

图 5-1-24　给人物衣服做选区

6. 执行【Ctrl＋U】打开“色相/饱和度”对话框，同样的操作给人物衣服上色，如图 5-1-25 所示。

图 5-1-25　给人物衣服上色

7. 给人物头发上色，使用钢笔工具将头发的勾选出来，进行羽化（数值为 20），执行【Ctrl＋U】打开“色相/饱和度”对话框，调整参数如图 5-1-26 所示。

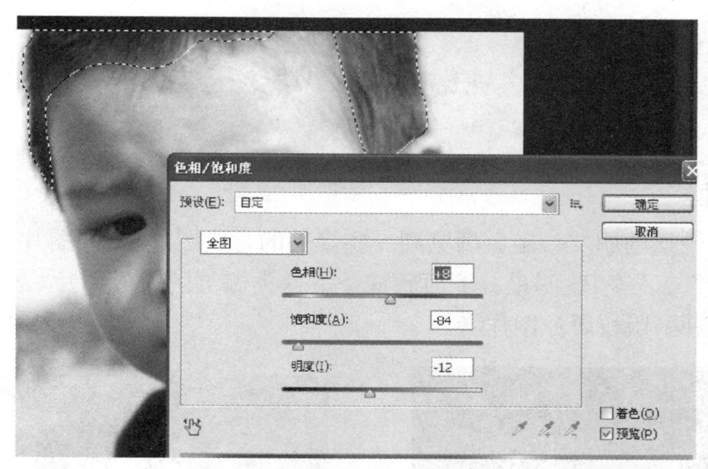

图 5-1-26　给人物头发上色

8. 最后就是眼睛部分了，使用钢笔工具将眼睛的勾选出来，执行“图像”→“调整”→“亮度/对比度”，让眼睛更加有神，如图 5-1-27 所示。

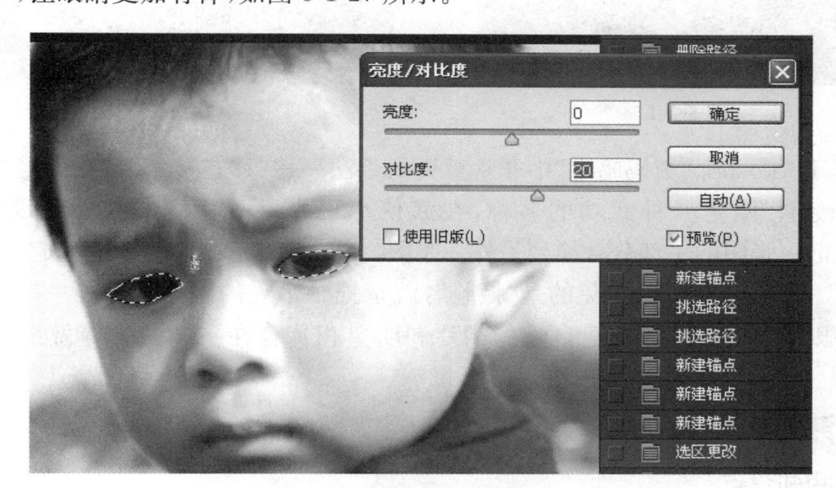

图 5-1-27　给人物眼睛增加对比度

9. 最终效果图与原图对比，如果想改变背景色调，同法可变。

图 5-1-28　黑白照片

图 5-1-29　最终效果图

5.2 任务二 移花接木

5.2.1 任务情境

经常上网去论坛的朋友一定会浏览到一些爆笑的合成图片，这些图片也造就了“小胖”、“猪肉男”、“芙蓉××”等 PS 明星。下面欣赏一下这类爆笑的合成图片。（注：图 5-2-1 和图 5-2-2 均来自互联网，版权属原图作者。）

图 5-2-1

图 5-2-2

这就是 Photoshop“数码暗房”中非常重要的手法——“移花接木”。什么是“移花接木”呢？“移花接木”原是一种武功的名称，在武侠小说中常见。后来在平面设计中，使用 Photoshop 把一张图的一部分替换到另外一张图，使两张图完美地融合在一起，也被称之为“移花接木”。“移花接木”最常见的是“换脸”，就是把一个人的脸换到另外一个人的身体上去；还有换服装的、换背景的、把自己的相片和明星相片合在一起的等等做出以假乱真的图片。

5.2.2 任务剖析

一、应用知识点

（一）图像色彩的调整——匹配颜色

（二）图像色彩的调整——替换颜色

（三）图像色彩的调整——阈值

（四）图像色彩的调整——渐变映射

二、知识链接

（一）图像色彩的调整——匹配颜色

使用“匹配颜色”命令，可以将两个图像或图像中两个图层的颜色和亮度相匹配，使其颜色色调和亮度协调一致。其中被调整修改的图像称为“目标图像”，而要采样的图像称为“源图像”。使用“匹配颜色”命令要注意该命令仅适用于 RGB 模式。

（二）图像色彩的调整——替换颜色

该命令调整、修改颜色操作起来很自由、很方便，也很准确，可以直接修改图像中任意的颜色，在这个命令的对话框中的上面有“颜色容差”，即你所选择将要修改的颜色的范围值，从 1 到 200。要知道一幅图像中多达上万种颜色，有些颜色看起来非常接近，但同样有所区别，比如同样是蓝色的天空，就有最亮、稍亮、较暗及最暗的区别，这些颜色的数值都不一样，所以当你修改某一区域的颜色，就要考虑颜色的修改范围包括哪些？范围小还是大？如输入容差值为 10，会发现被修改的范围很小，如输入容差值为 150，会发现被修改的范围很大，甚至相差悬殊的颜色也会跟着改变，如天蓝色与深蓝色。

（三）图像色彩的调整——阈值

此命令可将彩色或灰阶的图像变成高对比度的黑白图，在该对话框中可通过拖动三角来改变阈值，也可直接在阈值色阶后面输入数值阈值。当设定阈值时，所有像素值高于此阈值的像素点将变为白色，所有像素值低于此阈值的像素点将变为黑色，可以产生类似位图的效果。

（四）图像色彩的调整——渐变映射

渐变映射是作用于其下图层的一种调整控制，它是将不同亮度映射到不同的颜色上去。使用渐变映射工具可以应用渐变重新调整图像，应用于原始图像的灰度细节，加入所选的颜色。

5.2.3 任务实施

本案例中用影星邓超的脸将原来媒体班同学的脸做了个替换，主要分为三个步骤：第一步先调图层的不透明度，第二步添加图层蒙版，第三步调色合成。下面我看来看具体的操作过程。

图 5-2-3 同学原图

图 5-2-4 明星照片

具体的操作步骤：

1. 打开原图“5-2-3. jpg”。

2. 再打开已经下载好的明星照片“5-2-4. jpg”。

3. 利用钢笔工具将“明星照片”中的脸部勾出，并按下【Ctrl＋回车】键，生成选区，如图 5-2-5 所示。

图 5-2-5　得到人物的脸部选区

4. 单击移动工具，将选区的内容移动到原图，生成新的图层，并调整图层 1 的不透明度为 50%，如图 5-2-6 所示。

图 5-2-6　调整图层的不透明度

5. 现在谁的脸都看不清了，别急！关键的操作就是利用自由变换命令调整明星脸的大小、位置、角度，使眼睛嘴巴等五官相重合，再将该图层的不透明度调为 100%，如图 5-2-7 所示。

图 5-2-7　调整使面部重合

6. 确认自由变换操作后，点击图层下方的“图层蒙版”按钮，为该图层添加图层蒙版，如图 5-2-8 所示。

图 5-2-8　添加图层蒙版

图 5-2-9　设置画笔参数

7. 选中图层蒙版缩略图，恢复前景色为黑色，在工具中选择“画笔”工具，设置画笔参数，并调低画笔的不透明度，如图 5-2-9 所示。

8. 用画笔在人物面部涂抹，将不需要的图像内容用黑色的画笔隐藏，也可将想要的部位用白色的画笔显现，使面部更好地与原图贴合，如图 5-2-10 所示。

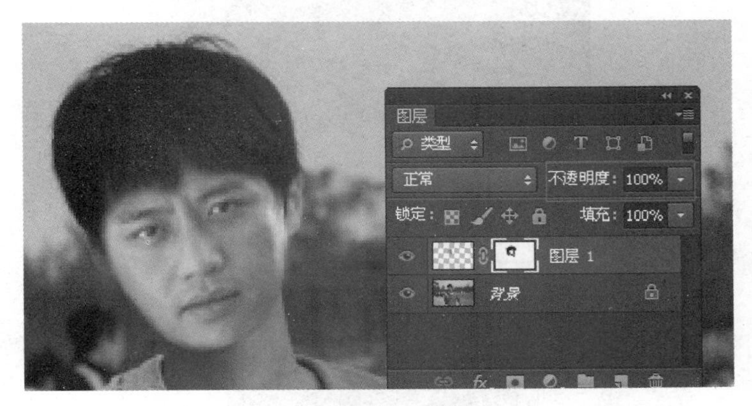

图 5-2-10　变脸

9. 最后的问题就是调色了。调色的方法有很多，要根据实际情况进行色阶、色相/饱和度等参数调整，在这里我们使用“匹配颜色”命令将明星脸的色彩去适应原图，参数设置如图 5-2-11 所示。

图 5-2-11　匹配颜色设置

10. 执行“图像”→“调整”→“亮度/对比度”命令，进行亮度和对比度的稍微调整，如图 5-2-12 所示。

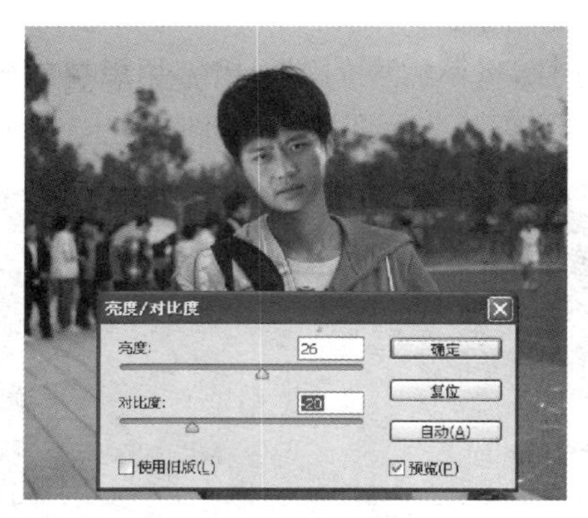

图 5-2-12　亮度/对比度设置

11. 执行“图像”→“调整”→“色阶”命令，参数设置如图 5-2-13 所示。

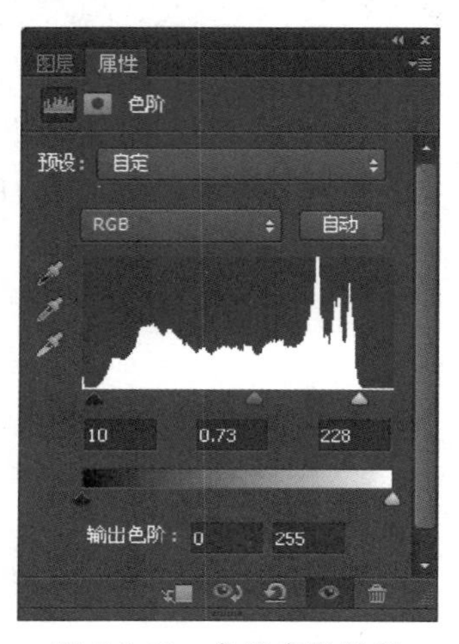

图 5-2-13　色阶参数设置

12. 完成最终效果如图 5-2-14 所示。

图 5-2-14 最终效果图

5.2.4 任务拓展

任务：人物磨皮

解析：人物磨皮的方法有很多，最简单的就是下载一个磨皮滤镜，一键光滑＋美白。如果在没有外挂滤镜情况下，经常会给皮肤进行高斯模糊，然后使用曲线或者色阶增亮肤色就好了。

1. 打开素材图“5-2-15.jpg”，按【Ctrl＋J】键复制素材图片。

图 5-2-15 素材

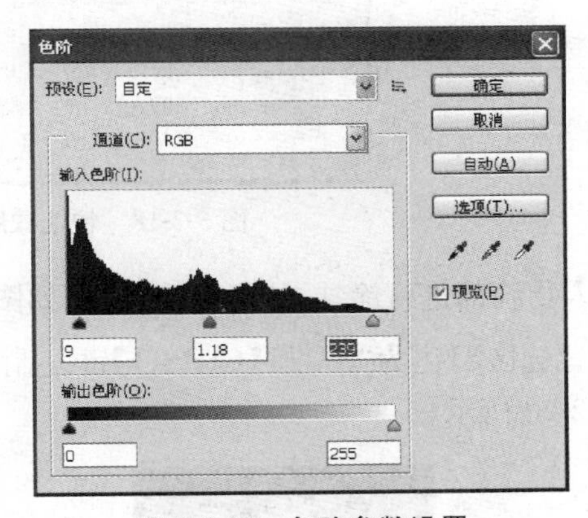

图 5-2-16 色阶参数设置

2. 按【Ctrl＋L】键，调整图片色阶，其参数设置如图 5-2-16 所示。按【Ctrl＋M】键调整图片曲线，其参数设置及调整效果如图 5-2-17 所示。

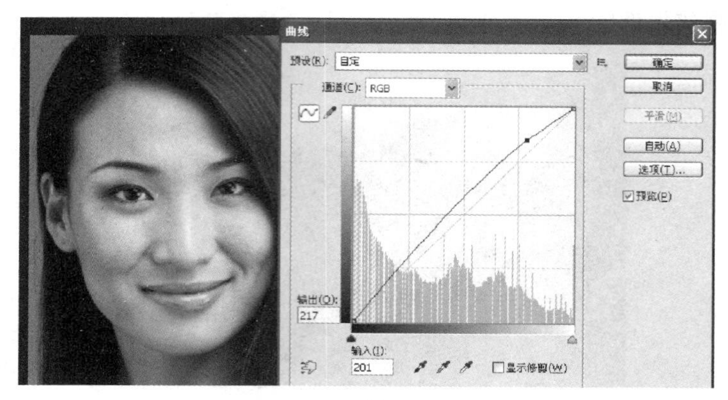

图 5-2-17　曲线参数设置

3. 选择画笔工具，设置画笔不透明度为“100%”。双击工具栏上的快速蒙版按钮，弹出对话框，点选“所选区域”单选按钮，其设置如图 5-2-18 所示。

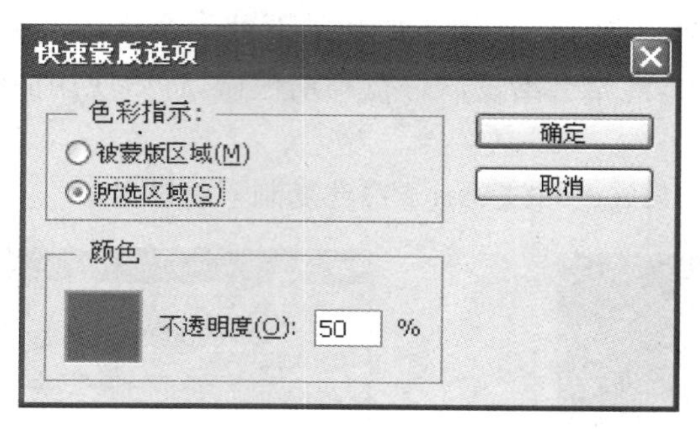

图 5-2-18　快速蒙版选项设置

4. 在人物脸部进行涂抹，注意留出五官，如图 5-2-19 所示。单击快速蒙版按钮，获得选区，设置选区羽化为“3”，按【Ctrl+J】键复制，获得脸部复制图层，设置图层名称为“脸1”，如图 5-2-20 所示。

图 5-2-19　快速蒙版模式下

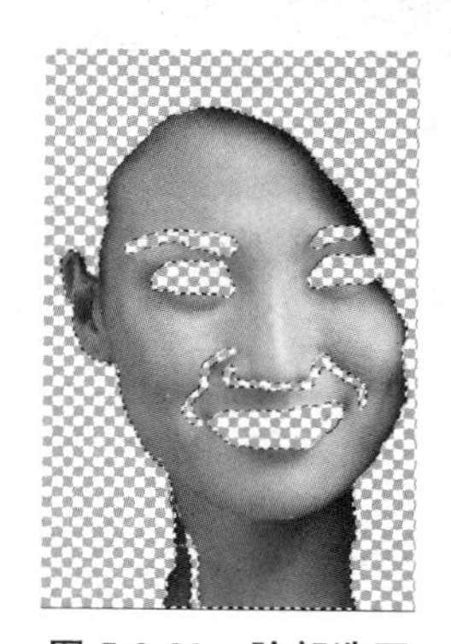

图 5-2-20　脸部选区

5. 选择图层“脸 1”，执行“滤镜”→“锐化”→“USM 锐化”命令，其参数设置如图 5-2-21 所示。设置图层模式为“变亮”，图层不透明度为“74%”。

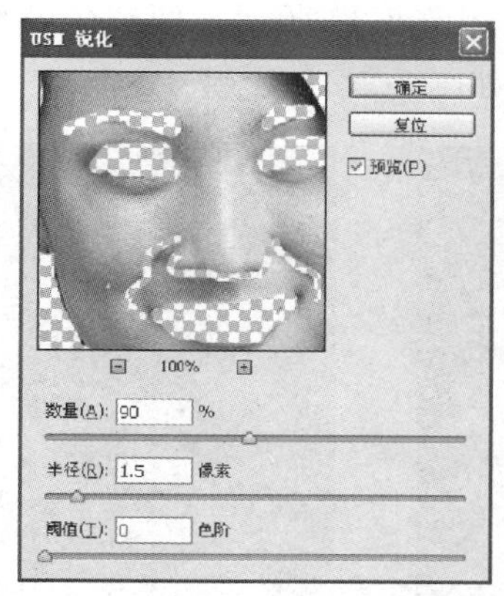

图 5-2-21 USM 锐化设置

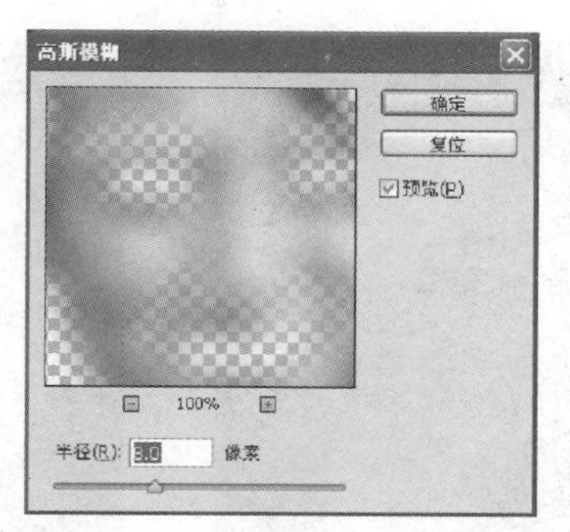

图 5-2-22 高斯模糊设置

6. 复制图层"脸 1",命名图层为"脸 1 副本",执行"滤镜"→"模糊"→"高斯模糊"命令,其设置如图 5-2-22 所示。设置图层模式为"明度",图层不透明度为"72%",效果如图 5-2-23 所示。

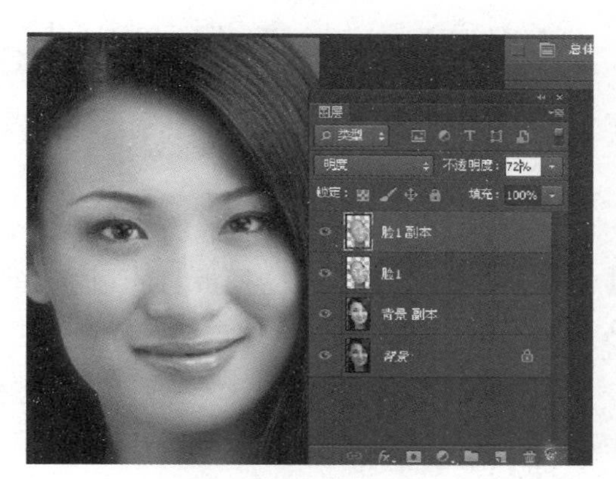

图 5-2-23 调整效果

7. 将"背景副本"、"脸 1"、"脸 1 副本"三个图层全部选中,按【Ctrl+Shift+Alt+E】键执行盖印图层命令,得到一个合并图层"脸 1 副本合并",如图 5-2-24 所示。

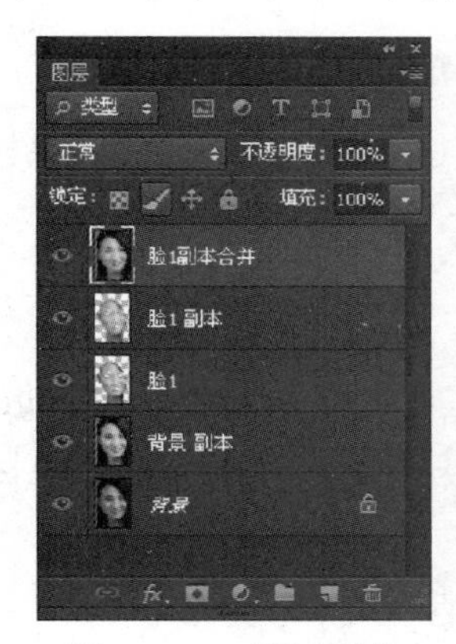

图 5-2-24 图层操作

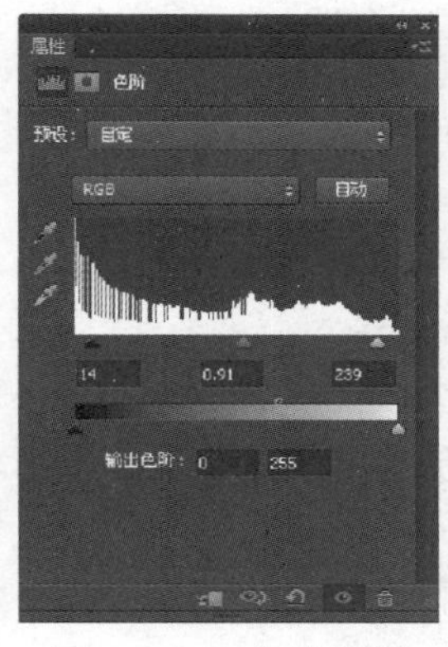

图 5-2-25 色阶设置

图 5-2-26 可选颜色设置

8. 调整色阶及可选颜色，其设置如图 5-2-25、图 5-2-26 所示。偏红色调整效果如图 5-2-27所示，偏青色调整效果如图 5-2-28 所示，设置如图 5-2-29 所示。

图 5-2-27　偏红色效果

图 5-2-28　偏青色效果

图 5-2-29　偏青色设置

5.3 任务三　生活照调出艺术风

5.3.1 任务情境

“随时随地来一张”发微信、传空间、@好友已经成为一种时尚，虽然手机美图给我们带来了意想不到的效果，但总有一些细节不能自己把握，而且固定的模板总会“撞图”，学好 PS 调色，想怎么美就怎么美！

5.3.2 任务剖析

一、应用知识点

（一）图像色彩的调整——可选颜色

（二）图像色彩的调整——照片滤镜

（三）图像色彩的调整——通道混合器

（四）特殊的色彩和色调调整命令

二、知识链接

（一）图像色彩的调整——可选颜色

“可选颜色”命令可以对图像中限定颜色区域中的各像素中的 Cyan（青）、Magenta（洋红）、Yellow（黄）、Black（黑）四色油墨进行调整，从而不影响其他颜色（非限定颜色区域）的表现。

执行“图像”→“调整”→“可选颜色”命令，弹出该命令对话框。

其中可以调整的颜色有 9 种，分别是 RGB 三色，CMYK 四色，黑、白、灰。

两种方法：

(1) 相对：按照总量的百分比。

例如，如果从 50% 洋红的像素开始添加 10%，则 5% 将添加到洋红。结果为 55% 的洋红(50% * 10% = 5%)。(该选项不能调整纯反白光，因为它不包含颜色成分。)

(2) 绝对：输入一个确定数值，按绝对值调整颜色。

例如，如果从 50% 的洋红的像素开始，然后添加 10%，洋红油墨会设置为总共 60%。

"颜色"的下拉框中选择"含有该种颜色的限定范围"。之后调整在上述范围内的各单色油墨数量。

(二) 图像色彩的调整——照片滤镜

"照片滤镜"的主要功能是为了在相机镜头前面加彩色滤镜，以便调整通过镜头传输的光的色彩平衡和色温，使胶片曝光。"照片滤镜"命令还允许选择预设的颜色，以便向图像应用色相调整。

(三) 图像色彩的调整——通道混合器

它是对图像的每个通道进行分别调色，在对话框的输出通道的下拉菜单中自动选择要调整的通道，对每个通道进行调整，并在预览图中看到最终效果，其中的"常数"选项，是增加该通道的补色，若选中"单色"的选项，就是把图像转为灰度的图像，然后再进行调整，这种方法用于处理黑白的艺术照片，可以得到高亮度的黑白效果，比直接去色得到的黑白效果要好得多。

(四) 特殊的色彩和色调调整命令

1. 反相

用于产生原图的负片，当使用此命令后，白色就变为黑色，就是原来的像素值由 255 变成了 0，彩色的图像中的像素点也取其对应值(255－原像素值＝新像素值)，此命令常用于产生底片效果，在通道运算中经常使用。

2. 色调均化

它可以重新分配图像中各像素值，当选择此命令后，Photoshop 会寻找图像中最亮和最暗的像素值，并且平均亮度值，使图像中最亮的像素代表白色，最暗的像素代表黑色，中间各像素值按灰度重新分配。(若此图像中比较暗，那么此命令会使图像变得更暗，黑色的像素增多，反之就是变亮。)

3. 色调分离

此命令可定义色阶的多少，在灰阶图像中可用此命令来减少灰阶数量，此命令又形成一些特殊的效果。在它的对话框中，可直接输入数值来定义色调分离的级数。它在灰阶图中通过改变色调分离的级数来改变灰阶图的灰阶的过渡，有效值在 2～255 之间，其中为 2 时，产生的效果就和位图模式的效果是一样的，它的黑白过渡的级数是 2，也就是 2 的 1 次方，只有黑白过渡，因为颜色的范围是 0～255，所以灰阶的过渡级数是不能超过 255 的，当为 255 时，也就是 2 的 8 次方，产生一幅 8 位通道的灰阶图，这和将图像转为灰度，或去色后产生的颜色效果是一样的。

4. 去色

此命令使图像中所有颜色的饱和度成为0，也就是说，可将所有颜色转化为灰阶值。这个命令可在保持原来的彩色模式的情况下将图像转为灰阶图。例如，将RGB模式的图像去色后，仍然是RGB模式，但显示灰度图的颜色。

5. 变化

此命令可调整图像的色彩平衡。在它的对话框中，可选择图像的暗调、中间调、高光及饱和度分别进行调整，另外还可设定每次调整的程度，将三角拖向精细表示调整的程度较小，拖向粗糙表示调整的程度较大，在最左上角是原稿，紧挨着它的是调整后的图像。下面的代表增加某色后的情况，例如，要增加红色，用鼠标单击下面注有加深红色的图即可，要变暗，就单击较暗的图。若不满意，可以单击原稿，重新调整。

5.3.3 任务实施

1. 打开"生活照.jpg"素材图片，如图5-3-1所示，按【Ctrl+J】键复制一个图层。

图5-3-1 生活照

2. 打开通道面板，然后选择"绿色通道"图层，按【Ctrl+A】键全选，按【Ctrl+C】键复制，按【Ctrl+V】键粘贴至"蓝色通道"图层，效果如图5-3-2所示。

图5-3-2 粘贴通道后色彩效果

3. 按【Ctrl+Shift+Alt+2】键调出高光选区，如图5-3-3所示。新建图层，填充褐色(R102、G83、B84)，设置图层不透明度为50%，如图5-3-4所示。

图 5-3-3 调出照片高光区

图 5-3-4 为选区填充褐色

4. 新建一个图层，按【Ctrl＋Shift＋Alt＋E】键执行盖印图层命令，设置图层混合模式为"柔光"，然后将"图层 1"图层再复制一个，移至"图层 3"之下。

5. 单击"图层 1 副本"图层，选择套索工具，设置羽化半径为"50"，绘制除人物之外的背景作为选区，选择"滤镜－模糊－高斯模糊"，其设置如图 5-3-5 所示，按【Ctrl＋D】键取消选区。然后再按下【Ctrl＋Shift＋I】反选，选择"滤镜－锐化－USM 锐化"，其设置如图 5-3-6 所示，调整效果如图 5-3-7 所示。

图 5-3-5 高斯模糊设置

图 5-3-6 USM 锐化设置

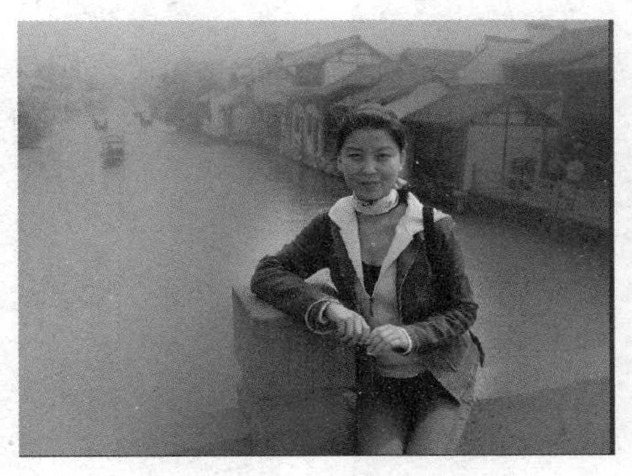

图 5-3-7 调整效果

6. 单击图层下方的"调整图层"按钮，选择"色相/饱和度"，其设置如图 5-3-8 所示。再选择"曲线"，其设置如图 5-3-9 所示。

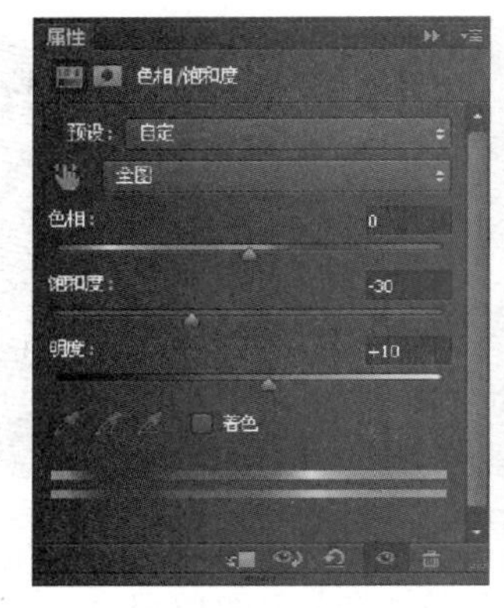

图 5-3-8　色相/饱和度设置

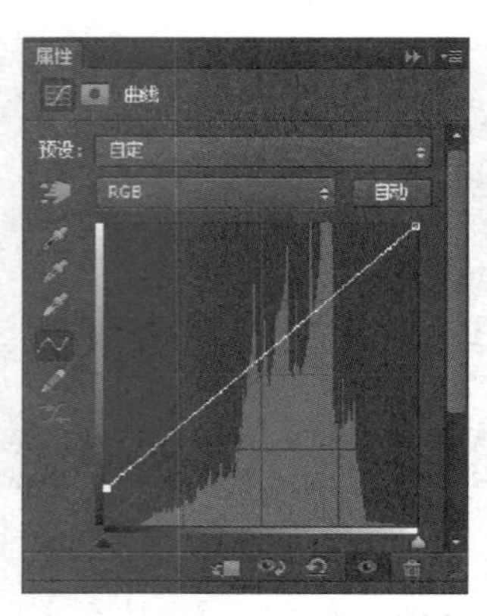

图 5-3-9　设置曲线 RGB

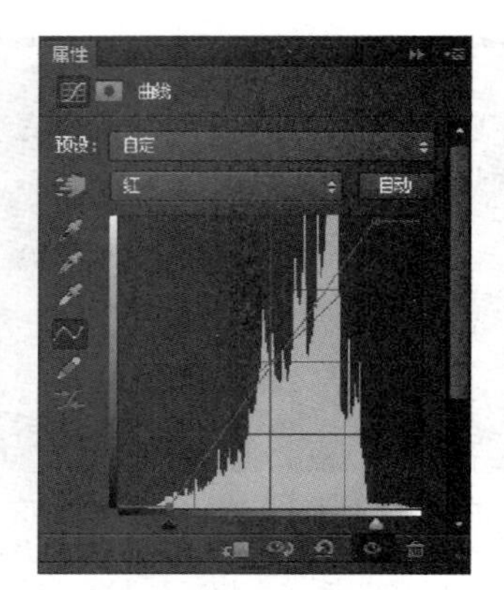

图 5-3-10　设置曲线 R

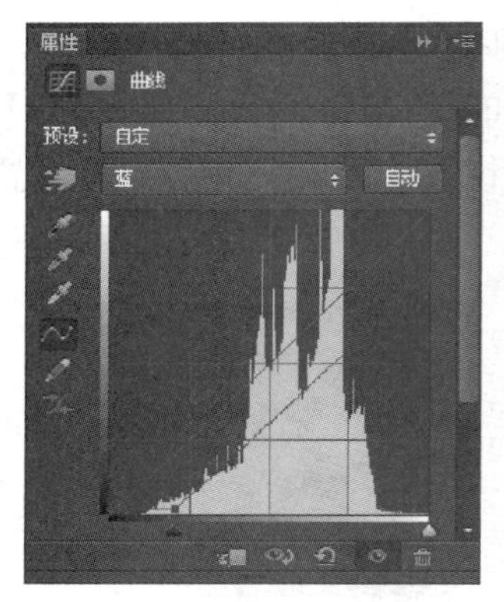

图 5-3-11　设置曲线 B

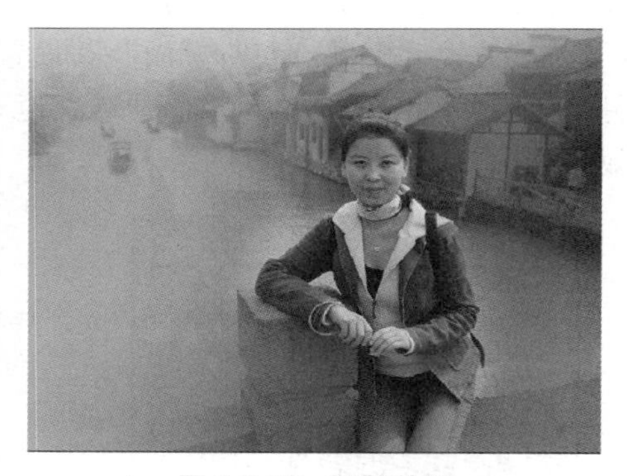
图 5-3-12　调整效果

7. 单击图层下方的“调整图层”按钮，选择“可选颜色”，其设置如图 5-3-13、图 5-3-14、图 5-3-15、图 5-3-16 所示。然后按【Ctrl+J】键复制一个“可选颜色”图层，调整图层不透明度为 82%，加强颜色变化，调整效果及图层设置如图 5-3-17 所示。

图 5-3-13　黄色设置

图 5-3-14　青色设置

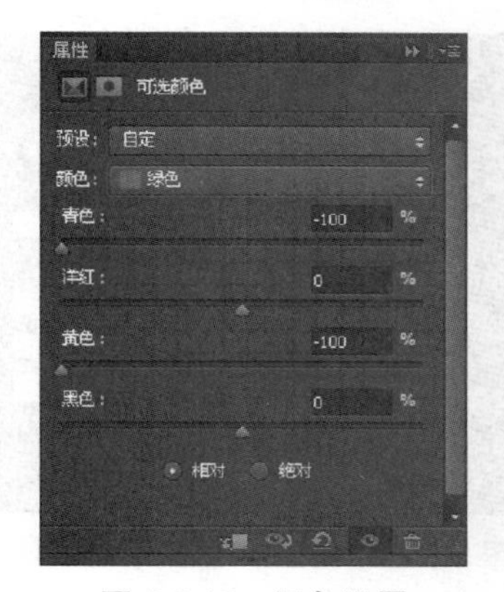

图 5-3-15　绿色设置

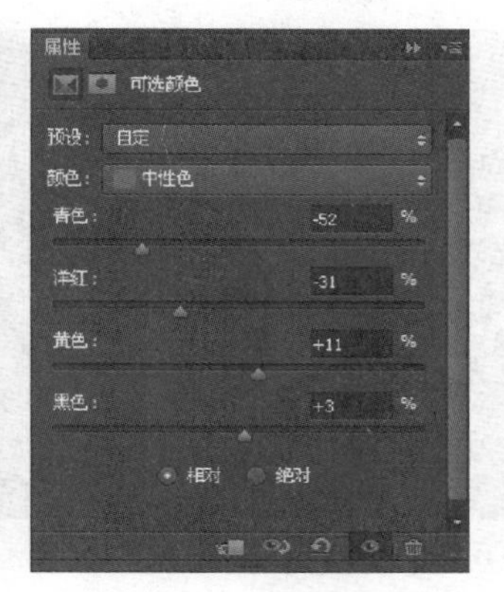

图 5-3-16　中性色设置

图 5-3-17　调整效果

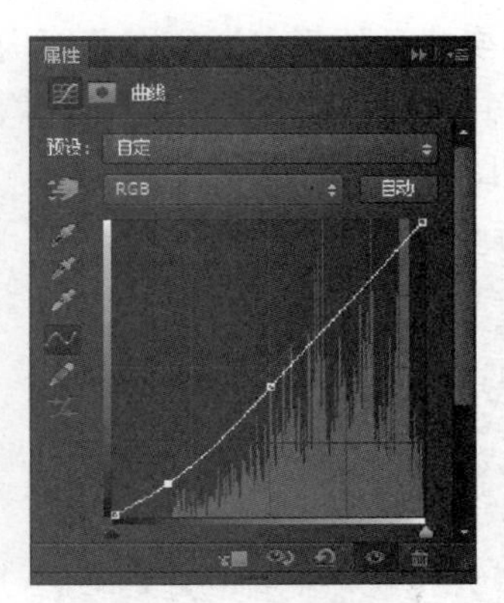

图 5-3-18　曲线调整

8. 单击图层下方的“调整图层”按钮，选择“曲线”，其设置如图 5-3-18 所示。

9. 新建一个图层，将前景色褐色（R102、G83、B84）填充至新建图层，设置图层模式为“线性光”，添加图层蒙版，选择“柔边”画笔，再对人物及周围进行涂抹，同时根据需要变化画笔的不透明度，设置如图 5-3-19 所示，图层蒙版效果如图 5-3-20 所示。

图 5-3-19　填充颜色及图层设置

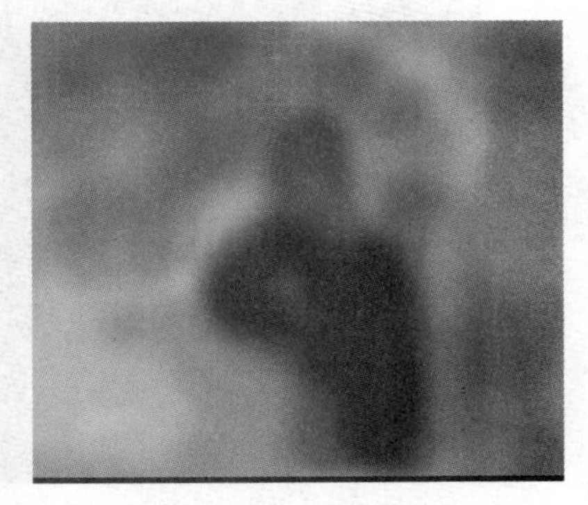

图 5-3-20　图层蒙版

10. 单击图层下方的“调整图层”按钮，选择“照片滤镜”，调整效果及其设置如图 5-3-21 所示。

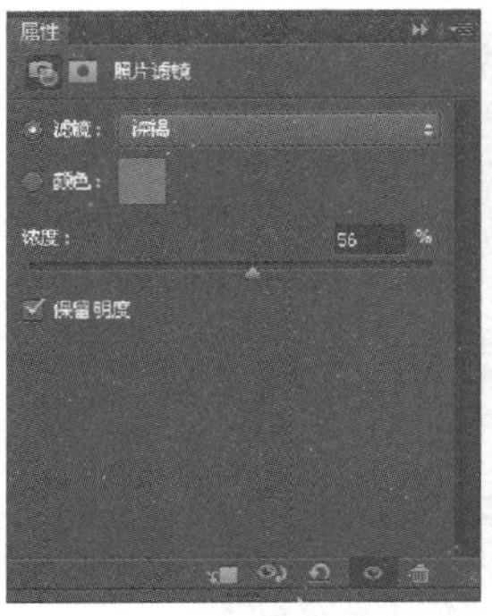

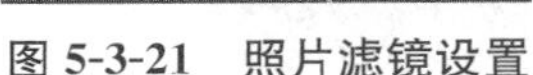
图 5-3-21 照片滤镜设置

图 5-3-22 调整效果及图层设置

11. 方法同步骤 9，新建一个图层，设置前景色为黑色，填充至新建图层，添加图层蒙版，用渐变工具的径向渐变在蒙版内拖动，调整效果及图层设置如图 5-3-22 所示。

12. 新建一个图层，选择画笔工具，画笔设置如图 5-3-23、5-3-24、5-3-25、5-3-26 所示，画笔对图 5-3-27 效果进行绘制。

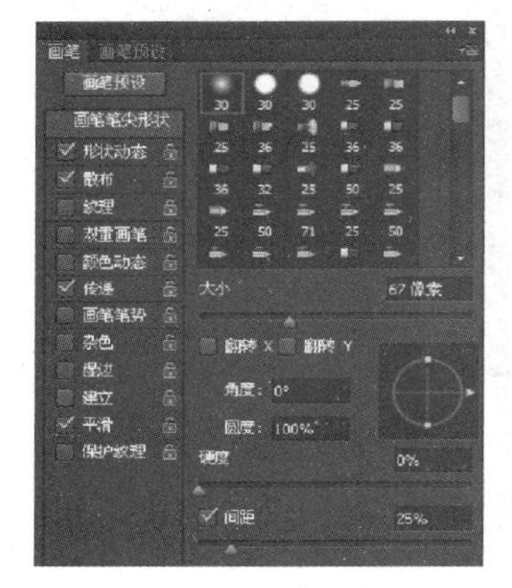

图 5-3-23 画笔笔尖设置

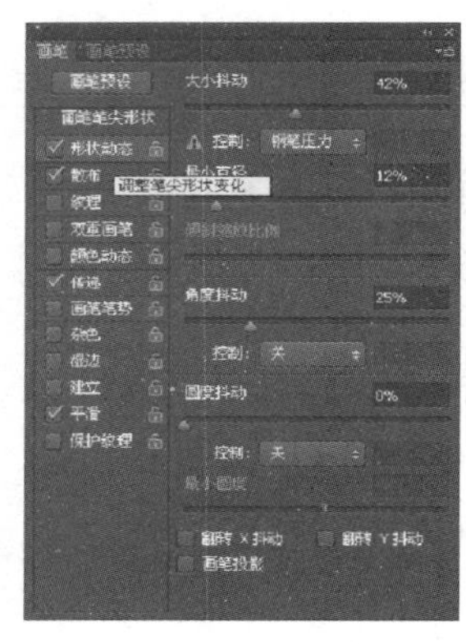

图 5-3-24 形状动态设置

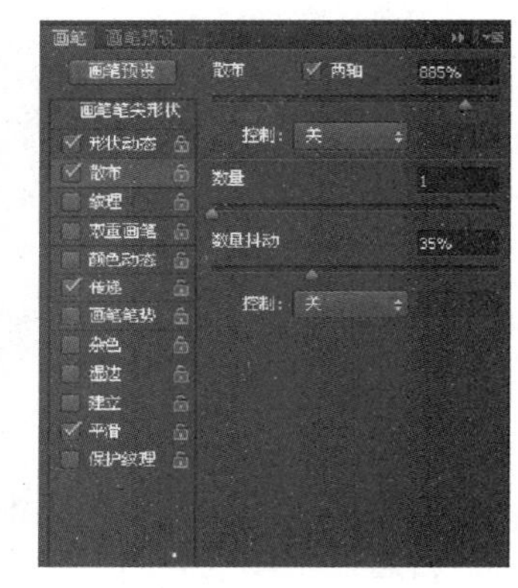

图 5-3-25 散布设置

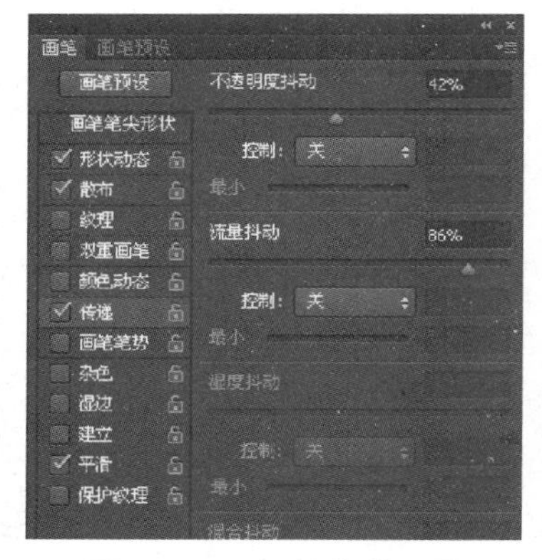

图 5-3-26 画笔传递设置

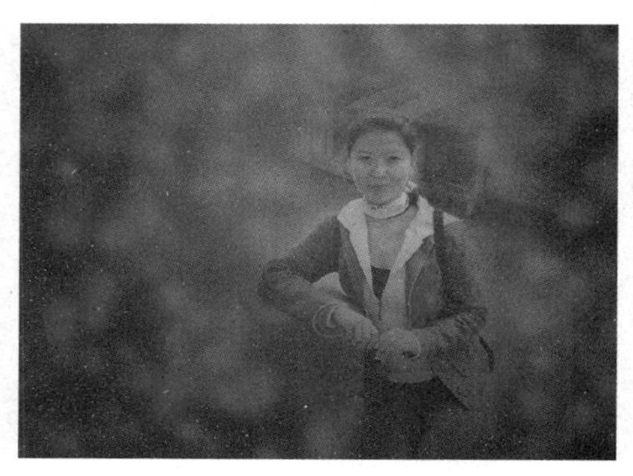

图 5-3-27 画笔绘制效果

13. 单击图层下方的“调整图层”按钮，选择“黑白”，图层混合模式为“滤色”，不透明度为 70%，其设置如图 5-3-28 所示。

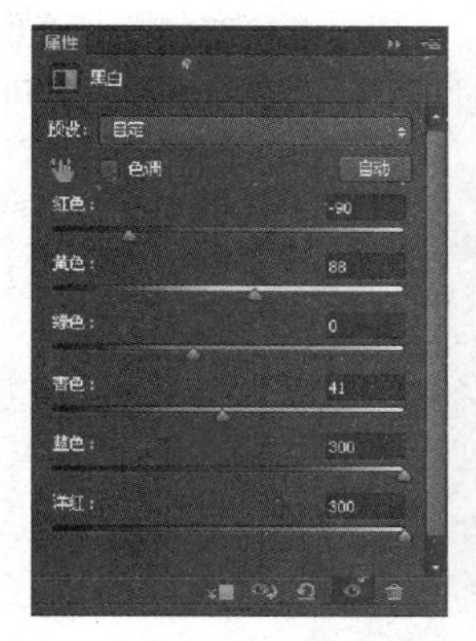

图 5-3-28　黑白参数设置

图 5-3-29　调整效果及图层设置

14. 添加装饰文字，字体为 Rockwell condensed，大小为 11 点，为文字叠加“白色一透明”渐变，再复制一个图层，做文字倒影，并叠加“黑色—透明”渐变，其设置如图 5-3-30 所示，完成效果如图 5-3-31 所示。

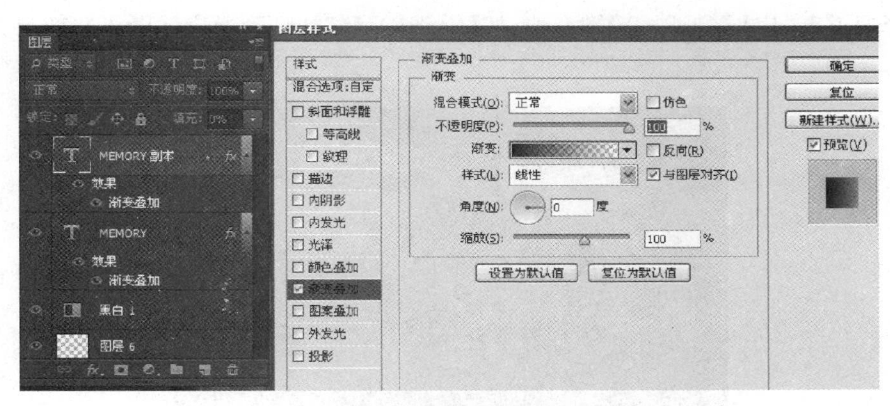

图 5-3-30　文字图层样式设置

图 5-3-31　完成效果

5.3.4　任务拓展

任务：PS 通道替换原有色彩

解析：制作单色图片，用通道替换法是非常快的。不过颜色模式的选择也比较重要，了解清楚后就可以快速替换相应的通道得到想要的暖色或冷色图片，后期微调颜色即可。

图 5-3-32　原图

1. 打开原图“5-3-32.jpg”。

2. 执行“图像”→“模式”→“Lab 颜色”命令。进入通道面板，将通道 b 复制并粘贴到通道 a(选择通道 b，点击【Ctrl＋A】键全选，按【Ctrl＋V】键粘贴到通道 a 即可)，效果如图 5-3-33 所示。

图 5-3-33　复制通道后的效果

3. 将图像转为 RGB 模式，执行“图层”→“新建调整图层”→“色相/饱和度”命令，参数设置及效果如图 5-2-34 所示。

图 5-3-34　“色相/饱和度”参数设置

4. 执行“图层”→“新建调整图层”→“色阶”命令，参数设置及效果如图 5-3-35 所示。

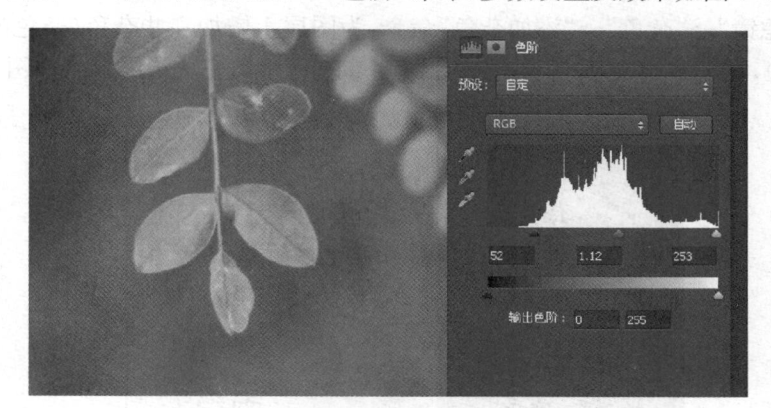

图 5-3-35　“色阶”参数设置

5. 执行“图层”→“新建调整图层”→“可选颜色”命令，参数设置及效果如图 5-3-36、图 5-3-37 所示。

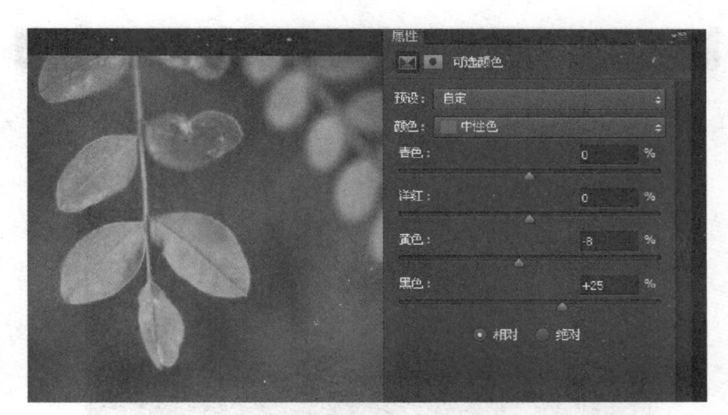

图 5-3-36　“中性色可选颜色”参数设置

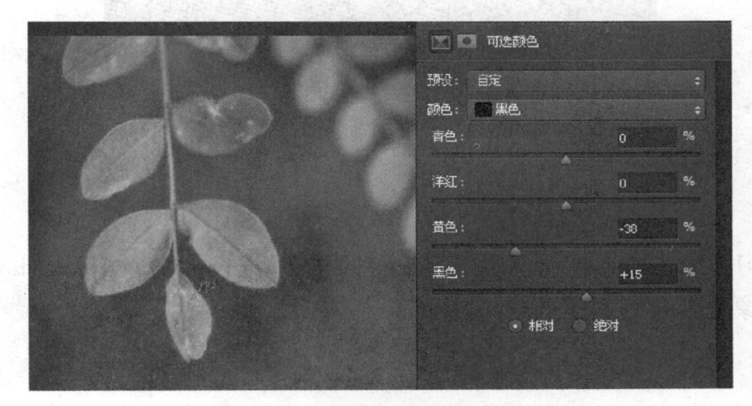

图 5-3-37　“黑色可选颜色”参数设置

6. 新建一个空白图层 1，填充白色。用橡皮擦擦出叶子。模式改为“柔光”，不透明度为 40%。执行“滤镜”→“杂色”→“添加杂色”命令，为图层 1 增加一些杂色(杂色的参数设置如图5-3-38所示)，加上装饰文字(字体设置如图 5-3-39 所示)，完成最终效果如图 5-3-40 所示。

图 5-3-38 “杂色”参数设置

图 5-3-39 字体设置

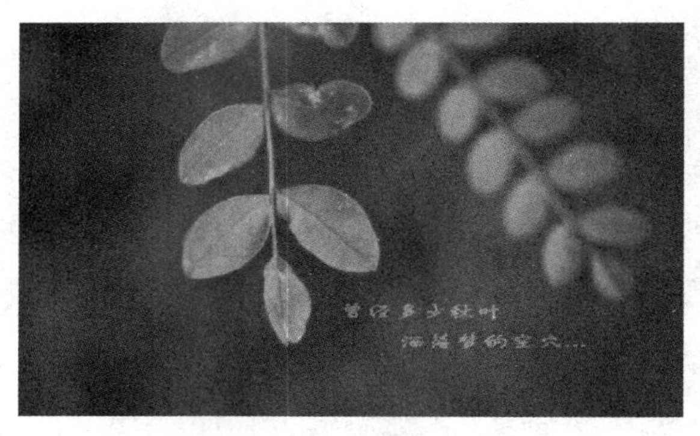

图 5-3-40 最终效果图

项目小结

本项目学习了图像模式的转换和图像颜色的校正，以及如何在 Photoshop 中利用色彩调整原理对图像进行的相关操作。

项目作业

一、选择题

1. 在 Photoshop 中可以改变图像色彩的命令是(　　)。
   (A) 曲线调整　(B) 颜色分配表
   (C) 变化调整　(D) 色彩范围
2. 在编辑一个渐变色彩时，可以被编辑的部分是(　　)。
   (A) 前景色　(B) 位置　(C) 色彩　(D) 不透明度
3. 下面的命令中，(　　)可以进行图像色彩调整。
   (A) 色阶命令　(B) 曲线命令　(C) 变化命令　(D) 模糊命令
4. 用于印刷的 Photoshop 图像文件必须设置为(　　)色彩模式。
   (A) RGB　(B) 灰度　(C) CMYK　(D) 黑白位图
5. 色彩深度是指在一个图像中(　　)的数量。
   (A) 颜色　(B) 饱和度　(C) 亮度　(D) 灰度
6. 当将 CMYK 模式的图像转换为多通道模式时，产生的通道名称是(　　)
   (A) 青色、洋红、黄色、黑色　(B) 青色、洋红、黄色
   (C) 四个名称都是 Alpha 通道　(D) 四个名称都是 Black (黑色通道)
7. 在"色彩范围"对话框中为了调整颜色的范围，应当调整(　　)
   (A) 反相　(B) 消除锯齿　(C) 颜色容差　(D) 羽化
8. 一张 RGB 的彩色图像使用图像/调整/去色功能后，与(　　)模式的效果相似。
   (A) CMYK　(B) Lab　(C) 灰度　(D) 双色调
9. HSB 中的 H 是指(　　)
   (A) 色相　(B) 明度　(C) 亮度　(D) 纯度
10. 如要 RGB 模式转换为双色调模式，则需用(　　)模式作为中间过渡模式。
    (A) Lab　(B) 灰度　(C) 多通道　(D) 索引颜色

二、填空题

1. 在 Photoshop 中一个文件最终需要印刷，其分辨率应设置在________像素/英寸，图像色彩方式为________；一个文件最终需要在网络上观看，其分辨率应设置在________像素/英寸，图像色彩方式为________。
2. 在使用色阶命令调整图像时，选择________通道是调整图像的明暗，选择________通道是调整图像的色彩。例如一个 RGB 图像在选择________通道时可以通过调整增加图像中的黄色。
3. Photoshop 图像"新建"对话框中包含以下五种色彩模式：________、________、________、________、________。
4. 只有________模式，才可以转换为位图模式。

5. 调整图像色调的命令主要有________、________、________、________、________、________、________、________、________等。

6. 颜色的三个基本特征是________、________、________。

7. 使用“曲线”命令可以对图像________、________、________进行综合调整。

三、操作题

1. 调整图 5-4-1、图 5-4-2 照片,还原自然色彩。

图 5-4-1

图 5-4-2

2. 将自己的个人生活照做成杂志封面效果。

项目六　神奇滤镜应用

**项目描述**

本项目通过完成特效字制作、红灯笼制作、节日礼花和玛瑙手镯制作三个任务，使读者能掌握 Photoshop 中滤镜的操作方法及使用技巧，体验滤镜的神奇效果。

**能力目标**

★了解滤镜的概念。

★掌握滤镜的使用及技巧。

★滤镜的灵活应用。

6.1　任务一　特效字制作

6.1.1　任务情境

广告取胜于创意，而创意需要通过手法表现出来，在广告元素相同的情况下，不俗的表现力能给人带来意想不到的效果，而特效字的设计在广告中往往能起到画龙点睛的作用。Photoshop 软件提供了滤镜工具，能制作出各种夸张、奇特的字体效果。

6.1.2　任务剖析

一、应用知识点

（一）滤镜概述

（二）风格化滤镜组

（三）扭曲滤镜组

（四）渲染滤镜组

二、知识链接

（一）滤镜概述

滤镜来源于摄影中的滤光镜，应用滤光镜的功能可以改进图像和产生特殊效果，滤镜用来实现图像的各种特殊效果。Photoshop 所有的滤镜都放在“滤镜”菜单中，执行“滤镜”菜单命令时，弹出如图 6-1-1 所示的下拉菜单。

如果要使用某一滤镜，从“滤镜”菜单下拉菜单中选择相应的命令即可。

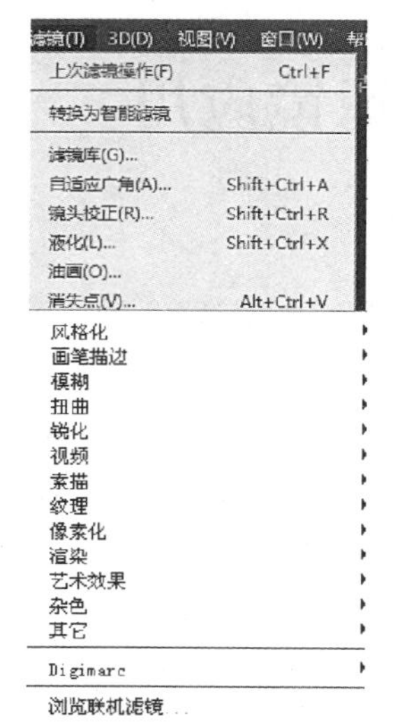

图 6-1-1　滤镜菜单

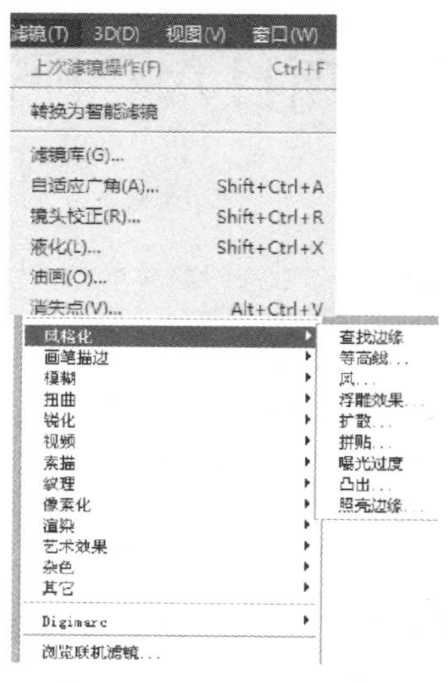

图 6-1-2　风格化滤镜组

（二）风格化滤镜组

本组滤镜是通过替换像素或增加相邻像素的对比度来使图像产生加粗夸张的效果，在选区中模仿艺术手法进行创作。风格化滤镜组的各项滤镜命令如图 6-1-2 所示，各滤镜效果如图 6-1-3 所示。

1. 查找边缘滤镜

主要用来搜索颜色像素对比度变化剧烈的边界，将高反差区变成亮色，低反差区变暗，其他区域则介于二者之间，硬边变为细线条，而柔边变粗线，形成一个厚实的轮廓，使用一次该滤镜与多次使用没有差别。

2. 等高线滤镜

可以查找主要高度区域的转换，沿亮区和暗区边界绘出一条较细的线，在其对话框中可以设定色调以及描绘设定边界。

3. 风滤镜

通过在图像中增加一些细小的水平线产生起风的效果，该滤镜只能在水平方向及对图像边缘起作用。在其对话框中，可以设定三种起风的方式：风、大风、飓风，设定风向，从左向右吹还是从右向左吹。

4. 浮雕滤镜

主要用来产生浮雕效果，它通过勾画图像或所选取区域的轮廓和降低周围色值来生成浮雕效果。

5. 扩散滤镜

将图像中相邻的像素随机替换，使图像扩散产生一种透过磨砂玻璃观看景象的效果。

6. 拼贴滤镜

根据对话框中指定的值将图像分成多块瓷砖状，从而产生瓷砖效果，该滤镜和“凸出”滤镜相似，但生成砖块的方法不同，它作用后，在各砖块之间会产生一定的空隙，其空隙中的图像内容可以在对话框中自由设定。

7. 曝光过度滤镜

该滤镜产生图像正片和底片混合效果，类似摄影中增加光线强度产生的过度曝光效果。

8. 凸出滤镜

该滤镜给图像加上凸出效果，即将图像分成一系列大小相同但有机重叠放置的立方体或锥体的三维效果。

9. 照亮边缘滤镜

该滤镜搜索主要颜色变化区域，加强其过渡像素，产生轮廓发光的效果。

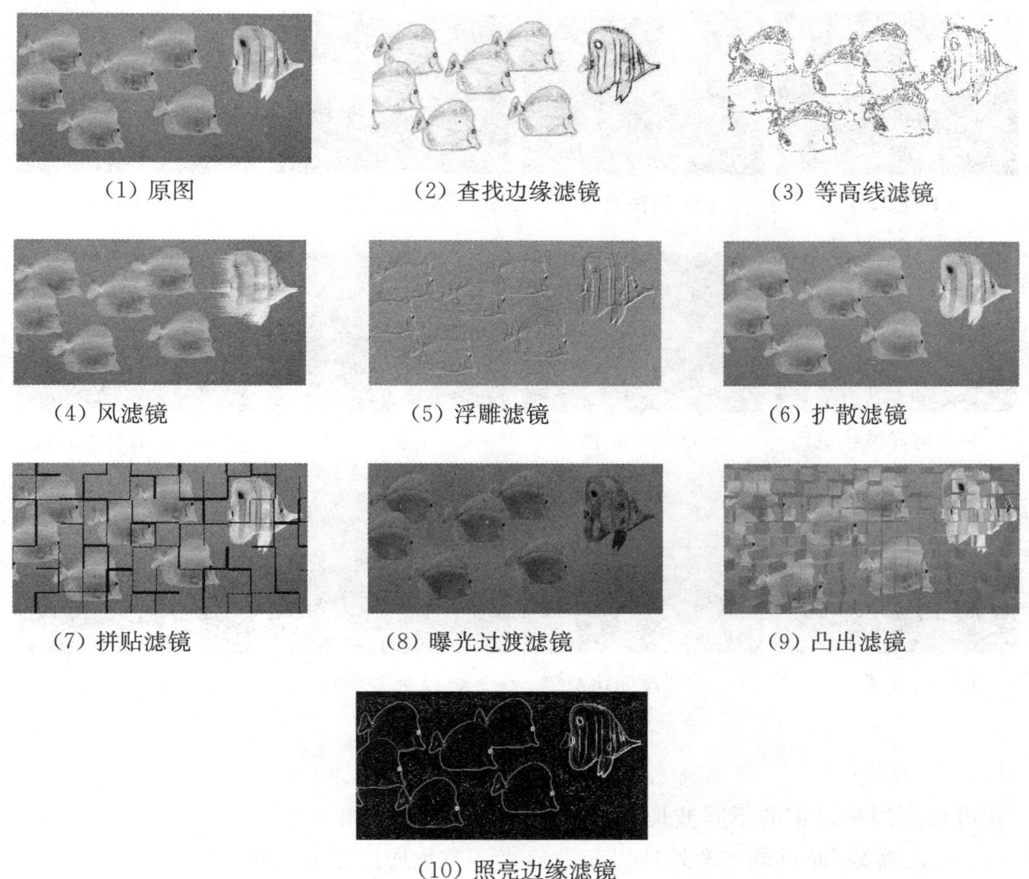

（1）原图　（2）查找边缘滤镜　（3）等高线滤镜

（4）风滤镜　（5）浮雕滤镜　（6）扩散滤镜

（7）拼贴滤镜　（8）曝光过渡滤镜　（9）凸出滤镜

（10）照亮边缘滤镜

图 6-1-3　应用风格化滤镜组效果对比图

（三）扭曲滤镜组

扭曲滤镜组通过移动图像中的像素，获得波纹、扩散、拉伸、扭曲、抖动等变形效果。扭曲滤镜组菜单如图 6-1-4 所示，各滤镜效果如图 6-1-5 所示。

扭曲 ▸ 波浪...
锐化 ▸ 波纹...
视频 ▸ 玻璃...
素描 ▸ 海洋波纹...
纹理 ▸ 极坐标...
像素化 ▸ 挤压...
渲染 ▸ 扩散亮光...
艺术效果 ▸ 切变...
杂色 ▸ 球面化...
其它 ▸ 水波...
旋转扭曲...
Digimarc ▸ 置换...

图 6-1-4　扭曲滤镜组

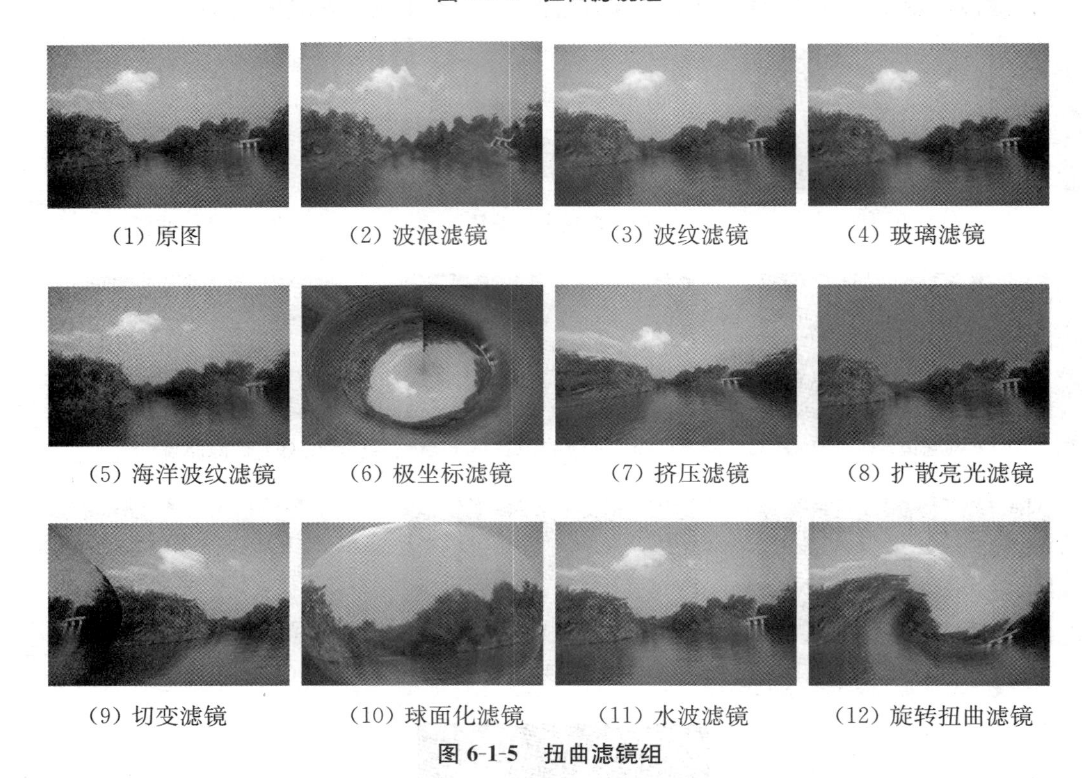

(1) 原图　(2) 波浪滤镜　(3) 波纹滤镜　(4) 玻璃滤镜
(5) 海洋波纹滤镜　(6) 极坐标滤镜　(7) 挤压滤镜　(8) 扩散亮光滤镜
(9) 切变滤镜　(10) 球面化滤镜　(11) 水波滤镜　(12) 旋转扭曲滤镜

图 6-1-5　扭曲滤镜组

1. 波浪滤镜

它可根据用户设定的不同波长产生不同的强烈波动效果。

(1) 生成器数：通过调整滑块或设定数值来调整生成波纹的数量。

(2) 波长：决定生成波纹的大小。

(3) 波幅：决定生成波纹之间的距离。

(4) 比例：决定水平和垂直方向的波动幅度。

(5) 未定义区域：它规定了两种处理边缘空缺的办法，即折回和重复边缘像素。

(6) 类型：决定波纹的类型，包括三种波动方式：正弦波、锯齿波、方型波。

(7) 随机化：它能随机改变在前面设定下的波浪效果，并可以多次操作，如果用户对某一次的设置效果不满意，单击此按钮一次，它就产生一个新的波浪效果，可再次单击直到满

意为止。

2. 波纹滤镜

它可以使图像产生水纹涟漪的效果。

(1) 数量：可以控制水纹的大小。

(2) 尺寸：有三种产生水纹的方式：大、中、小。

3. 玻璃滤镜

它用来在图像中生成一系列细小纹理，产生一种透过玻璃观察图片的效果。在该滤镜对话框中，扭曲程度和光滑度选项可用来调整扭曲和图像质量之间的平衡。在纹理选项中，可以确定纹理类型和比例。

4. 海洋波纹滤镜

它可模拟海洋表面的波纹效果，波纹细小，边缘有许多抖动，在其对话框中可以设定波纹大小和波纹数量。

5. 极坐标滤镜

该滤镜可以将图像坐标从直角坐标系转化成极坐标系，或者反过来将极坐标系转化为直角坐标系。

(1) 将直角坐标转化为极坐标：是以图像中心点为圆心，使图像做圆形扭曲，并首尾相连。

(2) 将极坐标转化为直角坐标：是以图像的底边的中心点为圆心，向外扭曲，呈喷射状，并从外往内扭曲最终回到底边。

6. 挤压滤镜

它可以将整个图像或选取范围内的图像向内或向外挤压，产生一种挤压的效果，它只有一个数量选项，变化范围为－100～100，正值表示向内凹进，负值表示向外凸出。

7. 扩散亮光

该滤镜产生一种光芒漫射的光辉效果，在该滤镜对话框中有三个选项：

(1) 颗粒度：用于控制辉光中的颗粒密度。

(2) 辉光总量：用于控制辉光强度。

(3) 清晰程度：用于限制图像中受滤镜影响的范围，值越大，受影响的区域越少。

8. 切变滤镜

它是允许用户按照自己设定的弯曲路径来扭曲一幅图像，在滤镜对话框中，未定义区域可以选择一种对扭曲后所产生的图像空白区域的填补方式，若选中“折回”选项，则在空白区域中填入溢出图像之外的图像内容；若选中“重复边缘像素”单选按钮，则在空白区域填入扭曲边缘的像素颜色。

然后在上面的方格内单击产生一些控制点，直接拖动控制点就能创造曲线路径。若要删除某控制点，拖动该控制点到扭曲设置方格框图外即可。若单击“默认”按钮，则曲线回到初始状态。

9. 球面化滤镜

它和挤压滤镜正好相反，对话框设置也相似，但多了一个模式下拉列表框，其中包括普通、仅限水平方向和仅限垂直方向三种挤压方式。

10. 水波滤镜

它可以使图像按各种设定产生抖动的扭曲，并按同心环状由中心向外分布，产生的效果就像透过荡起阵阵涟漪的湖面图像一样，在该滤镜对话框中可以设定产生波纹的“数量”，即波纹的大小，其变化为－100～100。负值表示产生内侧波纹，正值表示产生外凸波纹，“起伏”选项可设定波纹数目，其变化范围为1～20，值越大，产生的波纹越多。

在样式下拉列表中可以选择三种产生波纹的方式：

(1) 围绕中心：围绕图像中心产生波纹。

(2) 沿中心扩散：使图像按起伏和数量的设定沿特定的方向突发性地向外(数量值为正时)或向内(数量值为负时)移动，沿周围方向产生韵律变化效果。

(3) 池塘波纹：使图像产生池塘同心状波纹效果。

11. 旋转扭曲滤镜

它可以产生旋转的漩涡效果，旋转中心为物体中心。该滤镜对话框中只有一个角度选项，其变化范围为－999～999，负值表示沿逆时针方向扭曲，正值表示沿顺时针方向扭曲。

12. 置换滤镜

此滤镜会根据置换图中像素中的不同色调值来对图像变形，从而产生不定方向的移位效果。执行此滤镜时，它会按照这个“置换图”的像素颜色值，对原图像文件进行变形。

(四) 渲染滤镜组

渲染滤镜组可以在画面上制作立体、云彩图案、折射图案和模拟光照等特殊效果，滤镜组各命令如图 6-1-6 所示。

图 6-1-6　渲染滤镜组

1. 云彩

云彩滤镜是利用前景色和背景色之间的随机像素值将图像转换为柔和云彩图案。

2. 分层云彩滤镜

分层云彩滤镜也是使用随机生成的介于前景色与背景色之间的值，生成云彩图案。与云彩滤镜不同的是将图像进行云彩滤镜效果后，再进行反白图像，使其产生的纹理更为丰富。

3. 光照效果滤镜

此滤镜可以模拟不同灯光，使图像产生不同的光照效果。通过改变17种光照样式、3种光照类型和4套光照属性，在RGB图像上产生无数种光照效果。还可以使用灰度文件纹理(称为凹凸图)产生类似3D效果，并存储自己的样式以便在其他图像中使用，该滤镜对话框如图 6-1-7 所示。

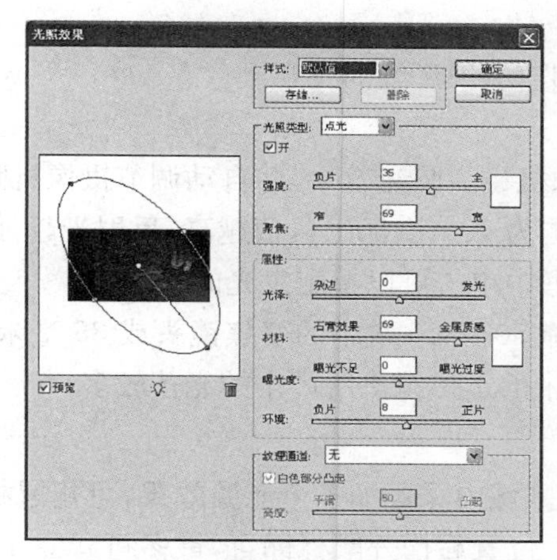

图 6-1-7 “光照效果”滤镜对话框

(1) 样式:用于定义灯光在舞台上的焦点的特性,它共提供了 17 种。每一种样式将产生不同的灯光效果。当用户对自己定义的样式较为满意时,可单击“保存”按钮将其保存,以便日后使用,若对其不满意,则可单击删除按钮将其删除,但缺省的样式不能删除。

(2) 灯光类型:只有在灯光类型选项区中选中了“开”选框后,该选项区才能使用,在灯光下拉列表中可选择三种灯光类型:平行光、点光和全光源。下面的光源强度滑块可以调整灯光的强度,变化范围为－100～100,值越大光线越强,聚焦滑块只有选择了聚光灯选项时才可使用,其变化范围为－100～100,越靠近窄端,光线越窄,越靠近宽端,光线覆盖范围越广,在滑块右侧有一个颜色框,单击它可打开“拾色器”对话框来定义灯光颜色。

(3) 属性:用于设定光线性质,来控制光线照射在物体上的效果,表现物体的材质与反光特性,其中,可设定四个选项:

①光泽:即表面光滑程度,变化范围为－100～100,越靠近粗糙端,反射越弱,反之,越靠近光亮端,反射越强。

②材料:它决定由物体反射回来的光线是反映光源色彩,还是反映物体本身的颜色。越靠近塑料质端,反射光越接近光源色彩,反之越靠近金属质端,反射击光越接近反射体本身的颜色。

③曝光度 :它用来调整整个图像的受光程度,变化范围为－100～100。

④环境:该选项给整个物体布置一种弥漫色彩,就像人们沐浴在皎洁的月光下一样,环境光的颜色可在其右侧的颜色框中设定,它的取值范围为－100～100,越接近负值端,环境光越接近颜色框的互补色,越接近正值端,环境光越接近颜色框中设定的颜色。

(4) 纹理通道:该选项用于在图像中加入纹理,产生一种浮雕效果,默认状态下,它设有无、红、绿和蓝四项选项,若图像中有额外的通道(如 Alpha 通道),那么也将显示在此下拉列表中,当选择无以外的其他选项时,其下边的“白色部分凸出”复选框可用。选中此选框,则纹理的凸出部分用白色来表示,反之,则以黑色来表示。底部的高度滑块用来调整纹理的高度,变化范围为 0～100,越接近平滑端纹理越不明显,越接近凸起端,纹理越深。

4. 纤维

使用前景色和背景色创建编织纤维的外观。

5. 镜头光晕滤镜

它可在图像中生成摄像机镜头眩光效果，并自动调节摄像机眩光位置。

(1) 光线亮度：变化范围为 10%～300%，值越高，反射光越强。

(2) 闪光中心：在预览框中单击可以指定发光的中心。

(3) 镜头类型：可以选择 50～300 毫米的变焦镜头或 35 毫米和 105 毫米的定焦镜头来产生眩光，其中选择 105 毫米的定焦镜头所产生的光芒较多。

提示

①若要在图像预览区域中添置加多个光源效果，可用鼠标拖动对话框底部的“灯泡”图标到预览框中任一位置后松开鼠标即可，最多可建立 16 个光源，若光源效果不佳，可在聚焦点上按下鼠标左键拖动到对话框底部的垃圾桶将它删除，也可按【Delete】键删除。

②预览复选框与其他滤镜对话框中的预览复选框不同，它是为对话框中的预览区域设置的，选中它，灯光效果才会在预览区域中显示出来，而并非只预览图像窗口中的内容。

③灯光类型选项区只对当前在预览区选中的光源有效，不同的光源可设定不同的灯光类型，若单击切换到另一光源时，此处设定即变成当前光源的设定。

6.1.3 任务实施

(一) 输入文字

1. 新建文档，参数设置如图 6-1-8 所示，单击“确定”按钮，新建“球面字”文件。

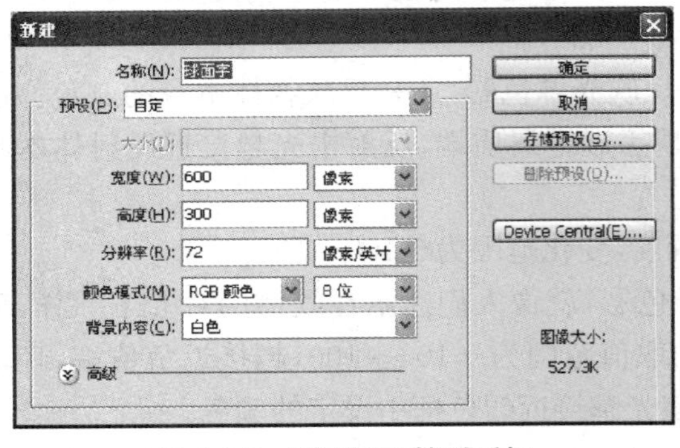

图 6-1-8 “新建”文档对话框

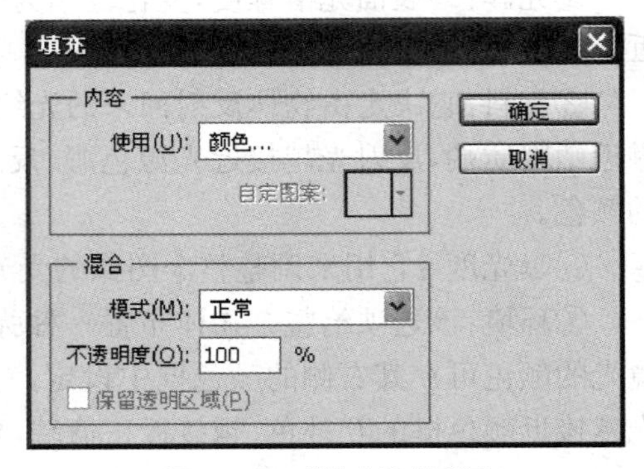

图 6-1-9 “填充”对话框

2. 将前景色设置红色，按【Alt+Delete】组合键，给图像的背景填充为红色。

3. 选择工具箱中的文字蒙版工具，在图像中输入“恭　贺　新　禧”四个文字选区，并适当调整大小及位置。

4. 执行“编辑”→“填充”命令，对话框如图 6-1-9 所示设置，颜色设置为黄色，单击“确定”按钮，将文字选区填充为黄色，效果如图 6-1-10 所示。

图 6-1-10 填充文字选区

图 6-1-11 取消选区后

5. 执行“选择”→“取消选择”命令，将文字选区取消，效果如图 6-1-11 所示。

6. 单击工具箱中的椭圆选框工具，在属性栏中将样式设置为“固定比例”，宽度、高度均设为 1，属性栏如图 6-1-12 所示设置。

图 6-1-12 椭圆选框工具属性栏设置

7. 将鼠标移到“恭”字的正中央，按住【Alt】键，从中心点向外拉出一个正圆形选区，如图 6-1-13 所示。

8. 执行“编辑”→“拷贝”命令，将选区图像内容复制。

9. 执行“编辑”→“粘贴”命令，将所复制的图像内容粘贴到新的图层。

10. 按住【Ctrl】键，单击图层缩览图，将图层内容选区选取，当前层回到背景层，平移选区到以“贺”字为中心的位置。

11. 重复第 8 至第 10 步操作(注意文字依次从恭→贺→新→禧变化)，将四个字全部复制生成新的图层为止，将背景层隐藏后效果如图 6-1-14 的所示。

图 6-1-13 以“恭”字为中心画出圆形选区

图 6-1-14 四个字完成操作后效果

(二) 应用滤镜

1. 选择 “恭”字所在图层为当前图层，执行“滤镜”→“扭曲”→“球面化”命令，弹出对话框如图 6-1-15 所示设置。

2. 重复执行三次球面化命令，完成后效果如图 6-1-16 所示。

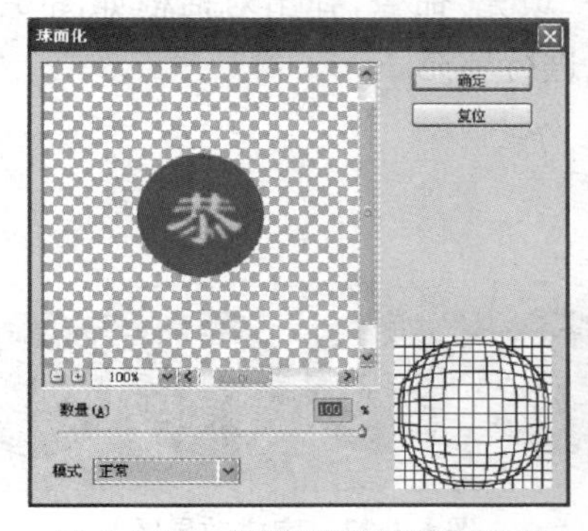

图 6-1-15 “球面化”对话框设置

图 6-1-16 球面化效果

3. 执行“滤镜”→“渲染”→“光照效果”命令，弹出对话框如图6-1-17所示设置，单击“确定”按钮。

4. 执行“滤镜”→“渲染”→“镜头光晕”命令，弹出对话框如图6-1-18所示设置，单击“确定”按钮。

5. 操作完成后效果如图6-1-19所示。

6. 分别选取其他几个字为当前图层，重复执行第1至第5步，对所有文字都进行滤镜操作，效果如图6-1-20所示。

7. 选择工具箱中的移动工具对各图层内容进行位置调整。

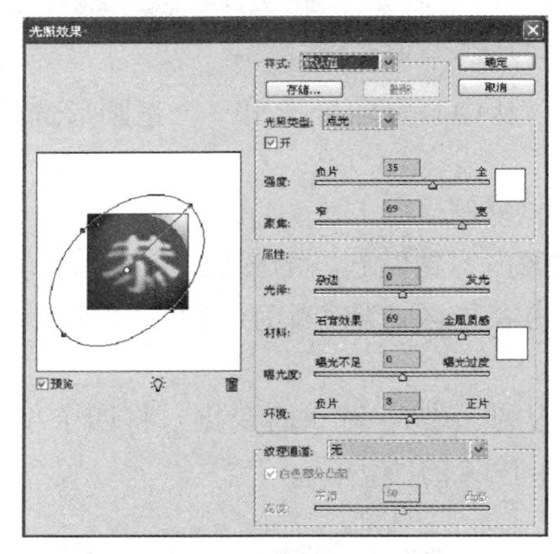

图6-1-17 “光照效果”对话框设置

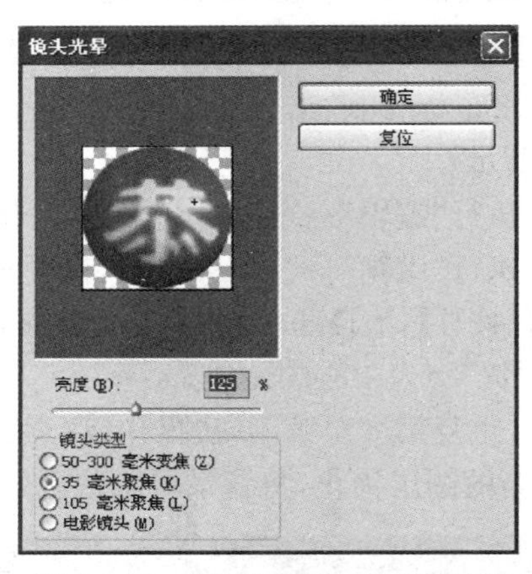

图6-1-18 “镜头光晕”对话框设置

图6-1-19 应用光照及镜头光晕后效果

图6-1-20 四个字分别操作完成效果

（三）背景填充

1. 将背景层设置为当前图层，执行“编辑”→“填充”命令，弹出对话框如图6-1-21所示设置，单击“确定”按钮，使用水绿色纸图案对背景进行填充。

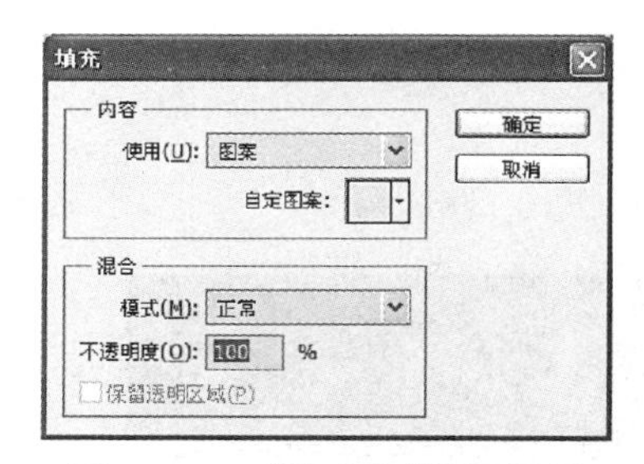

图6-1-21 “填充”对话框设置

图6-1-22 完成效果图

2. 操作完成效果如图 6-1-22 所示。

3. 执行“文件”→“存储为”命令，将文件保存，完成操作。

6.1.4 任务拓展

(一) 光芒字的制作

1. 新建文档。新建一个 10＊8 厘米，背景为白色，分辨率为 72 像素的文件，命名为“光芒字”，“新建”对话框如图 6-1-23 所示。

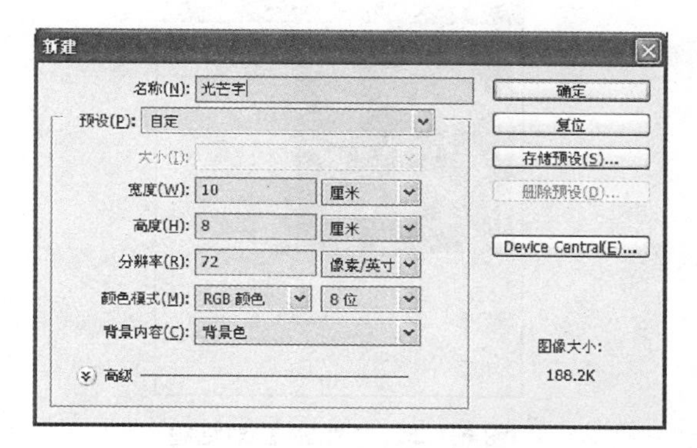

图 6-1-23 “新建”对话框

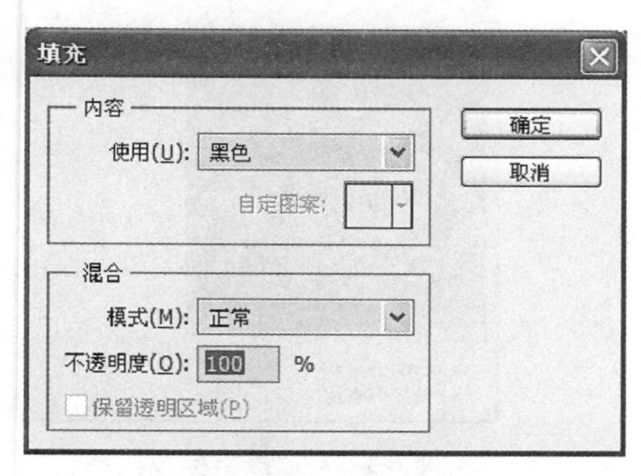

图 6-1-24 “填充”对话框

2. 执行菜单“编辑”→“填充”命令，参数设置如图 6-1-24 所示，对背景填充黑色。

3. 选择工具箱中的横排文字蒙版工具，在画布中输入“ADOBE”，适当地调整大小及位置，如图 6-1-25 所示。

4. 将前景色设置为玫红色，选择工具箱中的油漆桶工具对文字选区进行填充，效果如图 6-1-26 所示。

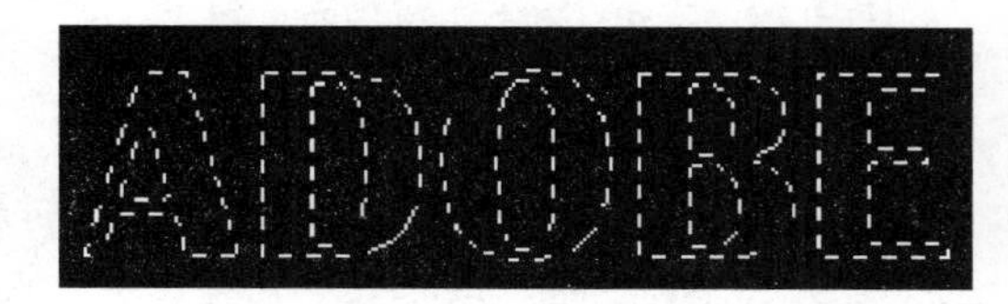

图 6-1-25 输入文字

图 6-1-26 填充玫红色

5. 执行菜单“选择”→“存储选区”命令，将文字选区存储，按着执行菜单“选择”→“取消选区”命令，将文字选区取消。

6. 执行菜单“滤镜”→“扭曲”→“极坐标”命令，在弹出对话框中设置如图 6-1-27 所示参数，单击“确定”按钮。

7. 执行菜单“图像”→“图像旋转”→“90 度(逆时针)”命令，将图像逆时针旋转 90 度。

8. 执行菜单“滤镜”→“风格化”→“风”命令，在弹出对话框中设置如图 6-1-28 所示参数，单击“确定”按钮，对图像进行吹风效果操作。

9. 执行菜单“图像”→“图像旋转”→“90 度(顺时针)”命令，将图像顺时针旋转 90 度，效果如图 6-1-29 所示。

10. 执行菜单“滤镜”→“扭曲”→“极坐标”命令，参数如图 6-1-30 所示设置，单击“确定”按钮完成操作。

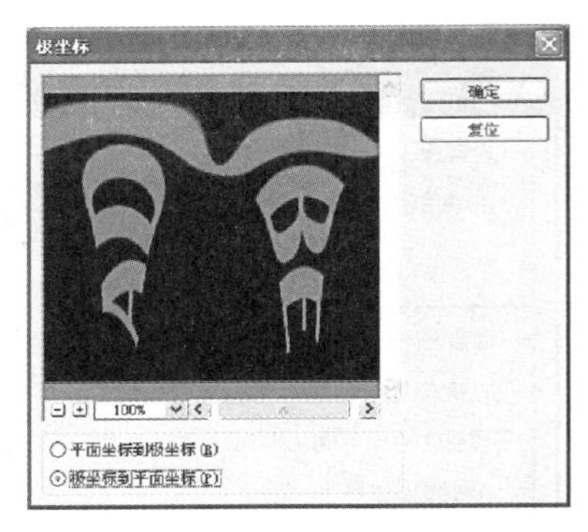

图 6-1-27　“极坐标”对话框

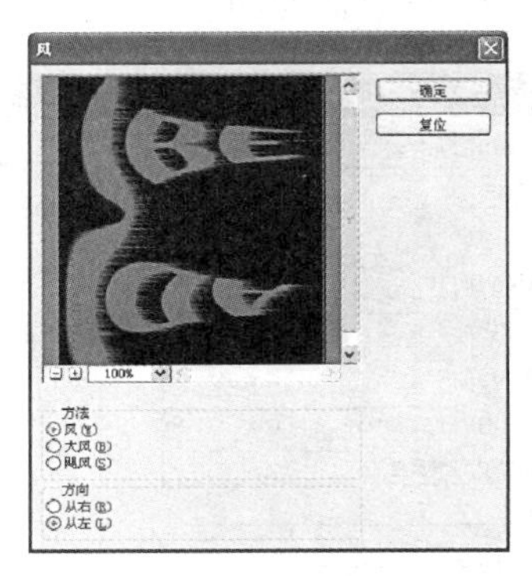

图 6-1-28　“风滤镜”对话框

图 6-1-29　旋转图像后效果

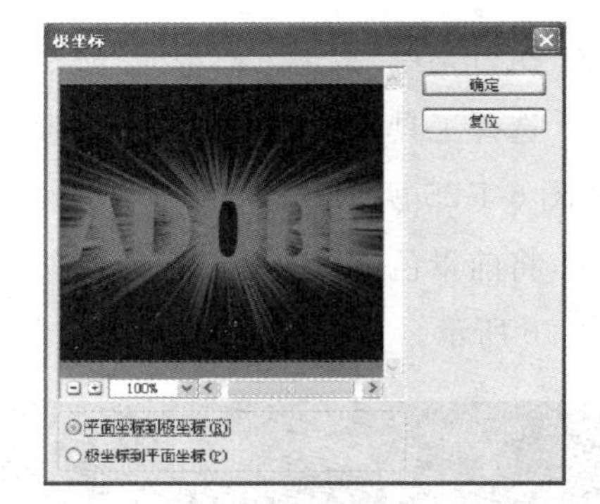

图 6-1-30　极坐标滤镜

11. 执行菜单“选择”→“载入选区”命令，载入刚才存储的文字选区。

12. 执行“编辑”→“描边”命令，参数设置如图 6-1-31 所示，单击“确定”按钮。

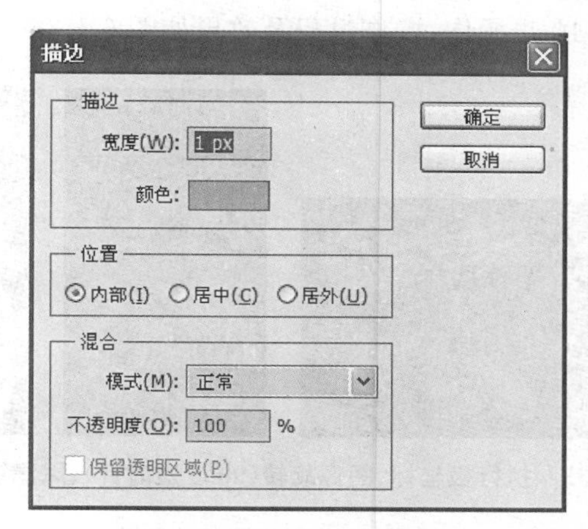

图 6-1-31 “描边”对话框

13. 取消选区,操作完成,效果如图 6-1-32 所示。

图 6-1-32 光芒字效果图

(二) 另一种光芒字的制作

1. 新建一个 15 * 8 厘米的文件,命名为“光芒字 1”。

2. 执行上例中的第 2、第 3 步操作,填充黑色背景并输入“闪闪发光”四个字。

3. 执行“编辑”→“填充”命令,对话框如图 6-1-33 所示设置,单击“确定”按钮,给文字选区描上淡红色的边,效果如图 6-1-34 所示,并取消选区。

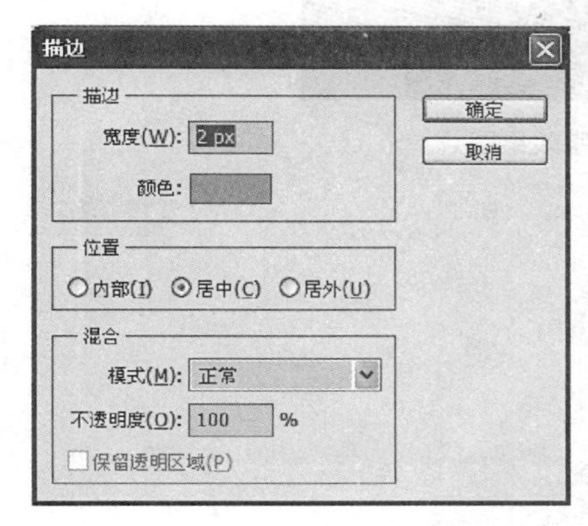

图 6-1-33 “描边”对话框

图 6-1-34 给文字选区描边

4. 执行上例中第 6～10 步操作，操作过程及效果如图 6-1-35～图 6-1-37 所示。

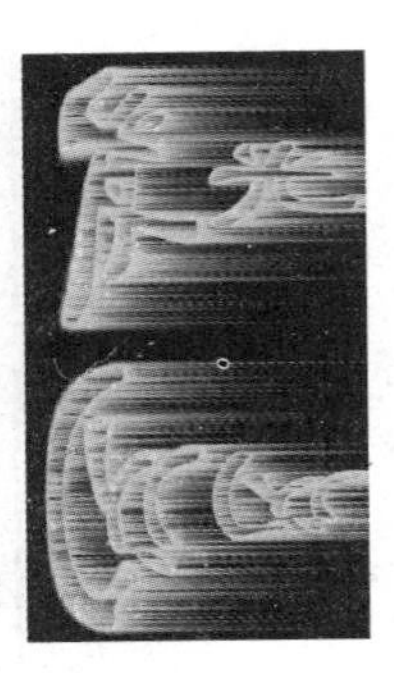

图 6-1-35　执行极坐标、图像旋转（90 度逆时针）、风滤镜效果

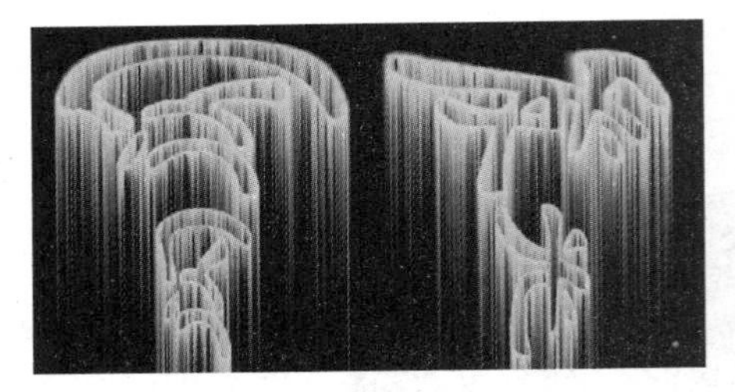

图 6-1-36　执行图像旋转（90 度顺时针）

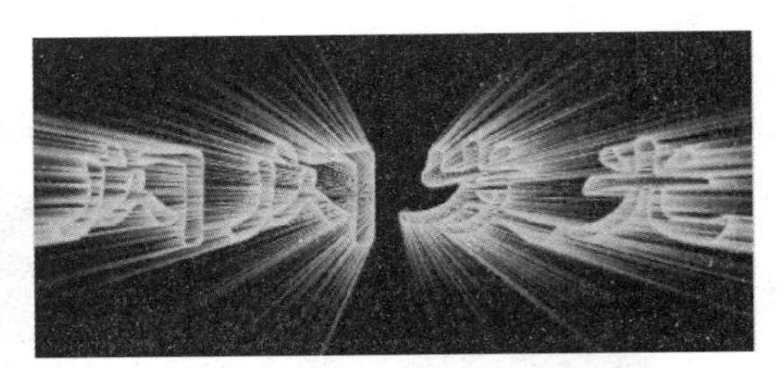

图 6-1-37　极坐标滤镜

提示

在光芒字的制作中，为了产生光芒是从中间向周围扩散的效果，输入的文字最好是单数，所产生的光芒就是从中间这个文字发出去的，效果更好，如图 6-1-38 所示。

图 6-1-38　光芒字效果图

6.2　任务二　红灯笼制作

6.2.1　任务情境

节日到了，中国的传统是家家张灯结彩，这时红灯笼是少不了的，下面我们通过红灯笼的制作领略一下滤镜的无穷魅力吧。

6.2.2　任务剖析

一、应用知识点

（一）模糊滤镜组

（二）像素化滤镜组

（三）画笔描边滤镜组

（四）素描滤镜组

二、知识链接

（一）模糊滤镜组

它可以用来光滑边缘过于清晰或对比度过于强烈的区域，产生模糊效果来柔化边缘。模糊滤镜组菜单如图 6-2-1 所示，各滤镜效果如图 6-2-2 所示。

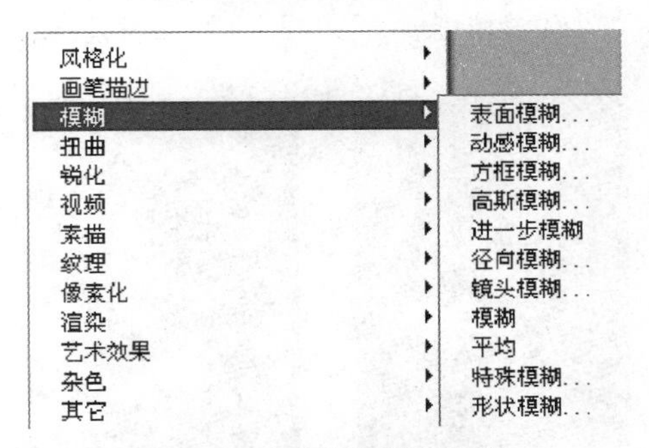

图 6-2-1　模糊滤镜组菜单

1. 表面模糊

它是保留边缘的同时模糊图像。该滤镜用于创建特殊效果并消除杂色或颗粒。

2. 动感模糊

它是在某一方向对像素进行线性位移，产生沿某一方向运动的模糊效果，其结果就好像拍摄处于运动状态物体的照片。

3. 方框模糊

它是基于相邻像素的平均颜色值来模糊图像，用于创建特殊效果。

4. 高斯模糊

它利用高斯曲线的分布模式，有选择地模糊图像。高斯模糊应用的是高斯曲线，其特点是中间高、两边低，呈尖锋状，而模糊滤镜和进一步模糊滤镜则对所有像素一视同仁地进行模糊处理。

执行该命令时，系统将打开对话框，在半径文本框中可输入模糊的半径值，它的变化范围为 0.1～250 像素，其值越小，模糊效果越弱，反之效果越突出。

5. 进一步模糊

同模糊滤镜一样可以使图像产生模糊效果，但所产生的模糊程度不同。相对于模糊滤镜而言，进一步模糊滤镜所产生的模糊大约是模糊滤镜的 3～4 倍。

6. 径向模糊

它能使图像产生旋转模糊或放射模糊效果，类似于拍摄旋转物体的照片，在对话框中的“模糊中心”设定放射模糊从哪一点开始，即当前模糊区域的中心位置，设定时，只需将鼠标指针移动到预览框中单击即可。

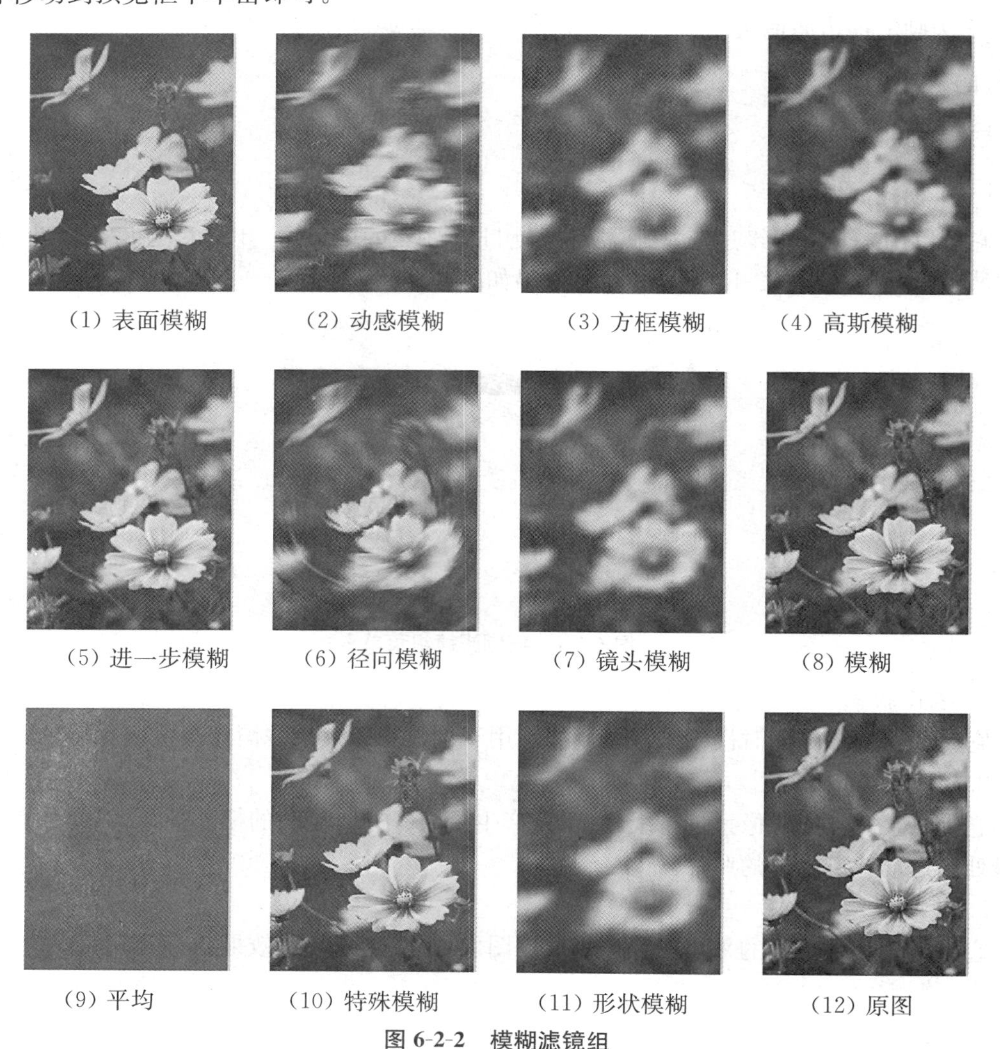
(1) 表面模糊　(2) 动感模糊　(3) 方框模糊　(4) 高斯模糊
(5) 进一步模糊　(6) 径向模糊　(7) 镜头模糊　(8) 模糊
(9) 平均　(10) 特殊模糊　(11) 形状模糊　(12) 原图

图 6-2-2　模糊滤镜组

7. 镜头模糊

模拟照相机的镜头模糊效果，与“高斯模糊”命令相比，它所处理的图像模糊效果更真实。

8. 模糊

通过平衡已定义的线条和遮蔽区域的清晰边缘旁边的像素，使变化显得柔和。

9. 平均

找出图像或选区的平均颜色，然后用该颜色填充图像或选区以创建平滑的外观，模糊后的图像出现单一颜色。

10. 特殊模糊

它与其他滤镜相比，能够产生一种清晰边界的模糊效果。在该滤镜对话框中，可以设定：“半径”，范围为 0.1～100，其值越高，模糊效果越明显；“临界值”，范围为 0.1～100，只有相邻像素间的亮度差别不超过临界值所限定的范围内的像素才会被其作用。

11. 形状模糊

使用指定的图形作为模糊中心进行模糊。

（二）像素化滤镜组

像素化滤镜主要用来将图像分块或将图像平面化，这类滤镜常常会使得原图像面目全非，像素化滤镜组菜单命令如图 6-2-3 所示，各滤镜效果如图 6-2-4 所示。

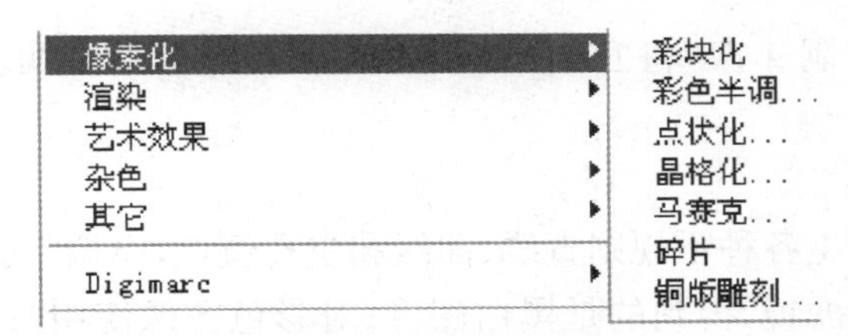

图 6-2-3 像素化滤镜组菜单

1. 彩块化滤镜

它可以制作类似宝石刻画的色块，使用该滤镜，软件会在保持原有轮廓的前提下，找出主要色块的轮廓，然后将近似颜色合并为色块。

2. 彩色半调滤镜

它可以模仿产生铜版画的效果，即图像的每一个通道扩大网点在屏幕上的显示效果。

3. 点状化滤镜

可将图像中颜色分解为随机分布的网点，如同点状化绘画一样，空隙内用背景色填充，同时它可通过该滤镜对话框中的单元格大小选项来控制晶块的大小。

4. 晶格化滤镜

它可使图像中相近有色像素集结为纯色多边形，该滤镜对话框中只有一个单元大小选项，可用于决定分块的大小。

5. 马赛克滤镜

它把具有相似色彩的像素合成为更大的方块，并按原图规则排列，模拟马赛克的效果。

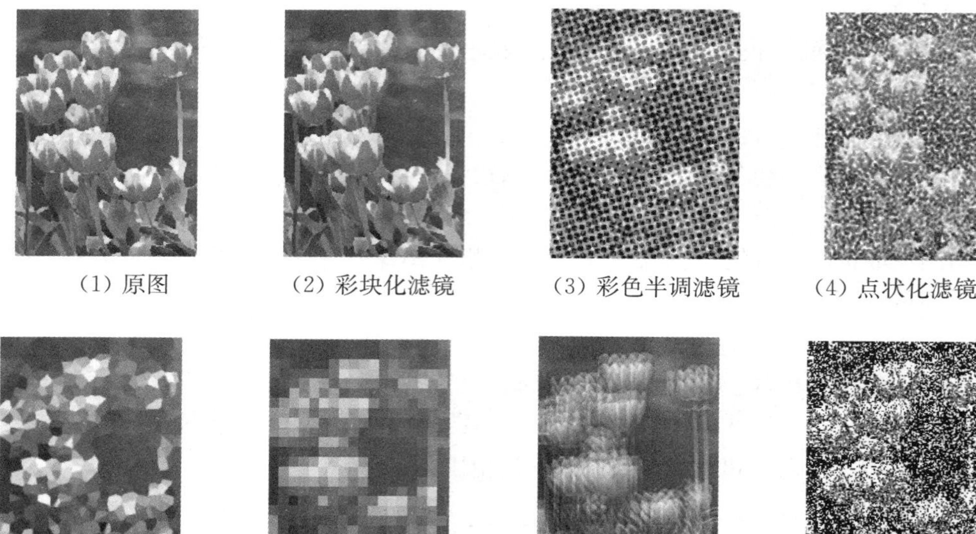

（1）原图　（2）彩块化滤镜　（3）彩色半调滤镜　（4）点状化滤镜

（5）晶格化滤镜　（6）马赛克滤镜　（7）碎片滤镜　（8）铜版雕刻滤镜

图 6-2-4　像素化滤镜组

6. 碎片滤镜

它把图像的像素复制 4 次，将它们平均和移位，并降低不透明度，产生一种不聚集的效果。

7. 铜版雕刻滤镜

它在图像中随机产生各种不规则直线、曲线和虫孔斑点，模拟不光滑或年代已久的金属效果。对灰度图使用此滤镜，得到的是黑白图像；对彩色图像使用时，它分别对每个色彩通道处理，再将它们合成。由于多个通道都对应相应的灰度图，所以用它处理后的彩色图的色彩效果会降低。

（三）画笔描边滤镜组

画笔描边滤镜组主要模拟使用不同的画笔和油墨笔触进行描绘，产生各种精美艺术效果。画笔描边滤镜组在 CMYK 和 Lab 模式下不能使用，该滤镜组菜单命令如图 6-2-5 所示，各滤镜效果如图 6-2-6 所示。

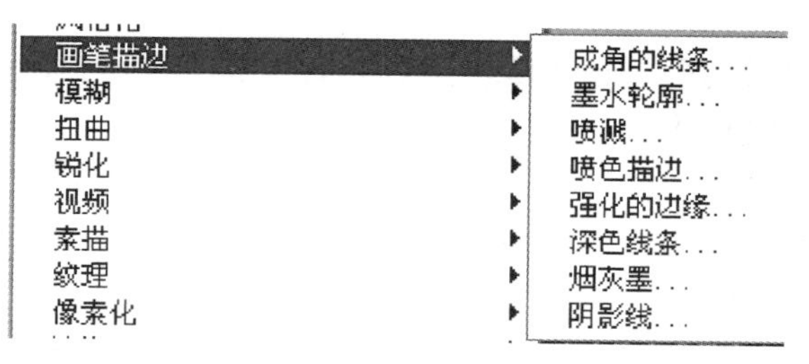

图 6-2-5　画笔描边滤镜组菜单

(1) 原图　(2) 成角的线条滤镜

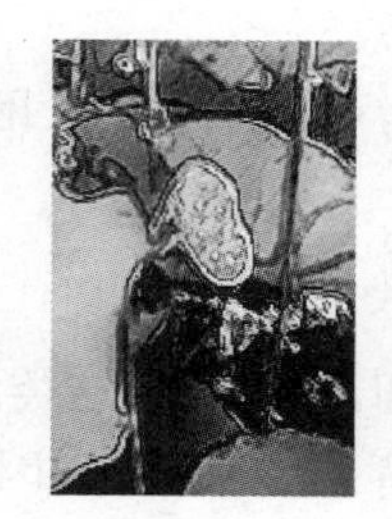

(3) 墨水轮廓滤镜

(4) 喷溅滤镜

(5) 喷色描边滤镜

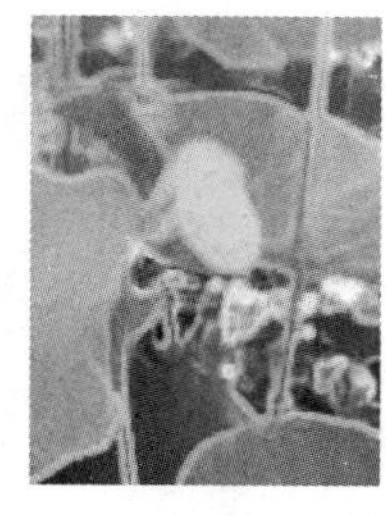

(6) 强化的边缘滤镜

(7) 深色线条滤镜

(8) 烟灰墨滤镜

(9) 阴影线滤镜

图 6-2-6　画笔描边滤镜组

1. 成角的线条滤镜

它可以用两组垂直的线条进行绘画,也可模拟在画布上用油画颜料画出交叉斜线纹理。

2. 墨水轮廓滤镜

它能在图像的颜色边界部分产生用油墨勾画出的轮廓,在其对话框中可以设定描边长度,黑色强度和光线强度。

3. 喷溅滤镜

它使图像产生像用笔墨喷溅的艺术效果,在其对话框中可以设定喷溅半径和光滑度来确定喷射效果的轻重。

4. 喷色描边滤镜

它和喷溅滤镜相似,可产生斜纹飞溅效果,在其对话框中除了可设定喷绘长度和喷溅半径外,还可以在喷绘方向下拉列表框中设定喷绘方向。

5. 强化的边缘滤镜

它将强化图像不同颜色的边界,在该滤镜对话框中可设定边界宽度、边界亮度、平滑度。

6. 深色线条滤镜

它可在图像中加入很强烈的黑色,在其对话框中可以设定明暗对比平衡、黑色强度和白色强度它。

7. 烟灰墨滤镜

它可以使图像产生一种类似于毛笔在宣纸上绘画的效果。

8. 阴影线滤镜

它与成角的线条滤镜的效果相似，可以产生交叉网状和笔锋，在其对话框中可设定描边长度、锐化度和描边强度。

（四）素描滤镜组

它主要用来模拟素描、速写手工和艺术效果，这类滤镜可以在图像中加入底方而产生三维效果，而且大多数要配合前景色和背景色来使用，因此，前景色与背景色的设定将对滤镜效果起到决定性的作用。素描滤镜组在 CMYK 和 Lab 模式下不能使用，该滤镜组菜单命令如图 6-2-7 所示，各滤镜效果如图 6-2-8 所示。

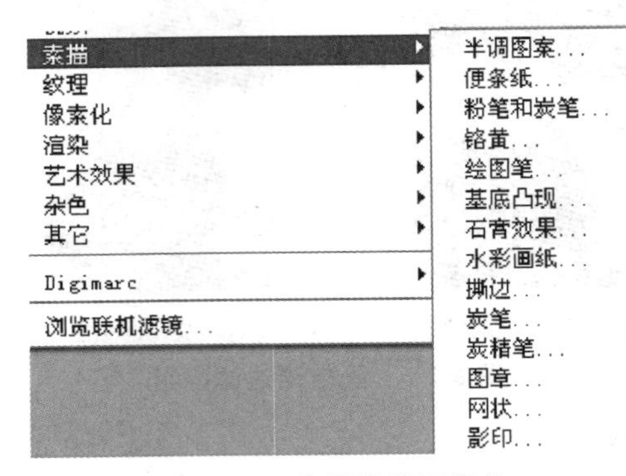

图 6-2-7　素描滤镜组菜单

1. 半调图案滤镜

它使用前景色和背景色在当前图片中产生网格图案，在其对话框中可设定尺寸、对比度和图案类型，图案类型有圆、点、直线三种。

2. 便条纸滤镜

它可以产生类似浮雕的凹陷压印图案。该滤镜也用前景色和背景色来着色。

3. 粉笔和炭笔滤镜

它用来模拟粉笔和木炭笔作为绘画工具绘制图像，经它处理的图像显示前景色、背景色和中间色。

4. 铬黄滤镜

它可以产生一种液态金属效果，在该滤镜对话框中可以设定细节和平滑度两个选项，该滤镜的执行不使用前景色和背景色。

5. 绘图笔滤镜

它可以产生一种素描画的效果，它使用的墨水颜色也是前景色。

6. 基底凸现滤镜

它主要用来制造粗糙的浮雕效果，就像岩石中的化石缍重见天日一样。

7. 石膏效果滤镜

它使用前景色和背景色为图像着色，让暗区凸起，亮区凹陷，使图像产生石膏的效果。

8. 水彩画纸滤镜

它是唯一能大致保持原图色彩的滤镜。该滤镜能产生画面浸湿、纸张扩散的效果，在对话框中可设定纤维长度、亮度和对比度。

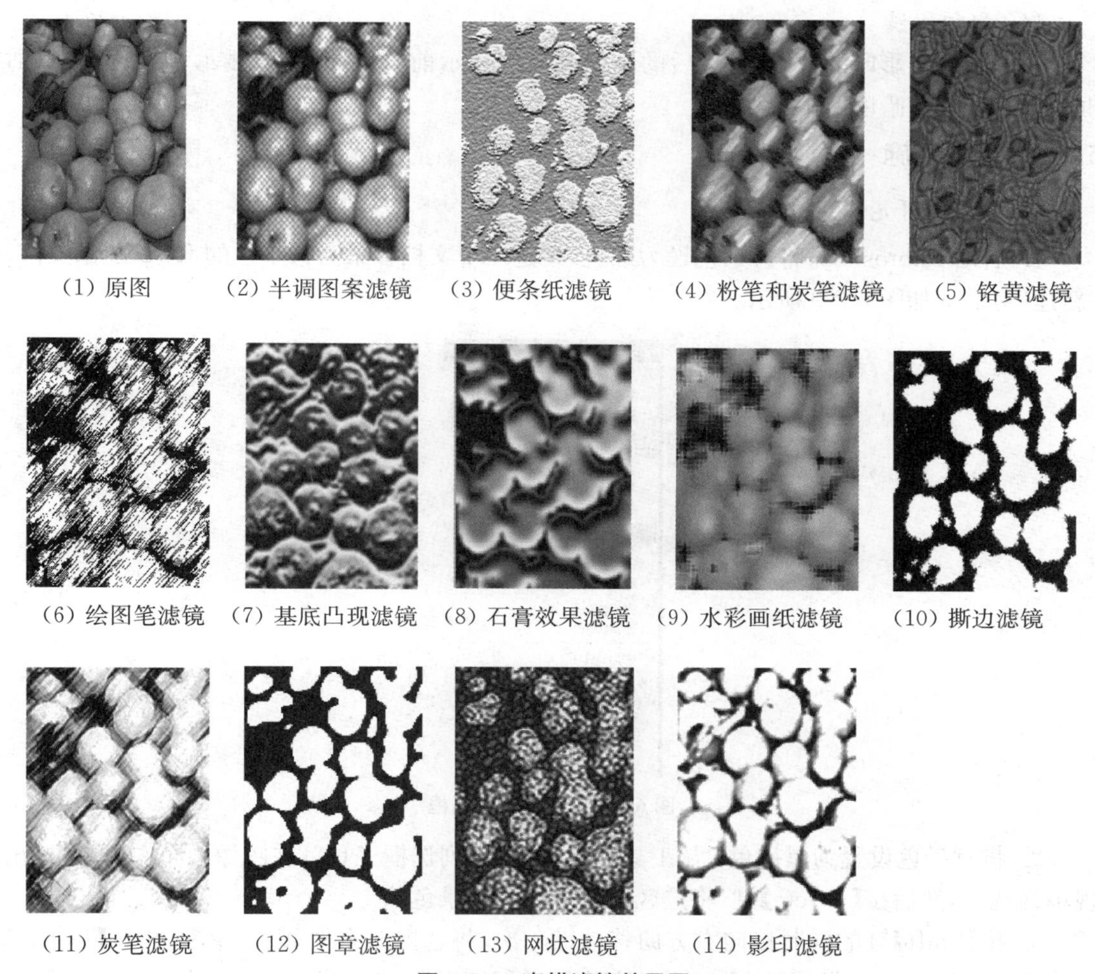

(1) 原图　(2) 半调图案滤镜　(3) 便条纸滤镜　(4) 粉笔和炭笔滤镜　(5) 铬黄滤镜

(6) 绘图笔滤镜　(7) 基底凸现滤镜　(8) 石膏效果滤镜　(9) 水彩画纸滤镜　(10) 撕边滤镜

(11) 炭笔滤镜　(12) 图章滤镜　(13) 网状滤镜　(14) 影印滤镜

图 6-2-8　素描滤镜效果图

9. 撕边滤镜

它为在前景、背景、图像的交界处制作溅射分裂效果，在对话框中可以设定图像平衡、平滑度、对比度。

10. 炭笔滤镜

它可以产生炭笔画的效果，同样，在执行它时，需要设定前景色和背景色。

11. 炭精笔滤镜

它主要用来模拟蜡笔画的效果。

12. 图章滤镜

它可以模拟印章作画的效果，类似于影印滤镜，但没有它清晰，在对话框中，可以设定亮/暗平衡和平滑度两个选项。

13. 网状滤镜

它可以制作网纹效果，使用时需要设定前景色和背景色，在对话框中，用户可以设网纹密度、黑色调、白色调三个选项。

14. 影印滤镜

它用来模拟影印的效果，处理后的图像高亮区显示前景色，阴暗区显示背景色，在对话框中只有细节和暗度两个选项。

6.2.3 任务实施

（一）绘制灯笼体

1. 启动 Photoshop，将背景色设为红色，新建一个文档背景为背景色的 RGB 图像文件，“新建”对话框如图 6-2-9 所示。

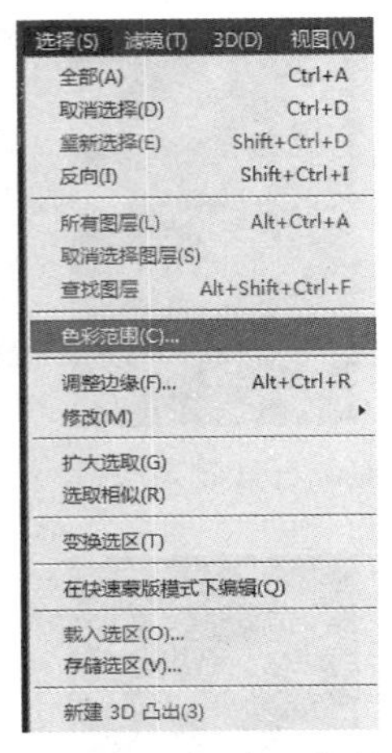

图 6-2-9 “新建”对话框

2. 将背景色设置为黑褐色，从工具箱中选取“单列选框工具”，在图像画布左边单击，出现单列选区，然后按【Delete】键，将选区内容填充为背景色。

3. 按【Shift】键的同时按向右方向移动键一次，将选区向右平移 10 像素，再按【Delete】键将选区内容填充为背景色，用上述方法重复进行选区右移及填充选区操作，直到竖线平均布满整个画布，如图 6-2-10 所示效果。

图 6-2-10 绘制黑褐色竖线

4. 选择工具箱中的“椭圆选取工具”，在图像中间拉出一个椭圆。

5. 执行“滤镜”→“扭曲”→“球面化”命令，其参数设置为“数量：100，模式：正常”。一次效果不明显，可重复执行多次（此处重复操作三次），使椭圆呈现立体效果，如图 6-2-11 所示。

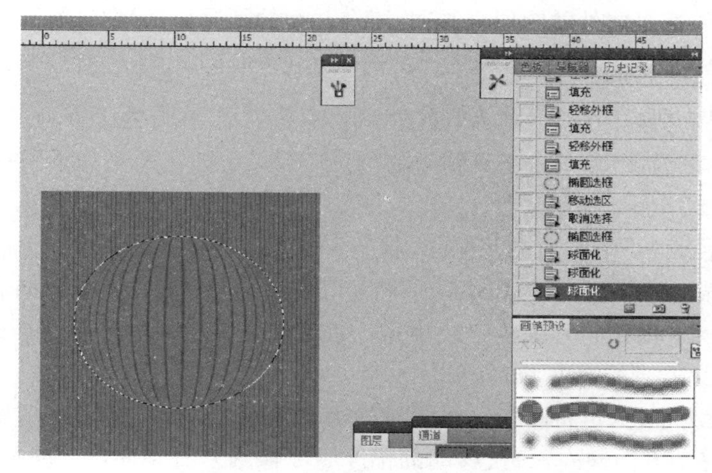

图 6-2-11　执行三次球面化滤镜

6. 执行“编辑”→“拷贝”命令，将选区内容复制到剪贴板中，关闭该文件。

（二）制作红灯笼

1. 新建另一个背景为白色的 RGB 模式图像文件。

2. 执行“编辑”→“粘贴”命令，将刚复制的图像粘贴为新图层，将图层名称改为“灯笼”，执行“编辑”→“自由变换”命令，对“灯笼”图层进行自由变换，将灯笼调扁。

3. 新建图层，并命名为“灯笼脚”，在图层上用“椭圆选框工具”拉出一个小的扁椭圆，执行“编辑”→“描边”命令，其参数设置为“宽度：1.5 像素，颜色：红色，位置：居外”，其余保持不变，按“确定”按钮，给椭圆选区描边。

4. 按住【Ctrl】键并单击“图层面板”中的“灯笼脚”图层，将红色椭圆圈选取，按【Ctrl＋Alt】及向下方向键，将选区内容向下移动复制若干次。

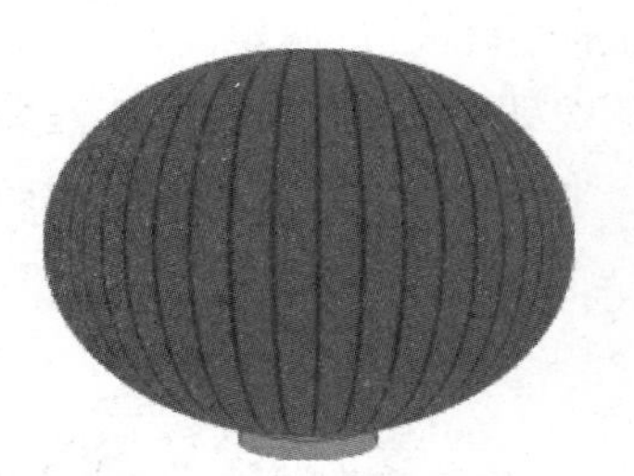

图 6-2-12　下方灯笼脚

图 6-2-13　上、下灯笼脚

5. 取消选区，在“图层面板”中拖动“灯笼脚”图层，将“灯笼脚”图层拖到“灯笼”图层下面，并将图层的内容移至位置（此处可根据显示的效果对图层进行自由变换操作，适当地调整图层大小及改变图层形状），此时完成下方灯笼脚的制作，效果如图 6-2-12 所示。

6. 在图层面板上拖动“灯笼脚”图层到“新建图层”按钮，将“灯笼脚”图层复制为“灯笼脚副本”图层，用与制作下方灯笼脚相同的方法完成上方的灯笼脚的绘制，效果如图 6-2-13 所示。

7. 在图层面板中单击背景层前的眼睛图标，将背景层隐藏，然后执行“图层”→“合并可见图层”命令，将除背景层外的图层合并，并将合并后的图层命名为“灯笼”。

（三）制作灯笼的穗子

1. 在背景层上新建图层，命名为“穗子”，用“钢笔工具”在灯笼下方画出一条垂直路径。

2. 将前景色设为黄色，单击工具箱中的“铅笔工具”，选“实圆 1 像素”笔刷（即最小的笔刷）。

3. 单击“路径面板”中右边的三角形，执行弹出菜单中的“描边路径”命令，工具选“铅笔”对路径进行描边，再用“直接选择工具”将整条路径选中，然后连续按向右方向键 5 次将路径向右移 5 像素，用相同方法给路径描边，如此重复进行路径移动及描边操作，直到穗子的宽度略小于灯笼脚的宽度，如图 6-2-14 所示。

4. 前景色设为橙色，再将路径每次向左移动 2 像素，用同样的方法对路径进行移动及描边操作（只是移动方向向左，每次移动的幅度为 2 像素），直到回到原路径的最初位置（大约值），效果如图 6-2-15 所示。

图 6-2-14　绘制路径、描边路径

图 6-2-15　穗子

5. 执行路径面板中的“删除路径”命令，将路径删除，再用“橡皮擦工具”在穗子的底部擦除出一个弧度，如图 6-2-16 所示。

6. 这时的穗子还很死板，没有生气，下面我们来给它进行滤镜处理，执行“滤镜”→“扭曲”→“旋转扭曲”，角度设为：－150，单击“确定”按钮，可制作出穗子向左飘扬的效果。如果觉得穗子显得单薄，可将“穗子”图层复制成两三份，并适当调整其位置。如图 6-2-17 所示执行“旋转扭曲滤镜”命令。

图 6-2-16　橡皮擦工具擦除出弧度

图 6-2-17　执行“旋转扭曲滤镜”命令

7. 单击“图层面板”中“背景层”及“灯笼层”前的眼睛图标，将这两个图层隐藏，然后执行“图层”→“合并可见图层”命令，合并后的图层命名为“穗子”。

（四）灯笼提绳的制作

1. 选择工具箱中的“钢笔工具”，在图像中建立一条直线路径，并选择“转换点工具”单击锚点将直线调整为如图 6-2-18 所示的曲线。

2. 新建一个图层，取名为“绳子”，将前景色设为褐色，在路径面板中选择面板菜单中的“描边路径”，选取“画笔”对路径进行描边，然后删除路径，将“绳子”图层移到“灯笼”图层的下方，效果如图 6-2-19 所示。

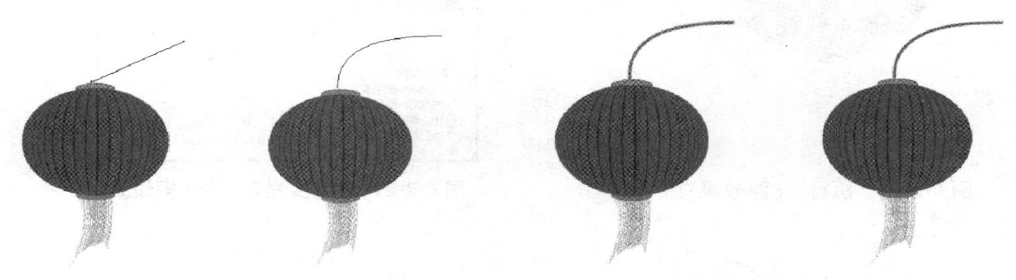

图 6-2-18　建立路径绘制提绳　　　　**图 6-2-19　描边路径**

3. 此时整个灯笼基本完成，为了使效果更加逼真，我们可以给灯笼加上灯光效果。

（五）修饰灯笼

1. 将“灯笼”图层设为当前层，执行“滤镜”→“渲染”→“光照效果”，“光照效果”对话框如图 6-2-20 设置后，单击“确定”按钮，如一次效果不明显，我们可重复执行一遍，灯笼即可产生一种从内部透出黄光的感觉（就像是灯笼里面有灯光），效果如图 6-2-21 所示。

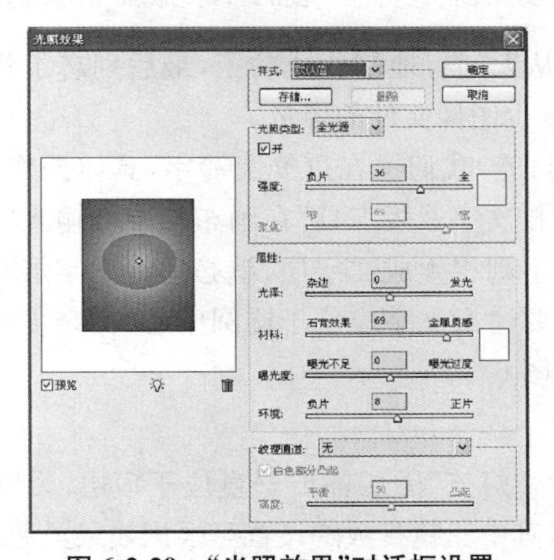

图 6-2-20　“光照效果”对话框设置

2. 然后给灯笼加上镜头光晕，执行“滤镜”→“渲染”→“镜头光晕”命令，其参数设置为“亮度：1000，镜头类型：105 毫米聚焦”，并将光晕中心移到灯笼的中心，如图 6-2-22 所示，单击“确定”按钮，完成效果如图 6-2-23 所示。

图 6-2-21　执行“光照效果”后

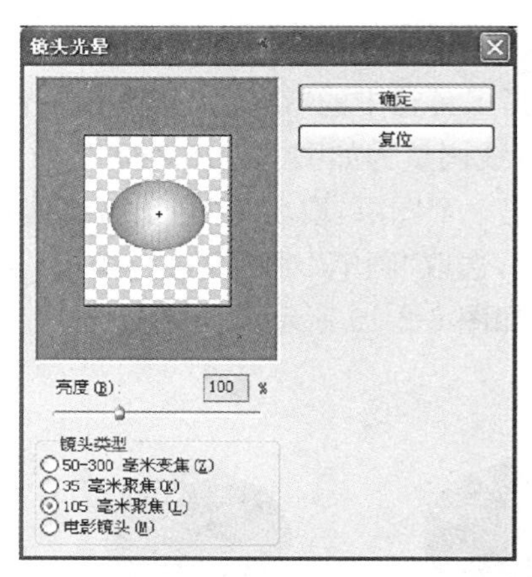

图 6-2-22　“镜头光晕”对话框设置

图 6-2-23　效果图

图6-2-24　添加“福”字的灯笼效果图

3. 这样一个红灯笼就从无到有地制作成功了，最后别忘了将所有的图层合并，这样可将文件存盘为压缩格式以减少图像文件的容量。

4. 如果希望是带字的灯笼，我们可在灯笼上写字，具体操作就是在“(一)绘制灯笼体”时的第 3 步完成后选用“横排文字蒙版工具”在画布的中心输入“福”字，并将该字填充为黄色，如用“文字工具”输入文字则将生成文字层，就必须将文字层与背景层合并，只需加入这步操作，且在执行第 4 步时要注意文字应位于椭圆中心，其余步骤均不变，即可制作出写上字的灯笼，加字后的效果如图 6-2-24 所示。

提示

在整个操作过程中，“灯笼”图层需要一直位于顶层，否则都要将其设为顶层(通过移动图层顺序实现)，其中滤镜参数的设置可根据效果灵活改变。

6.2.4　任务拓展

(一) 制作西瓜

1. 新建一个背景为白色的 500＊400 像素，分辨率为 72 像素的 RGB 模式图像文件。

2. 选择工具箱中的前景色/背景色工具，在“拾色器”对话框中将前景色设置为墨绿色(R:10,G:60,B:1)，背景色置为浅绿色(R:90,G:160,B:55)。

3. 选择工具箱中的油漆桶工具，在图像背景层上单击，将图像背景填充为墨绿色。

4. 按【Shift＋X】组合键或单击工具箱中的按钮，切换前景色和背景色。

5. 选择工具箱中的椭圆选框工具，在图像中拖出一个椭圆形选区。

6. 执行“编辑”→“填充”命令，在填充内容下拉列表中选择前景色，将选取区域填充为前景浅绿色；然后执行“选择”→“存储选区”命令，存储椭圆形选区，如图 6-2-25 和图 6-2-26 所示。

7. 按【Ctrl＋D】键，取消椭圆选取框；选择工具箱中的单行选框工具，在图像中椭圆顶端选中单行选区；执行“选择”→“修改”→“扩展”命令，将选区稍稍扩大(扩展量不宜过大，设为 1 像素)。

8. 执行“编辑”→“填充”命令，填充内容选择背景色，给选区填充背景的墨绿色，按【Shift＋↓】键，将选区向下平移 10 个像素。

9. 重复操作第 8 步，直到整个椭圆充满条纹墨绿色条纹，如图 6-2-27 所示。

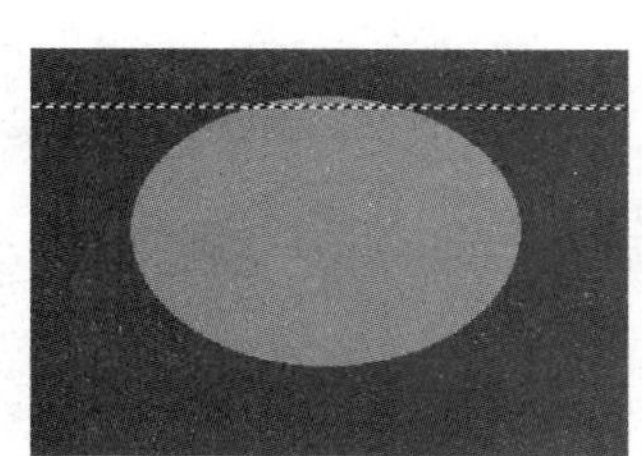

图 6-2-25　“填充”前景浅绿色

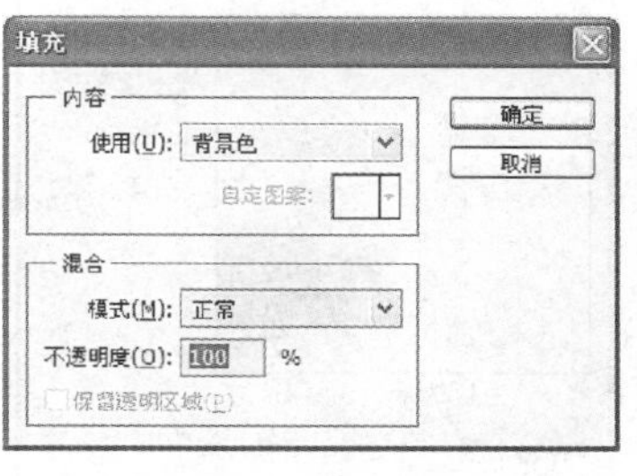

图 6-2-26　“填充”对话框

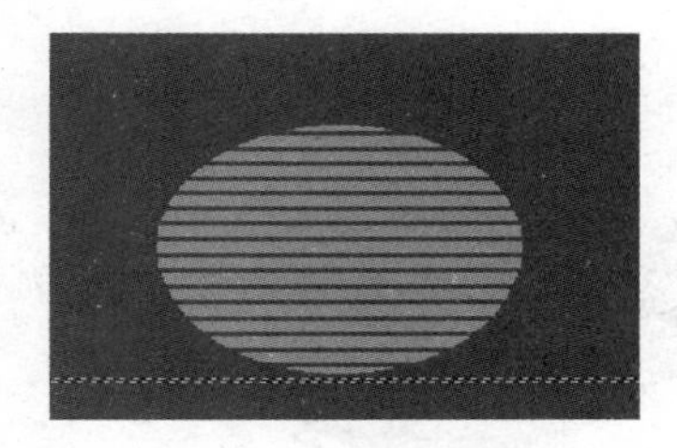

图 6-2-27 填充满条纹墨绿色条纹

10. 执行“选择”→“载入选区”命令，载入第 6 步所存储的椭圆选区。

11. 执行“滤镜”→“扭曲”→“球面化”命令，使椭圆呈现立体效果(一次效果不明显，可反复执行 2～3 次)，效果如图 6-2-28 所示。

12. 执行“滤镜”→“扭曲”→“波纹”命令，调整出西瓜皮上不规则条纹的效果，对话框如图 6-2-29 所示设置。

图 6-2-28　球面化效果

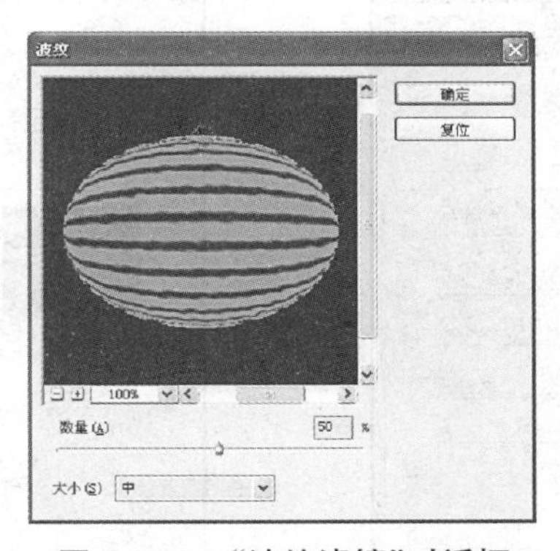

图 6-2-29　“波纹滤镜”对话框

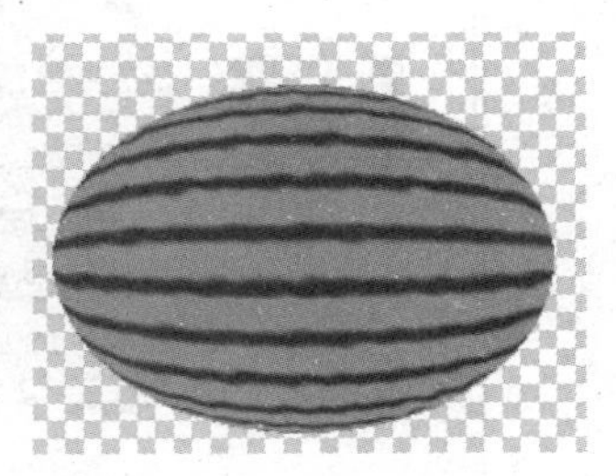

图 6-2-30　西瓜图像

13. 执行“编辑”→“拷贝”命令，将椭圆选区的西瓜图像复制到剪粘板。

14. 执行“编辑”→“粘贴”命令，将刚复制的西瓜图像粘贴到新的图层。

15. 选择背景层，执行“编辑”→“填充”命令，填充内容选择白色，完成后效果如图 6-2-30 所示，西瓜制作完成。

（二）给西瓜添加光影效果

1. 在图层 1 和背景层之间创建新图层 2。

2. 选择工具箱中的椭圆选框工具，在图层 2 上拉出一个较扁一些的椭圆选区，如图 6-2-31 所示。

3. 执行“编辑”→“填充”命令，在填充内容下拉列表中选择黑色，将选取区域填充为黑色。

4. 执行“选择”→“取消选择”命令，将选区取消。

5. 执行“滤镜”→“模糊”→“高斯模糊”命令，对话框如图 6-2-32 所示设置，将填充区域虚化，以达到阴影的效果，并移动阴影到合适位置。效果如图 6-2-33 所示

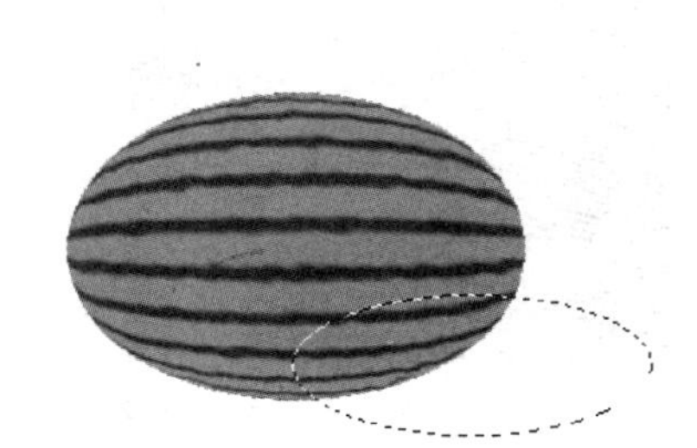

图 6-2-31　阴影选区

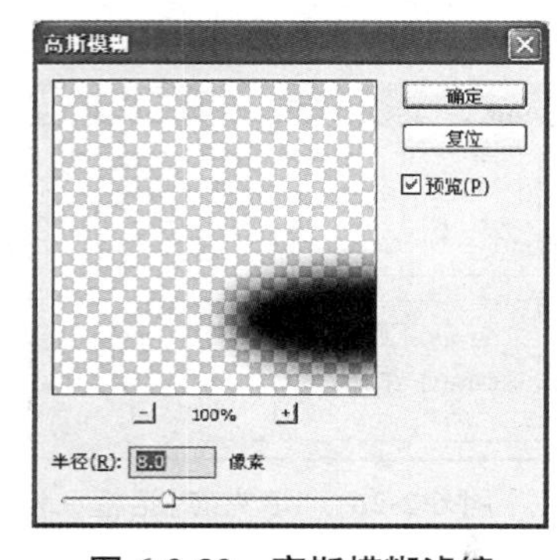

图 6-2-32　高斯模糊滤镜

图 6-2-33 添加阴影效果

6. 选择图层 1 为当前图层，执行“滤镜”→“渲染”→“光照效果”命令，在弹出的对话框中调整光线的投射方向、亮度等参数，设置光照效果，使图像的立体效果更加鲜明。如图 6-2-34所示。

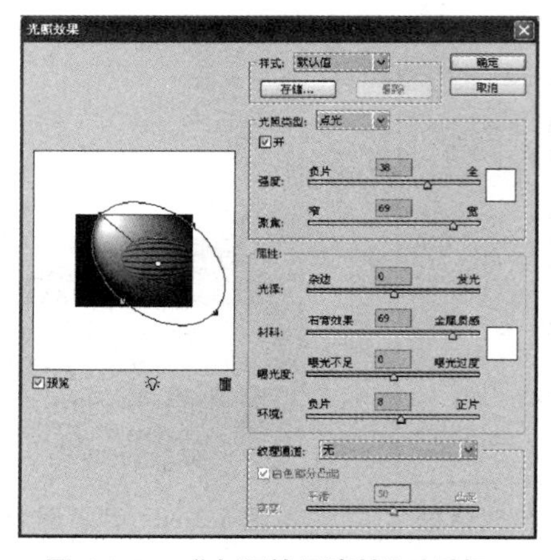

图 6-2-34　“光照效果滤镜”对话框 1

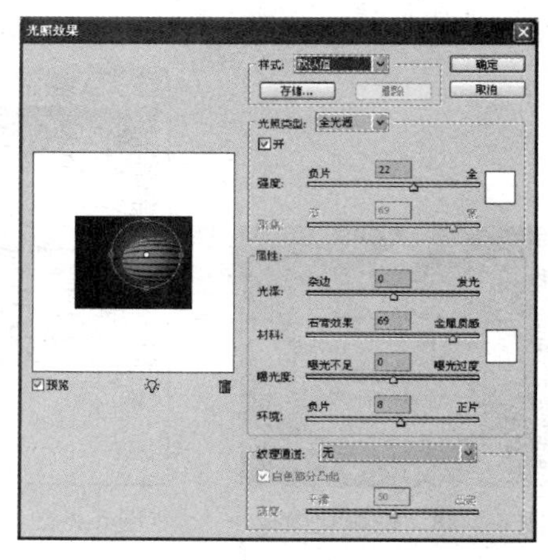

图 6-2-35　“光照效果滤镜”对话框 2

提示

设置光照效果滤镜对话框参数时，光线的投射方向根据阴影的方向而定，如一次效果不明显，可反复执行几次。在本例中是分别按图 6-2-34、图 6-2-35 所示参数设置分别执行两次滤镜命令。

7. 执行“滤镜”→“渲染”→“镜头光晕”命令，弹出的对话框如图 6-2-36 所示设置。
8. 合并图层，效果如图 6-2-37 所示，保存“西瓜.jpg”文件。

图 6-2-36　“镜头光晕”对话框

图 6-2-37　效果图

6.3 任务三　节日礼花和玛瑙手镯制作

6.3.1 任务情境

红红火火、热热闹闹是节日的特征，要营造一个如此热烈的节日气氛，礼花是少不了的。在平面设计中，可以应用 Photoshop 来制作节日夜空中绽放的朵朵礼花，渲染节日氛围。

6.3.2 任务剖析

一、应用知识点

（一）特殊的滤镜命令

（二）锐化滤镜组

（三）杂色滤镜组

（四）艺术效果滤镜组

（五）纹理滤镜组

二、知识链接

（一）特殊的滤镜命令

滤镜菜单中有几个单独的特殊的滤镜命令，分别为“抽出”、“滤镜库”、“自适应广角”、“镜头校正”、“液化”、“油画”、“图案生成器”和“消失点”命令。

1. 抽出

使用该滤镜，将根据图像的色彩区域有效地将图像从背景中选取出来。

2. 滤镜库

滤镜库可以在不执行其他滤镜命令的情况下，提供许多特殊效果滤镜的预览，我们可以应用多个滤镜、打开或关闭滤镜的效果、复位滤镜的选项以及更改应用滤镜的顺序，如果对预览效果感到满意，则可以将它应用于图像。

3. 自适应广角

“自适应广角”滤镜是 Photoshop CS6 新增的一个拥有独立界面、独立处理过程的滤镜，它可帮助用户轻松校正超广角镜头拍摄图像的扭曲现象。

4. 镜头校正

“镜头校正”滤镜主要对失真或倾斜的图像或照片中的建筑物以及人物进行校正，还可以对图像调整扭曲、色差、晕影和变换效果，使图像恢复正常状态。

5. 液化

“液化”滤镜可以对图像的任何区域进行各种各样的类似液化效果的变形(比如推、拉、旋转、反射、折叠和膨胀图像的任意区域)，变形的程度可以随意控制，可以是细微的变形效果，也可以是非常剧烈的变形效果，它是修饰图像和创建艺术效果的强大工具。

6. 油画

“油画”滤镜是 Photoshop CS6 新增的滤镜，它使用 Mercury 图形引擎作为支持，能快速地让作品呈现出油画效果，还可以控制画笔的样式以及光线的方向和亮度，以产生出色的效果。

7. 图案生成器

使用该滤镜，可以快速地将选取的图像生成平铺图案效果。

8. 消失点

可以简化在透视平面的图像中进行透视校正编辑过程。

（二）锐化滤镜组

锐化滤镜组主要通过增强相邻像素之间的对比度来减弱或消除图像的模糊程度，以得到清晰的效果，它可用于处理由于摄影及扫描等原因造成的图像模糊。锐化滤镜组菜单命令如图 6-3-1 所示，各滤镜效果如图 6-3-2 所示。

图 6-3-1　锐化滤镜组菜单

（1）原图

（2）USM 锐化滤镜

（3）锐化滤镜

（4）锐化边缘滤镜

（5）智能锐化滤镜

图 6-3-2　锐化滤镜组

1. USM 锐化滤镜

它在处理过程中使用模糊蒙版，以产生边缘轮廓锐化效果，它是所有锐化滤镜中锐化效果最强的滤镜。

2. 锐化滤镜和进一步锐化滤镜

它们的主要功能都是提高相邻像素之间的对比度，使图像清晰，所不同之处在于进一步锐化滤镜比锐化滤镜的锐化效果更为强烈。

3. 锐化边缘滤镜

它仅仅锐化图像的轮廓，使图像不同颜色之间的分界明显，也就是说，在颜色变化较大的色块边缘锐化，可得到较清晰的效果，又不会影响图像的细节。

4. 智能锐化滤镜

主要用于改善图像边缘细节、阴影及高光锐化，使图像像素对比更加强烈从而显示更加清晰。

（三）杂色滤镜组

杂色滤镜组很大程度上用于修正并完善图像显示效果，如修饰扫描图像中的斑点或划痕。它们可以捕捉图像或选区中相异的像素，并将其融入周围的图像中去。杂色滤镜组菜单命令如图 6-3-3 所示，各滤镜效果如图 6-3-4 所示。

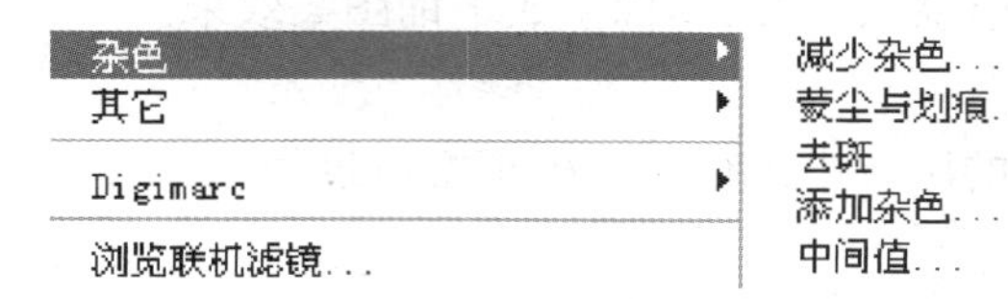

图 6-3-3　杂色滤镜组菜单

（1）原图　（2）减少杂色滤镜　（3）蒙尘与划痕滤镜　（4）去斑　（5）添加杂色滤镜　（6）中间值滤镜

图 6-3-4　杂色滤镜组

1. 减少杂色滤镜

它的作用主要是消除图像（如扫描输入的图）中的杂色，其原理是：通过对图像或者是选取范围内的图像稍加模糊，来遮掩杂点或折痕，执行此命令能够在不影响原图像整体轮廓的情况下，对细小、轻微的杂色进行柔化，从而达到去除杂色的效果，若要去除较粗的杂点则不适宜用该滤镜。

2. 蒙尘与划痕滤镜

它会搜索图片中的缺陷并将其融入周围像素中，对于去除扫描图像中的杂点和折痕效果非常显著，该滤镜可以去除大而明显的杂点，在该滤镜对话框中，“半径”选项可定义以多大半径的缺陷来融合图像，变化范围为 1～16，值越大，模糊程度越厉害。“起点”选项决定正常像素与杂点之间的差异，变化范围为 0～255，值越大，所能包括的杂纹就越多，去除杂点的效果就越弱，通常设定它的值为 0～128 时，效果较为显著。

3. 去斑

可以检测图像边缘颜色变化较大的区域，通过模糊去除边缘以外的其他部分以起到消除杂色的作用。

4. 添加杂色滤镜

该滤镜可随机地将杂点混合到图像中，并可使混合时产生的色彩有漫散效果。

5. 中间值滤镜

它利用平均化手段，即用杂点和周围像素的中间颜色来消除干扰，它只有一个半径选

项，变化范围为 1～16 像素，值越大，融合效果越明显。

（四）艺术效果滤镜组

本组滤镜的主要作用是处理由计算机绘制的图像，隐藏计算机的痕迹，使它们看起来更贴近人工创作的效果。艺术效果滤镜组在 CMYK 和 Lab 模式下不能使用，该滤镜组菜单命令如图 6-3-5 所示，各滤镜效果如图 6-3-6 所示。

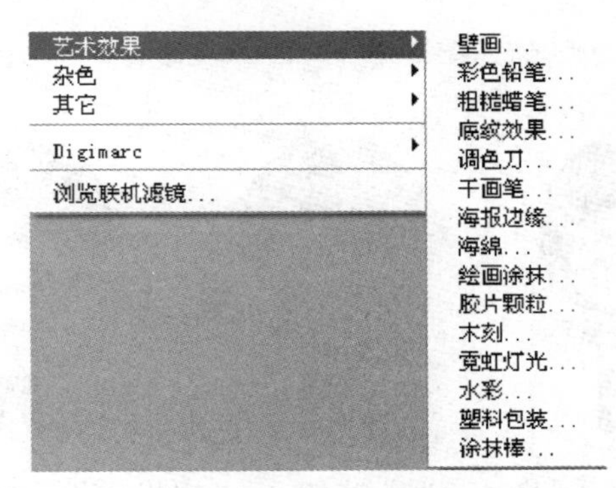

图 6-3-5　艺术效果滤镜组菜单

1. 壁画滤镜

它能使图像产生古代壁画的效果，在对话框中的各选项设置与干画笔滤镜相同。

2. 彩色铅笔滤镜

它可以模拟美术中彩色铅笔绘图的效果，在该滤镜对话框中可以设定调整笔尖宽度、笔角压力、图纸亮度。

3. 粗糙蜡笔滤镜

它可以在图像中填入一种纹理，从而产生纹理浮雕的效果，在对话框中可设定描边长度、描边细节，在纹理下拉列表中可设定填充的纹理，包括：砖块、画布、粗麻布、砂岩。还可以设定纹理的缩放比例、起伏程度以及灯光照射方向。

4. 底纹效果滤镜

可以根据纹理的类型和色值，使图像产生一种纹理喷绘的效果，它与粗糙画笔有相同的对话框设置，但产生的效果不同。

5. 调色刀滤镜

它可以使相近颜色融合，产生类似于美术绘画中的大写意的笔法效果，在对话框中可以设定笔划尺寸、笔角细节和柔化度。

6. 干画笔滤镜

它可使图像产生一种不饱和干枯的油画效果，在对话框中可设定笔刷尺寸、笔刷细节和纹理。

7. 海报边缘滤镜

它会自动追踪图像中颜色变化剧烈的区域，并在边界上填入黑色的阴影，在对话框中可设定：边缘厚度、边缘强度、海报化（色调分离）。

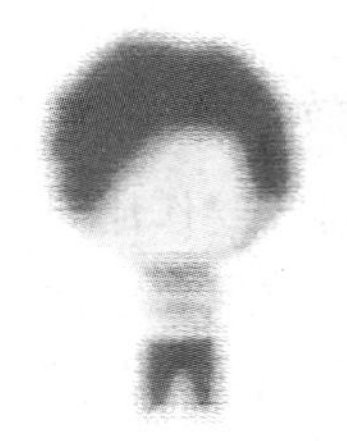

(1) 原图　(2) 壁画滤镜　(3) 彩色铅笔滤镜　(4) 粗糙蜡笔滤镜　(5) 底纹效果滤镜　(6) 调色刀滤镜

(7) 干画笔滤镜　(8) 海报边缘滤镜　(9) 海绵滤镜　(10) 绘画涂抹滤镜　(11) 胶片颗粒滤镜

(12) 木刻滤镜　(13) 霓虹灯光滤镜　(14) 水彩滤镜　(15) 塑料包装滤镜　(16) 涂抹棒滤镜

图 6-3-6　艺术效果滤镜组

8. 海绵滤镜

它可以使图像产生画面浸湿的效果，在对话框中可以设定笔刷尺寸、清晰度、平滑度。

9. 绘画涂抹滤镜

它可以产生涂抹的模糊效果，在对话框中有 6 种涂抹方式：简单、加亮加粗方式、加暗加粗方式、宽边界锐化、宽边界模糊、发光方式，同时可调整笔刷大小及锐化度。

10. 胶片颗粒滤镜

它可以产生胶片颗粒纹理效果，在对话框中可设定颗粒大小、高光区域、强度。

11. 木刻滤镜

它用于模拟剪纸的效果，在该滤镜对话框中可以调整色阶数、边缘简化度、边缘逼真度。

12. 霓虹灯光滤镜

它可以产生彩色霓虹灯照射的效果，营造朦胧的氛围，在对话框中可以设定灯光范围、灯光强度和灯光颜色。

13. 水彩滤镜

它可以使图像产生类似于水彩画的绘制效果，在对话框中，可以设定笔刷细节、阴影强

度和纹理。

14. 塑料包装滤镜

它可以使图像周围好像蒙着一层塑料一样，它可以设定高光强度、平滑度、细节。

15. 涂抹棒滤镜

它可以模拟手指涂抹的效果，它可以设定描边长度、高光区域和描边密度。

（五）纹理滤镜组

纹理滤镜组中的滤镜主要用于给图像添加各式各样的纹理图案，它们所产生的效果就像其名称一样，为图像创造出一种材质的感觉。画笔描边滤镜组在 CMYK 和 Lab 模式下不能使用，该滤镜组菜单命令如图 6-3-7 所示，各滤镜效果如图 6-3-8 所示。

图 6-3-7　纹理滤镜组菜单

（1）原图

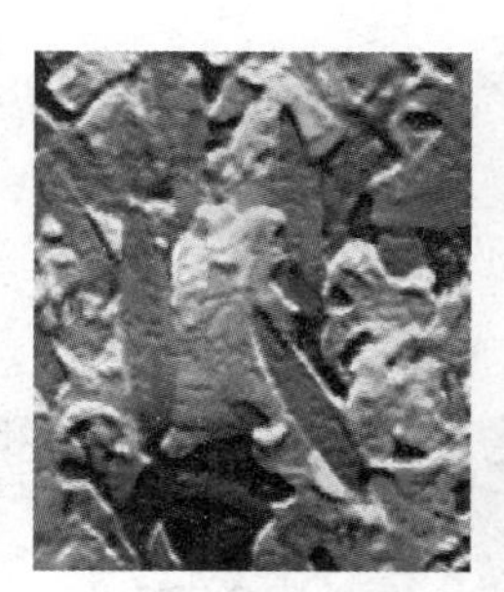

（2）龟裂纹滤镜

（3）颗粒滤镜

（4）马赛克拼贴滤镜

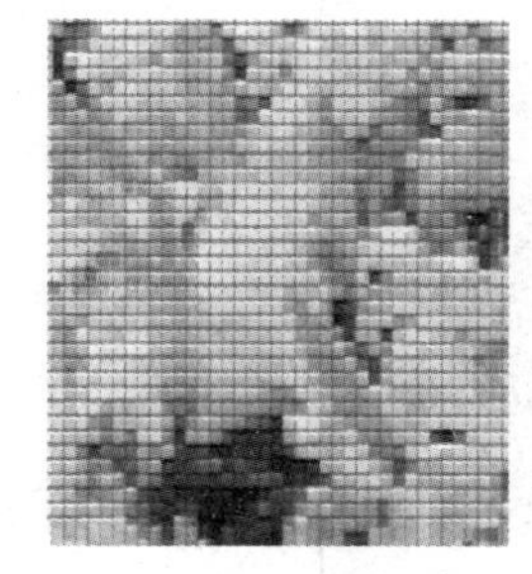

（5）拼缀图滤镜

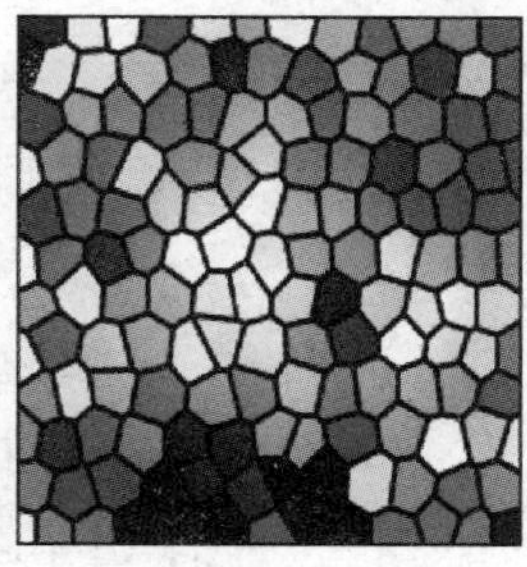

（6）染色玻璃滤镜

（7）纹理化滤镜

图 6-3-8　纹理滤镜组

1. 龟裂纹滤镜

它以随机方式在图像中生成龟裂纹理并能产生浮雕效果，其对话框中可以设定裂纹间隔、裂纹深度、裂纹亮度。

2. 颗粒滤镜

它在图像中随机加入不规则的颗粒，按规定的方式形成各种颗粒纹理。

3. 马赛克拼贴滤镜

它可以产生马赛克拼贴效果，在对话框中可以设定砖块大小，间隔宽度，即砖块间隙的宽度，加亮间隔，即调整砖块间隙间的颜色亮度。

4. 拼缀图滤镜

它将图像分成一个个规则的小方块，每一小块内的平均像素颜色作为该方块的颜色，产生一种建筑拼贴瓷砖的效果，在对话框中可设定平方大小(砖块大小)、凹凸程度。

5. 染色玻璃滤镜

它处理后会产生不规则分离的彩色玻璃格子，格子内的颜色用该处像素颜色的平均值来确定，在对话框中可设定单元格大小、边框粗细、光照强度。

6. 纹理化滤镜

它的主要功能是在图中加入各种纹理，在对话框中可以设定纹理类型、缩放比例、凹凸程度，以及灯光方向，在纹理类型下拉列表中选择载入纹理选项时，会打开一个载入的对话框，要求选择一个 PSD 格式的文件作为产生纹理的模板。

6.3.3 任务实施

(一) 节日礼花

1. 新建一个 600 * 600 像素的 RGB 文件，将前景色设为 R:128，G:128，B:128，用前景色的灰色填充背景层。

2. 执行“滤镜”→“纹理”→“龟裂缝”命令，设置裂缝间距:4，裂缝深度:10，裂缝亮度:0，参数设置如图 6-3-9 所示。

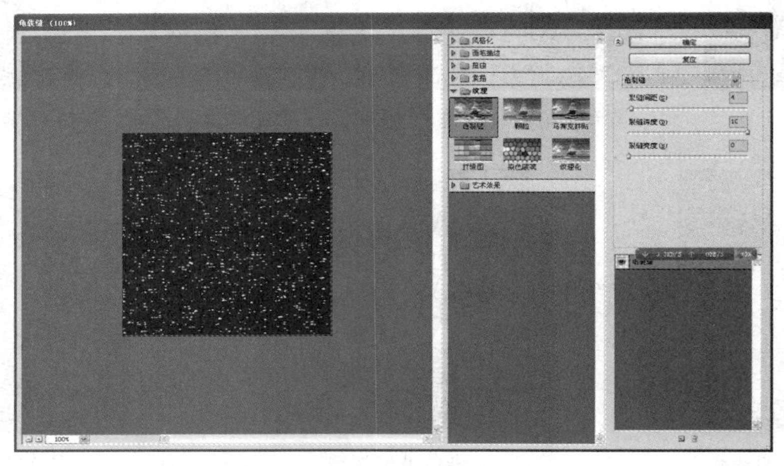

图 6-3-9 “龟裂缝滤镜”对话框

3. 执行“图像”→“旋转画布”→“90 度逆时针”命令将画布旋转。

4. 执行“滤镜”→“风格化”→“风”命令，方法:风，方向:从右，执行两次，如图 6-3-10 所示。

5. 执行“图像”→“旋转画布”→“90 度顺时针”命令将画布 90 度顺时针旋转，效果如图 6-3-11所示。

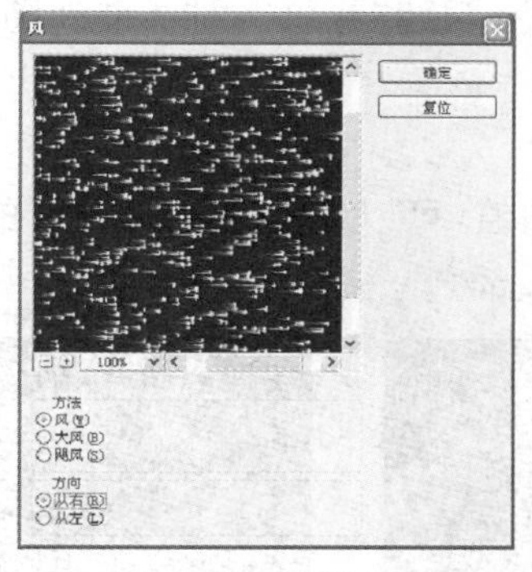

图 6-3-10　“风滤镜”对话框

图 6-3-11　旋转画布后效果

6. 执行“滤镜”→“锐化”→“锐化滤镜”命令，为了效果更加明显，这里执行两次。

7. 执行“滤镜”→“扭曲”→“极坐标”命令，对话框中选“平面坐标到极坐标”，如图 6-3-12 所示。

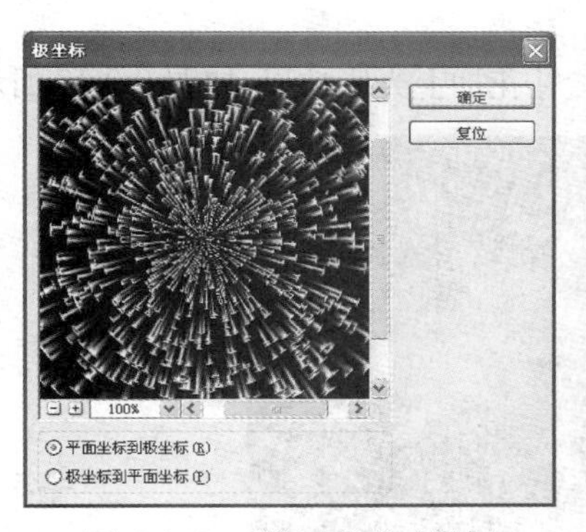

图 6-3-12　“极坐标”对话框

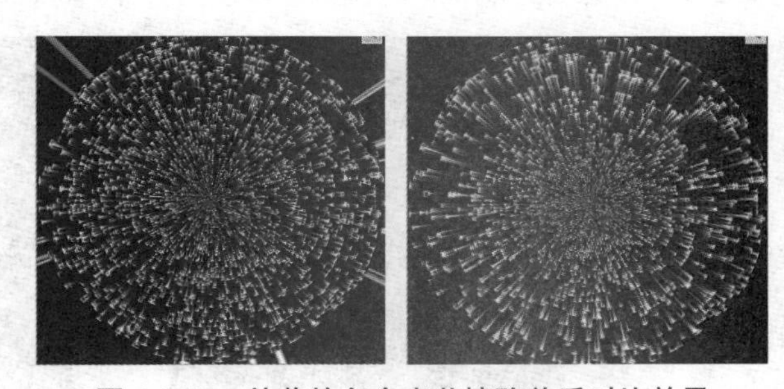
图 6-3-13　礼花的多余光芒擦除前后对比效果

提示

如果制作的礼花外围存在多余的光芒，可以将背景色设置为黑色后，使用工具箱中的橡皮擦工具在画布中将多余光芒擦除掉，效果如图 6-3-13 所示。

8. 执行 “滤镜”→“扭曲”→“挤压”命令，对话框如图 6-3-14 所示。

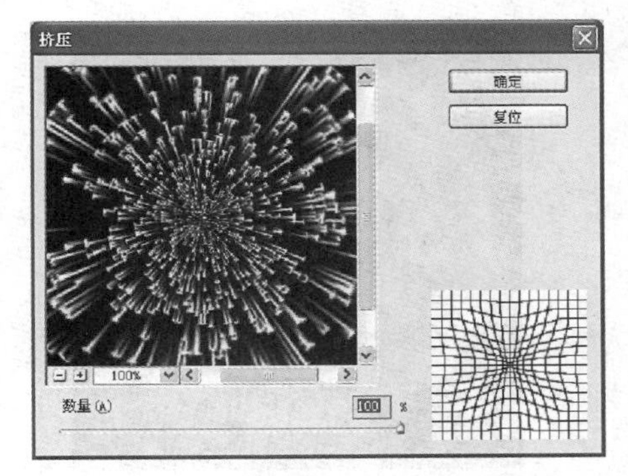

图 6-3-14　“挤压滤镜”对话框设置

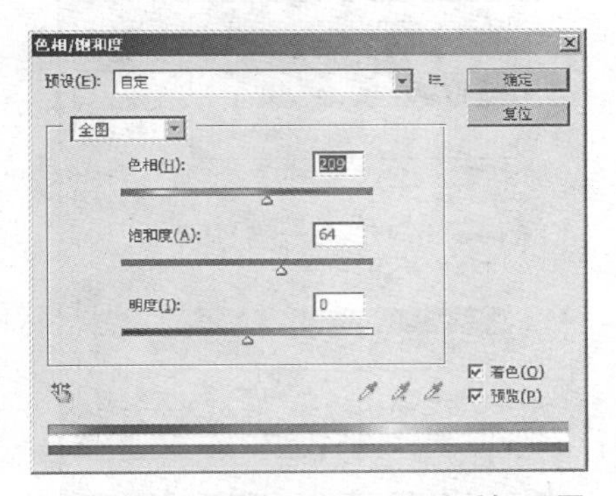

图 6-3- 15　“色相/饱和度”对话框设置

9. 执行“图像”→“调整”→“色相/饱和度”命令，勾选“着色”，对话框如图 6-3-15 所示设置，也可调整参数将其设置到满意为止。

提示

可根据个人的喜好调整“色相/饱和度”的值，可以调整出不同色彩的礼花，效果如图 6-3-16 所示。

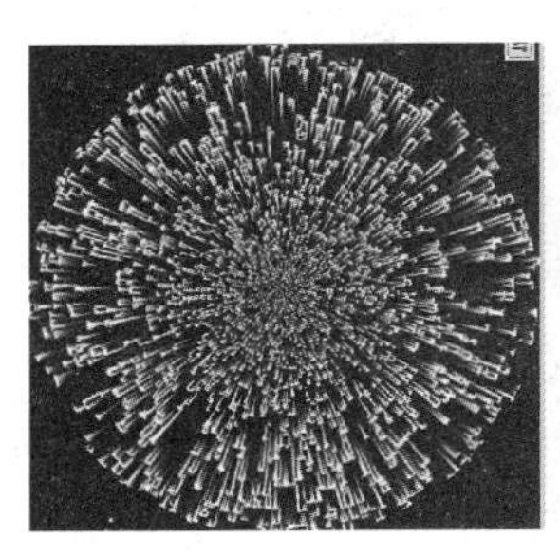
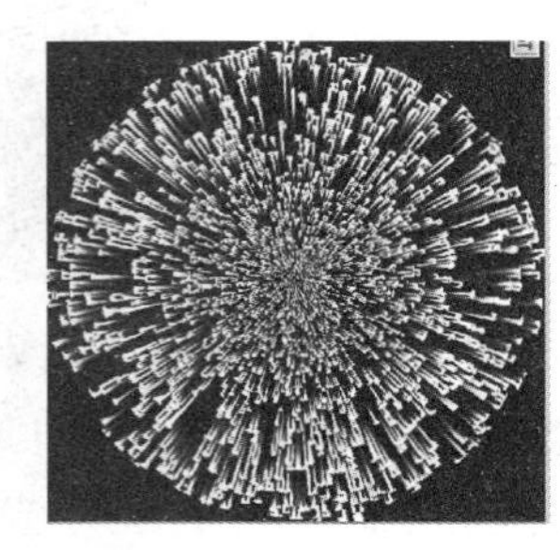
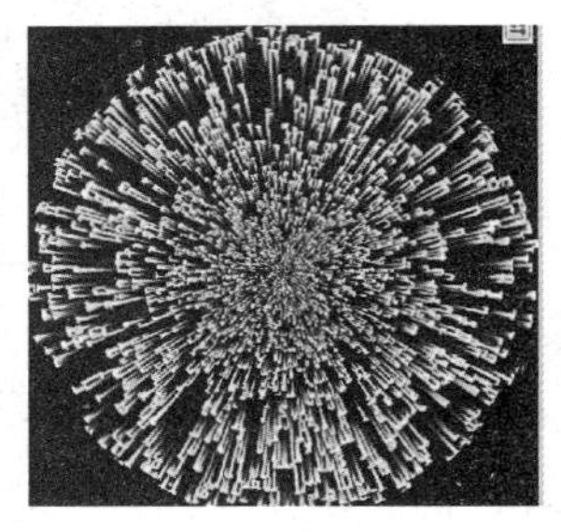

图 6-3-16　执行“色相/饱和度”后不同颜色效果图

10. 还可以执行“滤镜”→“渲染”→“镜头光晕”命令，给礼花加上光影效果，如图 6-3-17 所示。

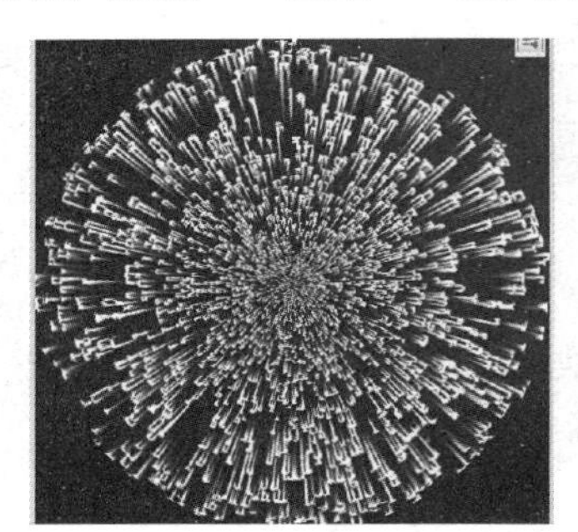
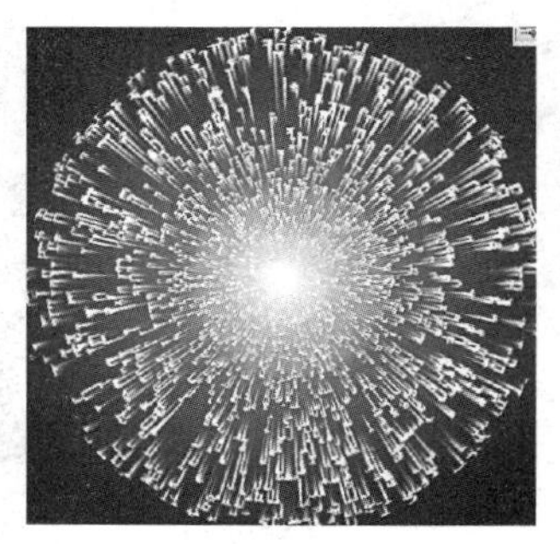

图 6-3-17　给礼花加上镜头光晕后效果

礼花很漂亮，但一朵礼花只有一种颜色，总觉得还不够绚丽，下面我们再给礼花添加更加绚丽的色彩。

11. 新建图层，单击工具箱中的渐变工具，选择径向渐变方式，单击渐变工具编辑区，在弹出的“渐变编辑器”对话框中选择“色谱”渐变，如图 6-3-18 所示。

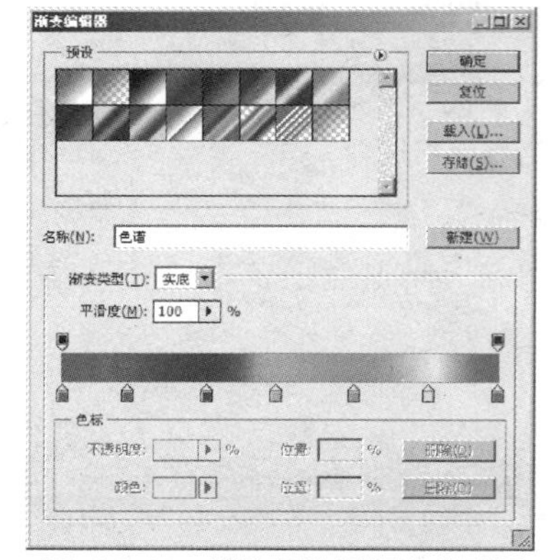

图 6-3-18　“渐变编辑器”对话框

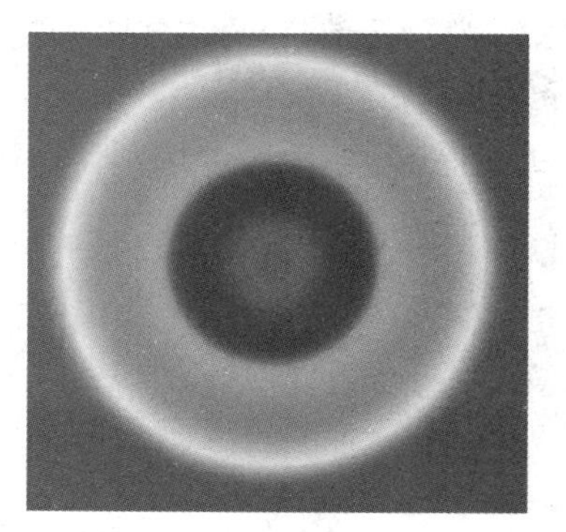

图 6-3-19　径向渐变效果

12. 单击“确定”按钮，在新建的图层中从中心向外拉出一个径向色谱渐变，效果如图6-3-19所示。

13. 单击图层面板上方的模式下拉框，选择“叠加”混合模式，如图 6-3-20 所示设置，将本图层混合模式设置为“叠加”，操作完成后效果如图 6-3-21 所示。

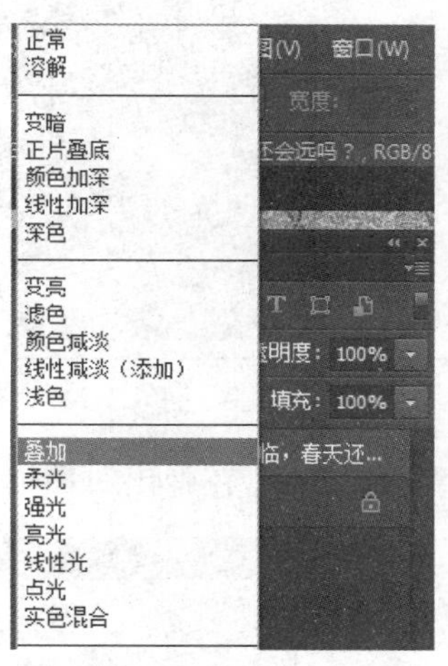

图 6-3-20　设置叠加混合模式

14. 如图 6-3-21 所示效果色彩很绚丽，但感觉各种颜色的渐变效果不够柔和。如果省略掉第 10 步操作（即不给礼花添加“光照”或“镜头光晕”效果），制作出来的礼花更加逼真一些，效果如图 6-3-22 所示。

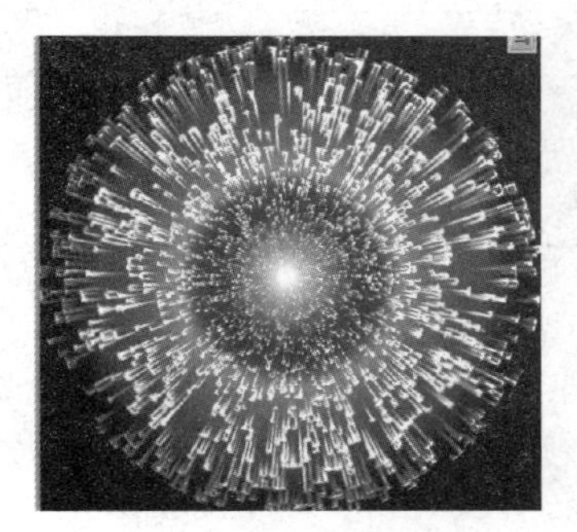

图 6-3-21　多彩礼花效果图 1

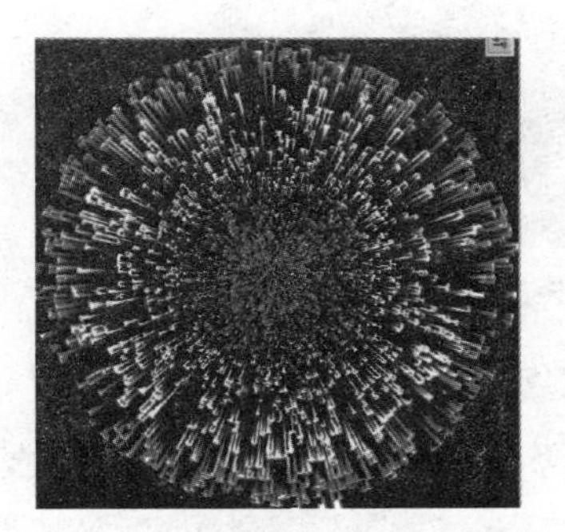

图 6-3-22　多彩礼花效果图 2

（二）玛瑙手镯的制作

1. 新建一个黑色背景的 RGB 模式文件。

2. 单击工具箱中的前景/背景色调板，打开“拾色器”对话框将前景色设置为 R：122、G：10、B：10，背景色设置为 R：247、G：174、B：174。

3. 新建图层，执行“滤镜”→“渲染”→“云彩”命令，操作后效果如图 6-3-23 所示。

4. 执行“滤镜”→“液化”命令，在弹出的“液化”对话框使用涂抹工具在图像中随机涂抹，对话框设置如图 6-3-24 所示，执行后效果如图 6-3-25 所示。

图 6-3-23　云彩效果

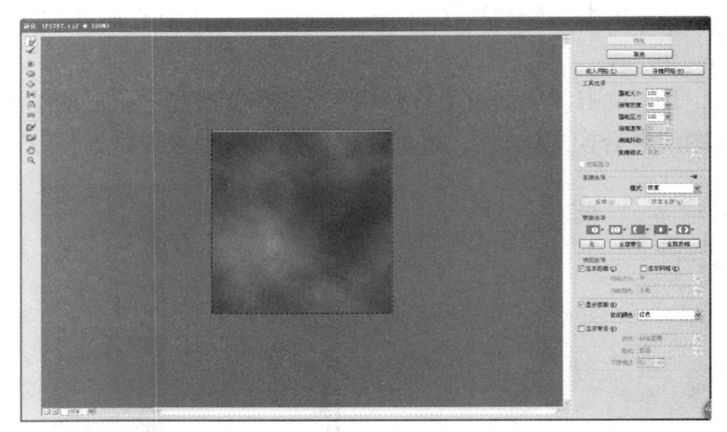

图 6-3-24　“液化滤镜”对话框

5. 执行“滤镜”→“扭曲”→“波浪”命令，在弹出对话框设置如图 6-3-26 所示。

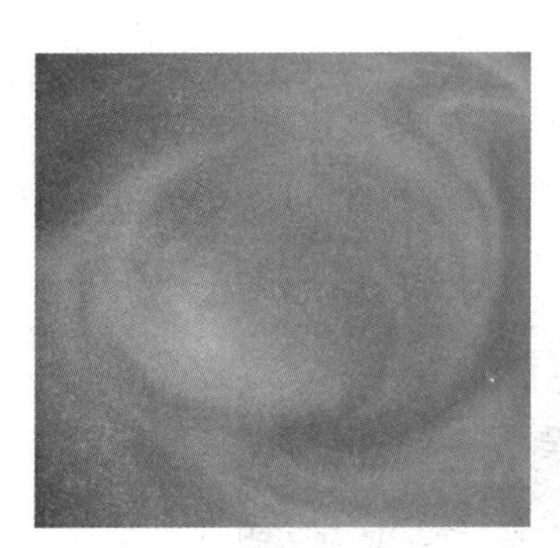

图 6-3-25　液化效果

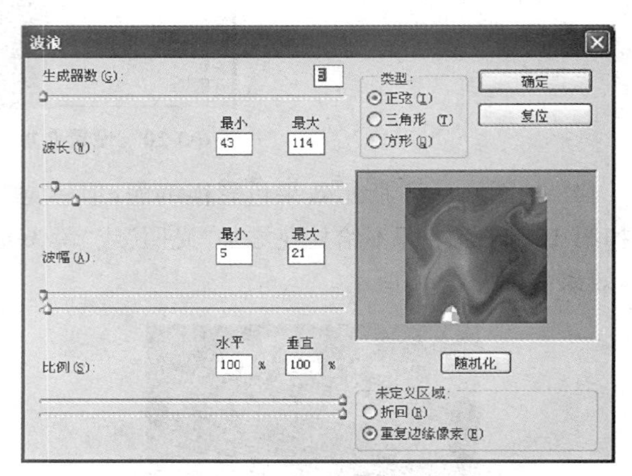

图 6-3-26　“波浪滤镜”对话框

6. 执行“滤镜”→“扭曲”→“水波”命令，在弹出对话框设置如图 6-3-27 所示，效果如图 6-3-28所示。

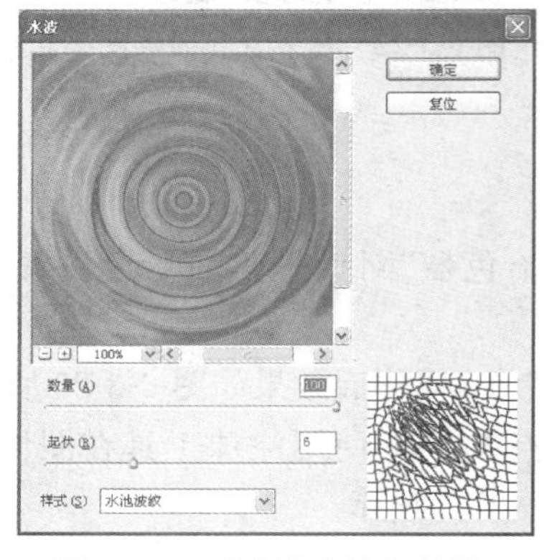

图 6-3-27　“水波滤镜”对话框

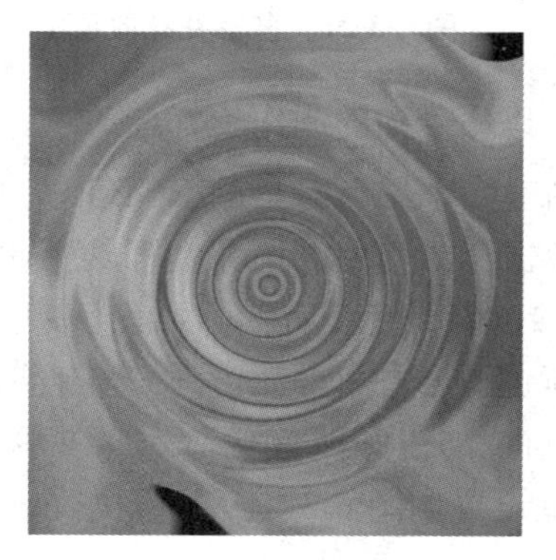

图 6-3-28　水波效果

7. 选择工具箱中的椭圆选框工具，以水波中心为起点，按住【Alt+Shift】键用鼠标在图像中拉了一个圆形选区。

8. 执行“选择”→“反向”命令，将选区反向选区，按【Delete】键将选区内容删除。

9. 采用第 7 步的方法拉出一个小一些的同心圆，并按【Delete】键将选区内容删除，绘制出一个圆环。

10. 按住【Ctrl】键的同时在图层面板上单击图层缩览图，将本图层中的圆环选取，效果如图 6-3-29 所示。

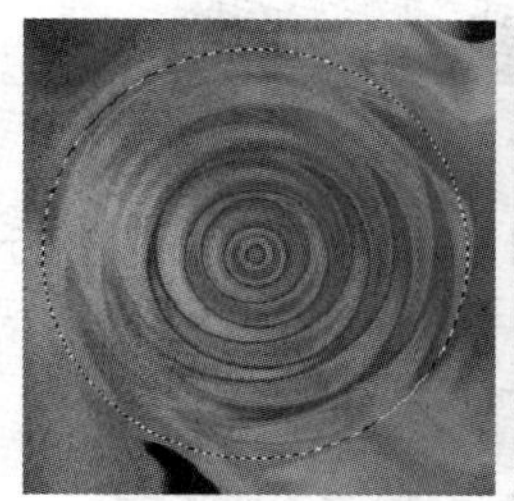

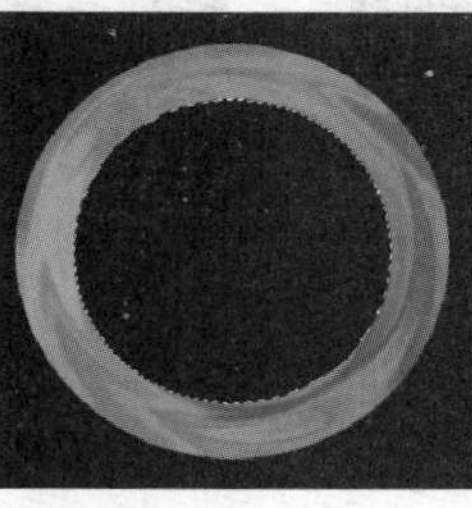

图 6-3-29　圆环的操作过程

11. 执行“选择”→“修改” →“羽化”命令，将羽化半径设置为 12，如图 6-3-30 所示。

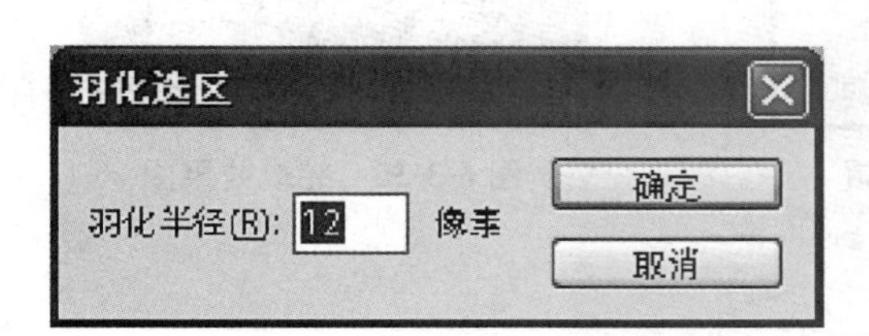

图 6-3-30　“羽化选区”对话框

图 6-3-31　选取选区

12. 按下【Shift】键，分别按向上及向左方向键一次，将选区向左上移动 10 个像素。如图 6-3-31 所示。

13. 执行“图像”→“调整”→“亮度/对比度”命令，参数设置如图 6-3-32 所示。

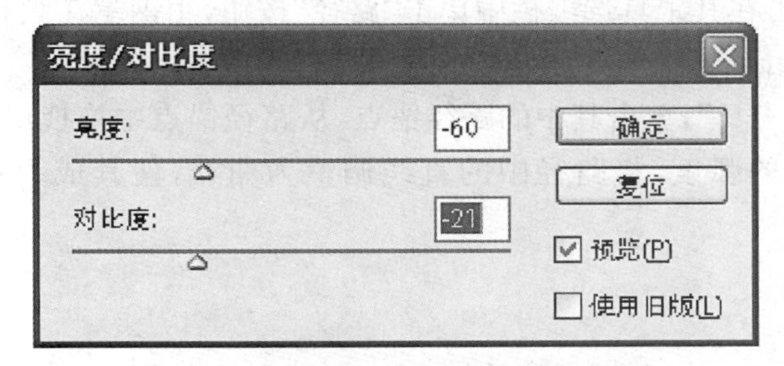

图 6-3-32　“亮度/对比度”对话框设置

14. 按下【Shift】键，分别按向下及向右方向键两次，将选区向左上移动 20 个像素，如图 6-3-33 所示。

图 6-3-33　选区调整过程

15. 执行“图像”→“调整”→“亮度/对比度”命令，参数设置如图 6-3-34 所示，单击“确定”按钮。

16. 取消选区，效果如图 6-3-35 所示，将文件保存为“玛瑙.jpg”文件。

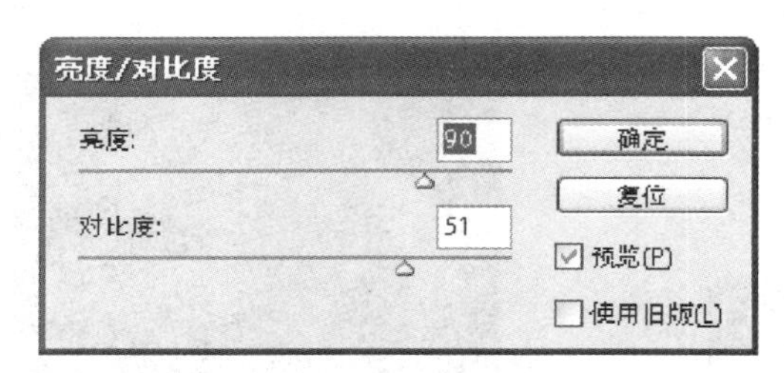

图 6-3-34　“亮度/对比度”对话框设置

图 6-3-35　完成效果图

6.3.4　任务拓展

任务：绘制一瓶杜鹃花

（一）花瓶制作

1. 启动“Photoshop”，新建一个 400 * 400 像素，模式为 RGB，背景为淡蓝色的文件。

2. 新建图层，命名为“花瓶”，执行“视图”→“显示”→“网格”命令，将网格显示，从工具箱中选“钢笔工具”，再在其工具选项栏中单击“路径”按钮，用钢笔在画布上单击“路径锚点”创建如图 6-3-36 所示闭合路径，此为花瓶轮廓雏形。

3. 使用“转换点工具”，单击其中的路径锚点，从路径锚点中拖拽出两根方向线，通过拖动方向线，调整路径的弧度，将路径中的直线调整为曲线，使其成为花瓶轮廓，效果如图 6-3-37所示。

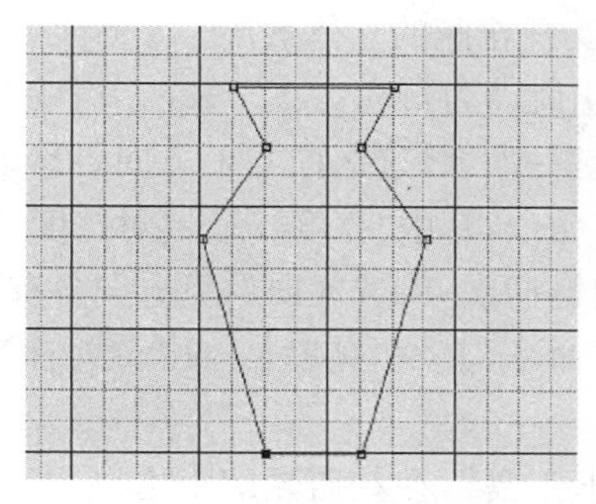

图 6-3-36 路径花瓶形状

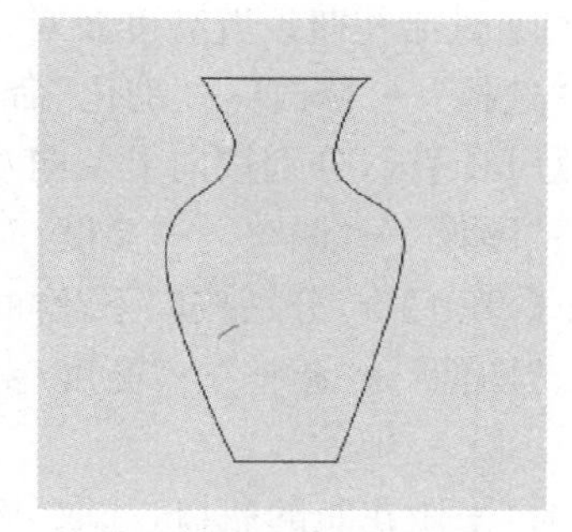

图 6-3-37 花瓶轮廓

4. 在图像的路径上单击鼠标右键，选择弹出菜单中的“建立选区”命令，弹出“建立选区”对话框，单击“确定”按钮，将路径转换为选区，如图 6-3-38 所示。

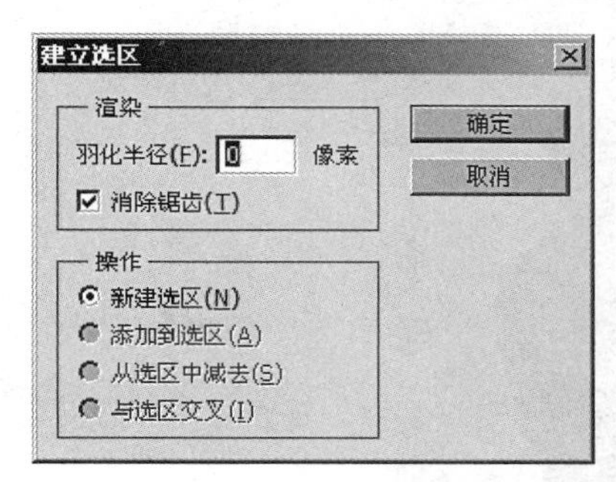

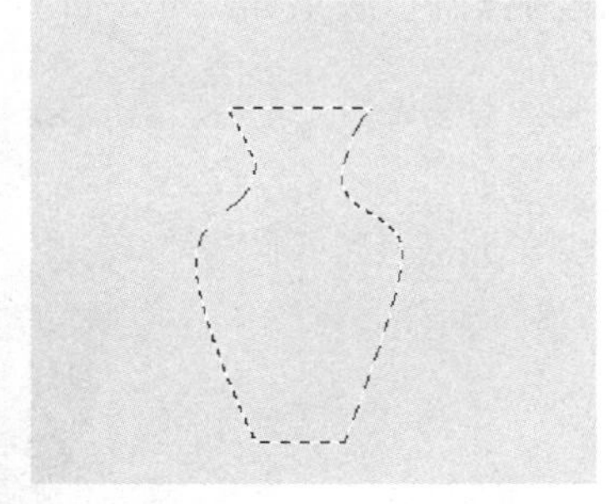

图 6-3-38 将路径转换为选区

5. 将前景色设为蓝色，使用“油漆桶工具”对当前选区进行填充，如图 6-3-39 所示。

6. 选择“画笔工具”，执行“窗口”→“画笔”命令，将“特殊效果画笔”载入，选取其中的“杜鹃花串”笔刷，其对话框中设置如图 6-3-40 所示。

图 6-3-39 填充蓝色

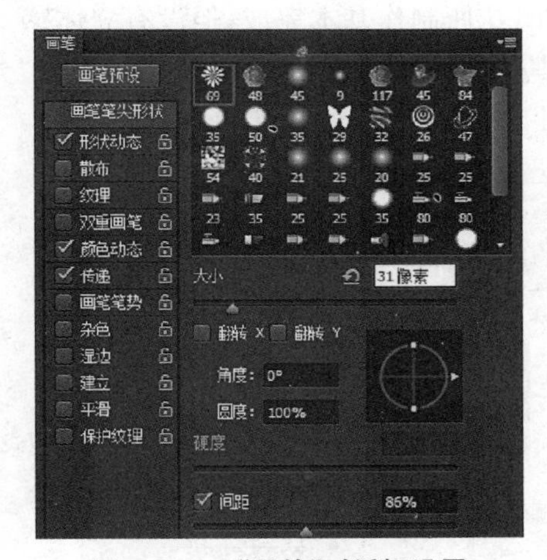

图 6-3-40 “画笔”对话框设置

7. 将前景色设为黄色，背景色设为橙色，用画笔在选区中随意单击鼠标左键画上几笔，即给花瓶加上花纹图案。

下面我们通过给花瓶设置亮度及对比度来实现花瓶的立体效果。

8. 执行“选择”→“修改”→“羽化”命令，羽化值设为:16。

9. 按下【Shift】键，分别按向上及向左方向键一次，将选区向左上方向各移动 10 像素。

10. 执行“图像”→“调整”→“亮度/对比度”命令，其中“亮度:50”，“对比度:30”。

11. 按下【Shift】键，分别按向下及向右方向键两次，将选区向右下方向各移动 20 像素。

12. 执行“图像”→“调整”→“亮度/对比度”命令，其中“亮度:－60”，“对比度:－40”，取消选区。

13. 我们再来做花瓶的瓶口，选取“椭圆选框工具”，在花瓶轮廓上方画出一个椭圆选取区域，用“吸管工具”在图像中选取花瓶中的蓝色，将前景色设为该颜色，并用“油漆桶工具”对整个椭圆填充蓝色。

14. 新建一图层，命名为“瓶口”，执行“编辑”→“描边”命令，其宽度设为:3 像素，位置选“居中”，颜色设为:红色，效果如图 6-3-41 所示。

图 6-3-41　描边椭圆选区

15. 执行“图层”→“图层样式”→“斜面和浮雕”命令，整个花瓶制作完成，将“瓶口”图层和“花瓶”图层合并为“花瓶”图层。

16. 此时花瓶制作基本完成，但没有立体感。为了得到此效果，按【Ctrl】键同时单击“花瓶”图层将其内容选取，执行“滤镜”→“渲染”→“光照效果”命令，其设置如图 6-3-42 所示，最终效果如图 6-3-43 所示，此为花梗。

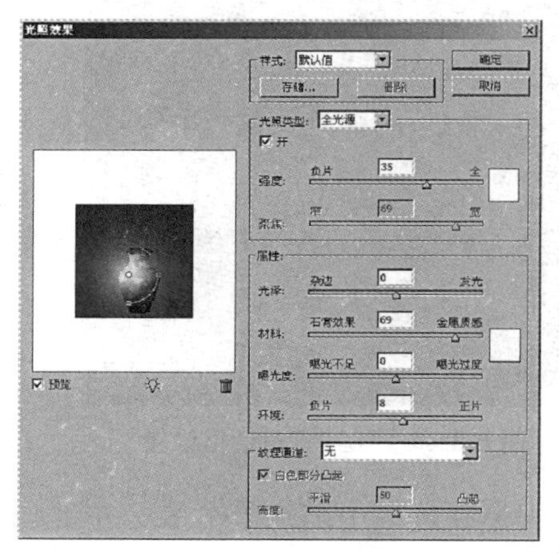

图 6-3-42　“光照效果”对话框

图 6-3-43　花瓶效果

（二）花束制作

1. 为了方便下面的操作，先将“花瓶”图层隐藏。新建图层，命名为“花梗”。

2. 用“矩形选框工具”在画布上画出一个长条形的长方形，使用“线性渐变工具”，其渐变设置为如图 6-3-44 所示（将矩形填充为渐变色）。

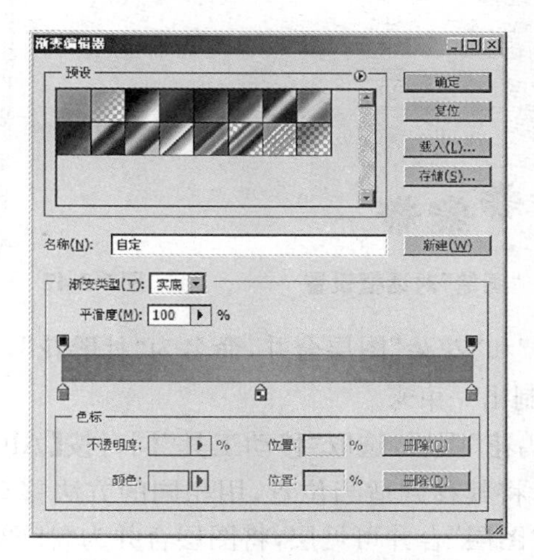

图 6-3-44　“渐变编辑器”对话框

3. 执行“编辑”→“变换”→“透视”/“变形”/“缩放”等操作将矩形选区变形为上小下大或有点弯曲的图形，效果如图 6-3-45 所示。

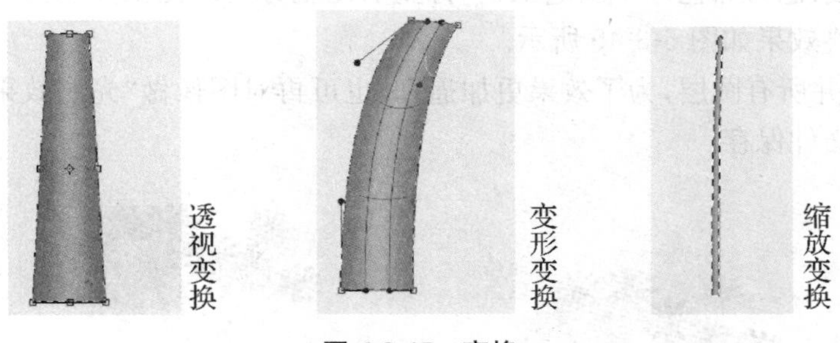

图 6-3-45　变换

下面再给花梗添加杜鹃花。

4. 新建图层，命名为“花朵”。将前景色设为黄色，选取“画笔工具”中的“杜鹃花”笔刷。

5. 执行“窗口”→“画笔”，将画笔对话框设置如图 6-3-46 所示。

6. 先用画笔在画布上点出一片杜鹃花，将杜鹃花移到花梗上合适位置，如果效果不满意，可通过执行“编辑”→“变换”中的命令对花朵进行调整，让其更有立体感，效果如图6-3-47 所示。

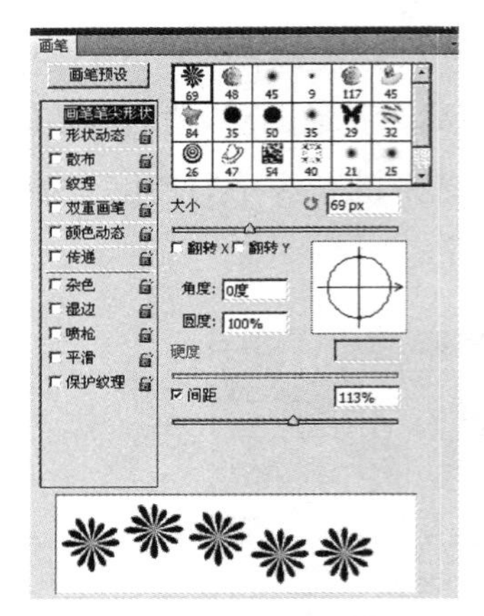

图 6-3-46 “画笔”对话框设置

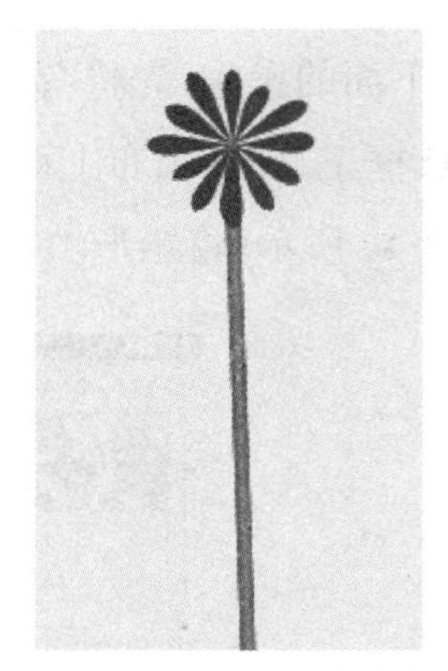

图 6-3-47 一朵杜鹃花

7. 完成后，可将“花梗”和“花朵”图层合并，命名为“杜鹃花”，一支杜鹃花便完成了。

下面我们再由一支复制出一束来。

8. 将当前层设为“杜鹃花”图层，选取“移动工具”同时按【Alt】键移动复制杜鹃花，并对其作自由变换及位置移动，将其移到适当位置，用相同的方法移动复制若干支，直到满意为止，再将背景层隐藏，执行“图层”合并可见层，将图层合并为“杜鹃花”图层，制作出一束杜鹃花，效果如图 6-3-48 所示。

9. 将所有的图层显示，并将“杜鹃花”图层设为当前图层，单击图层调板下边缘的“添加矢量蒙版”按钮，给其添加图层蒙版。

10. 设置前景色为黑色，用“画笔工具”将显示在瓶身上的花梗擦除，并适当调整其大小和位置，使其最终效果如图 6-3-49 所示。

11. 最后合并所有图层，为了效果更加逼真，也可再对图像做“光照效果”及“镜头光晕”滤镜效果，并将文件保存。

图 6-3-48 一束杜鹃花

图 6-3-49 效果图

项目小结

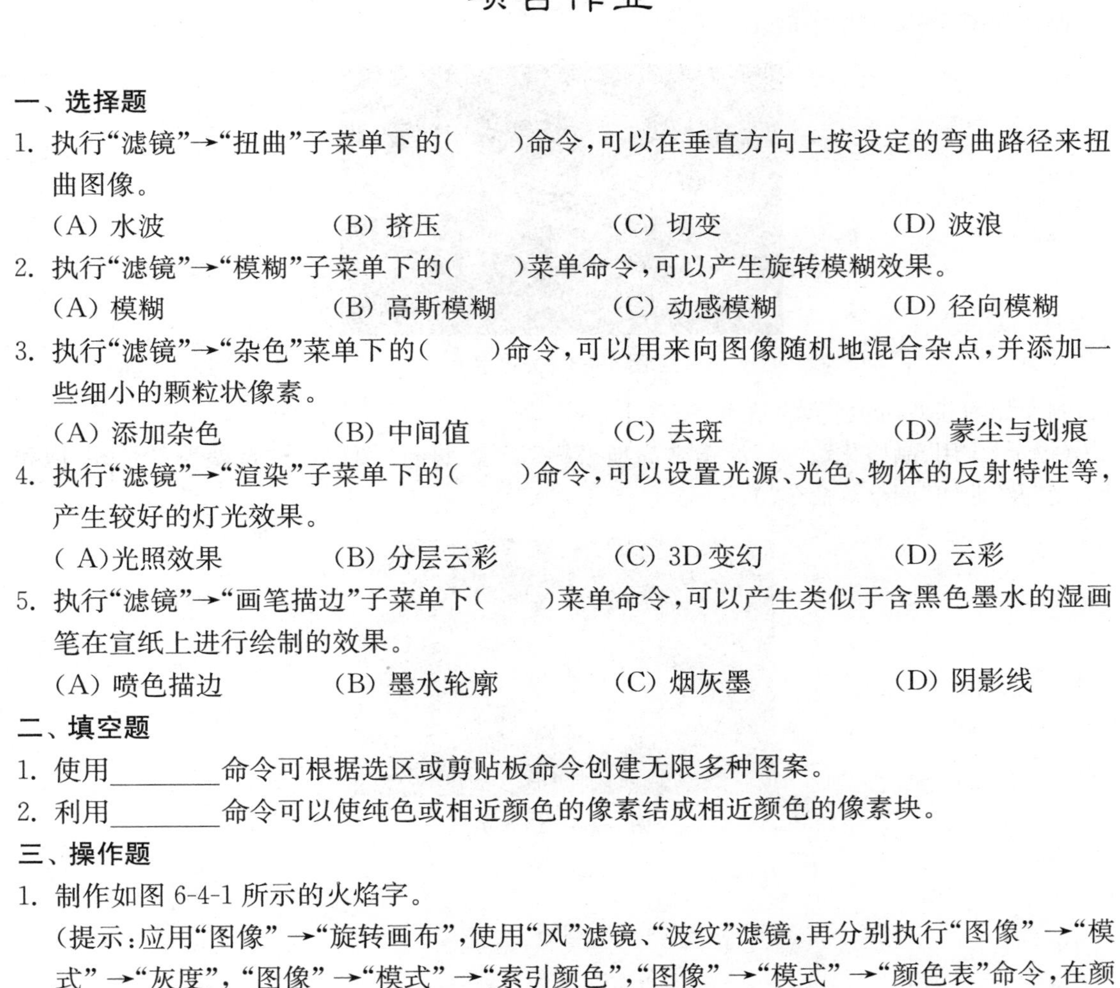

本项目通过系统讲解了滤镜菜单下的各个滤镜命令的使用方法及技巧，通过几个经典案例任务的完成，使读者掌握滤镜的灵活应用。

项目作业

一、选择题

1. 执行“滤镜”→“扭曲”子菜单下的(　　)命令，可以在垂直方向上按设定的弯曲路径来扭曲图像。

   (A) 水波　　(B) 挤压　　(C) 切变　　(D) 波浪

2. 执行“滤镜”→“模糊”子菜单下的(　　)菜单命令，可以产生旋转模糊效果。

   (A) 模糊　　(B) 高斯模糊　　(C) 动感模糊　　(D) 径向模糊

3. 执行“滤镜”→“杂色”菜单下的(　　)命令，可以用来向图像随机地混合杂点，并添加一些细小的颗粒状像素。

   (A) 添加杂色　　(B) 中间值　　(C) 去斑　　(D) 蒙尘与划痕

4. 执行“滤镜”→“渲染”子菜单下的(　　)命令，可以设置光源、光色、物体的反射特性等，产生较好的灯光效果。

   (A)光照效果　　(B) 分层云彩　　(C) 3D 变幻　　(D) 云彩

5. 执行“滤镜”→“画笔描边”子菜单下(　　)菜单命令，可以产生类似于含黑色墨水的湿画笔在宣纸上进行绘制的效果。

   (A) 喷色描边　　(B) 墨水轮廓　　(C) 烟灰墨　　(D) 阴影线

二、填空题

1. 使用________命令可根据选区或剪贴板命令创建无限多种图案。
2. 利用________命令可以使纯色或相近颜色的像素结成相近颜色的像素块。

三、操作题

1. 制作如图 6-4-1 所示的火焰字。

   (提示:应用“图像”→“旋转画布”，使用“风”滤镜、“波纹”滤镜，再分别执行“图像”→“模式”→“灰度”，“图像”→“模式”→“索引颜色”，“图像”→“模式”→“颜色表”命令，在颜色表中选择“黑体”。)

2. 制作如图 6-4-2 的所示的彩球。

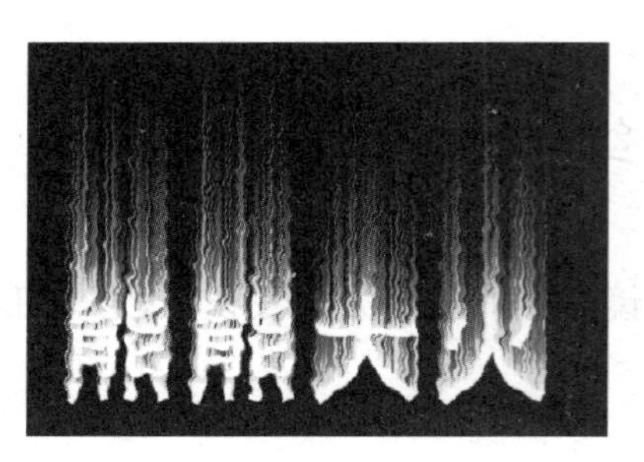

图 6-4-1　火焰字

图 6-4-2　彩球

3. 制作如图 6-4-3 的所示的光芒字。

图 6-4-3　光芒字

4. 制作如图 6-4-4 的所示的结冰字。
（提示：应用“晶格化”、“风”滤镜、“高斯模糊”滤镜，进行“图像”→“调整”→“色相/饱和度”及“曲线”调整等命令。）

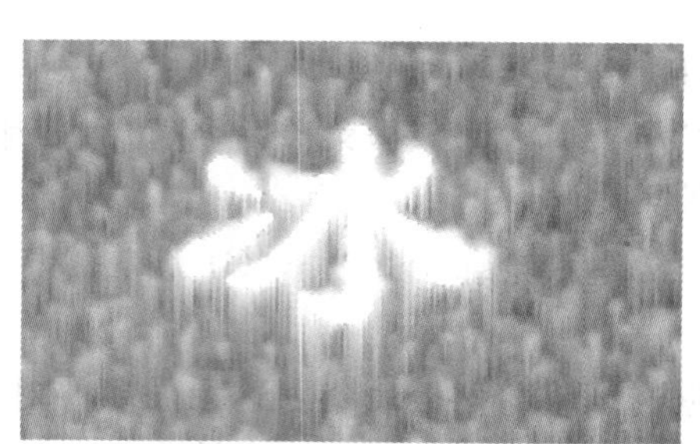

图 6-4-4　结冰字

项目七　动作与任务自动化

项目描述

本项目通过扇子的制作、图像的自动化处理 2 个任务，使读者能了解 Photoshop 动作的应用，熟悉 Photoshop 中自动化功能及使用技巧。

能力目标

★掌握动作的录制。

★掌握动作的播放。

★掌握动作的编辑。

★掌握批处理的应用。

7.1　任务一　扇子的制作

7.1.1　任务情境

在设计某项任务时，制作过程有些操作需要重复许多同样的步骤，为了简约过程也是为了保证相同元素效果的一致性，我们可以不用继续重复的操作，而是在 Photoshop 中，利用动作面板来录制、播放、编辑、删除、存储及载入动作等操作，来帮助我们克服这个问题。

7.1.2　任务剖析

一、应用知识点

（一）动作的录制

（二）动作的播放

（三）动作的编辑

二、知识链接

（一）动作面板

在 Photoshop 中，可以利用动作面板来录制、播放、编辑、删除、存储及载入动作等操作。执行“窗口”→“动作”命令，弹出动作面板，或按【Alt＋F9】组合键来打开动作面板。动作面板的操作界面与图层、路径面板类似，如图 7-1-1 所示。

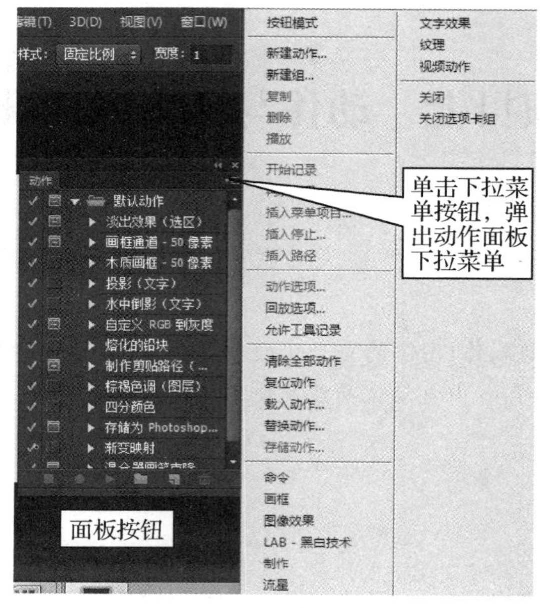

图 7-1-1　动作面板

1. 录制新动作

单击动作面板中的［新建动作按钮］：录制新动作，将弹出图 7-1-2 所示“新建动作”对话框，设置动作名称，单击“记录”按钮后可新建一个动作。

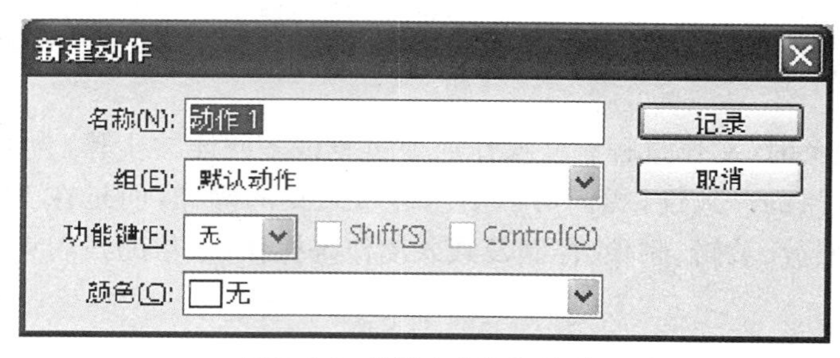

图 7-1-2　“新建动作”对话框

2. 删除动作［删除按钮］：单击此按钮，可以删除动作面板中一个选中的动作、动作中的一个命令或者一个序列。

3. 创建新序列［文件夹按钮］：单击此按钮，可以创建一个动作序列。

4. 开始记录［记录按钮］：单击此按钮，可以记录新动作，正在记录时，本按钮呈红色显示。

5. 停止播放/记录［停止按钮］：单击此按钮，可以停止正在记录或播放的动作。

6. 播放［播放按钮］：单击此按钮，可以播放选中的动作命令。

（二）录制动作

录制动作一般适用于以下几种情况：

1. 当在一个文件中经常性地重复同一或某几个操作时，可以将这几个操作录制为一个动作，然后可以反复使用。

2. 也可以将某些比较复杂的设计操作录制为一个动作，以后需用到这些操作时，我们直接播放就行了。

3. 对于大量需执行同一操作的文件，可以使用批处理操作。

（三）动作的编辑

对于录制好的动作，可以根据需要进行重命名、复制、删除、修改、调整、添加等操作。

1. 重命名动作

在动作面板中，双击需要修改的动作，当动作名称呈现出输入状态时，如图 7-1-3 所示，重新输入名称即可；或选取需修改的动作，双击动作名称右边的空白区，会弹出“动作选项”对话框，在名称框中输入新名称即可。

2. 复制动作

在动作面板中，选取需复制的动作，单击动作面板右上角的三角按钮，在弹出的下拉菜单中选择“复制”命令，如图 7-1-4 所示，或者将需复制的动作拖动到面板下方的“新建动作”按钮上松开，也可完成动作的复制操作。

图 7-1-3　重命名动作

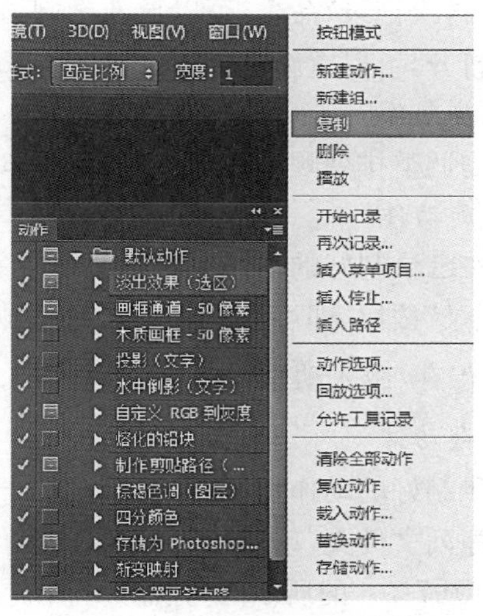

图 7-1-4　复制动作

3. 删除动作

在动作面板中，选取需删除的动作，单击动作面板右上角的三角按钮，在弹出的下拉菜单中选择“删除”命令，会弹出“是否删除所选择动作?”提示框，单击“确定”按钮可完成对所选择动作的删除，如图 7-1-5 所示；或者将需删除的动作拖动到面板下方的“删除动作”按钮上松开，也可完成动作的删除操作。

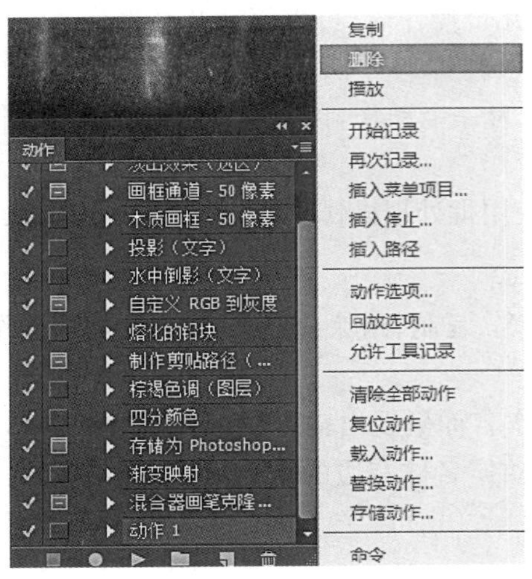

图 7-1-5　删除动作

4. 修改动作

在动作面板中，选取需修改的动作，单击动作面板右上角的三角按钮，在弹出的下拉菜单中选择“再次记录”命令，可以重新录制该动作，在重新录制的过程中，原来的每个操作对话框都将打开，可以重新设置对话框选项来修改原录制好的动作。

5. 调整动作

选择需调整排列顺序的动作，拖动运作命令到合适位置后松开鼠标即可。

6. 添加动作

可以在已录制好的动作中添加动作命令，选择需添加动作命令的动作文件，单击动作面板中的“记录”按钮，即可在原动作文件后顺接着录制新的动作命令。

（四）保存/载入动作

1. 保存动作

对于录制好的动作，可以保存起来，便于以后继续使用。但保存动作文件时，需选择该动作所在序列文件夹，单击动作面板右上角的三角按钮，在弹出的下拉菜单中选择“存储”命令，打开如图 7-1-6 的所示的“存储”对话框，在“存储”对话框中输入需保存动作名称即可将该序列文件夹下的所有动作保存，动作文件的扩展名为“＊. atn”。

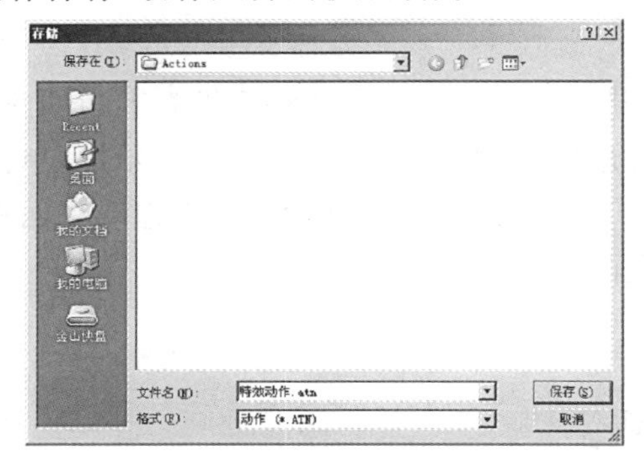

图 7-1-6　“存储动作”对话框

2. 载入动作

对于已保存的动作或从网络上下载的动作，可以通过下载动作文件以便后面使用。单击动作面板右上角的三角按钮，在弹出的下拉菜单中选择“载入”命令，在载入对话框中选择需载入的动作文件即可，如图 7-1-7 所示。

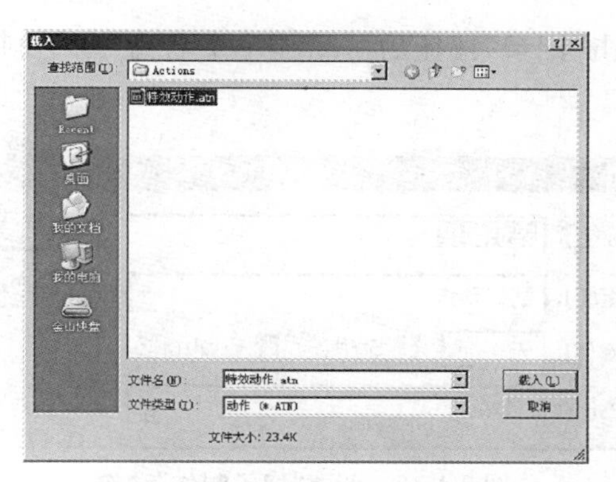

图 7-1-7　“载入动作”对话框

7.1.3　任务实施

任务：制作一片扇叶

1. 新建文档。执行“文件”→“新建”命令，弹出“新建”对话框，设置文档名称为“扇子”，宽度为 30 厘米，高为 16 厘米，颜色模式为 RGB，分辨率为 72 像素，背景色为白色，单击“确定”按钮。

2. 新建图层。在图层面板中单击“新建图层”按钮新建“图层 1”，再将前景色设置为橙色。

3. 在工具箱中选择形状工具组中的圆角矩形工具，选择“填充像素”绘制方式，在图层 1 中画出一个圆角矩形，如图 7-1-8 所示。

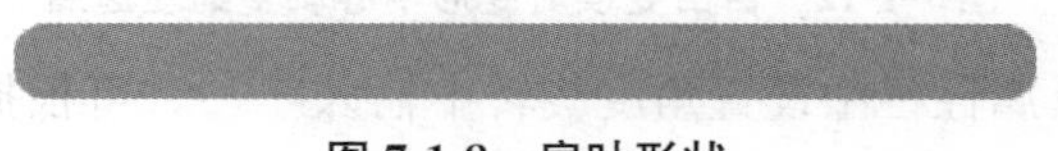

图 7-1-8　扇叶形状

4. 在工具箱中选择形状工具组中的自定义形状工具，选择“像素”绘制方式，将前景色设置为喜欢的颜色，单击属性栏中的“形状”按钮，在下拉框中选取自己喜欢的形状，在第 3 步所画的圆角矩形上拖动鼠标随机绘制出自己喜欢的图案，效果如图 7-1-9 所示。

图 7-1-9　扇叶图案

5. 至此，一片扇叶制作完成。

（二）动作录制生成多张展开的扇叶

下面我们来制作折扇展开的效果。

1. 在工具箱中选择移动工具，将扇叶移动到画布的右下方合适的位置。

2. 打开动作面板，单击动作面板中的创建新动作按钮，在弹出的对话框中输入动作名称为“扇子制作”，单击“记录”按钮后可新建一个名为“扇子制作”的动作并开始进入录制状态，如图 7-1-10 所示。

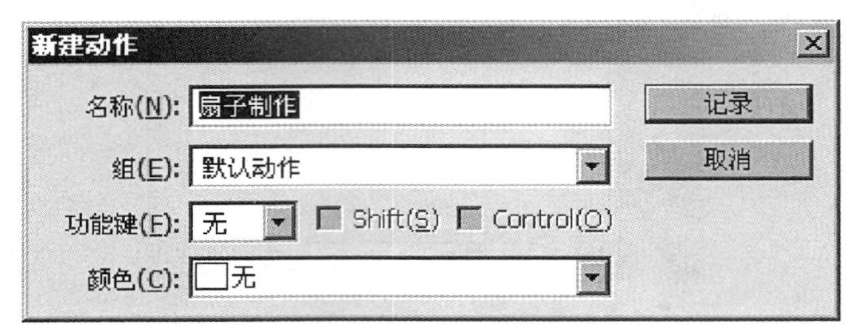

图 7-1-10　新建“扇子制作”动作

3. 回到图层面板，拖动“图层 1”到“新建图层”按钮上，将“图层 1”复制为“图层 1 副本”图层。

4. 按【Ctrl＋T】快捷键调出自由变换工具，并按住【Alt】键及鼠标左键将变形中心移动到左边中心点（即设置扇子打开时的轴心），效果如图 7-1-11 及图 7-1-12 所示。

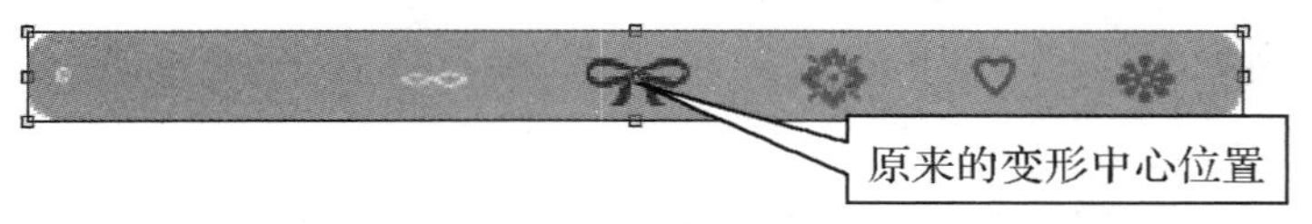

图 7-1-11　自由变换时变形在中心位置时

图 7-1-12　自由变换时变形中心调整到左边后

5. 在自由变换工具属性栏中设置角度旋转中输入“－9”（可根据实际效果调整角度，但该数字要求应能被 180 整除，才能制作出对称的折扇），设置及调整效果如图 7-1-13 所示。

6. 单击工具箱中的任何工具，弹出应用变换提示框，选择“应用”按钮，完成第二片扇叶的变换调整。

7. 动作录制完成，在动作面板中单击“停止播放/记录”按钮，完成本次动作的录制。

提示

所录制的“扇子制作”动作一共有两步操作，第一步是先复制一片扇叶，第二步是将这片扇叶沿轴心旋转－9 度。

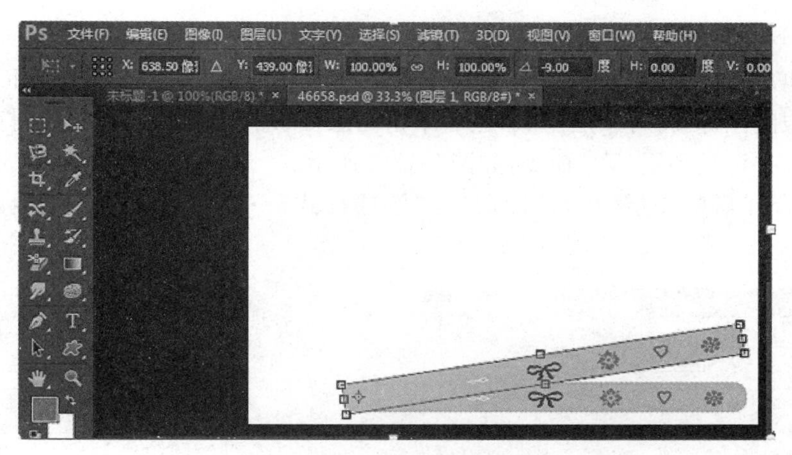

图 7-1-13　扇叶复制转动效果

（三）动作的播放

1. 在动作面板中单击“播放”按钮，反复执行本操作，直到扇叶充满一个半圆图形，如图 7-1-14 所示。

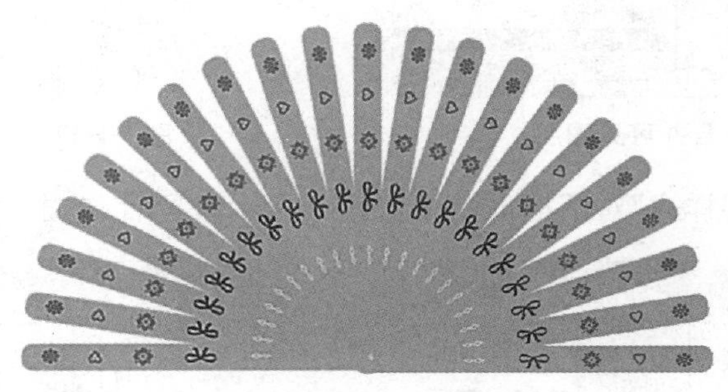

图 7-1-14　扇子效果图

2. 为了让扇子更加逼真，可以在工具箱中选择画笔工具，选择硬度为 100%的圆形笔刷并调整到合适的大小（本例中笔刷大小设置为 50 像素），在扇子的轴心处点击，画出一个橙色圆形笔刷。

3. 然后再将前景色设置为白色，将画笔笔刷调整为 10 像素，在扇子的轴心处点击，画出一个白色圆形笔刷，效果如图 7-1-15 所示。

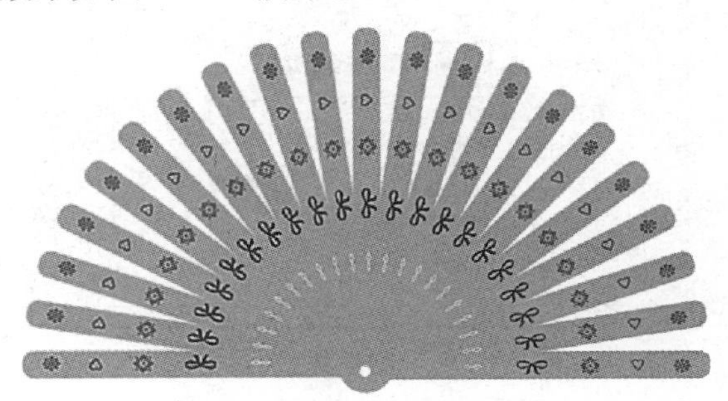

图 7-1-15　加上轴心修饰后的扇子效果图

（四）给扇子增加立体效果

1. 为了增强扇子的立体感，合并所有扇叶所在图层，具体操作：先在图层面板中单击背景层前面的眼睛图标，将背景层隐藏，然后单击图层面板右上角的三角符号，打开图层下拉菜单，执行“合并可见图层（V）”命令，如图 7-1-16 所示。

2. 选取合并后的图层，执行“图层”→“图层样式”→“斜面和浮雕”命令，如图 7-1-17 所示。

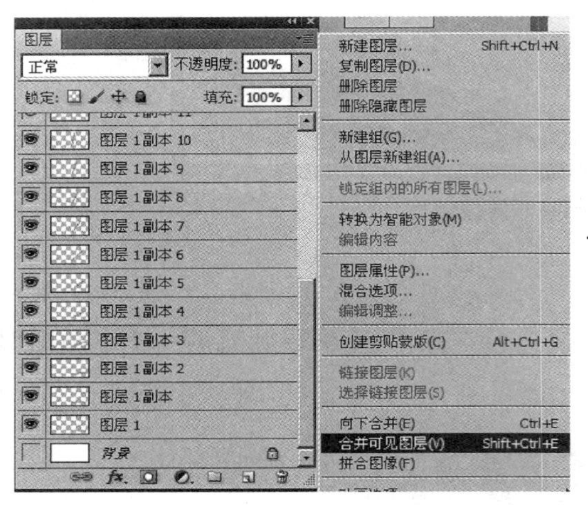

图 7-1-16　合并可见图层

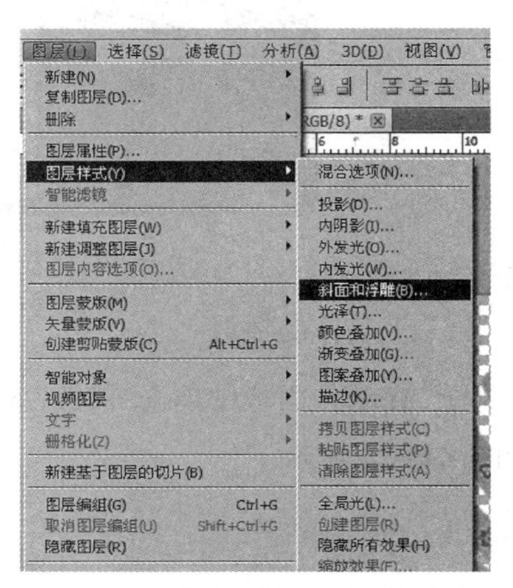

图 7-1-17　执行“斜面和浮雕”命令

3. 在弹出的“图层样式”对话框中如图 7-1-18 所示设置后，单击“确定”按钮。

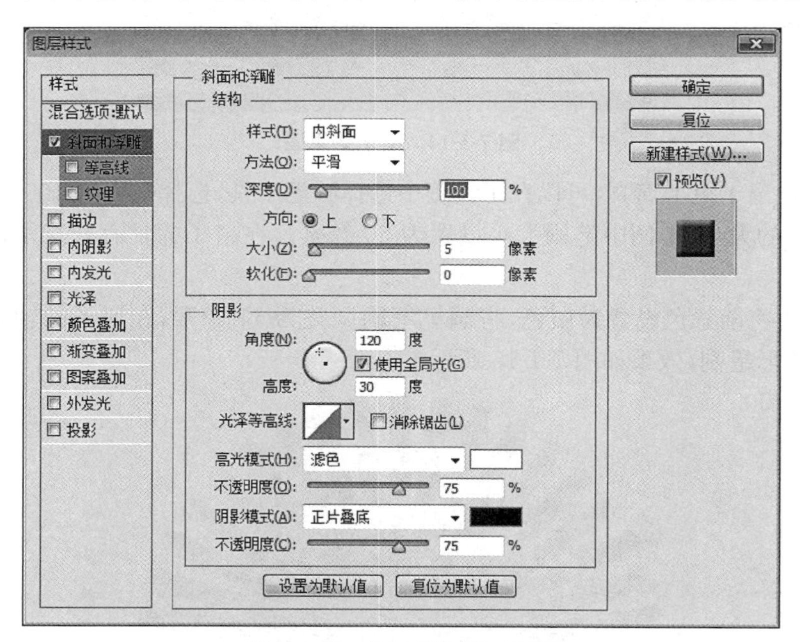

图 7-1-18　“图层样式”对话框

4. 扇子最终效果如图 7-1-19 所示。

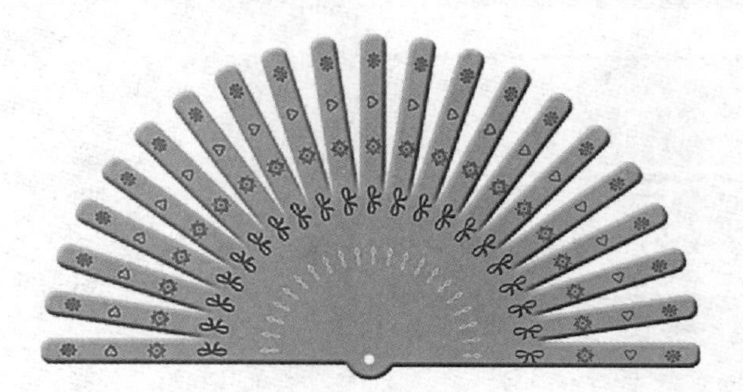

图 7-1-19　扇子最终效果

7.1.4　任务拓展

（一）制作砖墙底纹

1. 新建文档。新建一个 400＊400 像素，背景为白色，分辨率为 72 像素的文件，命名为“砖墙底纹”。

2. 选择动作面板，单击面板中右上角的三角符号，弹出下拉菜单中选择“纹理”命令，如图 7-1-20 所示，将纹理动作序列添加到动作面板。

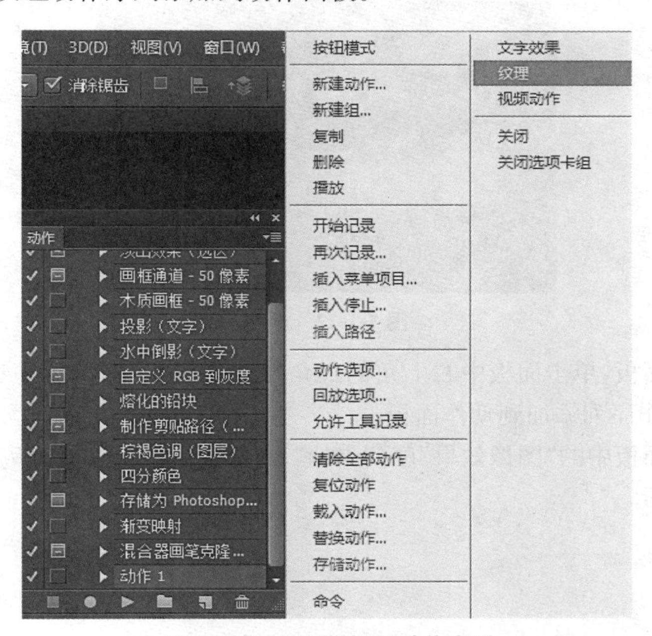

图 7-1-20　添加“纹理”动作序列

3. 选择动作面板中的“纹理”序列中的“砖墙”动作，单击面板下方中的“播放”按钮，动作播放完成后效果如图 7-1-21 所示，砖墙底纹制作完成。

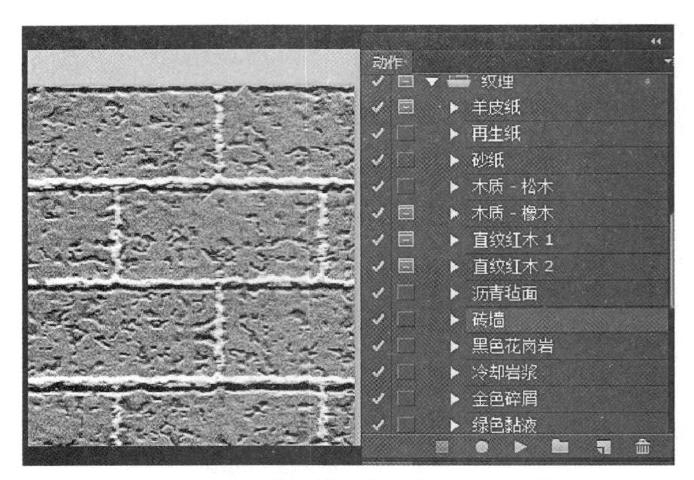

图 7-1-21　播放砖墙动作制作砖墙底纹效果

（二）添加暴风雪效果

1. 打开文档。打开如图 7-1-22 的所示的图像文件。

图 7-1-22　原图

2. 选择动作面板，单击面板中右上角的三角符号，弹出下拉菜单中选择“图像效果”命令，将图像效果动作序列添加到动作面板。

3. 选择动作面板中的“图像效果”序列中的“暴风雪”动作，单击面板下方中的“播放”按钮，如图 7-1-23 所示。

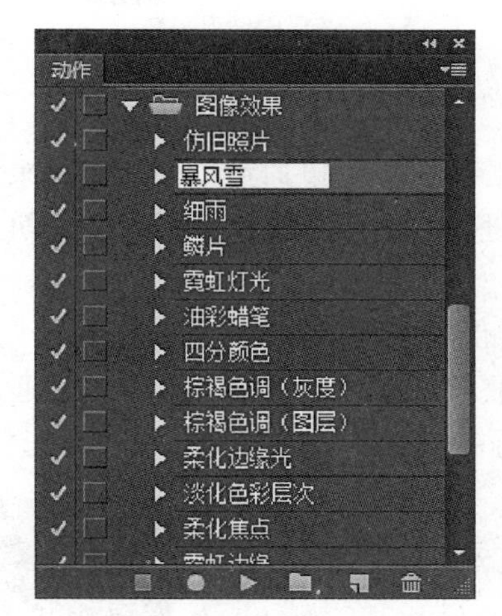

图 7-1-23　播放"暴风雪"动作

4. 动作播放完成后效果如图 7-1-24 所示，暴风雪添加完成。

图 7-1-24　添加"暴风雪"效果后

7.2　任务二　图像的自动化处理

7.2.1　任务情境

公司最近需要处理一批证件照，要引入信息系统中，但要求图片须是" *.JPG"文件，且大小须小于 500KB。

7.2.2　任务剖析

一、应用知识点

（一）批处理

（二）创建快捷批处理

（三）裁剪并修齐照片

（四）自动化工具 Photomerge

二、知识链接

（一）批处理

如果是多个文件需执行同一动作，可以通过批处理命令来实现，就是将同一文件夹下的所有文件都应用同一动作，批处理功能就是让多个图像文件执行同一动作命令，从而实现自动化操作，提高工作效率。

先将要进行批处理的文件保存在同一个文件夹内，执行"文件"→"自动"→"批处理"命令，如图 7-2-1 所示，将弹出如图 7-2-2 所示的"批处理"对话框，在对话框中依据需要设置相应参数即可完成一批文件的同一操作。

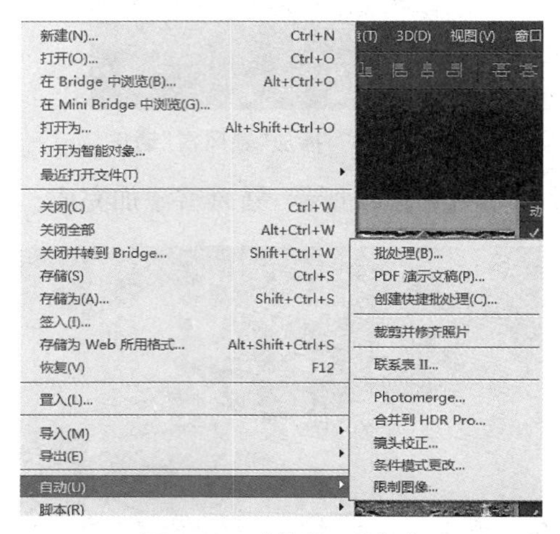

图 7-2-1 "批处理"命令

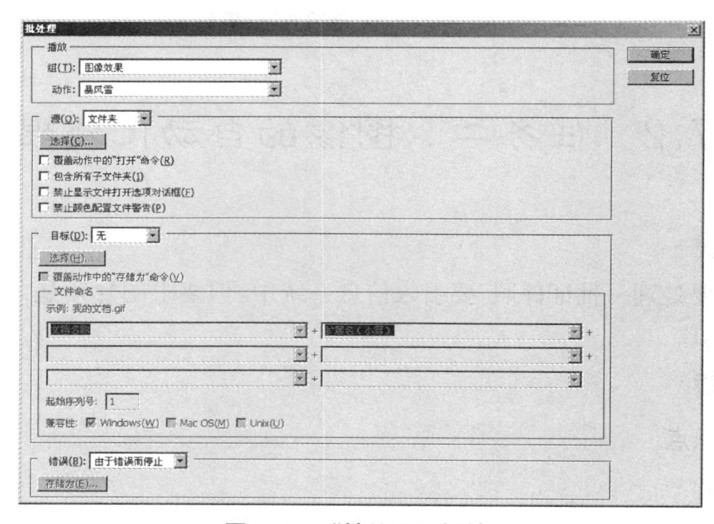

图 7-2-2 "批处理"对话框

1. "播放"选项组

(1)"组"下拉列表框：选择需执行动作所在的序列名称。

(2)“动作”下拉列表框:选择需要执行的动作。

2.“源”选项组

(1)“源”下拉列表框:选择“文件夹”选项,单击“选择”按钮,在弹出的对话框中选择需进行批处理操作的文件夹。

(2)“覆盖动作中的‘打开’命令”复选框:如果勾选,将忽略动作中录制的“打开”命令。

(3)“包含所有子文件夹”复选框:如果勾选,将处理选定文件夹的子文件夹中的图像。

(4)“禁止显示文件打开选项对话框”复选框:如果勾选,不显示文件直接打开选项对话框。

3.“目标”选项组

(1)“目标”下拉列表框:选择“无”选项,表示对处理后的文件不做任何操作;选择“存储并关闭”选项,表示将文件存储在原来的位置;选择“文件夹”选项,表示对处理后的文件存储到指定的文件中,可单击其下方的“选择”按钮来指定目标文件夹。

(2)“覆盖动作中的‘存储为’命令”复选框:如果勾选,则只有通过该动作中的“存储为”命令,才能将文件存储到目标文件夹,否则无法做任何存储操作。

4.“文件命名”选项组

如果需对执行批处理后的文件重命名,可以在其下的 6 个下拉框中选择需要的命名方式。

(二)创建快捷批处理

与批处理命令类似,Photoshop 中的创建快捷批处理命令,就是创建一个具有批处理功能的可执行程序。

快捷批处理用来将动作加载到一个文件或文件夹之上,当然,要完成执行的过程,还需要启动 Photoshop 程序并在其中进行处理。但是如果高频率的对大量的图像进行同样的动作处理,那么应用快捷批处理就可以大大地提高工作效率。

由于动作是创建快捷批处理的基础,因此在创建快捷批处理之前,必须在动作面板中创建所需的动作。

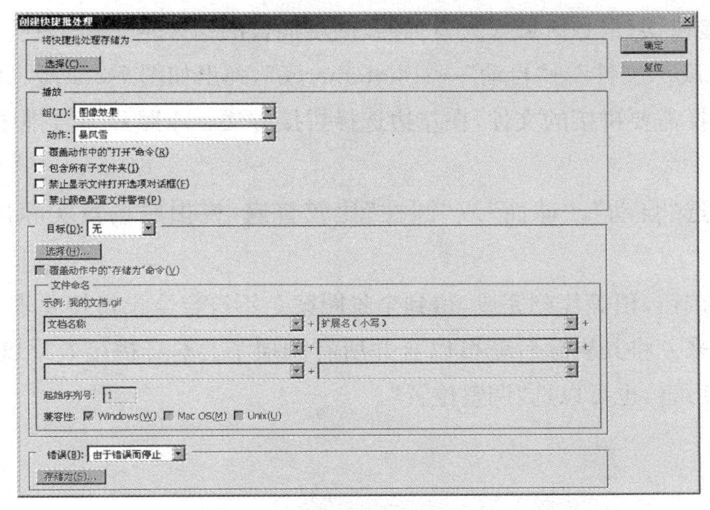

图 7-2-3 “创建快捷批处理”对话框

执行“文件”→“自动”→“创建快捷批处理”命令，弹出“创建快捷批处理”对话框，如图7-2-3所示，设置相关参数后单击“确定”按钮，即可建立快捷批处理的可执行文件，生成快捷批处理图标，在需要处理该操作的图像文件时，只需将文件或文件夹拖移到此快捷批处理图标即可自动执行。

（三）裁剪并修齐照片

在扫描相片时，常常会将多张相片放在一起扫描，这时可以通过“裁剪并修齐照片”命令将扫描好的相片分割开来，生成独立的图像文件。

执行“文件”→“自动”→“裁剪并修齐照片”命令，即可自动执行该命令进行图片的裁剪并修齐照片操作。

裁剪并修齐扫描过的照片 可以在扫描仪中放入若干照片并一次性扫描它们，这将创建一个图像文件。裁剪并修齐照片命令是一项自动化功能，可以通过多图像扫描创建单独的图像文件。为了获得最佳结果，您应该在要扫描的图像之间保持1/8英寸的间距，而且背景(通常是扫描仪的台面)应该是没有什么杂色的均匀颜色。“裁剪并修齐照片”命令最适于外形轮廓十分清晰的图像。

（四）自动化工具 Photomerge

当照相时，如果相机拍不完一个场景，可以只拍一部分，分几次拍完，然后在 Photoshop 中用 Photomerge 就能把图片自动合成一个整体了。不过拍的时候要注意使每个图像都有重叠的部分，这样才能合成一个完整的图片，合成后边缘的裁剪下就可以了。

Photomerge 的功能是将多张部分重叠区域的数码照片拼接成一个具有更宽阔视角的全景照片，Photomerge 能自动化实现：重叠区域的自动化识别，分析，排列，特征点的捕捉，曝光差异的光滑过渡，从而建立无缝全景照片。

Photomerge 是一种自动化图像识别技术，为了避免识别分析的错误，对照片两张照片之间的重叠区域应该在25％～40％左右。重叠区域太小，Photomerge 无法识别照片之间的特征点，造成拼接错误；重叠区域太大，将导致图层混合的错误。

打开 Photoshop“文件”→“自动”→“Photomerge”，弹出如图7-2-4所示的对话框。在弹出的对话框中选择需要拼接的文件，在左边选择拼接方法。原照片无需排序或反转，软件自动识别并完成。

拼接方法上选“自动”、“球面”或“圆柱”比较普遍，视拍照场景实际情形选择需要的版面。

单击“确定”按钮，稍等片刻完成，得到全景图案。不符合全景拼接要求的照片将会被扔到下面单独列出来。将其剔除后就可以合并所有图层了。本身拼接效果就比较好，且不希望处理时变形得厉害，也可以选“调整位置”。

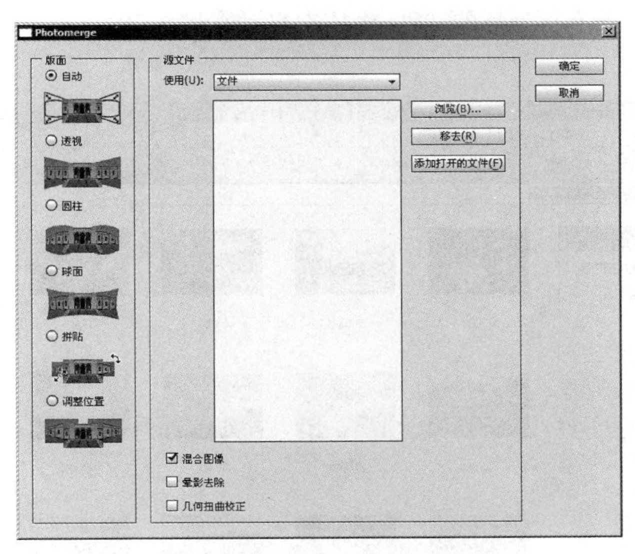

图 7-2-4　“Photomerge”对话框

7.2.3　任务实施

（一）制作一批怀旧效果图片

1. 执行“文件”→“自动”→“批处理”命令，弹出“批处理”对话框。

2. 选择“图像效果”中的“仿旧照片”动作，选择需处理的文件所在文件夹“C:\Documents and Settings\wxj1332\桌面\批处理”，目标选择“文件夹”并选择“D:\Backup\我的文档\我的图片”作为目标文件夹，文件命名为“2 位数序号＋扩展名(小写)”，完成如图7-2-5所示设置后，单击“确定”按钮。

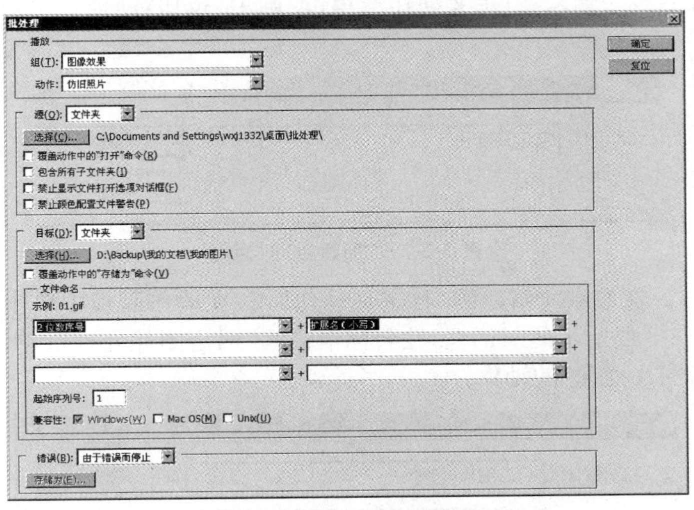

图 7-2-5　“批处理”对话框设置

3. 将自动执行批处理文件，依次对源文件夹中的每个文件进行“仿旧照片”处理，每个文件存储时将会弹出“存储”对话框，选择保存为“＊.jpg”文件即可完成操作。

4. 操作完成后，所有批处理的文件，将依次自动存储为“01. jpg，02. jpg…. ”，目标文件夹如图 7-2-6 所示。

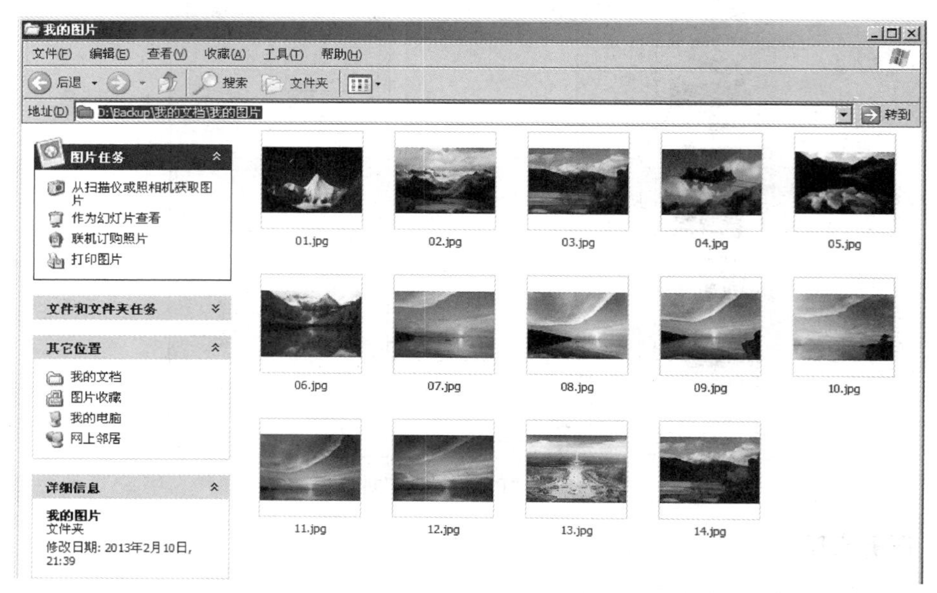

图 7-2-6　目标文件夹文件批处理后效果图

（二）处理网店图片

网店图片需要处理，要求图像大小 350 * 350，文件名依次保存为“01. jpg，02. jpg”等。

1. 创建新动作

（1）新建一个动作组（序列）。在动作面板中单击“新建组”图标按钮，弹出如图 7-2-7 的所示的对话框，在名称中输入“自定义动作”，单击“确定”按钮，新建一个名为“自定义动作”的组。

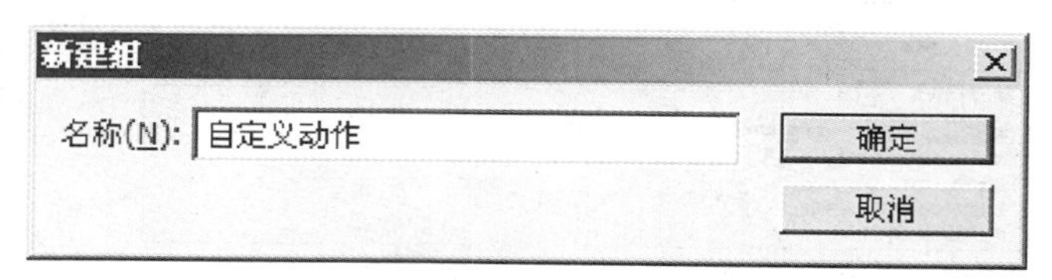

图 7-2-7　“新建组”对话框

（2）新建动作。选取刚才新建的“自定义动作”组，在动作面板中单击“新建动作”图标按钮，弹出如图 7-2-8 的所示的对话框，在名称中输入“网店图片处理”，单击“确定”按钮，新建一个名为“网店图片处理”的动作。

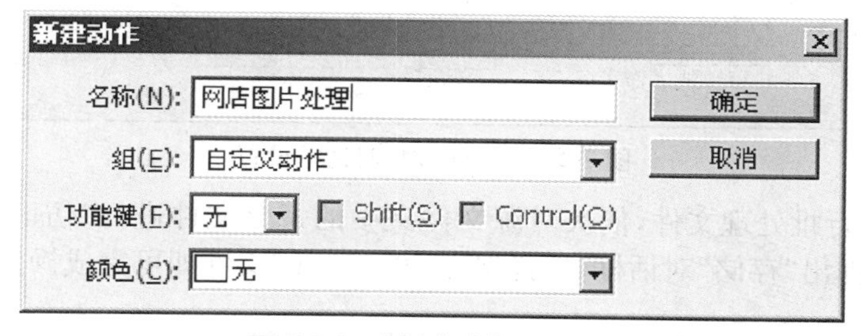

图 7-2-8　“新建动作”对话框

（3）录制动作

①录制第一个动作，执行“图像”→“图像大小”命令，在弹出的“图像大小”对话框中输入高宽为 350 * 350 像素，如图 7-2-9 所示，再单击对话框中的“确定“按钮。

②录制第二个动作，执行“文件”→“存储”命令，将文件保存。

③录制第三个动作，执行“文件”→“关闭”命令，将文件关闭。

④录制完成后，单击动作面板中的的“停止/播放记录”按钮，完成网店图片处理动作录制。

动作录制完成后，动作面板如图 7-2-10 所示。

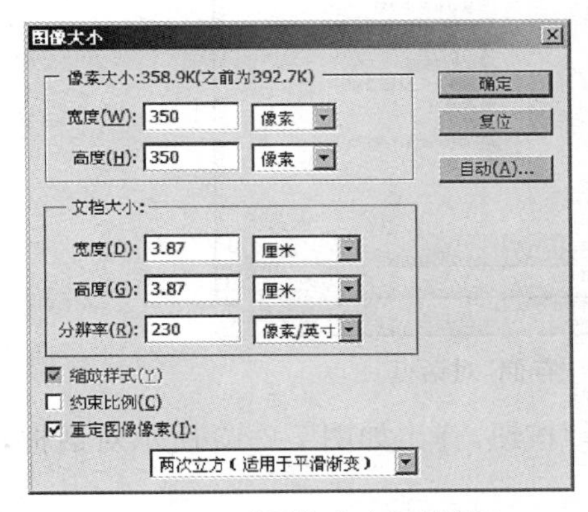

图 7-2-9　“图像大小”对话框

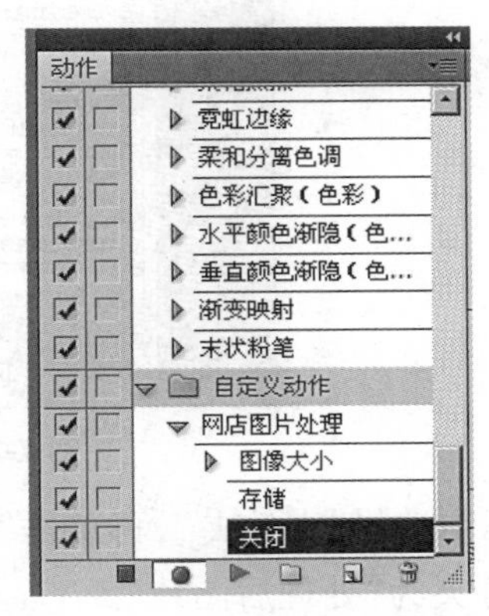

图 7-2-10　网店图片处理动作

2. 快捷批处理

执行“文件”→“自动”→“快捷批处理”命令，弹出“创建快捷批处理”对话框，如图 7-2-11 所示设置。

（1）单击“选择”按钮，弹出“存储”对话框，设置快捷批处理名称及位置，如图 7-2-12 所示。

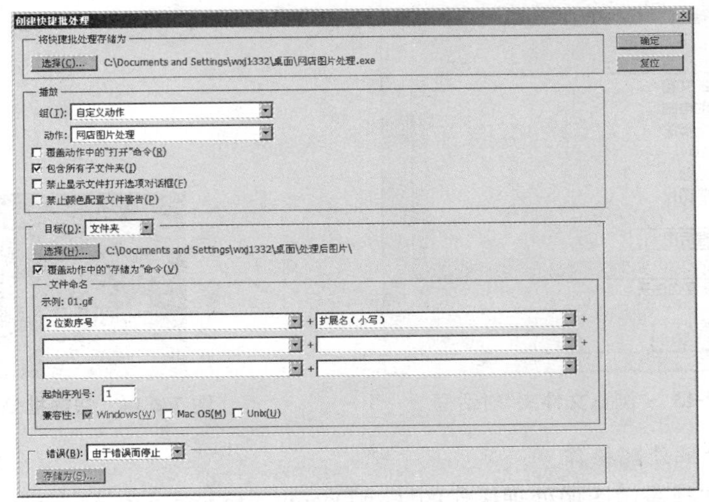

图 7-2-11　“创建快捷批处理”对话框

(2) 播放动作选项,选择“自定义动作”组中的“网店处理图片”动作。

图 7-2-12 “存储”对话框

(3) 目标中选择“文件夹”,再单击“选择”按钮,弹出如图 7-2-13 所示对话框,新建一个存储目标文件夹为“处理后图片”。

(4) 由于本次批处理操作需要存储文件,此处一定要勾选“覆盖动作中的‘存储为’命令”复选框。

(5) 文件名设置“2 位数字序号+扩展名(小写)”方式。

所有设置完成后,单击“确定”按钮,在桌面上将出现如图 7-2-14 所示的快捷批处理“网店图片处理.exe”可执行文件图标。

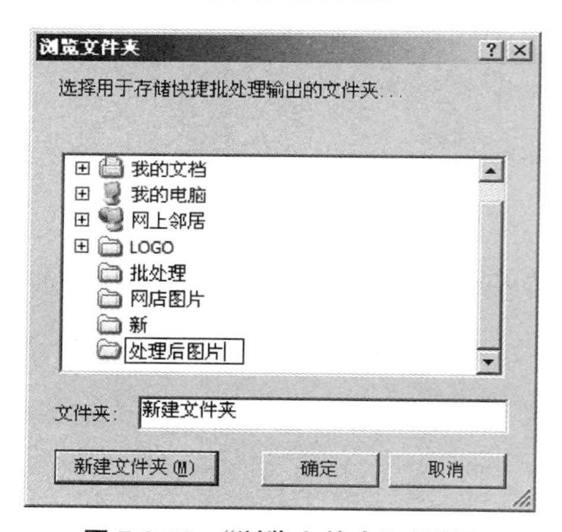

图 7-2-13 “浏览文件夹”对话框

图 7-2-14 快捷批处理图标

3. 执行快捷批处理操作

回到桌面,选择需做图像处理操作的“C:\Documents and Settings\wxj1332\桌面\网店图片”文件夹,拖移到“网店图片处理.exe”可执行文件图标上松开鼠标,文件夹中的文件将自动执行批处理操作，操作完成任务后效果如图 7-2-15 所示。

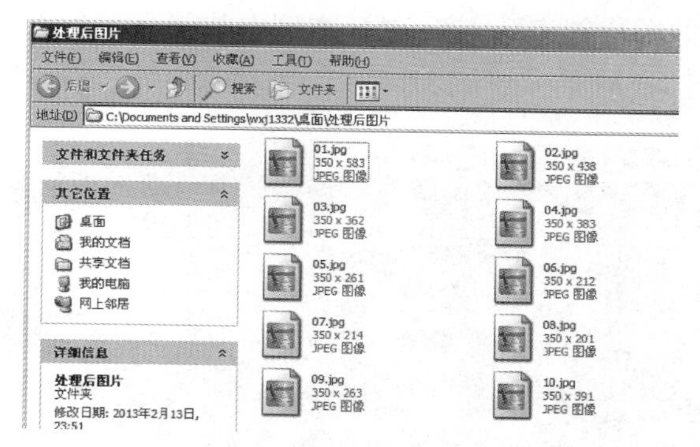

图 7-2-15　处理后图片文件浏览

（三）扫描文件的修整

扫描相片时，有时会在扫描仪中放入多张相片一起扫描，但扫描完成后又需要将它们独立分开，这就需要使用“裁剪并修齐照片”命令。

1. 执行“文件”→“打开”命令，打开所扫描的多张相片的“野炊一出发.jpg”素材文件，如图 7-2-16 所示。

图 7-2-16　扫描的多张相片

2. 执行“文件”→“自动”→“裁剪并修齐照片”命令，Photoshop 就开始自动裁剪并修齐照片，并为每张修剪后的图片创建一个新文档，本例中共创建 8 个新文档，排列这几个文档，如图 7-2-17 所示。

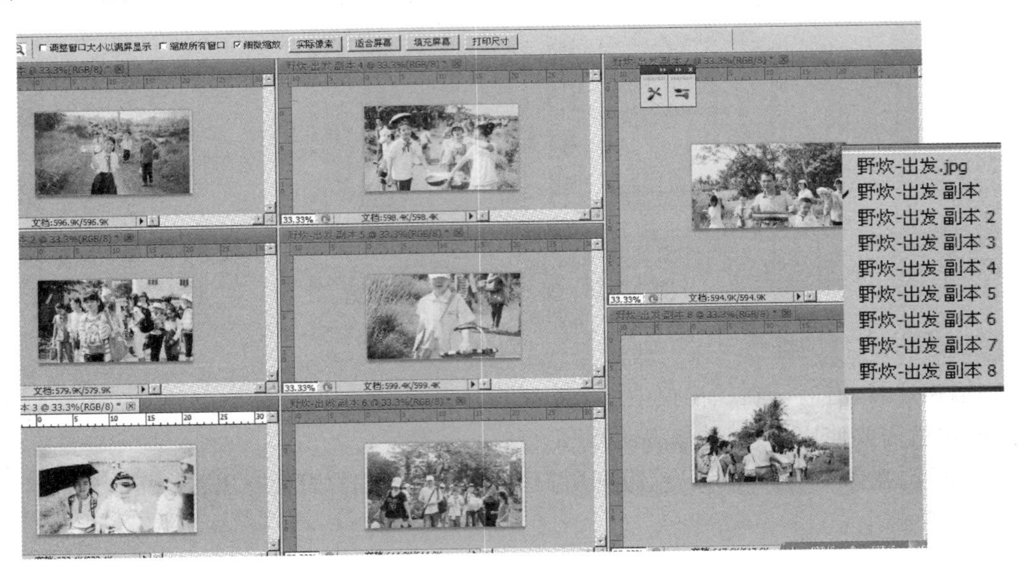

图 7-2-17　裁剪并修齐后的相片

3. 最后将所创建的 8 个文档分别保存到指定的文件即可。

提示

在扫描照片时需注意，不能重叠照片，而且每张照片间留出一些空隙，背景也不能有杂质，应该是纯色的背景色。

7.2.4　任务拓展

任务：全景图的合成

Photomerge 是一个图片自动拼贴的命令，有点类似于全景图拼接，但是功能更加强大，下面我们来拼合一张全景图。

1. 打开需全景拼接的几个图片文件。原图像如图 7-2-18 所示。

2. 执行“文件”→“自动”→“Photomerge”命令，弹出“Photomerge”对话框。

3. 单击“添加打开的文件”，如果没有先打开需处理的文件，也可从“浏览”按钮指定需操作的文件。

图 7-2-18　拼合前原图

4. 在对话框中设置如图 7-2-19 所示。

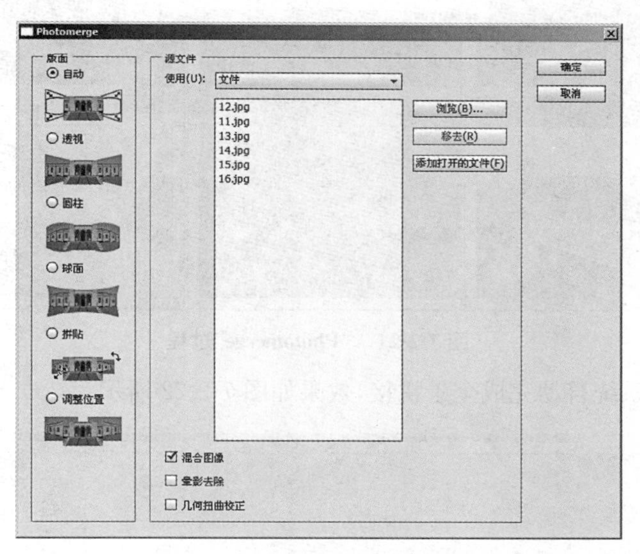

图 7-2-19　“Photomerge”对话框

（1）在该对话框中，从“使用”选项卡所弹出的下拉菜单中选取一个选项：

“文件”：可使用单个文件生成 Photomerge 合成图像；“文件夹”：使用存储在一个文件夹中的所有图像来创建 Photomerge 合成图像。该文件夹中的文件会出现在此对话框中。

（2）单击“浏览”按钮可打开要用来创建 Photomerge 合成图像的源文件或文件夹。可通过再次单击“浏览”按钮并打开到源文件来添加更多的文件。总是可以通过选择某个文件并单击“移去”按钮将该文件从“源文件”列表中移去。

（3）在添加了所有的源文件后，单击“确定”按钮后开始进行创建 Photomerge 合成图像，分别经过对齐图层、基于内容混合所选图层、创建无缝合成图像几个过程，执行过程如图 7-2-20至图 7-2-21 所示，所指定的源文件将会自动打开并将进行处理。

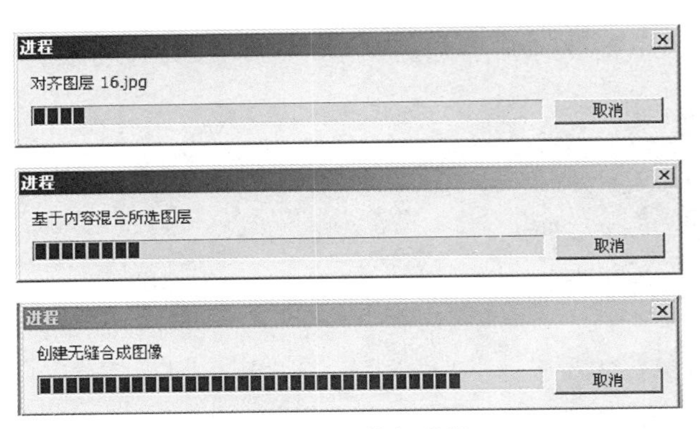

图 7-2-20　执行进程

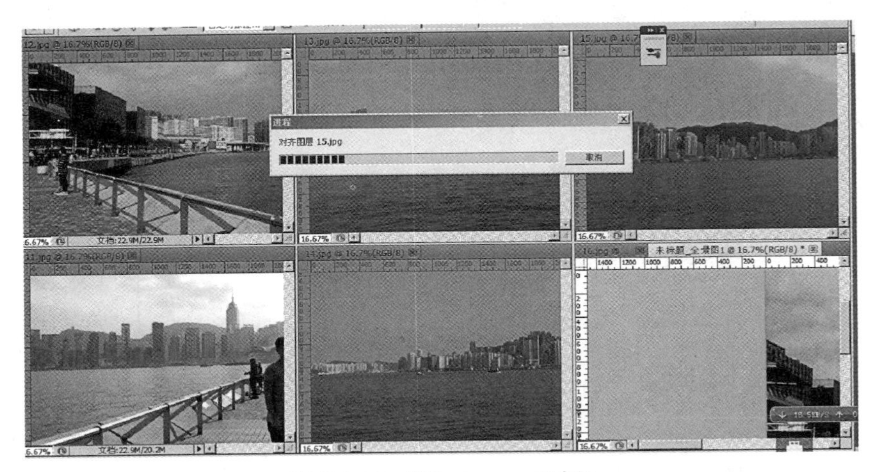

图 7-2-21　“Photomerge”过程

5. 稍等一会，系统自动完成全景拼接，效果如图 7-2-22 所示。

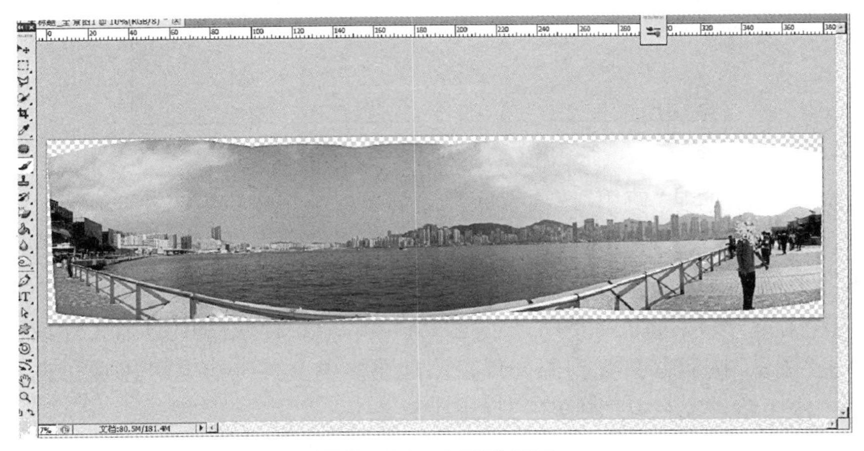

图 7-2-22　全景拼接图

6. 最后，对所生成的图像进行裁剪即可完成，效果如图 7-2-23 所示。

图 7-2-23 效果图

项目小结

本项目主要讲解 Photoshop 中动作的应用、录制、编辑等的操作方法，及几个常用的自动化命令的使用方法。任务自动化可以节省时间，达到事半功倍的效果，并确保多种操作的结果一致性。

项目作业

一、选择题

1. 动作面板中各操作步骤左侧的“切换对话开/关”图标的含义是(　　)。

(A) 设置步骤是否显示　　(B) 设置步骤的执行与否

(C) 打开对话框进行设置　　(D) 以上都不是

2. 下列不属于编辑动作的是(　　)。

(A) 修改动作　　(B) 创建动作

(C) 复制动作　　(D) 删除动作

二、填空题

1. 动作文件的扩展名是____________________。

2. 选择“动作”面板菜单中的“插入菜单项目”命令，可在动作中的指定位置__________。

三、操作题

1. 打开如图 7-3-1 所示的图像，应用“霓虹灯光”动作命令，给图像添加霓虹灯光，效果如图 7-3-2所示。

图 7-3-1　素材图像

图 7-3-2　添加霓虹灯光效果后图像

2. 利用所学知识制作如图 7-3-3 所示的图形。

提示：

(1) 首先绘制一个正方形选区，执行“选择”→“修改”→“边界”命令，将选区绘制出 1PX 的边界填充红色；

(2) 录制动作执行“选择”→“变换选区”命令，将选区缩放 150%比例并填充红色；

(3) 反复执行动作，绘制出效果图。

图 7-3-3

项目八 3D及动画处理

项目描述

在平面设计中往往需要加入3D及动画的图像处理技术，但专业的3D及动画处理软件庞大且不容易掌握，其实我们也可以通过Photoshop CS6软件来实现3D及动画效果的处理。

能力目标

★掌握3D面板的使用。

★学会创建3D模型。

★掌握3D材质、光源的灵活应用。

★掌握动画与视频制作。

8.1 任务一 易拉罐的制作

8.1.1 任务情境

公司接到一个易拉罐的平面广告制作单，为了突出易拉罐效果，希望能在广告中设置3D效果的易拉罐。

8.1.2 任务剖析

一、应用知识点

(一) 3D基础知识

(二) 3D面板

二、知识链接

(一) 3D基础知识

Photoshop CS4开始引入了3D功能，到Photoshop CS6版本做了较大的改进。使用Photoshop CS6不但可以打开和处理由3D MAX、MAYA、ALIAS等软件生成的3D对象，也可以支持如U3D、3DS、OBJ、DAE等3D文件格式。

1. 3D 性能设置

3D 功能对显卡的性能要求特别高，如果显卡达不到要求，将无法使用 3D 功能。要启动 3D 功能，可先通过执行“编辑”→“首选项”→“性能”命令，弹出“首选项”对话框，在打开的对话框中的“图形处理器设置”中勾选“使用图形处理器”复选项，如图 8-1-1 所示。

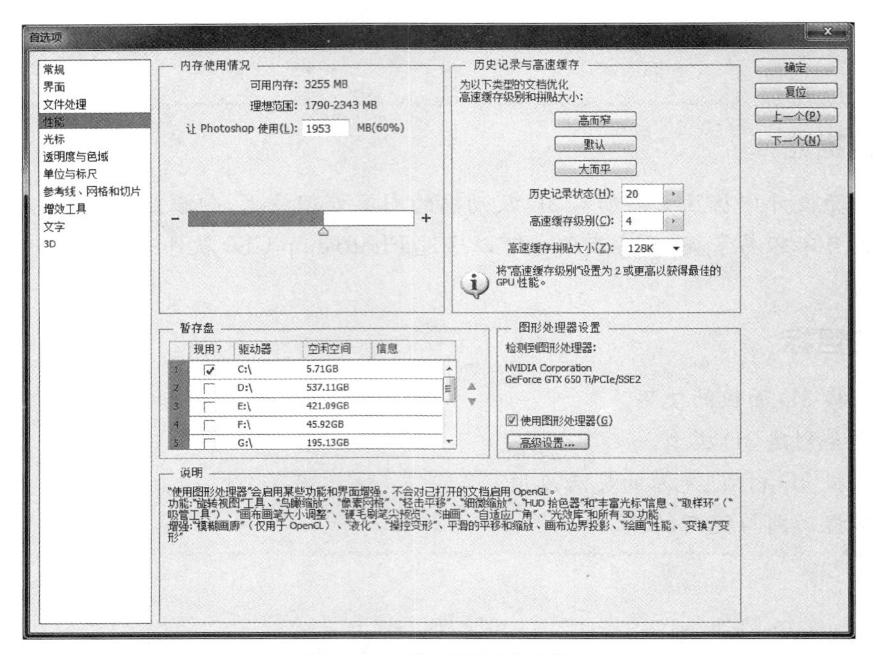

图 8-1-1　使用图形处理器

2. OpenGL

OpenGL 是一种软件和硬件标准，可在处理大型复杂图像时加速视频处理过程。在安装了 OpenGL 的系统中，处理 3D 图像时能得到很大的提高。OpenGL 需要支持 OpenGL 标准的视频适配器，如果已安装了高端显卡，则可在“图形处理设置”选项组中单击“高级设置”按钮，在弹出的对话框中如图 8-1-2 所示设置，单击“确定”按钮即可。

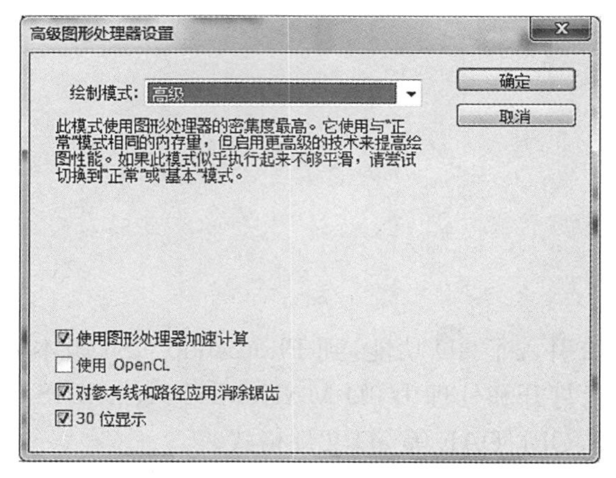

图 8-1-2　“高级图形处理器设置”对话框

（二）3D面板

执行“窗口”→“3D”菜单命令，将调出3D面板。

在3D面板的顶部的依次分别显示了场景、材质、网格、光源按钮组件，面板下面将会显示所选择的3D组件的设置及选项，3D面板如图8-1-3所示。3D面板中选择不同的组件可显示相应的属性面板，3D场景属性面板如图8-1-4所示。

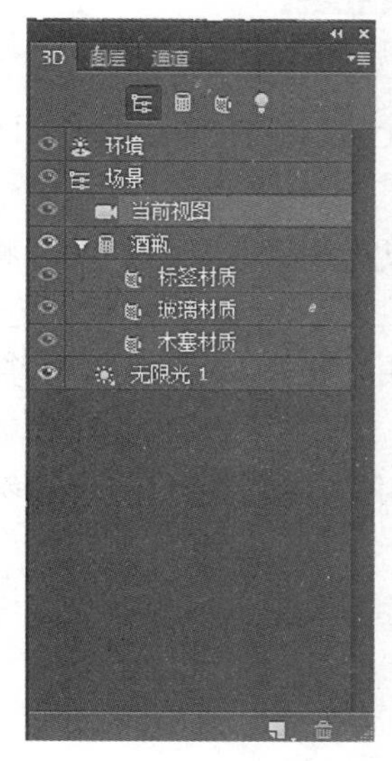

图8-1-3　3D面板

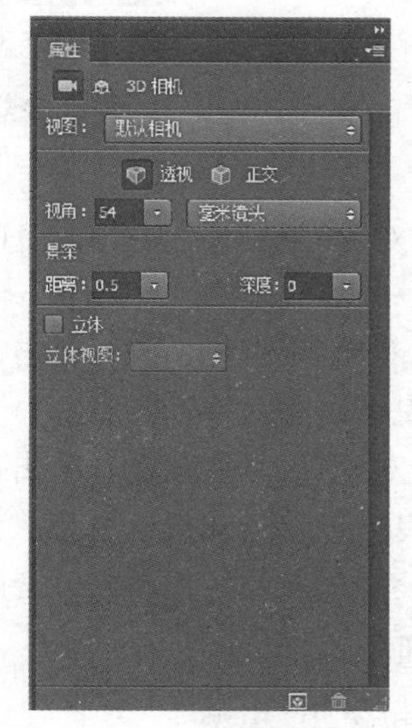

图8-1-4　3D场景属性面板

（1）场景

可更改演算模式、选取要绘图的纹理或建立横截面。

（2）网格

3D模型至少包含一个网格，也可以包含多个网格，网格是提供3D模型的底层结构。在Photoshop中可以在多个渲染模式下查看网格情况，也可以分别对每个网格进行查看操作。

3D模型中的每个网格都出现在3D面板顶部的单独线条上。选择网格，可访问网格设置和3D面板底部的信息。这些信息包括：应用于网格的材质和纹理数量，以及其中所包含的顶点和表面的数量。

（3）材质

一个网格可以包含一种或多种材质，由材质来制造出局部或全局的网格外观。3D面板顶部列出了在3D文件中使用的材质。可能使用一种或多种材质来创建模型的整体外观。如果模型包含多个网格，则每个网格可能会有与之关联的特定材质。或者模型可能是通过一个网格构建的，但在模型的不同区域中使用了不同的材质。

（4）光源

光源有三种，分别是无限光、点光和聚光灯，可以通过移动和调整光照的颜色、强度来改变效果，也可以将光照添加到3D场景中。3D光源从不同角度照亮模型，从而添加逼真的深度和阴影。

（三）3D 对象工具属性栏

打开或创建 3D 对象后，即可在工作界面显示 3D 对象的视图界面，单击视图界面可在主视图与辅助视图之间切换。

在工具箱中选择移动工具，可显示 3D 对象工具属性栏，如图 8-1-5 所示。

图 8-1-5　3D 对象工具属性栏

1. “旋转 3D 对象”工具按钮：将对象进行上下、左右拖曳可将 3D 模型分别绕着 X 轴、Y 轴旋转。

2. “滚动 3D 对象”工具按钮：在窗口中单击鼠标左键并左右拖曳可将模型绕着 Z 轴旋转。

3. “拖动 3D 对象”工具按钮：单击鼠标左键并左右拖曳可以水平移动模型，单击鼠标左键并上下拖曳可以垂直移动模型。

4. “滑动 3D 对象”工具按钮：单击鼠标左键并左右拖曳可以水平移动模型，单击鼠标左键并上下拖曳可以拉远或拉近模型。

5. “缩放 3D 对象”工具按钮：单击鼠标左键并左右拖曳可以放大或缩小模型。

8.1.3　任务实施

（一）制作易拉罐 3D 模型

1. 新建文档。执行“文件”→“新建”命令，弹出“新建”对话框，设置文档名称为“易拉罐”，宽度为 500＊500 像素，颜色模式为 RGB，分辨率为 72 像素，背景色为白色，单击“确定”按钮。

2. 执行“3D”→“从图层新建网络”→“网络预设” →“汽水”命令，如图 8-1-6 所示。

3. 执行菜单命令后，创建如图 8-1-7 所示的易拉罐模型。

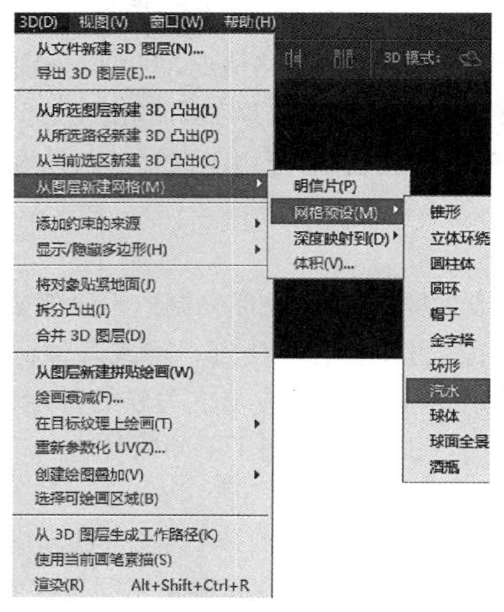

图 8-1-6　执行“汽水”命令

图 8-1-7　易拉罐模型

（二）渲染模型

下面我们来给模型添加材质、网格及光源

1. 执行“窗口”→“3D”命令，弹出 3D 面板。

2. 在 3D 面板上单击“标签材质”选项，如图 8-1-8 所示，其属性面板中单击“漫射”右边的按钮，弹出下拉菜单，选择“替换纹理”，如图 8-1-9 所示。

图 8-1-8　选择“标签材质”

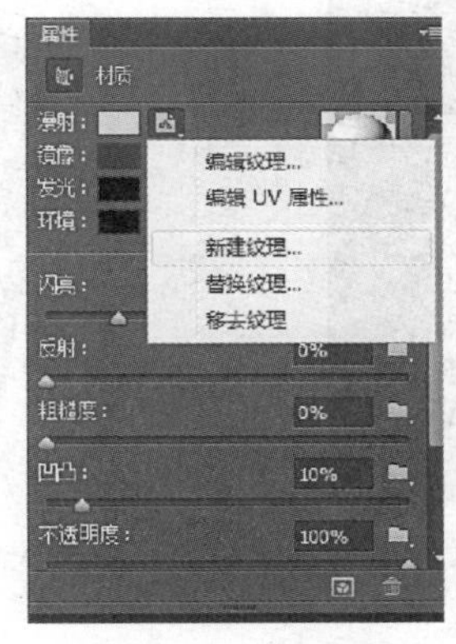

图 8-1-9　替换纹理

3. 然后将弹出“打开”对话框，在“打开”对话框中选择如图 8-1-10 所示的“菊花茶. JPG”文件，载入纹理后效果如图 8-1-11 所示。

4. 返回 3D 面板中选择“盖子材质”，采用与第 3 步相同的方法，对盖子材质也添加“菊花茶. JPG”文件作为纹理载入，完成后效果如图 8-1-12 所示。

图 8-1-10　“菊花茶. jpg”文件原图

图 8-1-11　添加标签材质纹理

图 8-1-12　添加盖子材质纹理

5. 在 3D 面板上单击“无限光 1”选项，并在其属性面板中如图 8-1-13 所示设置。

6. 单击工具箱的移动工具，在其属性栏右边单击按钮，鼠标变为形状时，在画布中拖动鼠标，设置模型对象位置及旋转方向，操作完成效果如图 8-1-14 所示。

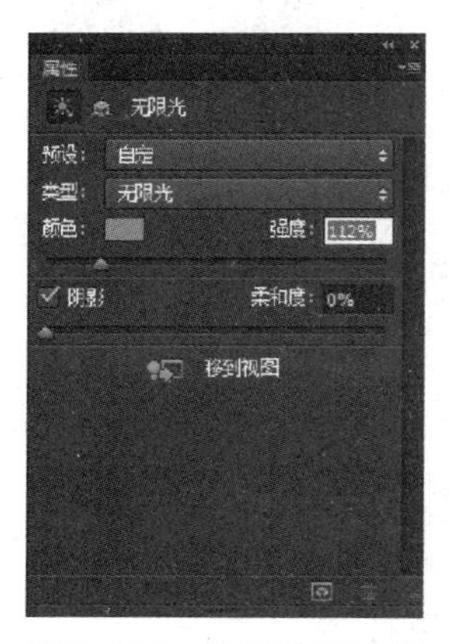

图 8-1-13　光源选项设置

图 8-1-14　效果图

7. 保存文件。

8.1.4　任务拓展

（一）制作酒瓶

1. 新建文件。执行“文件”→“新建”命令，弹出“新建”对话框，设置文档名称为“易拉罐”，宽度为350像素，高度为500像素，颜色模式为RGB，分辨率为72像素，背景色为白色，单击“确定”按钮。

2. 选择3D面板中的“从预设创建网络”选项，并从其下拉列表中选择“酒瓶”，如图8-1-15所示，单击“创建”按钮，得到如图8-1-16所示酒瓶模型。

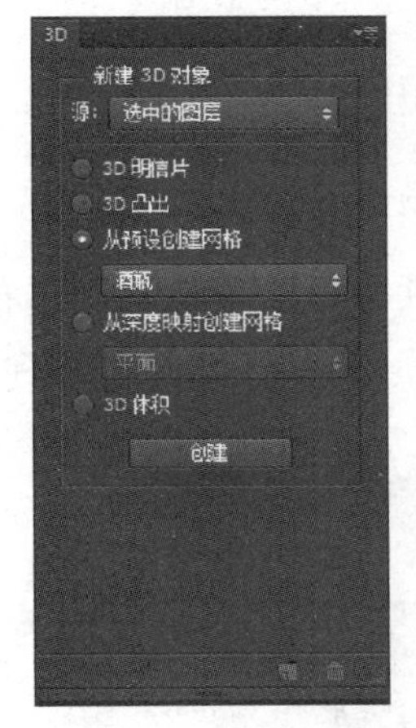

图 8-1-15　3D面板创建酒瓶

图 8-1-16　酒瓶模型

3. 在3D面板上单击“标签材质”选项，在其属性面板中单击“漫射”右边的“色板块”按钮，然后在弹出的“拾色器”对话框选择如图8-1-17所示设置颜色，单击“确定”按钮，得到如图8-1-18所示效果。

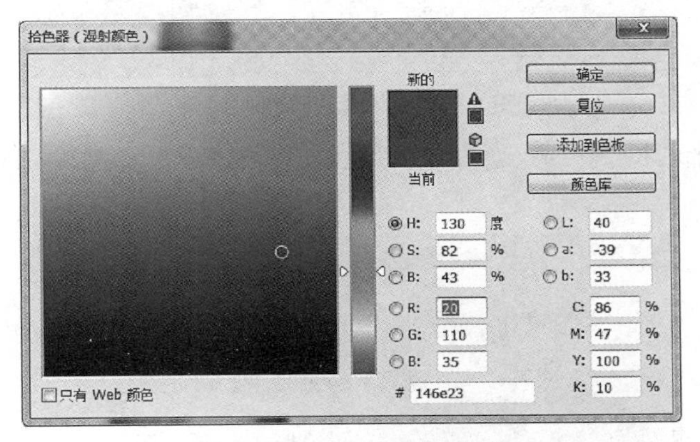

图 8-1-17　“拾色器”对话框

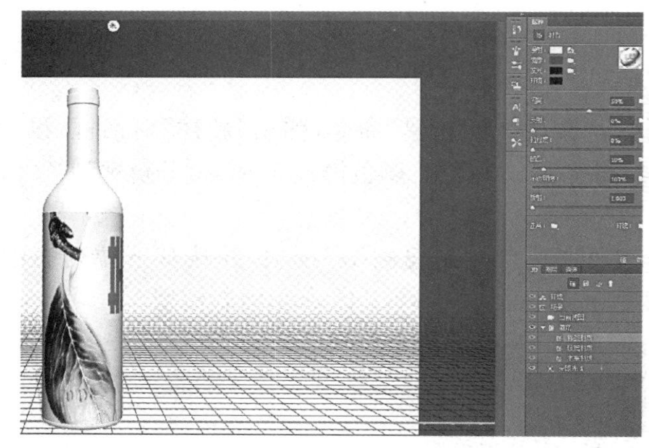

图 8-1-18　替换标签材质效果

4. 在 3D 面板中选择"玻璃材质"选项，在其属性面板中单击"漫射"右边的按钮，在弹出的下拉菜单中，选择"替换纹理"，然后在弹出的"打开"对话框中选择"啤酒. JPG"文件，"啤酒. JPG"，效果如图 8-1-19 所示。

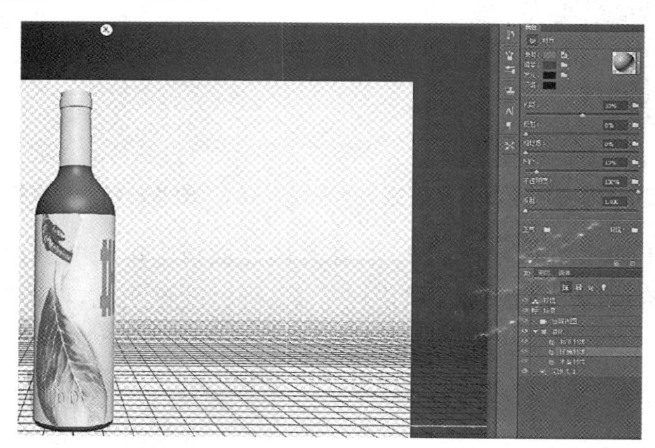

图 8-1-19　设置玻璃材质效果

5. 类似地，选择"木塞材质"，对"木塞材质"漫射纹理设置如图 8-1-20 所示，完成后效果如图 8-1-21 所示。

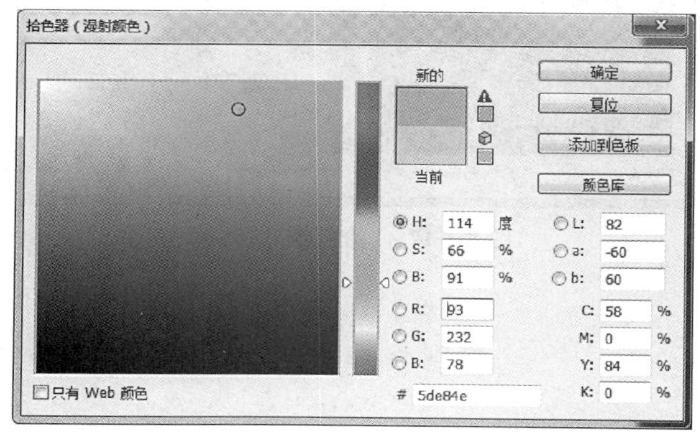

图 8-1-20　木塞材质颜色设置

图 8-1-21　材质设置后效果

6. 还可对其光线、位置等进行调整，完成后执行“图层”→“栅格化”→“图层”，将其转换为普通图层，保存文件，最终效果如图 8-1-22 所示。

图 8-1-22　酒瓶效果图

（二）制作趣味球体

1. 新建文档。执行“文件”→“新建”命令，弹出“新建”对话框，设置文档名称为“易拉罐”，宽度为 350 像素，高度为 350 像素，颜色模式为 RGB，分辨率为 72 像素，背景色为白色，单击“确定”按钮。

2. 在如图 8-1-23 所示的 3D 面板中选择“从预设创建网络”，再在其下拉列表中选择“球体”，单面“创建”按钮，生成球体模型。

3. 在 3D 面板上单击“标签材质”选项，单击 3D 属性面板中选择如图 8-1-24 所示的趣味纹理，改变球体材质，完成后效果如图 8-1-25 所示。

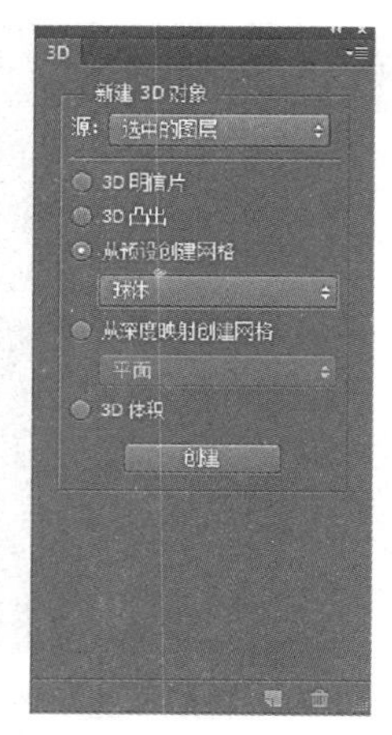

图 8-1-23　选择创建球体模型

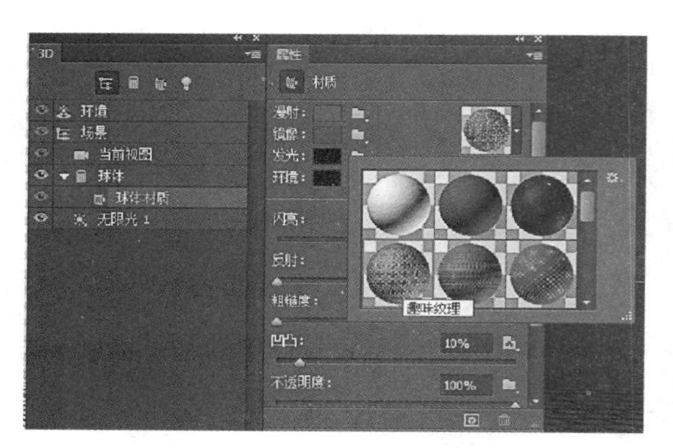

图 8-1-24　趣味纹理

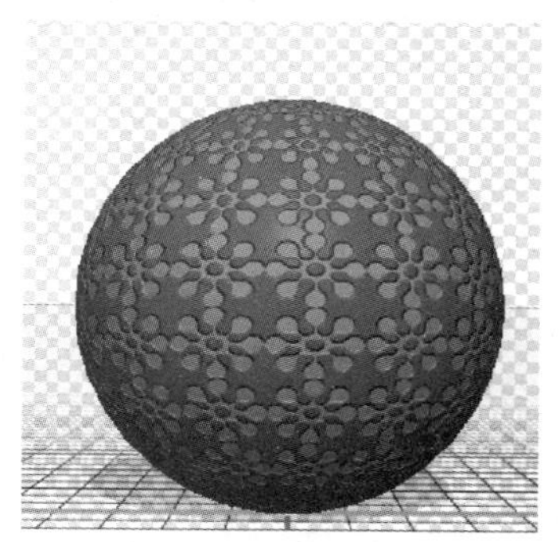

图 8-1-25　添加趣味纹理后的球体效果

4. 单击 3D 面板的“无限光 1”，在其 3D 属性面板中按如图 8-1-26 所示设置无限光，最终效果如图 8-1-27 所示。

5. 将图层栅格化为普通图层，保存文件。

图 8-1-26　“无限光”设置

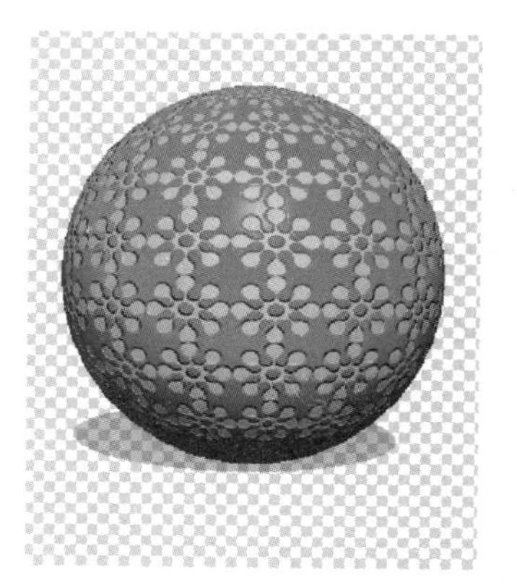

图 8-1-27　球体最终效果图

8.2　任务二　视频与动画

8.2.1　任务情境

网络已深入到人们的生活和工作中，微信或QQ表情图片更是现代人生活及工作中不可缺少的调味品，本例应用Photoshop CS6制作一个跳动的红心的动画表情图片。

8.2.2　任务剖析

一、应用知识点

（一）动画基础知识

（二）帧动画面板

（三）视频功能

二、知识链接

（一）动画基础知识

动画是在一段时间内显示的一系列图像或帧，当每一帧较前一帧有轻微的变化时，连续、快速地显示这些帧就会产生动态变化的视觉效果。

执行“窗口”→“时间轴”命令，打开时间轴面板，如图8-2-1所示。

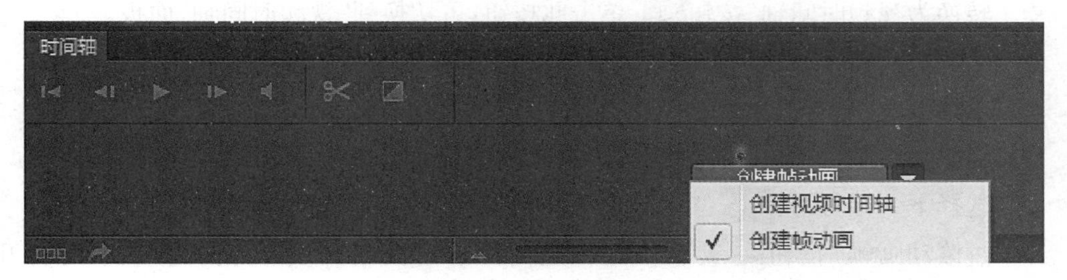

图8-2-1　帧动画面板

单击图8-2-1中的“创建帧动画”命令，切换为“帧动画”面板模式，如图8-2-2所示。

图8-2-2　帧动画面板

“帧动画”面板会显示出动画中的每个帧的缩览图，使用底部的工具可进行浏览各个帧、设置循环、添加和删除帧以及浏览动画等操作。

❖ 当前帧:缩览图有小白边框的为当前帧,如图 8-2-2 中第 3 帧为当前帧。

❖ 帧的播放速率:单击缩览图下方的下拉列表,在弹出的下拉列表中可以设置每帧的播放速率,如图 8-2-3 所示。

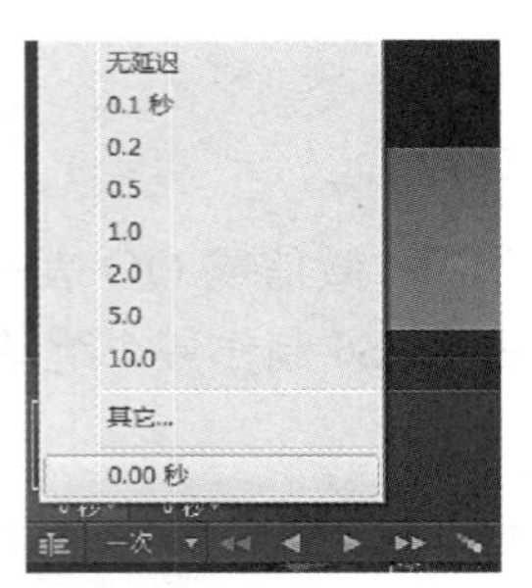

图 8-2-3 帧的播放速率设置

❖ 设置循环次数:选择循环选项列表,在下拉列表中选择播放形式。如选择其他,则可弹出如图 8-2-4 所示"循环次数设置"对话框,在对话框中设置所需的循环次数。

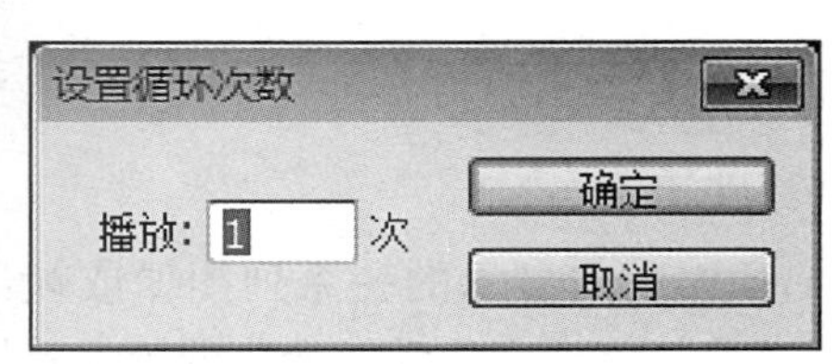

图 8-2-4 循环次数设置

❖ "转换为视频时间轴"按钮 :单击此按钮,可切换到"视频时间轴"面板。

❖ "选择第一帧"按钮 :单击此按钮,可自动选择序列中的第一帧作为当前帧。

❖ "选择上一帧"按钮 :单击此按钮,可选择当前帧的上一帧。

❖ "播放动画"按钮 :单击此按钮,在窗口播放动画,再次单击时停止播放。

❖ "选择下一帧"按钮 :单击此按钮,可选择当前帧的下一帧。

❖ "过渡动画帧"按钮 :在指定帧之间添加过渡动画帧。单击此按钮,可打开如图 8-2-5所示的"过渡"对话框,在对话框中设置过渡方式,指定添加帧的位置。

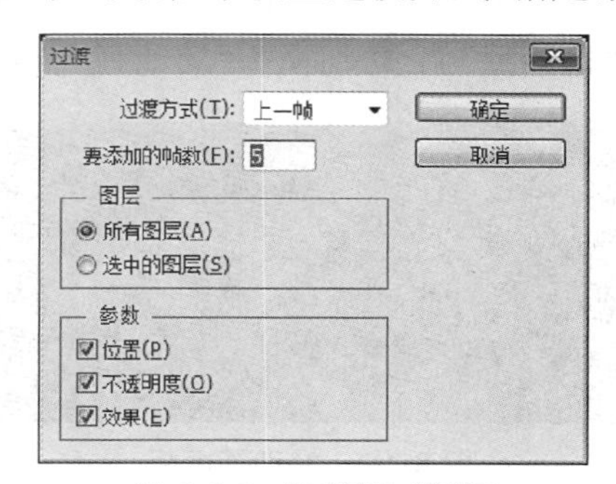

图 8-2-5 "过渡"对话框

❖ "复制所有帧"按钮 :单击此按钮,可复制选定的帧,通过编辑此帧创建新的帧动画。

✣ “删除所选帧”按钮 :单击此按钮,删除当前选定的帧。

✣ “帧动画”面板菜单:单击“帧动画”面板右上角的按钮,可打开如图 8-2-6 所示的“帧动画”面板菜单,对帧进行编辑操作。

图 8-2-6　“帧动画”面板菜单

（二）视频功能

1．*视频图层*

在 Photoshop CS6 中,可以通过打开视频文件添加为新图层或创建空白图层的方法来创建新的视频图层。执行“文件”→“打开”命令,可以在“打开”对话框中选择一个视频文件。

打开或创建一个图像文件后,执行“图层”→“视频图层”→“从文件新建视频图层”命令,可以将视频导入当前文档中。执行“图层”→“视频图层”→“新建空白视频图层”命令,可以创建一个空白的视频图层,图层面板如图 8-2-7 所示。

图 8-2-7　图层面板

2. 创建视频图像

执行“文件”→“新建”命令，在“新建”对话框的“预设”下拉列表中选择“胶片和视频”选项，即可创建一个空白的视频图像文件。

3. 视频“时间轴”面板

执行“窗口”→“时间轴”命令，弹出如图 8-2-8 所示时间轴面板，单击“创建视频时间轴”按钮，打开“时间轴”面板，如图 8-2-9 所示。

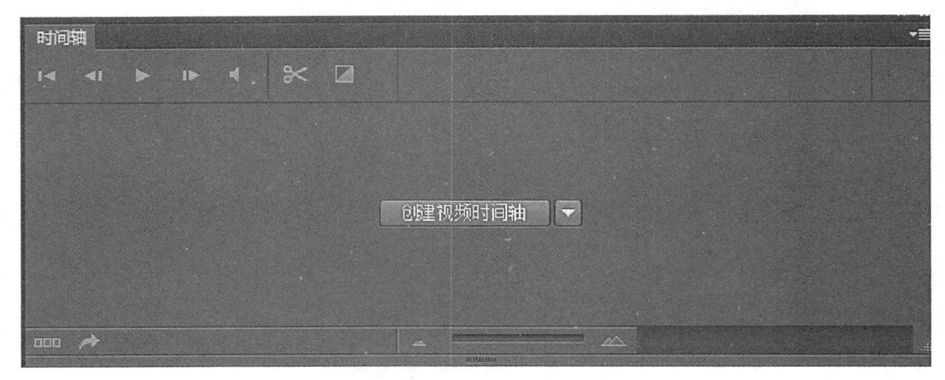

图 8-2-8 创建视频时间轴

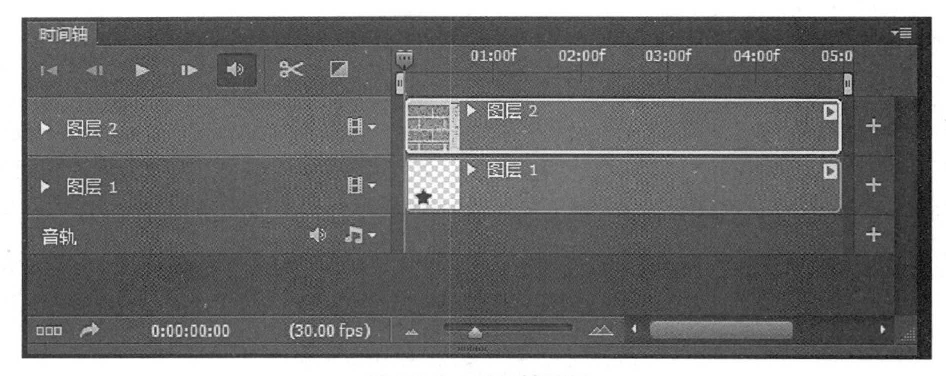

图 8-2-9 时间轴面板

(1) 播放控件：依次分别是转到第一帧按钮、转到上一帧按钮、播放按钮、转到下一帧按钮。

(2) 启用音频播放按钮：单击该按钮，启用视频的音频播放功能，再次单击该按钮启用静音音频播放功能。

(3) 在播放头处拆分按钮：单击该按钮，可在当前时间指示器所在的位置拆分视频或音频，拆分后效果如图 8-2-10 所示。

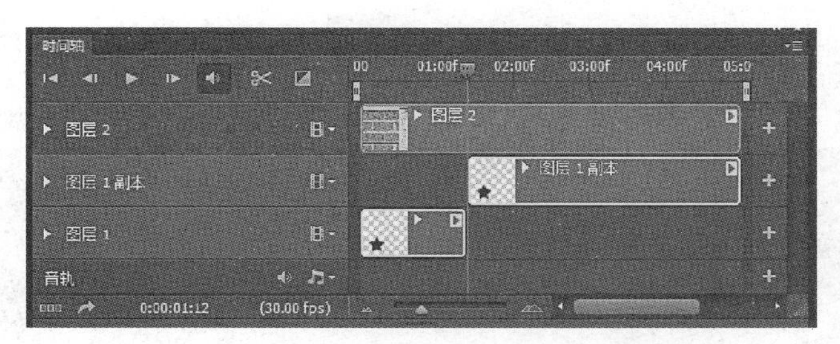

图 8-2-10　视频拆分效果

(4) 过渡效果按钮：单击该按钮可打开如图 8-2-11 所示下拉菜单，用于在两帧之间添加一系列过渡，让新帧之间的图层属性平衡过渡，创建专业化的淡化过渡效果。

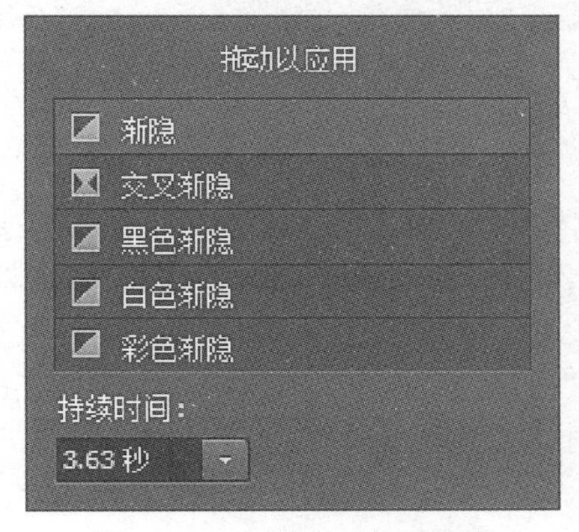

图 8-2-11　过渡效果下拉菜单

(5) 当前时间指示器按钮：拖动该按钮可浏览或调整当前时间或帧。

(6) 工作区开始及结束按钮：指定视频工作区的开始及结束位置，可通过鼠标拖动来进行定位。

(7) 关键帧导航器：单击轨道标签两侧的箭头按钮，可以将当前时间指示器从当前位置移动至上一个或下一个关键帧，单击中间的按钮可添加或删除当前时间的关键帧。

(8) 启用关键帧动画按钮：可启用或停用图层属性的关键帧设置。

(9) 转换为帧动画按钮：单击时间轴面板右下方的该按钮，可将"时间轴"面板切换为"帧动画"面板模式。

(10) 渲染视频按钮：单击时间轴面板右下方的该按钮，可以打开"渲染视频"对话框，设置各选项对视频进行渲染。

(11) 控制时间轴显示比例滑动按钮：单击左边按钮可缩小时间轴，单击右边按钮可放大时间轴，拖动中间的滑块可以自由调整时间轴。

(12) 音轨：用于编辑和调整音频。单击按钮可让音轨在静音与取消静音间切换，单击按钮可进行"新建音轨"、"添加音频"、"删除音轨"等操作。

（13）视频组：用于编辑与调整视频。单击 的下三角，可打开如图 8-2-12 所示的下拉菜单，可进行“添加媒体”、“新建视频组”等操作。

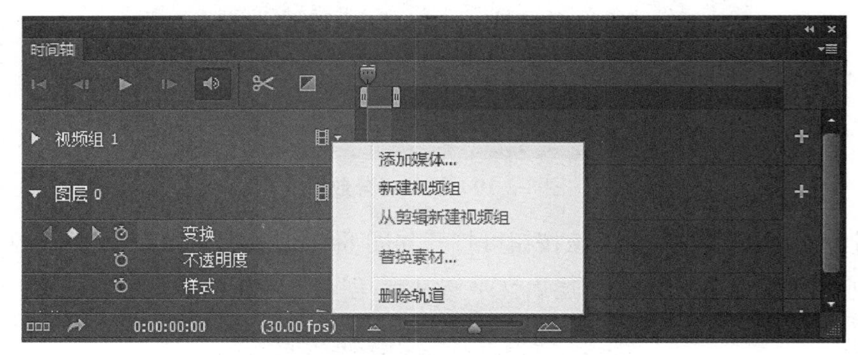

图 8-2-12　添加视频

8.2.3　任务实施

（一）绘制心形

1. 新建文档。执行“文件”→“新建”命令，弹出“新建”对话框，设置文档名称为“心”，宽度为 500 * 500 像素，颜色模式为 RGB，分辨率为 72 像素，背景色为白色，单击“确定”按钮。

2. 执行“图层”→“新建”→“图层”命令，新建图层，并将图层改名为“红心”。

3. 选择工具箱中的“自定义形状工具”，选择“红心形卡”形状，工具选项栏设置如图 8-2-13所示。

图 8-2-13　选择“红心形卡”形状

4. 将前景色设置为红色，在图像中画出一颗红心，效果如图 8-2-14 所示。

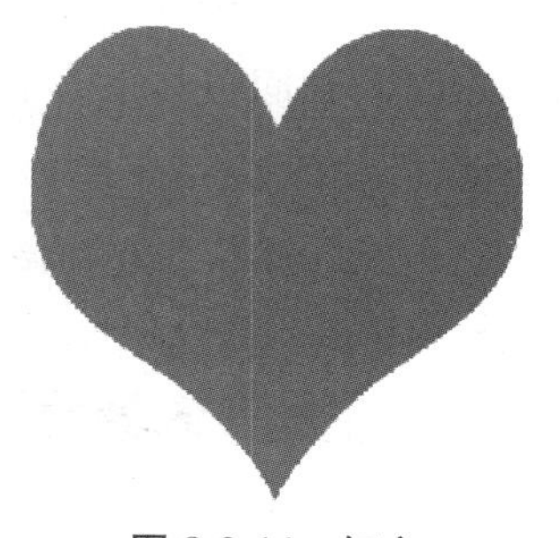

图 8-2-14　红心

5. 设“红心”图层为当前图层，执行“图层”→“图层样式”→“斜面和浮雕”命令，打开“图层样式”对话框，设置“斜面和浮雕”效果，对话框如图 8-2-15 所示设置。

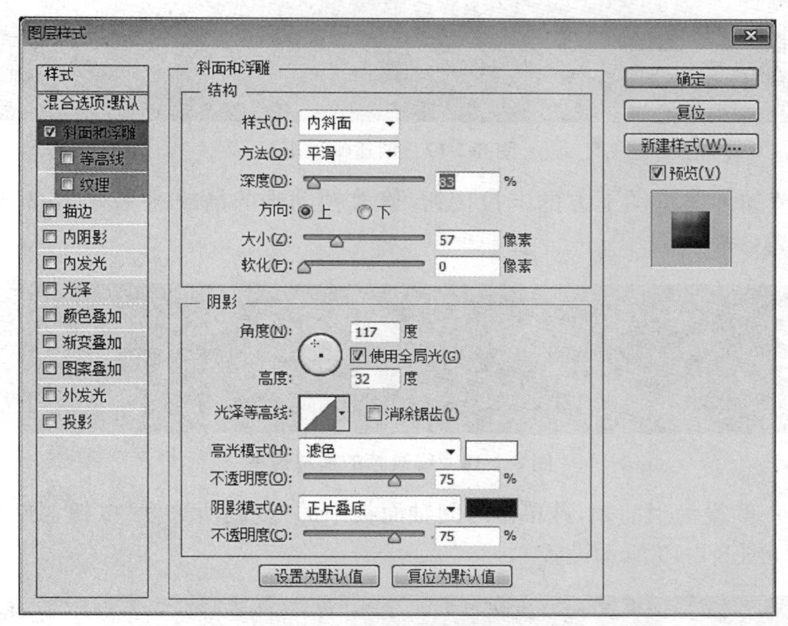

图 8-2-15 “斜面和浮雕”对话框设置

6. 在图层面板中将“红心图层”拖动到面板下方的“创建新图层”按钮上松开，复制“红心”图层副本，分别执行此操作 5 次，复制 5 个“红心”图层副本。

7. 在各个图层副本中执行【Ctrl＋T】命令，将红心进行缩放操作，将每个图层的红心改变大小，并将各个图层的红心的位置的中心点始终保持一致，效果如图8-2-16所示。

图 8-2-16 红心图层及副本图层的大小及位置效果

8. 执行“窗口”→“时间轴”命令，打开时间轴面板，单击时间轴面板中的“创建帧动画”按钮，将当前图层红心建立帧动画，如图 8-2-17 所示设置。

图 8-2-17　创建帧动画

9. 单击帧动画缩览图下方的下拉按钮，修改帧动画的播放速率为“0.2”秒，效果如图 8-2-18所示设置。

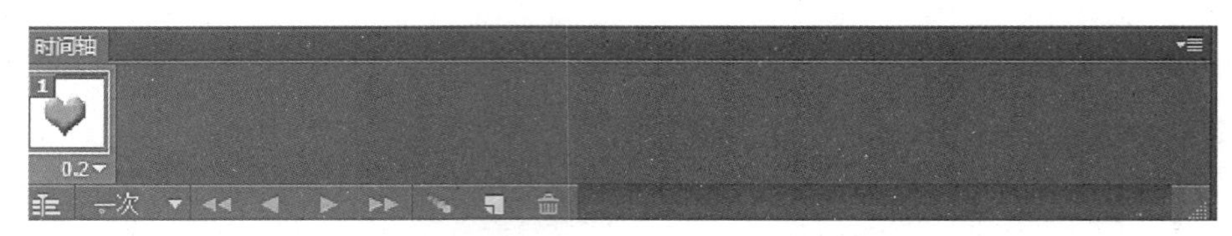

图 8-2-18　修改帧的播放速率

10. 将第一帧设为当前帧，并单击时间轴面板中的“复制所选帧”按钮，分别再复制 5 个帧动画，效果如图 8-2-19 所示设置。

图 8-2-19　6 个帧动画

11. 首先设置第一帧动画，在图层面板中将其他图层隐藏，只显示“红心副本 5”图层。

12. 分别依次再设置其他帧动画，每帧只显示一个红心图层，其他图层隐藏，显示顺序分别从小到大，操作过程如图 8-2-20 至图 8-3-25 所示。

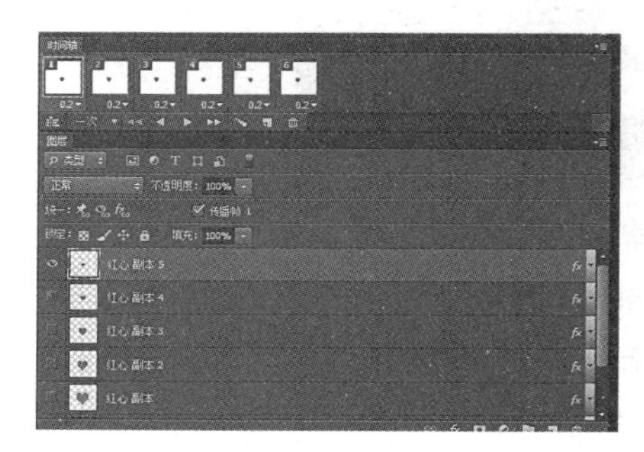

图 8-2-20　第一帧设置

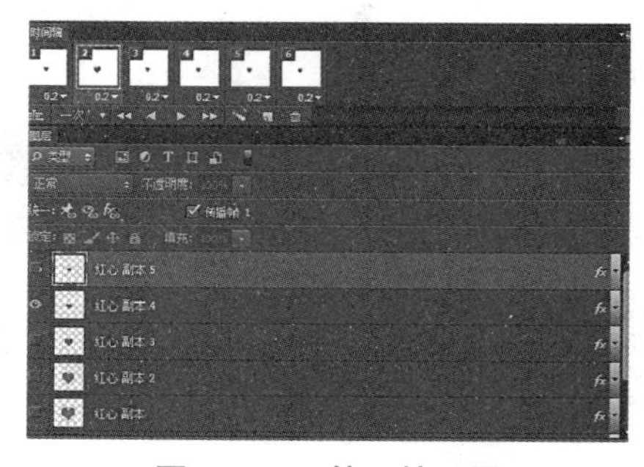

图 8-2-21　第二帧设置

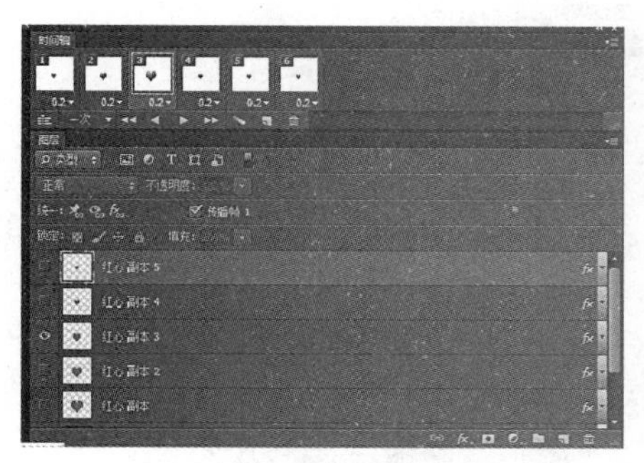

图 8-2-22　第三帧设置

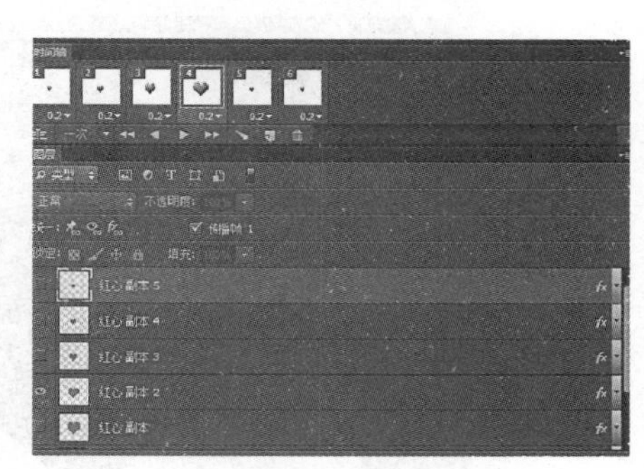

图 8-2-23　第四帧设置

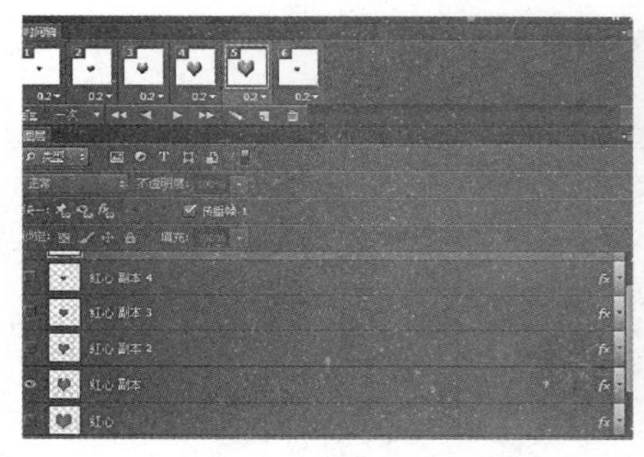

图 8-2-24　第五帧设置

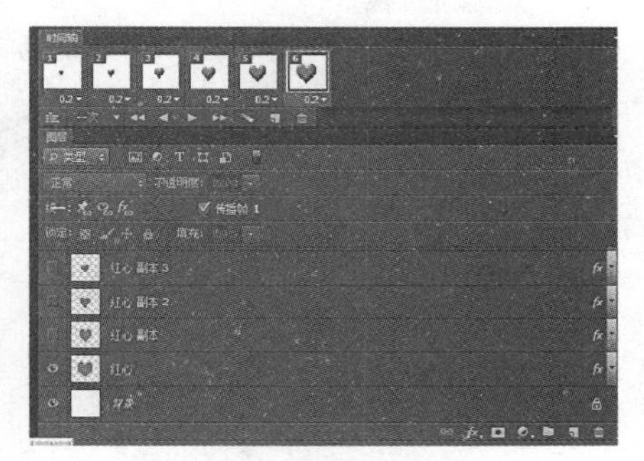

图 8-2-25　第六帧设置

13. 根据情况在时间轴面板中设置播放次数，本例设置为“永远”，如图 8-2-26 所示。

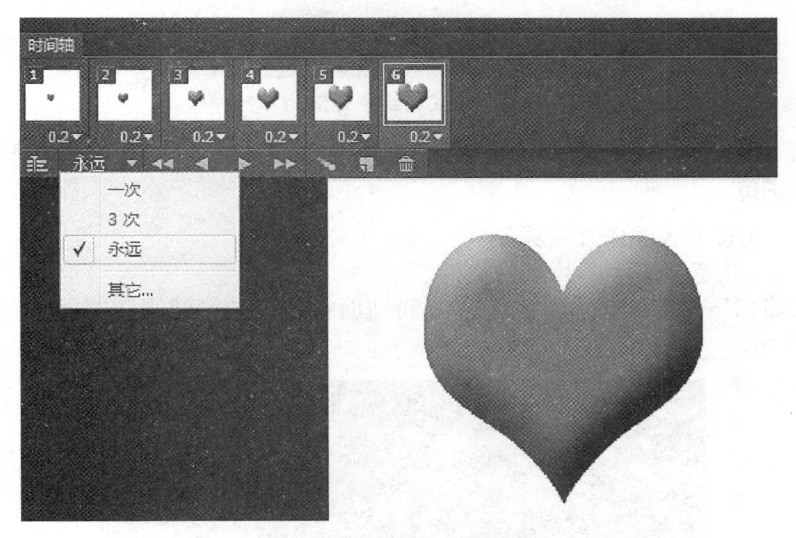

图 8-2-26　播放次数设置

14. 执行“文件”→“存储为 WEB 所用格式…”命令，打开如图 8-2-27 所示“存储为 WEB 所用格式”对话框，单击“确定”按钮。弹出“将优化结果存储为”对话框，在格式中选择“HTML 和图像”，其设置如图 8-2-28 所示。

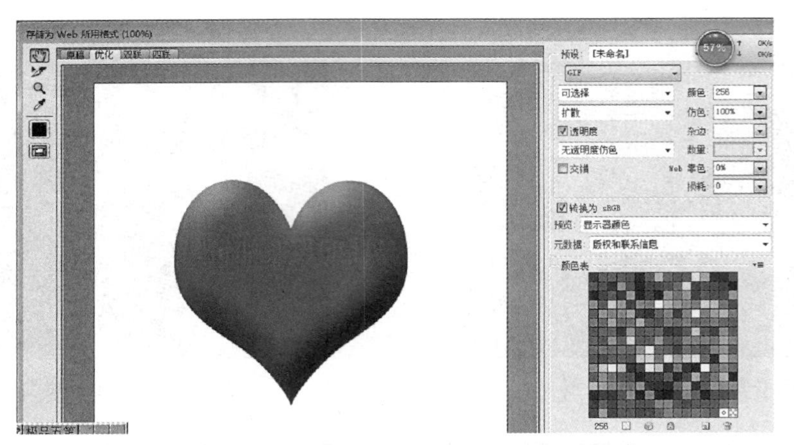

图 8-2-27 “存储为 WEB 所用格式”对话框

图 8-2-28 “将优化结果存储为”对话框

15. 单击“保存”按钮，将文件分别保存为 GIF 格式文件及 HTML 网页文件。

8.2.4 任务拓展

任务：六一儿童节表演图片视频制作

1. 打开六一儿童节表演图片素材文件。

2. 执行“窗口”→“时间轴”命令，弹出时间轴面板，单击“创建视频时间轴”按钮，时间轴如图 8-2-29 所示。

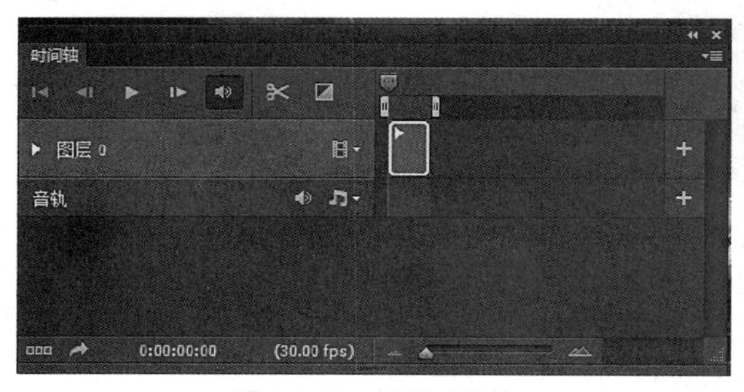

图 8-2-29 视频时间轴

3. 先通过缩放滑块将时间轴显示比例放大，然后将鼠标移到时间轴面板中图层0右边界线处，向左拖动鼠标，将图层0的视频播放时间缩短为6秒，调整过程如图8-2-30所示。

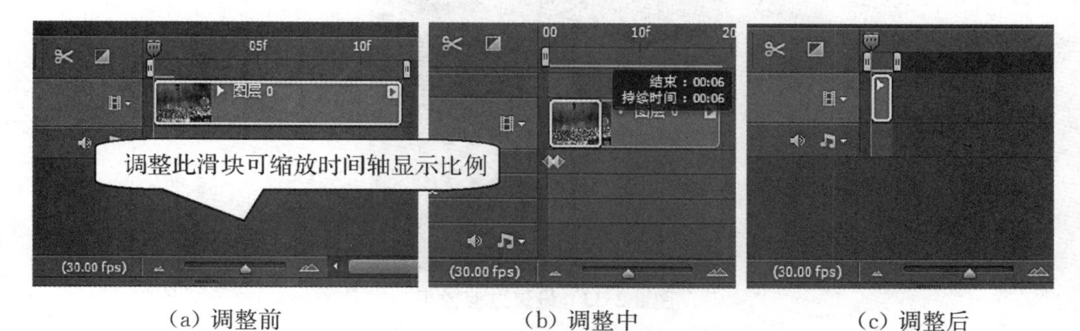

(a) 调整前　(b) 调整中　(c) 调整后

图8-2-30　视频播放时间调整过程

4. 选择当前图层0，单击右键，弹出如图8-2-31所示"动感"设置对话框。

5. 在"动感"对话框中选择"平移和缩放"，弹出"平移和缩放"的设置对话框，进行如图8-2-32所示设置。

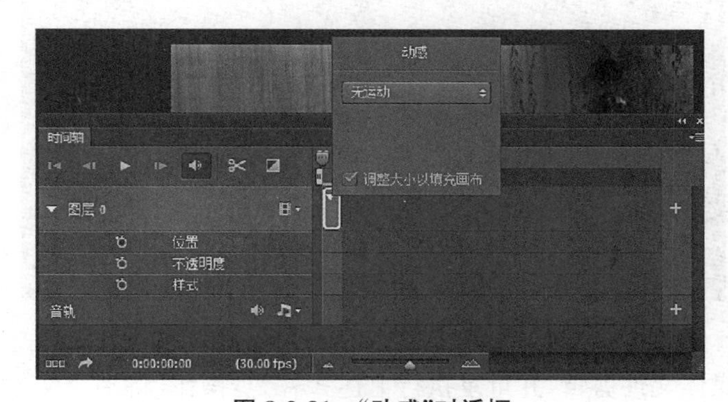

图8-2-31　"动感"对话框

图8-2-32　设置"平移和缩放"选项

6. 单击过渡效果按钮 ，在弹出的对话框中选择相应的效果并设置持续时间，如图8-2-33所示设置。

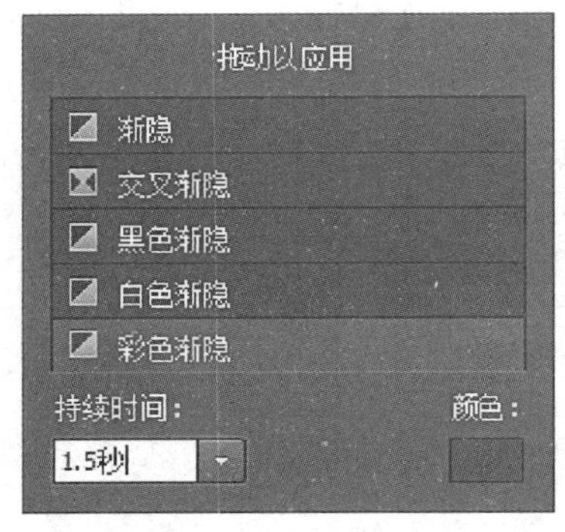

图 8-2-33　设置过渡效果

7. 在时间轴面板中单击 下三角按钮，弹出下拉菜单中选择“添加媒体”，如图 8-2-34所示，在打开的“添加媒体”对话框中选择需要添加的文件，将所选文件添加到视频轨道中。

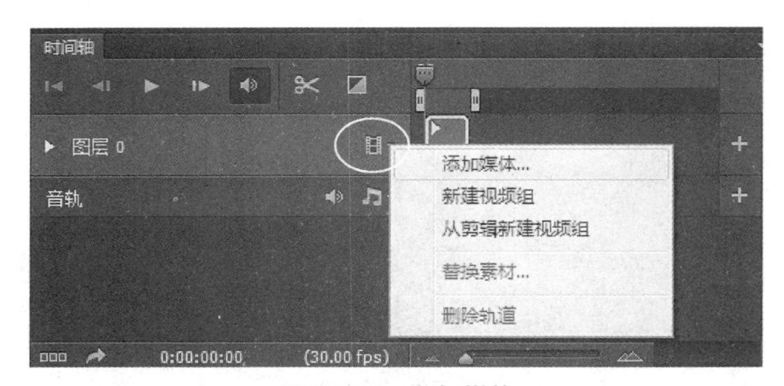

图 8-2-34　添加媒体

8. 依次添加媒体文件剪辑，并重复执行上述 3～7 步操作，将多个文件添加到视频轨道中，并给每个视频剪辑调整其播放时间、动感效果、过渡效果等操作，完成后时间轴如图 8-2-35所示。

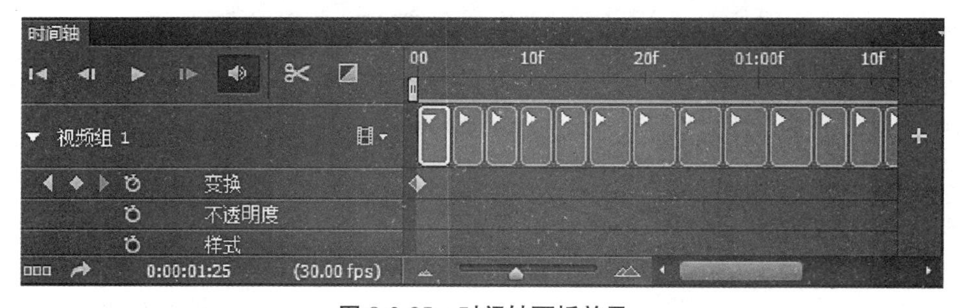

图 8-2-35　时间轴面板效果

9. 设置时间轴帧速率。单击时间轴面板右上角的下三角符号，弹出如图 8-2-36 所示的下拉菜单，选择“设置时间轴速率”命令，打开“时间轴速率”对话框，如图 8-2-37 所示设置。

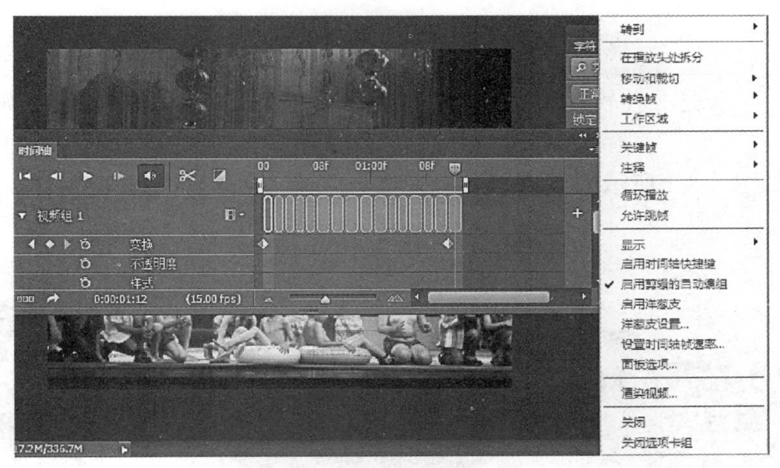

图 8-2-36　时间轴面板下拉菜单

图 8-2-37　“时间轴帧速率”对话框

10. 执行“文件”→“存储为 WEB 所用格式…”命令，将文件保存为 GIF 及 HTML 文件。

项目小结

本项目学习了如何在 Photoshop 中进行 3D 图像效果处理制作，掌握视频及动画制作技术，了解 3D 的基本应用以及面板的灵活使用。

项目作业

一、选择题

1. 下列哪种不是光源类型(　　)。
   (A) 无限光　　(B) 线光　　(C) 点光　　(D) 聚光灯
2. 下列哪种不是 3D 可以新建的形状(　　)。
   (A) 球体　　(B) 帽子　　(C) 酒瓶　　(D) 六边形
3. 单击(　　)按钮进入动画编辑。
   (A)　　(B)　　(C)　　(D)

二、填空题

1. 3D组件包括________________、________________、________________三种。
2. ______________是一种软件和硬件标准,可在处理大型复杂图像时加速视频处理过程。

三、操作题

1. 分别创建如图 8-3-1 所示的 3D 图形。

图 8-3-1　3D 图形

2. 制作如图 8-3-2 所示卡通画。

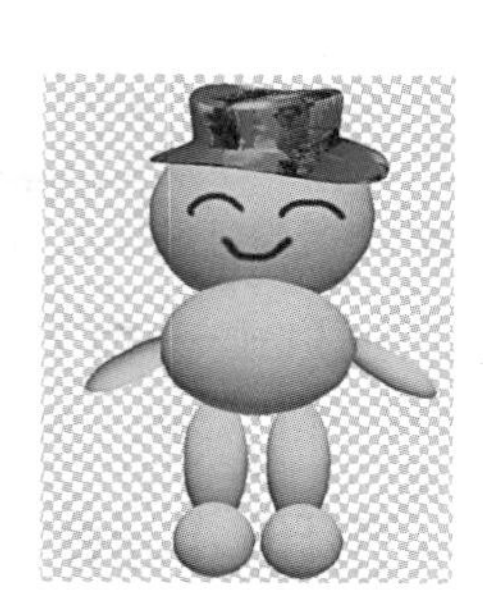

图 8-3-2　卡通画

3. 仿照实例,制作动画文件。
4. 仿照实例,制作视频文件。

项目九 综合实践演练

本项目通过制作 LOGO、包装盒设计、海报设计、书籍封面设计 4 个具体实例，将所学图层、路径、滤镜、色彩等知识点贯穿。在进一步介绍 Photoshop 强大的功能同时也将行业应用的理念渗透其中，起到融会贯通、加深巩固的作用。

9.1 任务一 制作 LOGO

项目描述

LOGO 是徽标或者商标的英文说法，起到对徽标拥有公司的识别和推广的作用，通过形象的 LOGO 可以让消费者记住公司主体和品牌文化。本项目通过设计公司标志，使读者能加深对 Photoshop 路径与形状的运用，让设计的产品更好地体现公司的文化理念。

能力目标

★了解 LOGO 设计的特点。

★熟悉形状工具的应用。

★把握色彩的运用。

9.1.1 任务情境

百一广告公司刚成立不久，要设计一个自己的 LOGO，设计师们各显神通，最终确定了实习生刘佳玲设计的作品。

设计师在设计 LOGO 时需要考虑以下几个因素：

1. 为了让受众易识别、易记忆，在色彩和构图上一定要简洁明了。
2. 要有自己的特性，区别于其他标志。
3. 富有代表性，赋予自身的象征意义。
4. 避免造成错觉，注意敏感的字样、形状和语言。
5. 局部形状要符合整体规划，风格统一。
6. 色彩不宜混杂，选择纯度高、符合表现特征的色彩即可。

遵循以上几点，我们一起来设计百一广告公司的标志。

9.1.2 任务实施

（一）绘制标志“百一”

1. 新建文件，文件名称为“百一标志”，分辨率设为 72 像素/英寸，模式设为 RGB，文档背景选择白色。

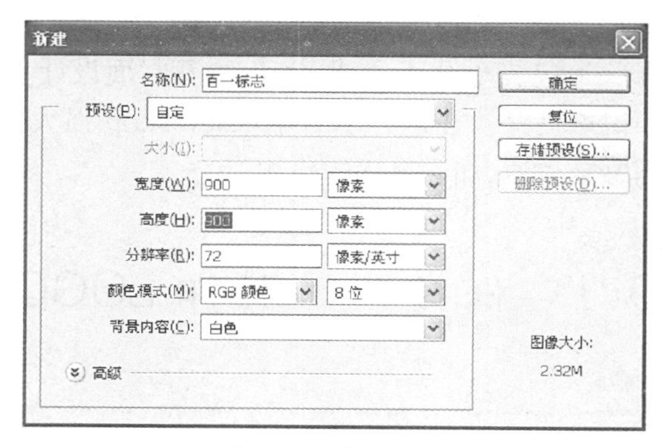

图 9-1-1　新建文件

2. 选择“视图”→“标尺”，由工作区顶端和左端分别拖出一条参考线，确定一个圆心。设置前景色为 RGB(182，25，32)，选择椭圆工具 自圆心拖动鼠标开始画圆，再按下【Alt+Shift】键，画一个以交点为圆心的正圆，如图 9-1-2 所示。

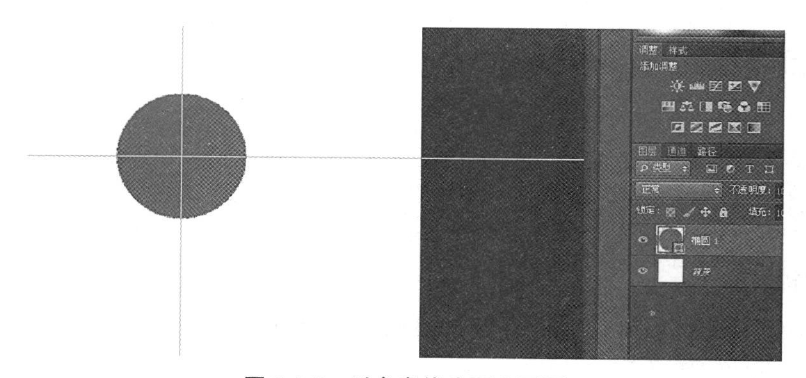

图 9-1-2　以参考线为圆心画圆

3. 在工具选项栏中选择“路径操作 ”命令，在下拉列表中选择“减去顶层形状”命令，继续自圆心拖动鼠标开始画圆，按下【Alt+Shift】键，画一个小的同心圆，变成环形图案，如图 9-1-3 所示。

图 9-1-3　环形图案

提示

画同心圆时，鼠标的起始点即圆心，先拖动鼠标画圆，再按下【Alt＋Shift】键，圆心自然回归交叉点。画圆结束时，先松开鼠标，再放开快捷键，画圆结束。

4. 选择椭圆 1 图层，单击鼠标右键，在弹出的列表中选择栅格化形状图层，用矩形选框工具在环形中间做一个矩形选区，按【Delete】键删除，如图 9-1-4 所示。

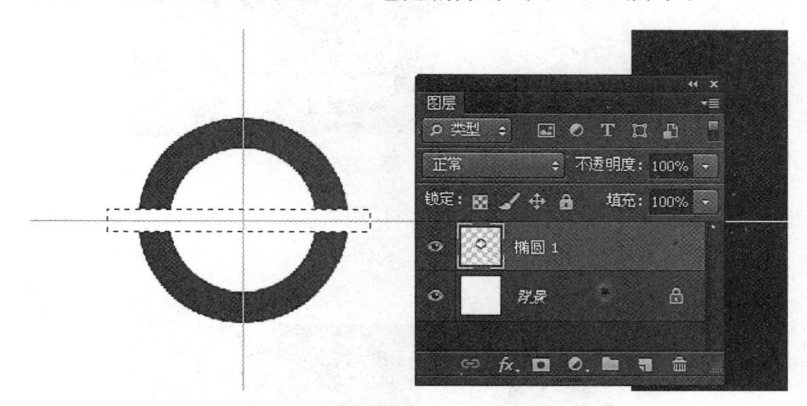

图 9-1-4　环形中间做一个矩形选区

5. 按下快捷键【Ctrl＋D】取消选区，用矩形选框工具选中上半部环形，按下【Ctrl＋X】键剪切，再新建一个"图层 1"，按【Ctrl＋V】键粘贴，把上下两半环形分开存放在两个图层中。如图 9-1-5所示。

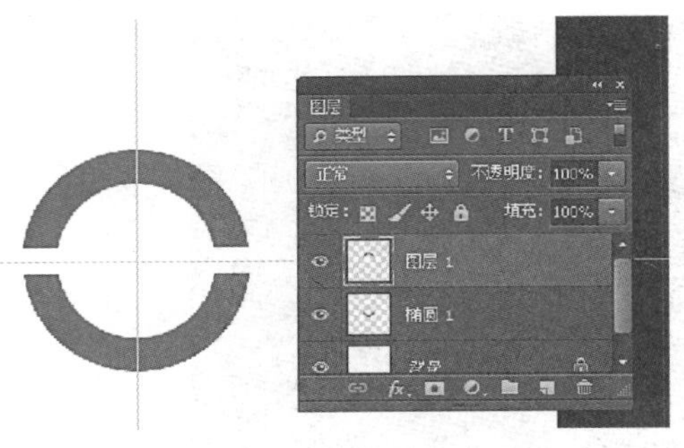

图 9-1-5 分别放置在两个图层

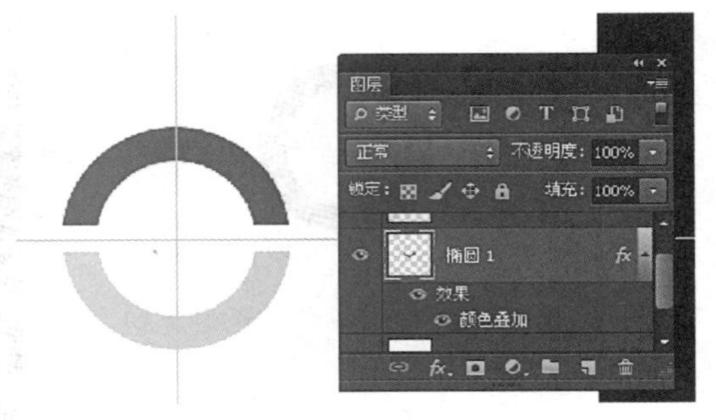

图 9-1-6 下半圆叠加橙色

6. 为椭圆 1 图层添加图层样式，选择“颜色叠加”复选框，设置橙色叠加，如图 9-1-6 所示。

7. 选择矩形工具，在上半个环形中间拖出一个矩形，如图 9-1-7 所示。

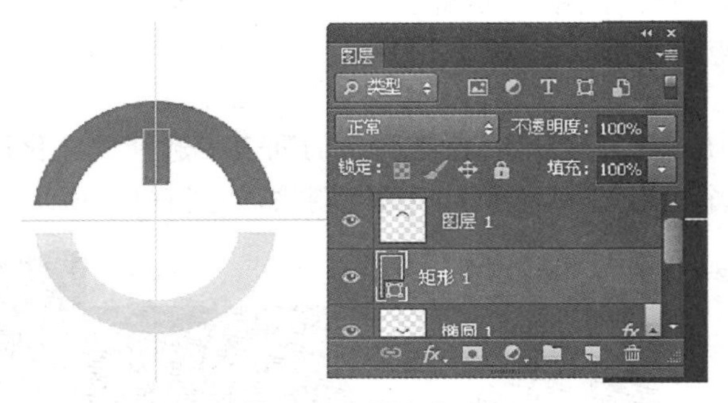

图 9-1-7 添加矩形

8. 按照步骤 2、3 的操作过程，继续在环形中间画一个小环形，注意圆心不变，如图9-1-8 所示。

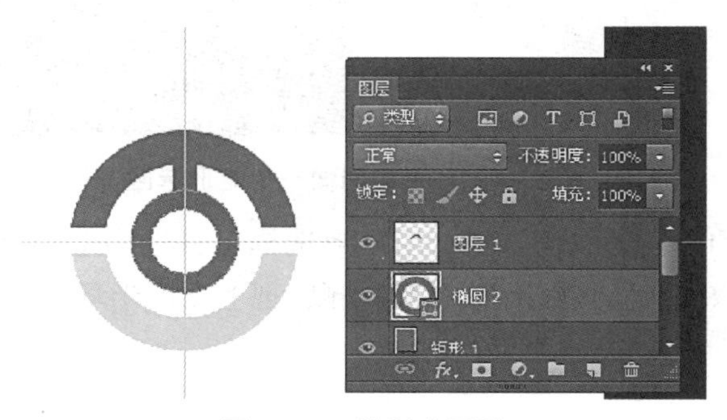

图 9-1-8 绘制小环形

9. 再次选择“矩形工具”按钮，并在“路径操作”列表中选择“新建图层”命令，在小环形中间画一个矩形，形成“百”字。按【Ctrl＋H】键隐藏路径，如图 9-1-9 所示。

图 9-1-9　绘制百一图形

（二）添加文字

选择文字工具，并选择“FZZHJW GB1”字体，输入“百一广告”的中英文，制作结束，效果如图 9-1-10 所示。

图 9-1-10　完成图

9.2 任务二 包装盒设计

项目描述

商品需要包装，包装可以赋予产品一些重要的附加价值，作为“世界工厂”的中国厂商，当今比历史上任何时候都更需要好的商品包装。本项目通过兰贵人茶叶包装盒的设计，将从包装设计理论入手介绍包装设计的相关知识。

能力目标

★了解包装设计的特点。

★强化图层样式和图层混合模式的应用。

★掌握立体包装的设计流程。

9.2.1 任务情境

海南兰贵人是中国历代宫廷供茶，是五百年前专给皇帝喝的贡品，有上千年的历史。要想体现兰贵人茶叶的历史和品质，还得在包装设计上多下工夫。根据茶叶包装的特点，再将兰贵人茶叶的特色相结合，表现一种古典且淡雅的风格。

日本学者伊只卓曾提出包装设计的“醒目、理解、好感”的原则。

❖ 醒目：包装要起到促销的作用，首先要能引起消费者的注意，因为只有引起消费者注意的商品才有被购买的可能。因此，包装要使用新颖别致的造型、鲜艳夺目的色彩、美观精巧的图案、各有特点的材质使包装能出现醒目的效果，使消费者一看见就产生强烈的兴趣。

❖ 理解：成功的包装不仅要通过造型、色彩、图案、材质的使用引起消费者对产品的注意与兴趣，还要使消费者通过包装理解产品。因为人们购买的目的并不是包装，而是包装内的产品。准确传达产品信息的最有效的办法是真实地传达产品形象，可以采用全透明包装，可以在包装容器上开窗展示产品，可以在包装上绘制产品图形，可以在包装上做简洁的文字说明，可以在包装上印刷彩色的产品照片等等。

❖ 好感：也就是说，包装的造型、色彩、图案、材质要能引起人们喜爱的情感，因为人的喜厌对购买冲动起着极为重要的作用。

9.2.2 任务实施

（一）绘制茶叶包装背景图

1. 新建一个文档，命名为“包装盒效果图”，尺寸设置如图 9-2-1 所示。

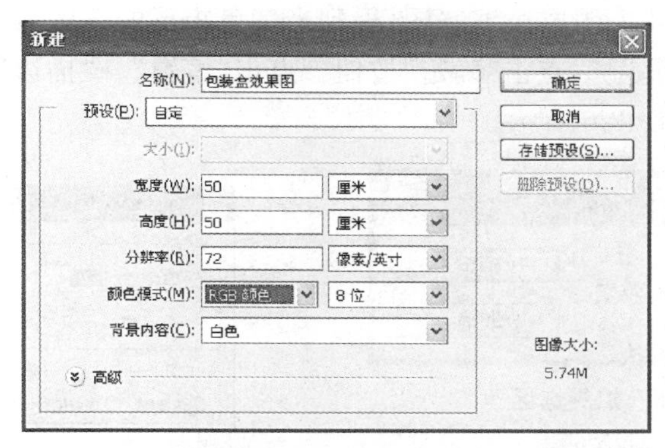

图 9-2-1　新建文件

2. 新建图层 1,用矩形选区工具绘制一个 23 * 36 厘米大小的矩形,选择渐变工具,打开渐变编辑器,如图 9-2-2 所示,选择径向渐变方式,在选区内拖动鼠标,填充渐变色。颜色设置分别为 RGB(10,86,4)、RGB(14,125,4),效果如图 9-2-3 所示。

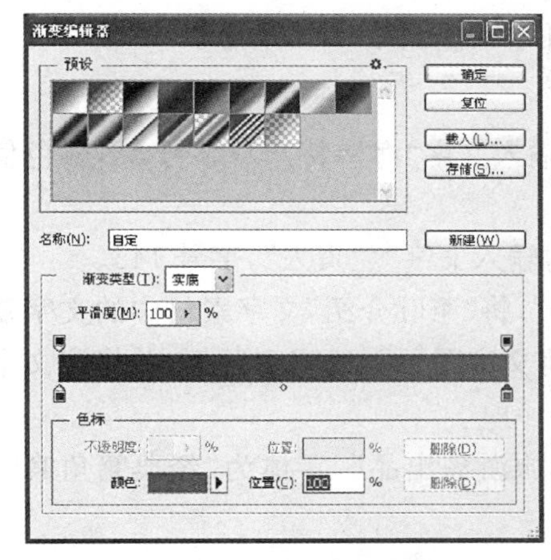

图 9-2-2　渐变编辑设置

图 9-2-3　渐变色填充效果

3. 新建“图层 2”,选择矩形工具,在绿色渐变背景上绘制一个矩形,填充米黄色 RGB(232,217,174),效果如图 9-2-4 所示。

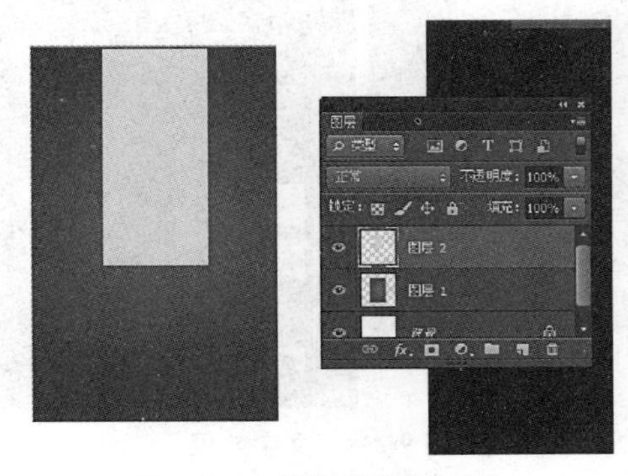

图 9-2-4　绘制米黄色矩形

4. 按下【Ctrl】键，点击图层 2 缩略图，得到米黄色矩形的选区，点击“选择”→“修改”→“扩展”命令，输入扩展量为 5，点击“确定”按钮。点击“编辑”→“描边”命令，描上米黄色边。各项设置如图 9-2-5、图 9-2-6 所示。

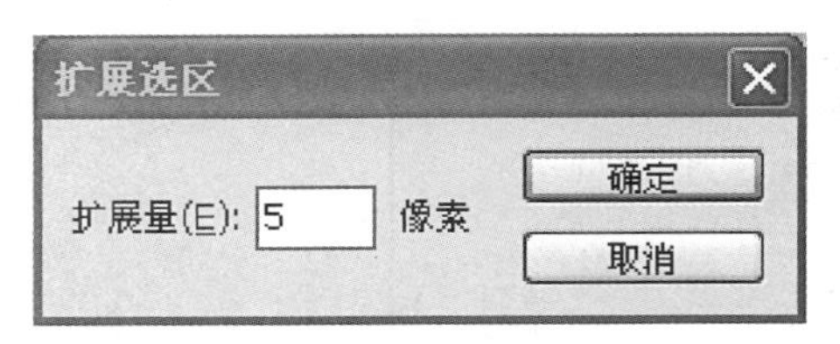

图 9-2-5　扩展选区

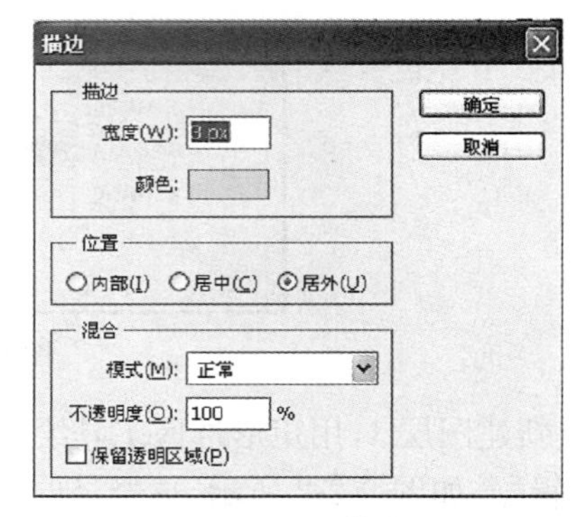

图 9-2-6　描边

图 9-2-7　米黄色矩形

5. 参照步骤 3、4，在页面下方添加一个米黄色矩形，效果如图 9-2-7 所示。

（二）添加文字

1. 选择文字工具，安装字体“FZXSHJW GB10”，输入文字“海南特产”，字号 58，颜色值为 RGB(10,86,4)，调整至适当位置。

2. 选择直排文字工具，安装字体“叶根友行书繁”，输入文字“兰贵人”，字号 145。

3. 选择直排文字工具，安装字体“FZKTJW GB10”，将“茶叶介绍”文字素材中的文字复制粘贴到图像背景中，调整位置和字号，颜色为白色，将文字图层不透明度调至，并将该文字图层移至图层 2 下方。

4. 在下方的矩形中添加文字“海南省海口市国际旅游岛出品”，字体为“经典繁角篆”，字号为 32。文字效果如图 9-2-8 所示。

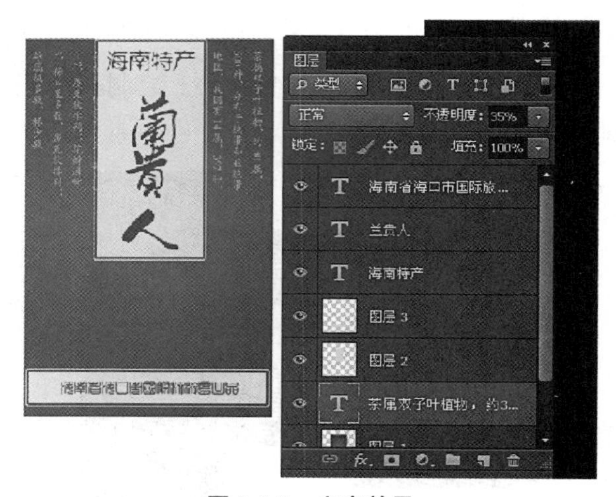

图 9-2-8　文字效果

（三）制作底纹

1. 打开素材文件“中国风”，如图 9-2-9 所示，为该图层添加图层蒙版，用黑色画笔抹掉不需要的部分，并设置图层不透明图为 16%，图层混合模式为“颜色加深”。效果如图 9-2-10 所示。

图 9-2-9　中国风

图 9-2-10　添加“中国风”底纹

2. 置入“牡丹”素材图片，如图 9-2-11 所示，图层混合选项设为划分，不透明度设为 56%，调整“牡丹”大小，作为米黄色矩形的底纹，效果如图 9-2-12 所示。

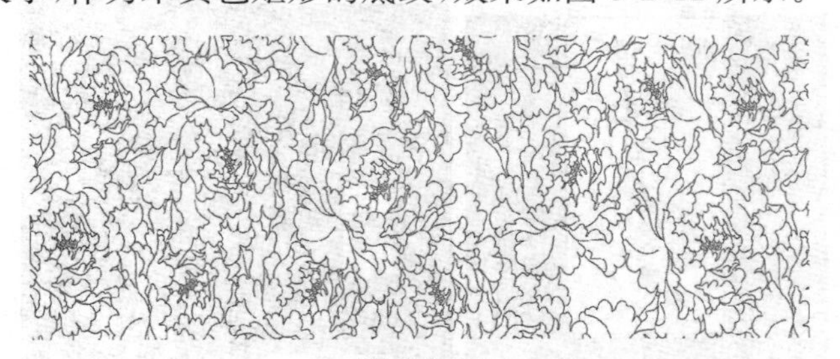

图 9-2-11

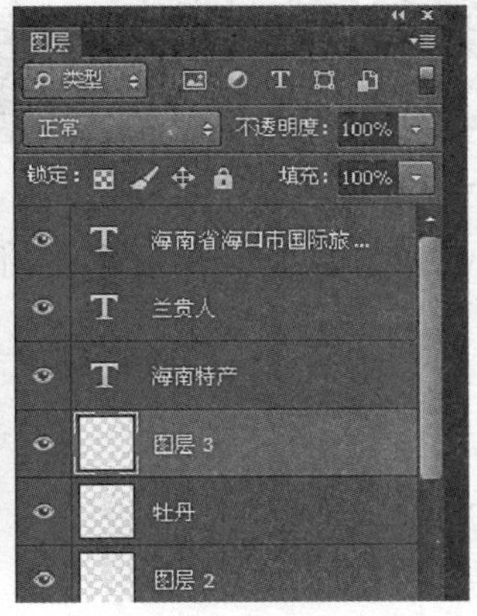

图 9-2-12　添加牡丹底纹

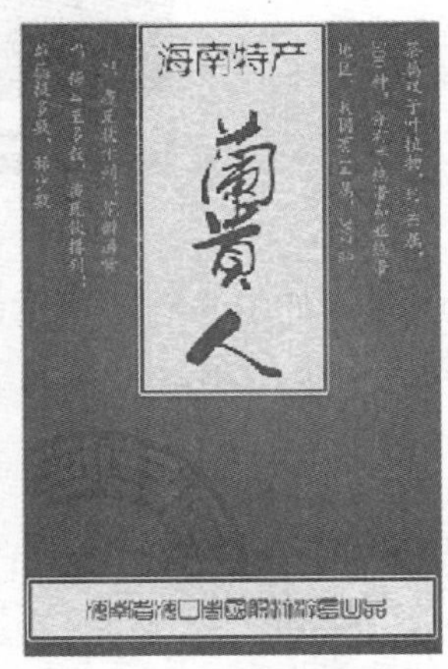

图9-2-13　牡丹底纹效果图

3. 同法做出下方矩形的牡丹底纹，如图 9-2-13 所示。

4. 新建渐变图层，做一个与图层 1 中绿色背景同等大矩形选区，选择渐变工具，单击“中灰密度渐变”，如图 9-2-14 设置，填充矩形，如图 9-2-15 效果。

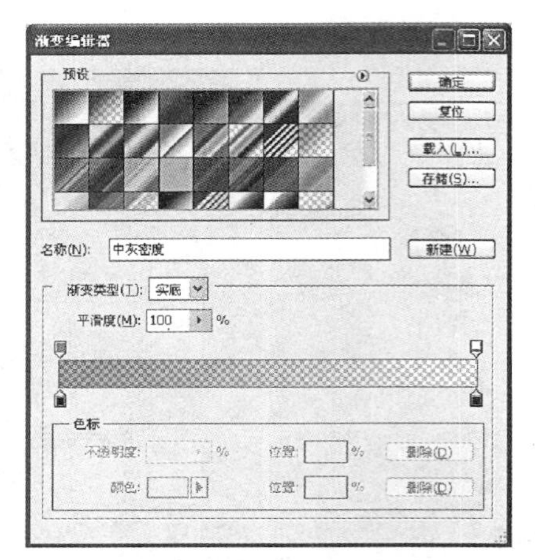

图 9-2-14　渐变编辑器

图 9-2-15　渐变效果图

5. 将该渐变图层与图层 1 重叠，混合模式为正片叠底，不透明度为 57%。效果如图 9-2-16所示。

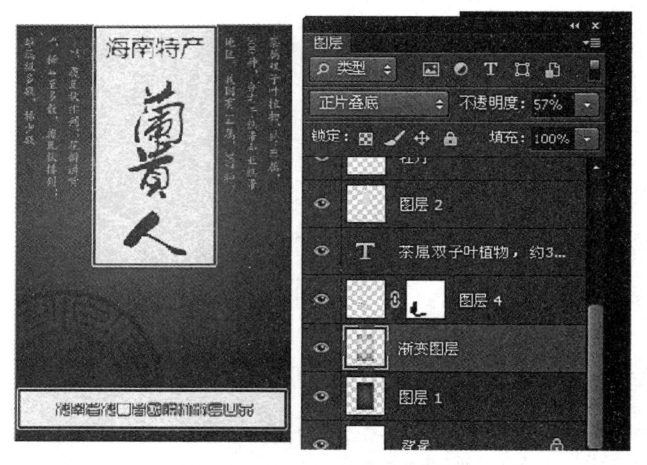

图 9-2-16　图层混合效果图

6. 置入如图 9-2-17 所示的麻布式底纹，与绿色背景重叠，混合模式设为正片叠底。效果如图 9-2-18 所示。

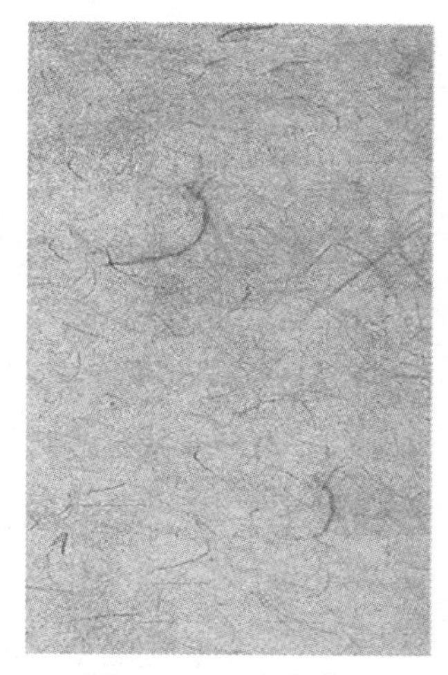

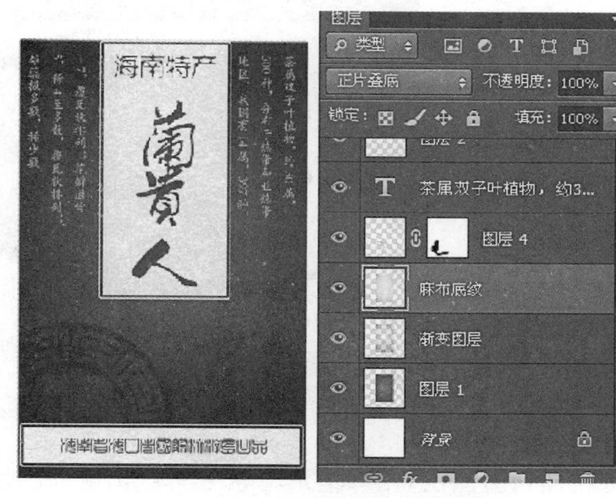

图 9-2-17　麻布底纹

图 9-2-18　麻布底纹混合效果图

7. 按下【Ctrl＋Shift＋Alt＋E】键，盖印图层，重命名为“海南特产(合并)”。新建图层组1，并将除背景层以外的所有图层选中拖入图层组 1，如图 9-2-19 所示。

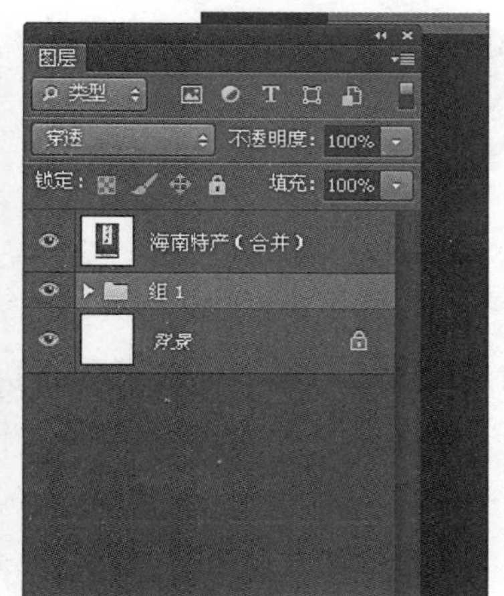

图 9-2-19　背景效果图

（四）制作立体包装

1. 选中合并后的图层，执行“编辑”→“变换”→“扭曲”命令，变成如图 9-2-20 所示形状。

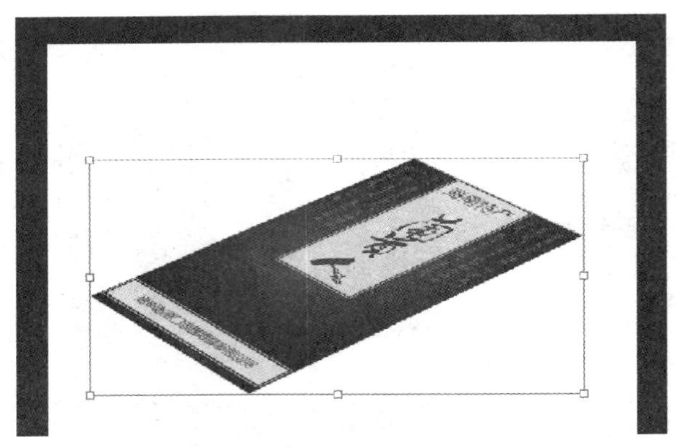

图 9-2-20　背景变形

2. 新建斜边图层，用多边形套索工具做出侧面的形状，如图 9-2-21 所示，并填充背景色 RGB(11,86,4)，如图 9-2-22 所示。

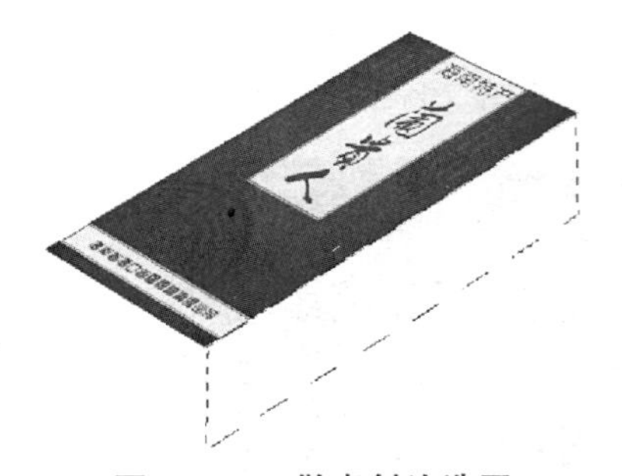

图 9-2-21　做出斜边选区

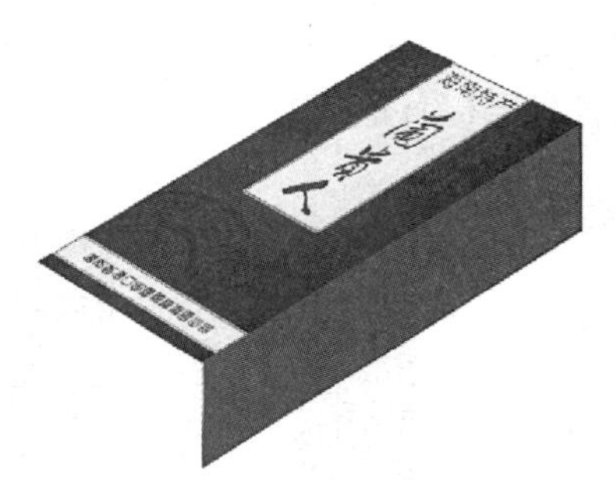

图 9-2-22　填充背景色

3. 复制麻布底纹图层，将副本图层拖至斜边图层上方，如图 9-2-23 所示。

图 9-2-23　混合麻布底纹

4. 选中麻布底纹副本图层，点击“编辑”→“变换”→“扭曲”，调整至斜边形状，如图 9-2-24所示。

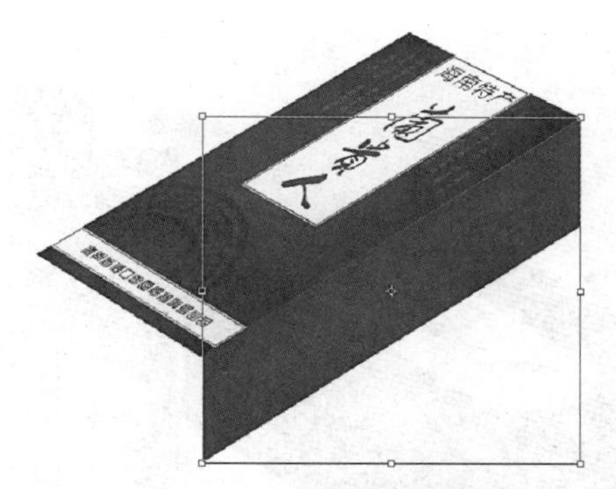

图 9-2-24　做出包装侧面

5. 新建底边图层，同法做出底面，如图 9-2-25 所示。

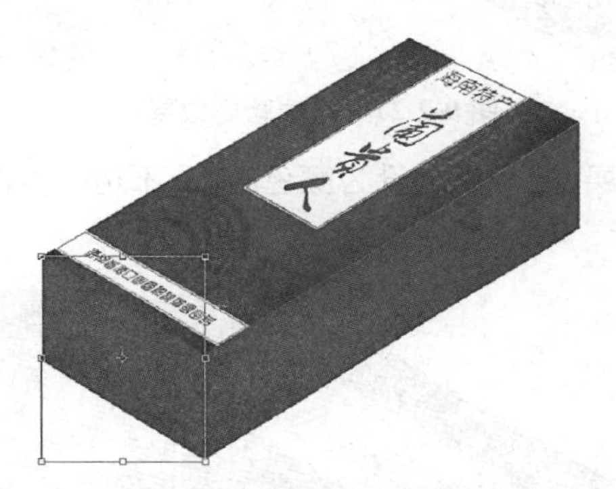

图 9-2-25　做出包装底面

6. 选择图层 0，添加渐变叠加图层样式，选择“灰色—白色”的线性渐变，将背景图层填充渐变颜色。新建高光线 1 图层、高光线 2 图层，在上方的两条棱角边上，用钢笔工具画出一条白色的线，做出高光，不透明度降低到 25%，如图 9-2-26 所示。

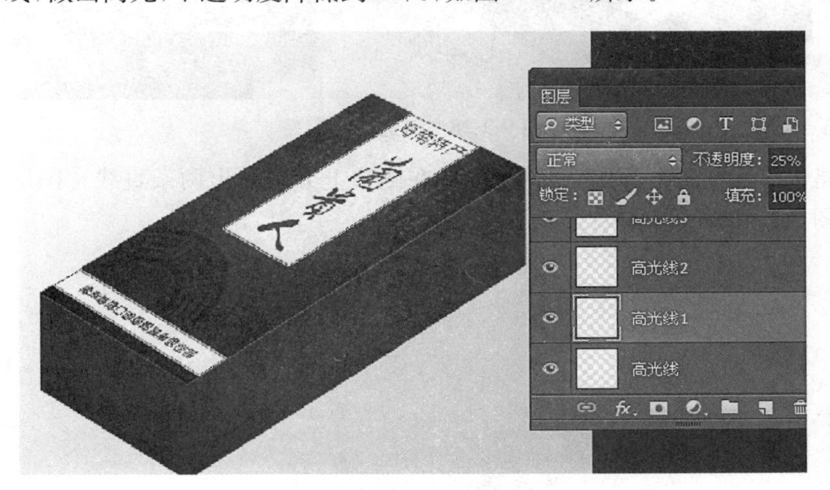

图 9-2-26　添加高光线

7. 新建图层，命名为“斜边暗影”，得到侧面选区，填充黑色，混合选项设为叠加，不透明度改为 82%，如图 9-2-27 所示。

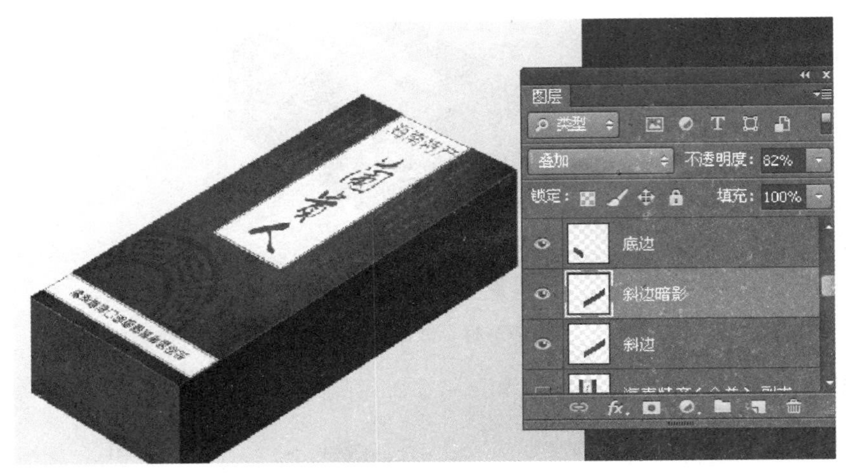

图 9-2-27　斜边暗影效果图

8. 复制上面阴影的图层，混合模式设为颜色减淡，不透明度改为 50%，目的是让阴影变得亮一些，如图 9-2-28 所示。

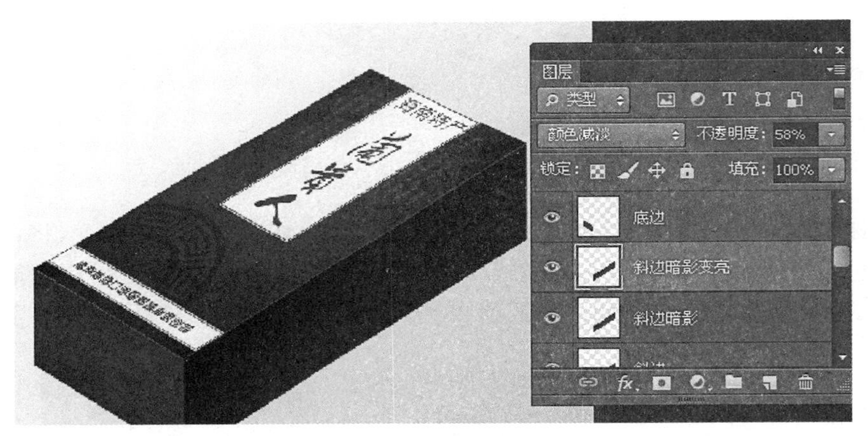

图 9-2-28　斜边暗影变亮

9. 新建包装盒密封线图层，用钢笔工具在侧边上分别勾出两条直线。图层样式设置如图 9-2-29、图 9-2-30 所示。

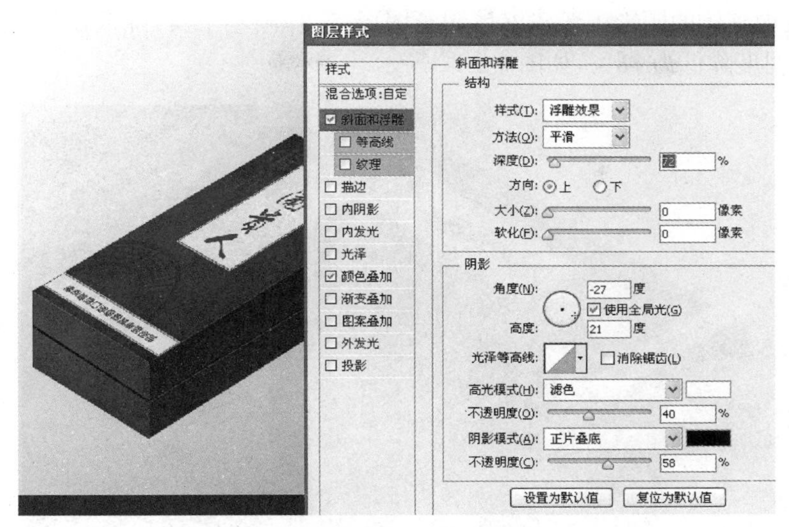

图 9-2-29　制作包装盒密封线

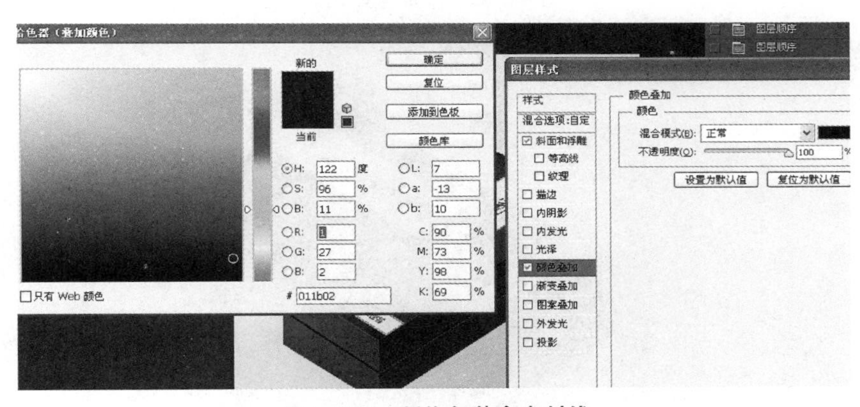

图 9-2-30　制作包装盒密封线

10. 最后给这个盒子加上阴影，首先是底边阴影。新建底边阴影图层，用多边形套索工具勾出阴影部分，羽化 10 个像素，填充黑色，不透明度降低到 63%，使阴影更加自然，如图9-2-31所示。

图 9-2-31　添加底边阴影

11. 现在做整体的阴影。新建整体阴影图层，选择画笔工具，降低硬度，用黑色画笔画出阴影，不透明度降低为 78%，如图 9-2-32 所示。

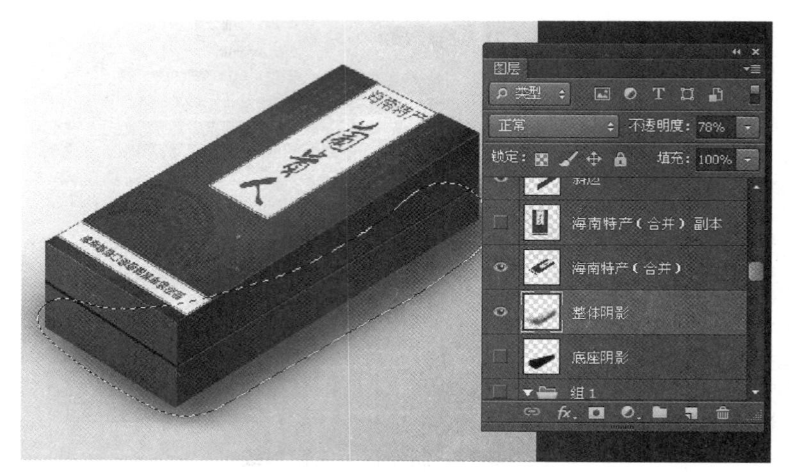

图 9-2-32　添加整体阴影

12. 包装效果图完成，如图 9-2-33 所示。

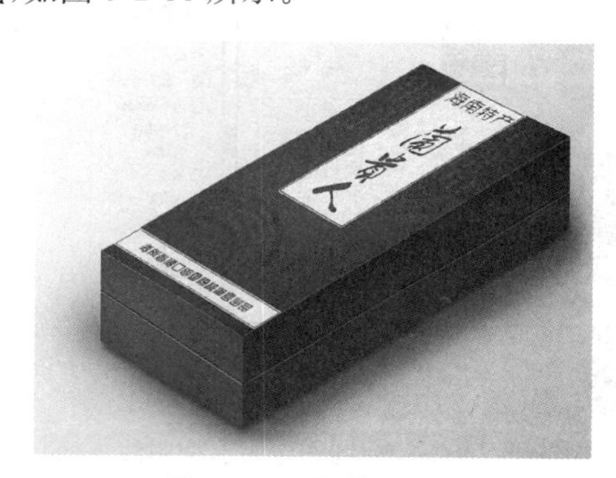

图 9-2-33　包装效果图

9.3　任务三　海报设计

 **项目描述**

海报招贴是人们极为常见的一种招贴形式，多用于电影、戏剧、比赛、文艺演出等活动，海报可以在媒体上刊登、播放，但大部分是张贴于人们易于见到的地方。本项目以圣诞天猫购物为主题，通过一系列庆祝圣诞节的元素，突出表现节日的喜庆和圣诞购物的优惠。

 **能力目标**

★了解海报制作的原则。

★重视海报的构图设计。

★加强文字的效果。

9.3.1　任务情境

圣诞节快到了，商家们开始策划各种宣传活动，各大网站也纷纷打出诱人的广告，淘宝天猫在创下了“双十一”购物狂潮后，圣诞消费无疑又是一次绝好的销售机会。如何更好地将传统和现代的宣传手段相结合，抢占商机，请看圣诞节天猫购物宣传海报设计。

美国是广告的王国，海报在广告中扮演了重要的角色，下面列出一位美国著名海报设计师所倡导的海报制作六大原则。

1. 单纯：形象和色彩必须简单明了。
2. 统一：海报设计的造型与色彩必须和谐，要具有统一协调的效果。
3. 均衡：整个画面需要感觉均衡。
4. 销售重点：海报的构成要素必须化繁为简，尽量挑出重点来表现。
5. 海报无论在形式上或内容上都要出奇创新，给观看者以惊奇的效果。
6. 海报设计需要有高水准的表现技巧，无论绘制或印刷都不可忽视技能的表现。

9.3.2　任务实施

（一）制作海报背景

1. 新建一个文档，名称为“海报”，尺寸为 32＊40 厘米，背景为白色，如图 9-3-1 所示。

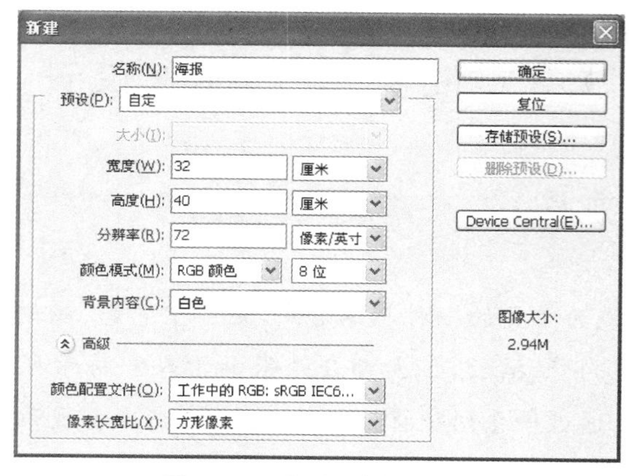

图 9-3-1　新建“海报”文件

2. 新建一个图层,填充米黄色。选择椭圆选区工具,羽化值设置为 50,做一个椭圆选区,按【Delete】键删除,效果如图 9-3-2 所示。

3. 打开素材“铃铛”,选择“编辑”→“定义画笔”,将铃铛定义为画笔,如图 9-3-3 所示。选择画笔工具,在笔尖形状中找到刚才定义的铃铛,如图 9-3-4 所示,调整画笔大小,在背景上方随意点缀一些铃铛,如图 9-3-5 所示。

图9-3-2　删除后的椭圆选区

图 9-3-3　定义画笔预设

图 9-3-4　画笔笔尖形状

图 9-3-5　点缀铃铛

4. 新建一个图层，用矩形选区工具做一个矩形选区，选择渐变工具填充红色到黑色的“径向渐变”，按【Ctrl+D】键取消选区，如图 9-3-6 所示。

图 9-3-6 填充渐变色

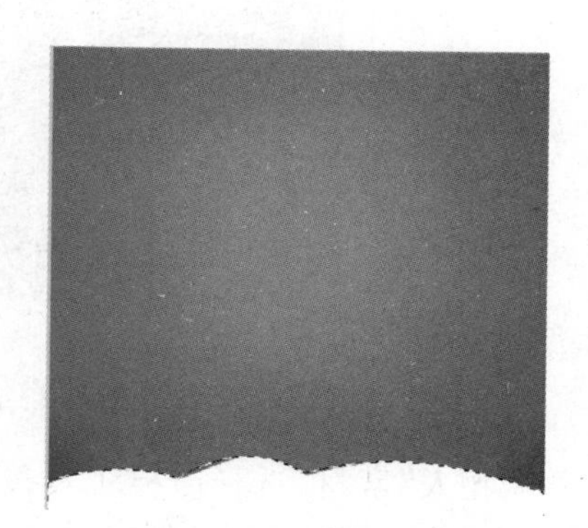

图 9-3-7 钢笔勾出雪地

5. 新建一个雪花图层，用钢笔工具在下方勾出雪地，按下【Ctrl+Enter】键，填充白色。

6. 再选择画笔工具，前景色为白色，调至合适大小，把硬度调到最低，画一些白色的雪花，如图 9-3-8 所示。

7. 复制雪花图层，将图层不透明度调至 34%，并移动雪花位置，如图 9-3-9 所示。

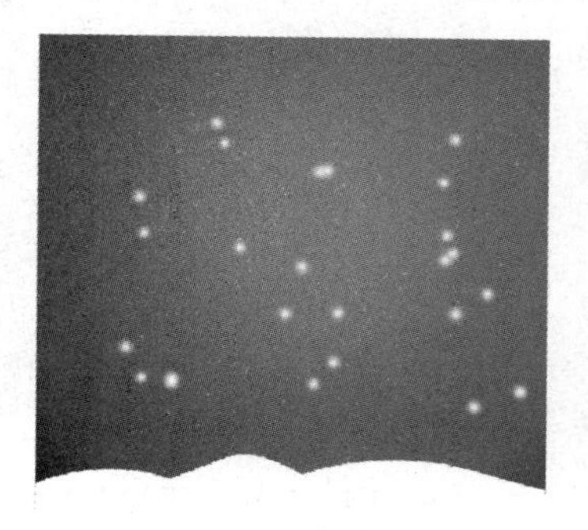

图 9-3-8 添加雪花

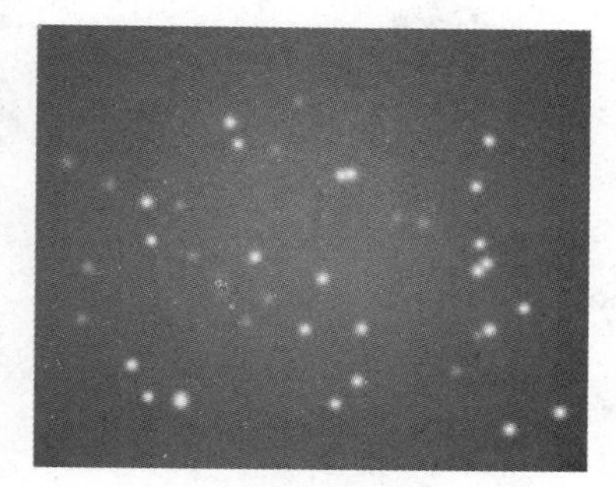

图 9-3-9 复制雪花

（二）添加海报元素

1. 打开“人群”素材，用魔棒工具选中白色背景，如图 9-3-10 所示，按【Delete】键删除背景。再按下【Ctrl+Shift+I】键反选，确定人物选区，羽化 5 像素，填充黑色，拖到图像文件中，变形至适当大小，如图 9-3-12 所示。

图 9-3-10 选中白色背景

图 9-3-11 购物人群素材

图 9-3-12　添加购物人群

2. 打开“购物人”素材，选择魔棒工具按下“添加到选区”按钮，分步点选白色背景，按【Delete】键删除，抠出人物，并移动到合适位置，如图 9-3-13 至图 9-3-16 所示。

图 9-3-13　魔棒工具设置

图 9-3-14　“购物人”素材

图 9-3-15　修改素材

图 9-3-16　添加购物人

3. 新建圣诞礼物图层组，将圣诞树、礼盒、包装袋等素材拖入组内，将礼物组合起来，并添加图层蒙版遮盖不需要的部分，如图 9-3-17 所示。

图 9-3-17　添加圣诞礼物

4. 新建“钱币”图层，将钱币素材拖入新图层，复制钱币图层，得到副本。选中钱币图像，按下【Alt】键，当鼠标变为 2 个箭头时，拖动钱币，复制多个钱币。按下【Ctrl+T】自由变换，选择扭曲，做出如图 9-3-18 所示效果。

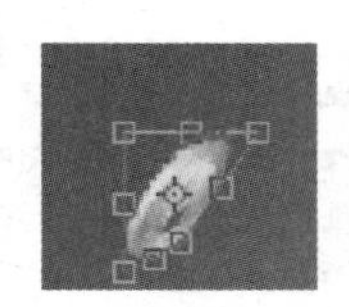

图 9-3-18 扭曲钱币

图 9-3-19 钱币串效果图

5. 同法将其他钱币扭曲后，串在一起，效果如图 9-3-19 所示。

（三）添加文字

1. 选择形状工具，在“自定形状工具”中找到“星爆”形状，如图 9-3-20 所示。在拉杆箱上拖出一个星爆形状。输入文字“抢”，添加投影、斜面和浮雕、描边图层样式，设置如图 9-3-22至图 9-3-24 所示。

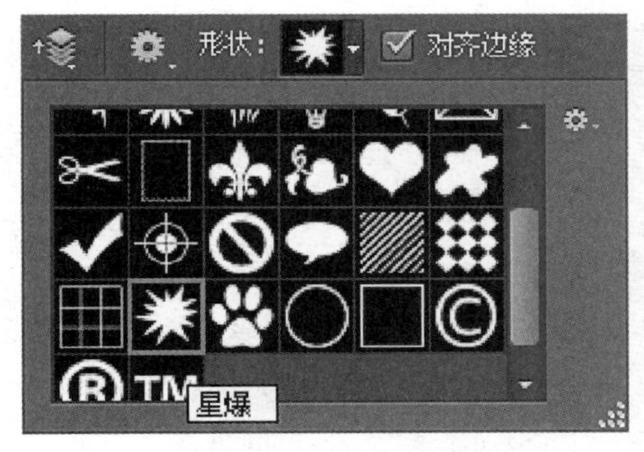

图 9-3-20 星爆形状

图 9-3-21 “抢”字效果图

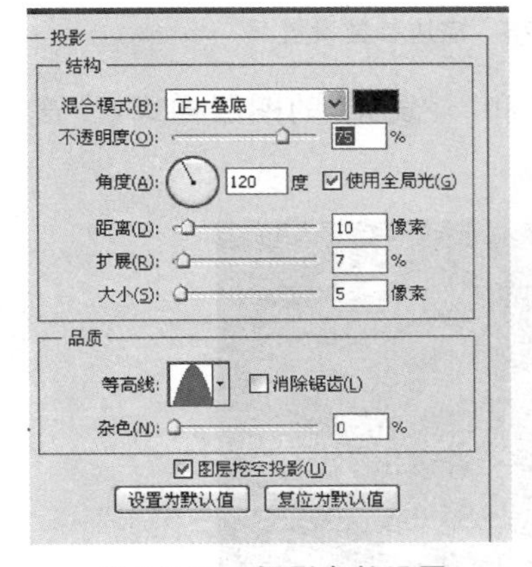

图 9-3-22 投影参数设置

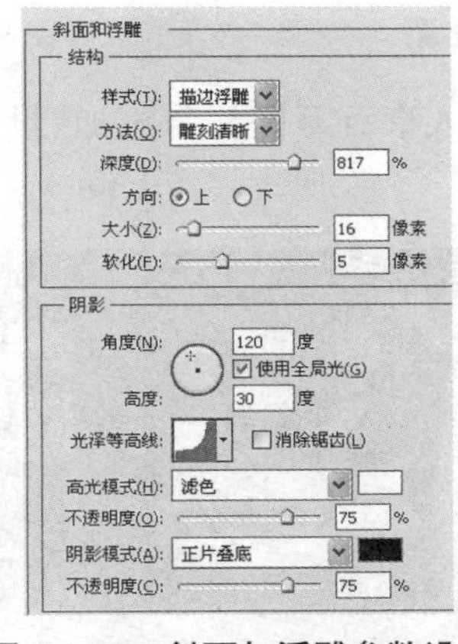

图 9-3-23 斜面与浮雕参数设置

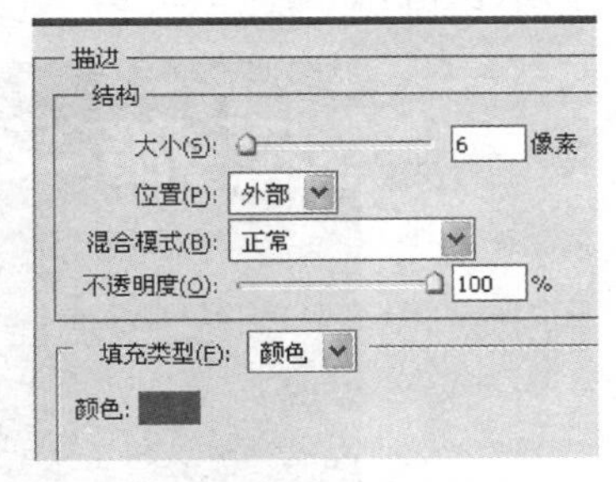

图 9-3-24 描边参数设置

2. 选择文字工具，在页面上方输入“圣诞节快乐”，在变形文字里选择“鱼形”，如

图 9-3-25所示，图层样式如图 9-3-26 至图 9-3-28 所示。

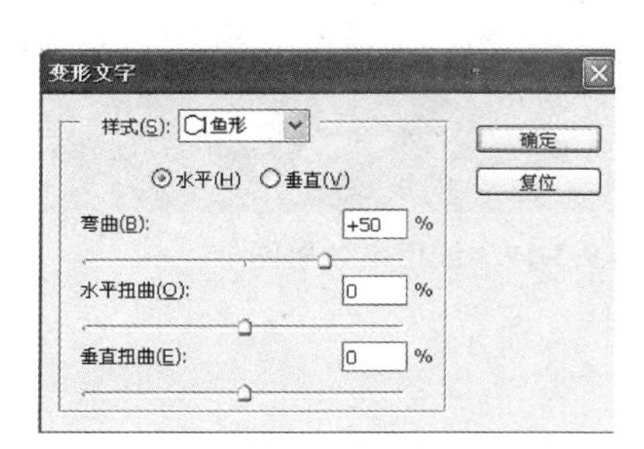

图 9-3-25　变形文字设置

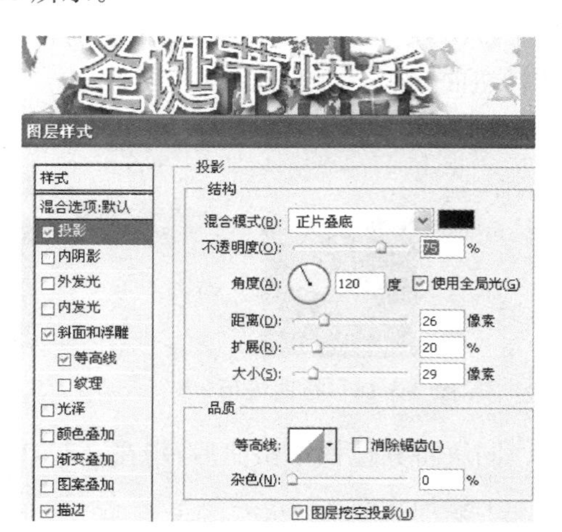

图 9-3-26　投影参数设置

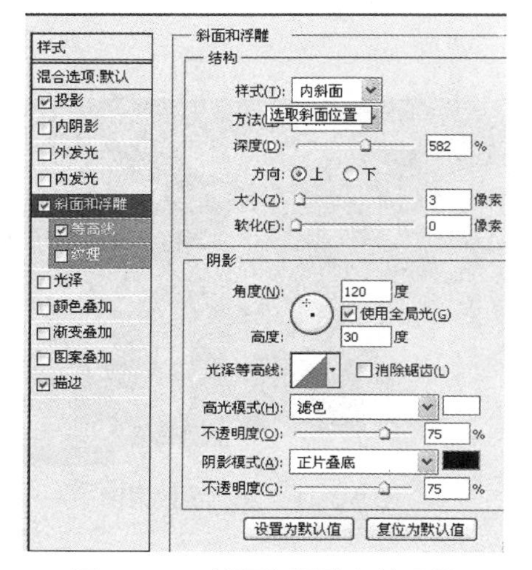

图 9-3-27　斜面和浮雕参数设置

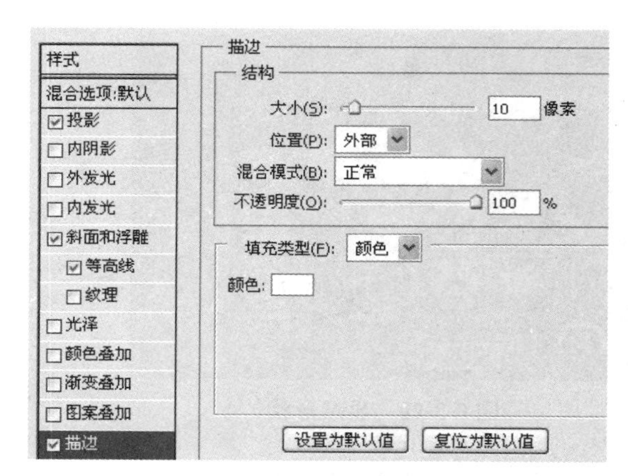

图 9-3-28　描边参数设置

3. 在画面中间输入“天猫达人享百万好礼”，添加“投影”和“外发光”的图层样式，设置为默认值，如图 9-2-29 所示。

图 9-3-29　添加图层样式

4. 在画面底端输入文字“圣诞购物到天猫”，字体“华文彩云”，字号“48”。变形文字设置如图 9-3-30 所示，再输入“TMALL. COM”，字体为“Algerian”。

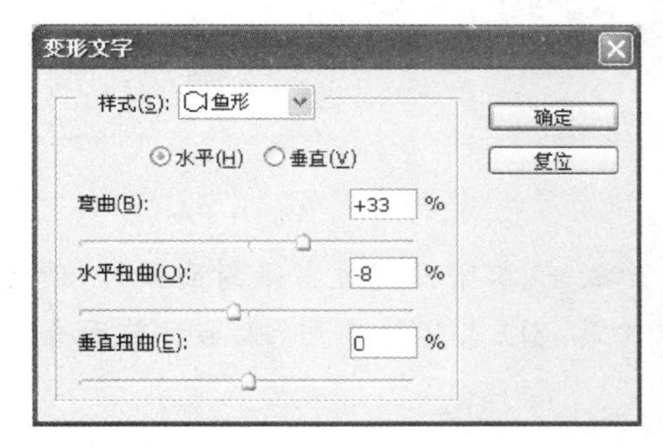

图 9-3-30　变形文字设置

图 9-3-31　添加文字

5. 选择画笔工具，星光笔触样式，点缀星光效果。至此，海报制作完成，效果如图 9-3-32 所示。

图 9-3-32　圣诞促销海报

9.4 任务四 书籍封面设计

项目描述

书籍装帧设计是影响书籍销售情况重要因素之一，本项目通过书籍封面设计，使读者对书籍装帧有初步的了解，并贯穿滤镜、形状工具、3D 工具的应用，从而对前面介绍的知识起到加深和巩固的作用。

能力目标

★了解书籍封面的构成。

★掌握滤镜的使用方法并能预计滤镜效果。

★熟练掌握形状工具的应用。

★熟悉 3D 工具。

9.4.1 任务情境

书籍作为文字、图形的一个载体的存在是不能没有装帧的。书籍的装帧是一个和谐的统一体，应该说有什么样的书就有什么样的装帧与它相适应。书籍装帧的设计通常包括封面设计、扉页设计、插图设计三大主体设计要素。下面，我们主要介绍书籍封面设计的相关知识。

❖ 书籍封面由前封面、封底、书脊、前勒口、后勒口构成。

❖ 书籍封面通常有 16K、32K、64K 的，但有平装和精装之分。16K 书籍的成品尺寸为 260mm×185mm。

❖ 封面设计包括书名、编著者名、出版社名、定价等文字和条形码、装饰形象、色彩及构图。

❖ 字体在封面中应作为图形来处理，所以，除了字义的准确外，更多地要考虑它在整体构图中的位置和字形、大小、疏密、风格。

❖ 色彩是先于文字和图形打动读者的视觉第一语言。每本书的主色调应该符合文字内容的基本情调和作品的风格。

❖ 封面设计的构图，是将文字、图形、色彩等进行合理安排的过程，其中文字占主导作用，图形、色彩等的作用是衬托书名。

9.4.2 任务实施

（一）制作背景

1. 新建文档。执行“文件”→“新建”命令，弹出“新建”对话框，设置文档名称为“书籍封面”，宽度为 39.8 厘米，高为 26 厘米，颜色模式为 RGB，分辨率为 100 像素，背景色为白色，单击“确定”按钮，如图 9-4-1 所示。

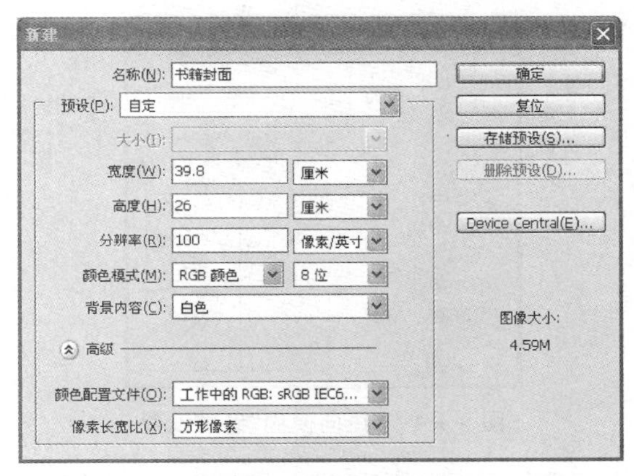

图 9-4-1　“新建”对话框

2. 打开素材图“背景”，拖动到“书籍封面”文件中。按下【Ctrl＋T】键，变换背景图至文件大小，按回车键确认，如图 9-4-2 所示。

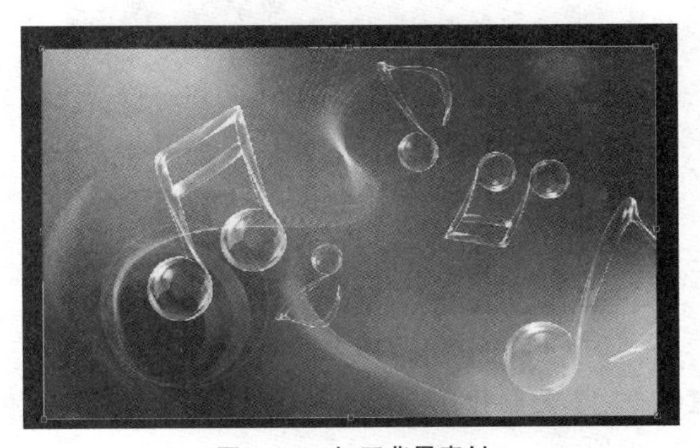

图 9-4-2　打开背景素材

3. 按下快捷键【Ctrl＋U】，弹出“色相/饱和度”对话框，设置“饱和度”为“＋40”，完成后单击“确定”按钮，如图 9-4-3 所示。

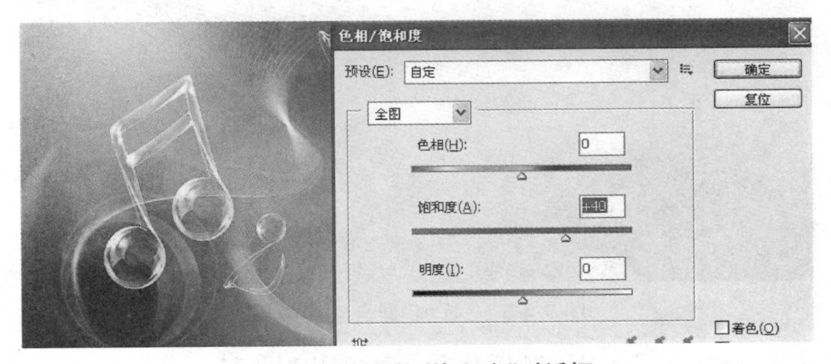

图 9-4-3　“色相/饱和度”对话框

4. 执行“滤镜”→“模糊”→“径向模糊”命令，在弹出的对话框中设置各项参数，单击“确定”按钮，如图 9-4-4 所示。

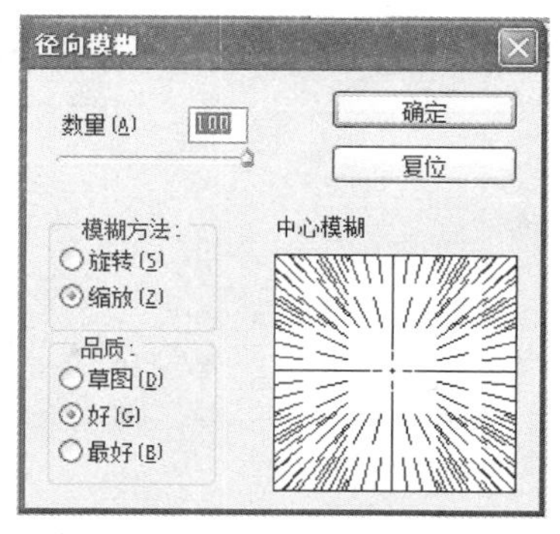

图 9-4-4 “径向模糊”参数设置

5. 按下快捷键【Ctrl+F】两次，再使用“径向模糊”命令模糊图像两次，效果如图 9-4-5 所示。

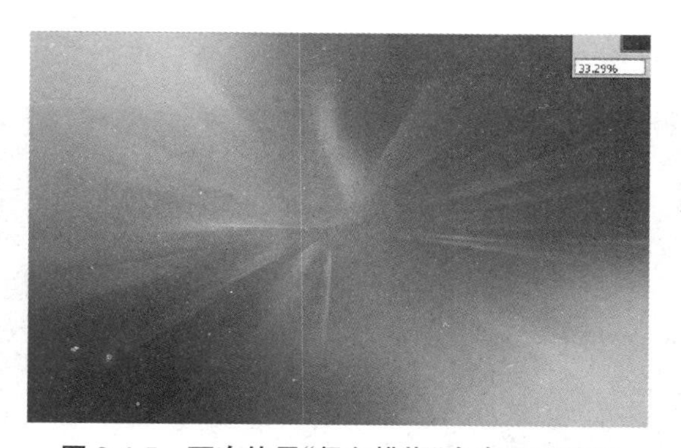

图 9-4-5 两次使用“径向模糊”命令之后效果

6. 按下快捷键【Ctrl+J】，复制“图层 1”，生成“图层 1 副本”，设置“图层 1 副本”的混合模式为“叠加”，如图 9-4-6 所示。

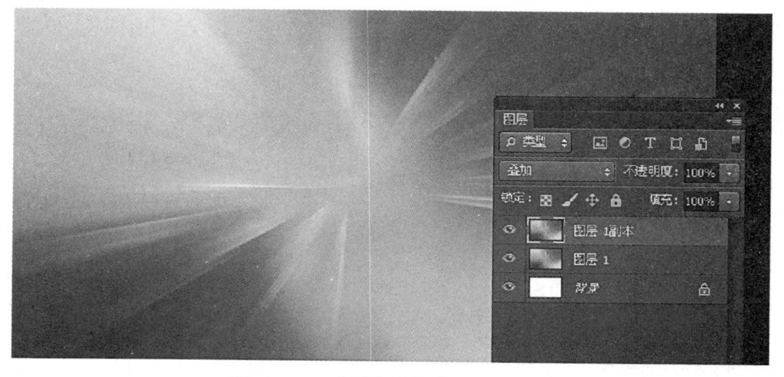

图 9-4-6 “叠加”混合之后效果

7. 执行“滤镜”→“锐化”→“USM 锐化” 命令，弹出“USM 锐化”对话框，设置各项参数，完成后单击“确定”按钮，应用滤镜，如图 9-4-7 所示。

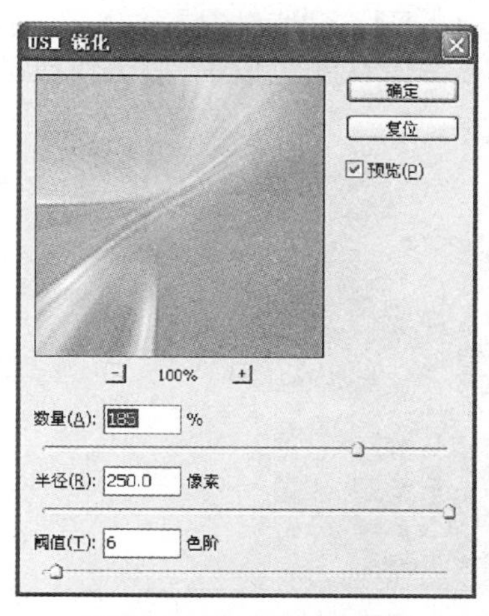

图 9-4-7 USM 锐化设置

8. 按下快捷键【Ctrl+J】,复制“图层 1 副本”图层,得到“图层 1 副本副本”图层,设置其混合模式为“滤色”,如图 9-4-8 所示。

图 9-4-8 “滤色”混合后效果

9. 执行“滤镜”→“扭曲”→“旋转扭曲”命令,弹出“旋转扭曲”对话框,设置“角度”为“−260”度,完成后单击“确定”按钮,如图 9-4-9 所示。

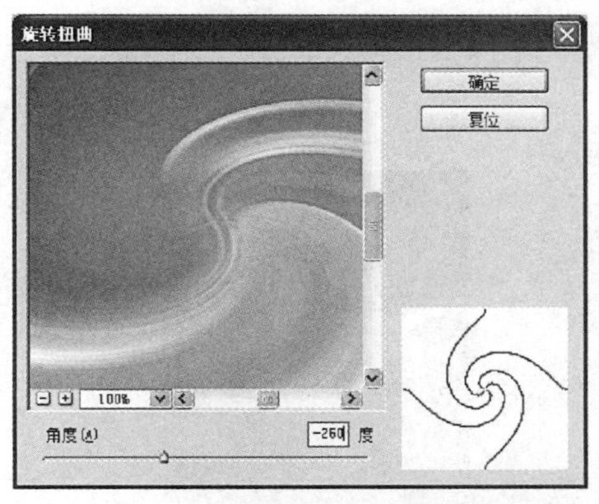

图 9-4-9 “旋转扭曲”对话框

10. 按下快捷键【Ctrl+Shift+E】，将所有图层合并，然后单击矩形选框工具，在画面右边创建矩形选区。按下【D】键，恢复默认颜色设置，按下快捷键【Ctrl+Delete】将背景色填充到选区中，如图 9-4-10 所示。

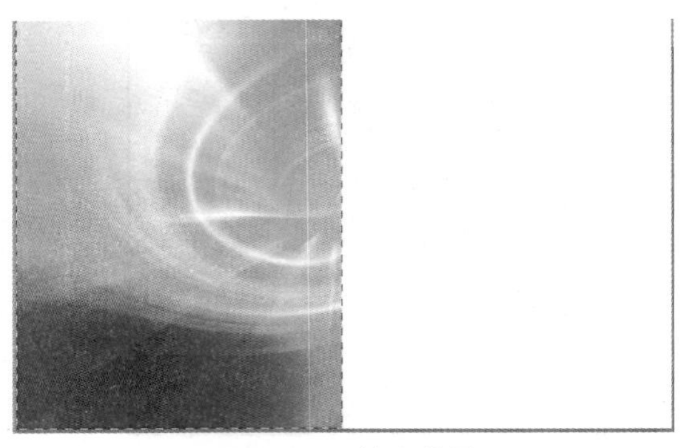

图 9-4-10　填充背景

11. 按下快捷键【Ctrl+Shift+I】，反选选区，然后按下快捷键【Ctrl+T】，将选区调整为满画布，按下快捷键【Ctrl+D】，取消选区，如图 9-4-11 所示。

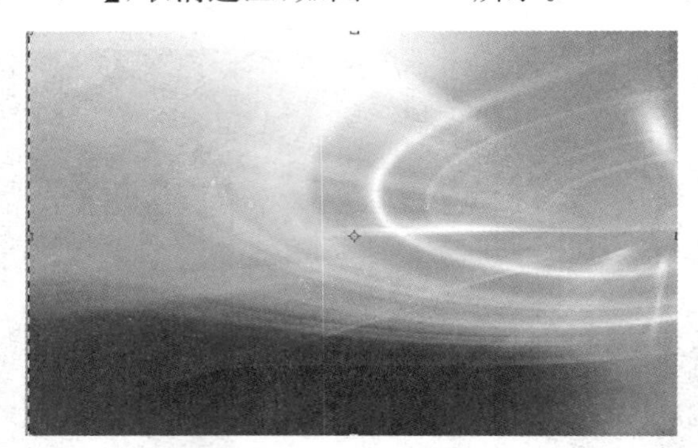

图 9-4-11　变形选区

12. 选择自定义形状工具，追加“全部”形状，设置拾色器中前景色为 RGB(159,221,234)，在形状里找到“全球互联网”形状 形状：，在封面图片上拖出“全球互联网”图案，设置图层不透明度为 27%，并添加“斜面与浮雕”图层样式，如图 9-4-12 所示。

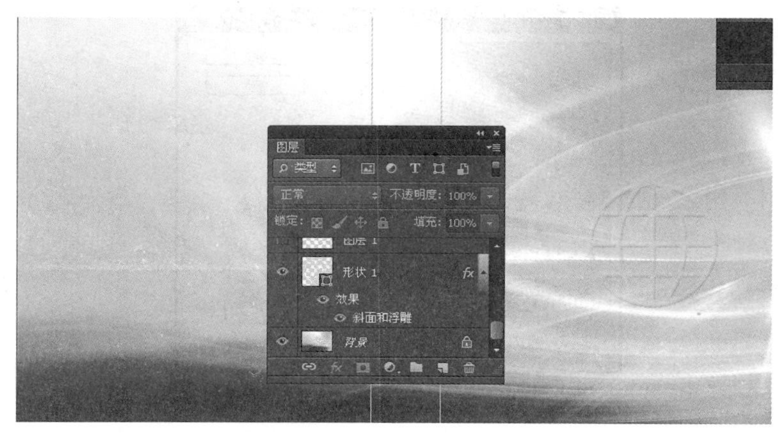

图 9-4-12　添加形状

13. 新建一图层,单击钢笔工具,绘制路径,按下快捷键【Ctrl+Enter】,将路径转换为选区,并将其填充为白色,按下快捷键【Ctrl+D】,取消选区,如图 9-4-13 所示。

图 9-4-13 绘制路径　　图 9-4-14 扭曲路径

14. 设置“图层 1”的混合模式为“叠加”,按下快捷键【Ctrl+J】复制图层,得到“图层 1 副本”,执行“滤镜”→“扭曲”→“旋转扭曲”命令,弹出“旋转扭曲”对话框,设置角度为“-200”度,单击“确定”按钮,将其调整到合适位置,如图 9-4-14 所示。

(二) 添加文字

1. 拖出两条参考线,规定“书脊”。新建一个图层,选择矩形选区工具,将书脊选中,单击渐变工具,设置“蓝色-白色”渐变,并填充书脊,调整图层不透明度为“50%”,如图 9-4-15所示。

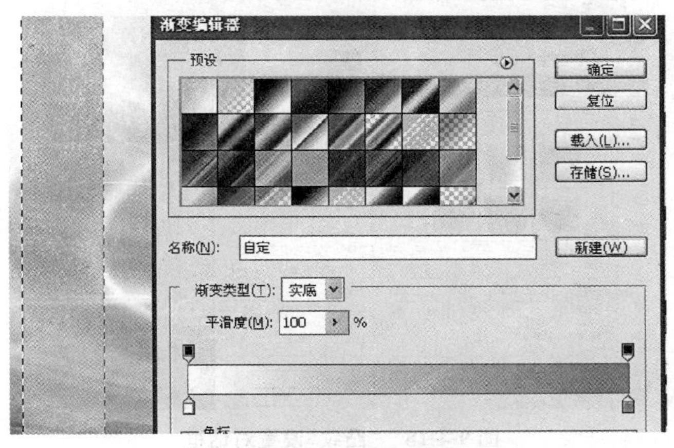

图 9-4-15 制作书脊

2. 选择竖排文字工具,在书脊中输入书名“图像处理教程”,设置字体、字号,添加图层样式“描边”,并在下方输入“海南出版社”字样,调整位置,如图 9-4-16 所示。

图 9-4-16　书脊文字

3. 选择文字工具[T]，在封面上输入“图像处理教程”，点击“3D”→“凸纹”→“文本图层”，在弹出的对话框里点击“是”，如图 9-4-17 所示。

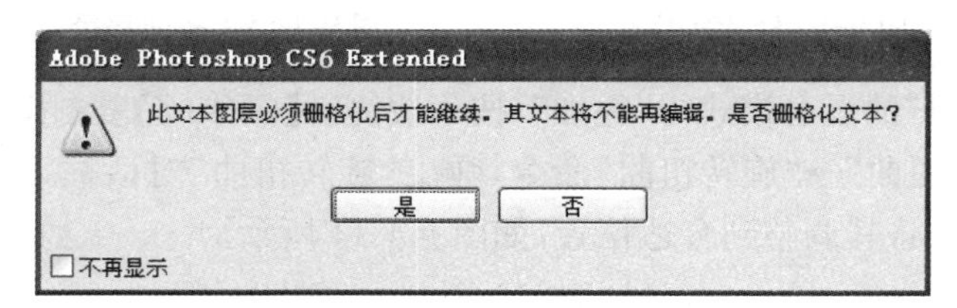

图 9-4-17　栅格化文本对话框

4. 在弹出的“凸纹”对话框中，设置凸出深度为 3.5，并拖动画面左上角的 3D 轴，调整文字角度，点击“确定”按钮，关闭对话框，如图 9-4-18 所示。

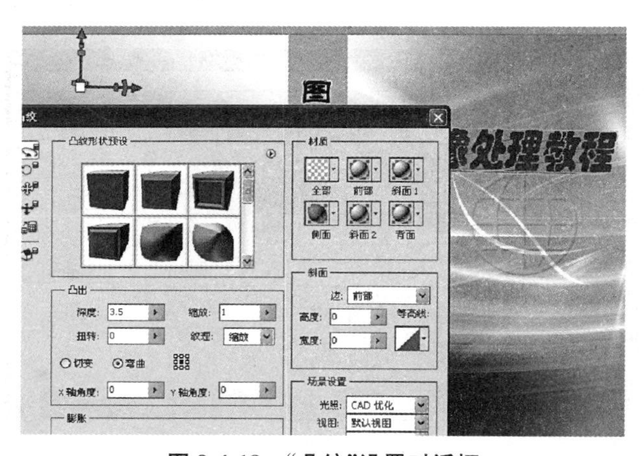

图 9-4-18　“凸纹”设置对话框

提示

“3D”→“凸纹”下拉菜单中包含“图层蒙版”、“所选路径”、“当前选区”等命令，使用这些命令可以从图层蒙版、路径以及选区中创建 3D 对象。

5. 单击“窗口”菜单下的“3D”命令，调出3D设置面板，调整品质为“光线跟踪最终效果”，绘制于“光泽度”，如图9-4-19所示，效果如图9-4-20所示。

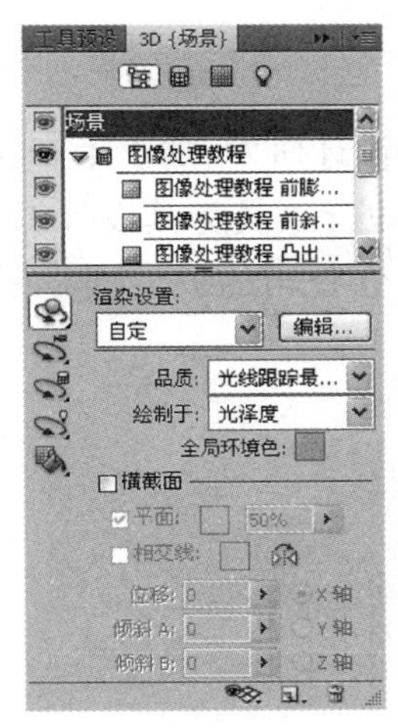

图 9-4-19　3D 设置

图 9-4-20　文字效果

6. 最后将素材“条码”导入，将其拖动到封底适当的位置，再添加文字定价、编辑等字样，完成封面设计，效果如图9-4-21所示。

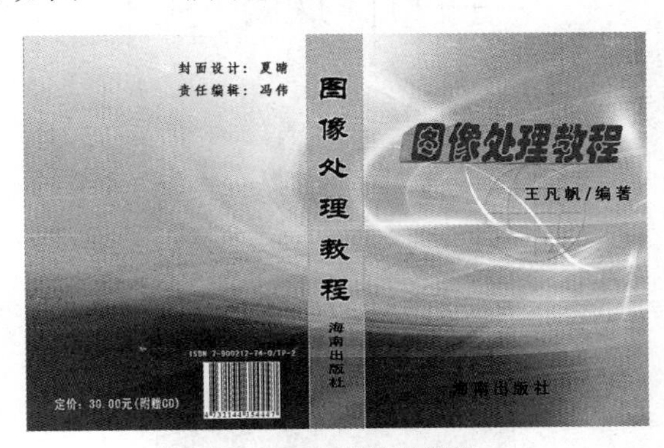

图 9-4-21　最终效果图

综合练习

海南佳艺实业有限公司是一家利用海洋贝类资源进行设计研发、加工生产、批发零售为一体的专业化开发公司。分公司的成立，需要大量的平面设计人员为其设计 LOGO、吊旗、名片、DM 宣传单等，请同学们尽情发挥自己的创造力，为分公司的成立和发展出谋划策。下面是由 2010 级媒体专业毕业生完成的设计图，仅供参考。

一、设计皇隆珠宝 LOGO

二、设计珠宝宣传单

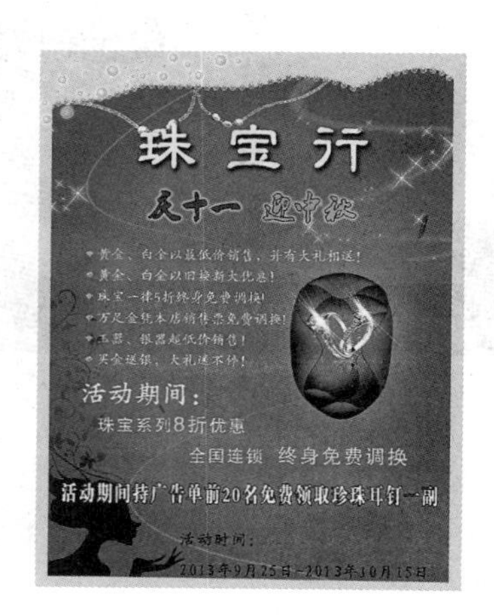

附录　Photoshop 快捷键大全

一、工具箱(多种工具共用一个快捷键的同时,按【Shift】加此快捷键选取)

矩形、椭圆选框工具【M】
移动工具【V】
套索、多边形套索、磁性套索【L】
魔棒工具【W】
裁剪工具【C】
切片工具、切片选择工具【K】
喷枪工具【J】
画笔工具、铅笔工具【B】
橡皮图章、图案图章【S】
历史画笔工具、艺术历史画笔【Y】
橡皮擦、背景擦除、魔术橡皮擦【E】
渐变工具、油漆桶工具【G】
模糊、锐化、涂抹工具【R】
减淡、加深、海绵工具【O】
路径选择工具、直接选取工具【A】
文字工具【T】
钢笔、自由钢笔【P】
矩形、圆边矩形、椭圆、多边形、直线【U】
写字板、声音注释【N】
吸管、颜色取样器、度量工具【I】
抓手工具【H】
缩放工具【Z】
默认前景色和背景色【D】
切换前景色和背景色【X】
切换标准模式和快速蒙版模式【Q】
标准屏幕模式、带有菜单栏的全屏模式、全屏模式【F】
跳到 ImageReady3.0 中【Ctrl】+【Shift】+【M】
临时使用移动工具【Ctrl】
临时使用吸色工具【Alt】
临时使用抓手工具【空格】

快速输入工具选项(当前工具选项面板中至少有一个可调节数字)【0】至【9】
循环选择画笔【[】或【]】
建立新渐变(在“渐变编辑器”中)【Ctrl】+【N】

二、文件操作

新建图形文件【Ctrl】+【N】
打开已有的图像【Ctrl】+【O】
打开为...【Ctrl】+【Alt】+【O】
关闭当前图像【Ctrl】+【W】
保存当前图像【Ctrl】+【S】
另存为...【Ctrl】+【Shift】+【S】
存储为网页用图形【Ctrl】+【Alt】+【Shift】+【S】
页面设置【Ctrl】+【Shift】+【P】
打印预览【Ctrl】+【Alt】+【P】
打印【Ctrl】+【P】
退出 Photoshop【Ctrl】+【Q】

三、编辑操作

还原/重做前一步操作【Ctrl】+【Z】
一步一步向前还原【Ctrl】+【Alt】+【Z】
一步一步向后重做【Ctrl】+【Shift】+【Z】
淡入/淡出【Ctrl】+【Shift】+【F】
剪切选取的图像或路径【Ctrl】+【X】或【F2】
拷贝选取的图像或路径【Ctrl】+【C】
合并拷贝【Ctrl】+【Shift】+【C】
将剪贴板的内容粘到当前图形中【Ctrl】+【V】或【F4】
将剪贴板的内容粘到选框中【Ctrl】+【Shift】+【V】
自由变换【Ctrl】+【T】
应用自由变换(在自由变换模式下)【Enter】
从中心或对称点开始变换(在自由变换模式下)【Alt】
限制(在自由变换模式下)【Shift】
扭曲(在自由变换模式下)【Ctrl】
取消变形(在自由变换模式下)【Esc】
自由变换复制的像素数据【Ctrl】+【Shift】+【T】
再次变换复制的像素数据并建立一个副本【Ctrl】+【Shift】+【Alt】+【T】
删除选框中的图案或选取的路径【Del】
用背景色填充所选区域或整个图层【Ctrl】+【BackSpace】或【Ctrl】+【Del】
用前景色填充所选区域或整个图层【Alt】+【BackSpace】或【Alt】+【Del】
弹出“填充”对话框【Shift】+【BackSpace】

从历史记录中填充【Alt】+【Ctrl】+【Backspace】
打开"颜色设置"对话框【Ctrl】+【Shift】+【K】
打开"预先调整管理器"对话框【Alt】+【E】放开后按【M】
预设画笔(在"预先调整管理器"对话框中)【Ctrl】+【1】
预设颜色样式(在"预先调整管理器"对话框中)【Ctrl】+【2】
预设渐变填充(在"预先调整管理器"对话框中)【Ctrl】+【3】
预设图层效果(在"预先调整管理器"对话框中)【Ctrl】+【4】
预设图案填充(在"预先调整管理器"对话框中)【Ctrl】+【5】
预设轮廓线(在"预先调整管理器"对话框中)【Ctrl】+【6】
预设定制矢量图形(在"预先调整管理器"对话框中)【Ctrl】+【7】
打开"预置"对话框【Ctrl】+【K】
显示最后一次显示的"预置"对话框【Alt】+【Ctrl】+【K】
设置"常规"选项(在预置对话框中)【Ctrl】+【1】
设置"存储文件"(在预置对话框中)【Ctrl】+【2】
设置"显示和光标"(在预置对话框中)【Ctrl】+【3】
设置"透明区域与色域"(在预置对话框中)【Ctrl】+【4】
设置"单位与标尺"(在预置对话框中)【Ctrl】+【5】
设置"参考线与网格"(在预置对话框中)【Ctrl】+【6】
设置"增效工具与暂存盘"(在预置对话框中)【Ctrl】+【7】
设置"内存与图像高速缓存"(在预置对话框中)【Ctrl】+【8】

四、图像调整

调整色阶【Ctrl】+【L】
自动调整色阶【Ctrl】+【Shift】+【L】
自动调整对比度【Ctrl】+【Alt】+【Shift】+【L】
打开曲线调整对话框【Ctrl】+【M】
在所选通道的曲线上添加新的点("曲线"对话框中) 在图像中【Ctrl】加点按
在复合曲线以外的所有曲线上添加新的点("曲线"对话框中)【Ctrl】+【Shift】加点按
移动所选点("曲线"对话框中)【↑】/【↓】/【←】/【→】
以 10 点为增幅移动所选点以 10 点为增幅("曲线"对话框中)【Shift】+【箭头】
选择多个控制点("曲线"对话框中)【Shift】加点按
前移控制点("曲线"对话框中)【Ctrl】+【Tab】
后移控制点("曲线"对话框中)【Ctrl】+【Shift】+【Tab】
添加新的点("曲线"对话框中) 点按网格
删除点("曲线"对话框中)【Ctrl】加点按点
取消选择所选通道上的所有点("曲线"对话框中)【Ctrl】+【D】
使曲线网格更精细或更粗糙("曲线"对话框中)【Alt】加点按网格
选择彩色通道("曲线"对话框中)【Ctrl】+【~】

选择单色通道（"曲线"对话框中）【Ctrl】+【数字】
打开"色彩平衡"对话框【Ctrl】+【B】
打开"色相/饱和度"对话框【Ctrl】+【U】
全图调整（在"色相/饱和度"对话框中）【Ctrl】+【~】
只调整红色（在"色相/饱和度"对话框中）【Ctrl】+【1】
只调整黄色（在"色相/饱和度"对话框中）【Ctrl】+【2】
只调整绿色（在"色相/饱和度"对话框中）【Ctrl】+【3】
只调整青色（在"色相/饱和度"对话框中）【Ctrl】+【4】
只调整蓝色（在"色相/饱和度"对话框中）【Ctrl】+【5】
只调整洋红（在"色相/饱和度"对话框中）【Ctrl】+【6】
去色【Ctrl】+【Shift】+【U】
反相【Ctrl】+【I】
打开"抽取(Extract)"对话框【Ctrl】+【Alt】+【X】
边缘增亮工具（在"抽取"对话框中）【B】
填充工具（在"抽取"对话框中）【G】
擦除工具（在"抽取"对话框中）【E】
清除工具（在"抽取"对话框中）【C】
边缘修饰工具（在"抽取"对话框中）【T】
缩放工具（在"抽取"对话框中）【Z】
抓手工具（在"抽取"对话框中）【H】
改变显示模式（在"抽取"对话框中）【F】
加大画笔大小（在"抽取"对话框中）【]】
减小画笔大小（在"抽取"对话框中）【[】
完全删除增亮线（在"抽取"对话框中）【Alt】+【BackSpace】
增亮整个抽取对像（在"抽取"对话框中）【Ctrl】+【BackSpace】
打开"液化(Liquify)"对话框【Ctrl】+【Shift】+【X】
扭曲工具（在"液化"对话框中）【W】
顺时针转动工具（在"液化"对话框中）【R】
逆时针转动工具（在"液化"对话框中）【L】
缩拢工具（在"液化"对话框中）【P】
扩张工具（在"液化"对话框中）【B】
反射工具（在"液化"对话框中）【M】
重构工具（在"液化"对话框中）【E】
冻结工具（在"液化"对话框中）【F】
解冻工具（在"液化"对话框中）【T】
应用"液化"效果并退回 Photoshop 主界面（在"液化"对话框中）【Enter】
放弃"液化"效果并退回 Photoshop 主界面（在"液化"对话框中）【ESC】

五、图层操作

从对话框新建一个图层【Ctrl】+【Shift】+【N】
以默认选项建立一个新的图层【Ctrl】+【Alt】+【Shift】+【N】
通过拷贝建立一个图层(无对话框)【Ctrl】+【J】
从对话框建立一个通过拷贝的图层【Ctrl】+【Alt】+【J】
通过剪切建立一个图层(无对话框)【Ctrl】+【Shift】+【J】
从对话框建立一个通过剪切的图层【Ctrl】+【Shift】+【Alt】+【J】
与前一图层编组【Ctrl】+【G】
取消编组【Ctrl】+【Shift】+【G】
将当前层下移一层【Ctrl】+【[】
将当前层上移一层【Ctrl】+【]】
将当前层移到最下面【Ctrl】+【Shift】+【[】
将当前层移到最上面【Ctrl】+【Shift】+【]】
激活下一个图层【Alt】+【[】
激活上一个图层【Alt】+【]】
激活底部图层【Shift】+【Alt】+【[】
激活顶部图层【Shift】+【Alt】+【]】
向下合并或合并联接图层【Ctrl】+【E】
合并可见图层【Ctrl】+【Shift】+【E】
盖印或盖印联接图层【Ctrl】+【Alt】+【E】
盖印可见图层【Ctrl】+【Alt】+【Shift】+【E】
调整当前图层的透明度(当前工具为无数字参数的,如移动工具)【0】至【9】
保留当前图层的透明区域(开关)【/】
使用预定义效果(在“效果”对话框中)【Ctrl】+【1】
混合选项(在”效果“对话框中)【Ctrl】+【2】
投影选项(在”效果“对话框中)【Ctrl】+【3】
内部阴影(在”效果“对话框中)【Ctrl】+【4】
外发光(在”效果“对话框中)【Ctrl】+【5】
内发光(在”效果“对话框中)【Ctrl】+【6】
斜面和浮雕(在“效果”对话框中)【Ctrl】+【7】
轮廓(在”效果“对话框中)【Ctrl】+【8】
材质(在”效果“对话框中)【Ctrl】+【9】

六、图层混合模式

循环选择混合模式【Shift】+【一】或【+】
正常 Normal【Shift】+【Alt】+【N】
溶解 Dissolve【Shift】+【Alt】+【I】
正片叠底 Multiply【Shift】+【Alt】+【M】

屏幕 Screen【Shift】+【Alt】+【S】
叠加 Overlay【Shift】+【Alt】+【O】
柔光 Soft Light【Shift】+【Alt】+【F】
强光 Hard Light【Shift】+【Alt】+【H】
颜色减淡 Color Dodge【Shift】+【Alt】+【D】
颜色加深 Color Burn【Shift】+【Alt】+【B】
变暗 Darken【Shift】+【Alt】+【K】
变亮 Lighten【Shift】+【Alt】+【G】
差值 Difference【Shift】+【Alt】+【E】
排除 Exclusion【Shift】+【Alt】+【X】
色相 Hue【Shift】+【Alt】+【U】
饱和度 Saturation【Shift】+【Alt】+【T】
颜色 Color【Shift】+【Alt】+【C】
光度 Luminosity【Shift】+【Alt】+【Y】
去色 海绵工具+【Shift】+【Alt】+【J】
加色 海绵工具+【Shift】+【Alt】+【A】

七、选择功能

全部选取【Ctrl】+【A】
取消选择【Ctrl】+【D】
重新选择【Ctrl】+【Shift】+【D】
羽化选择【Ctrl】+【Alt】+【D】
反向选择【Ctrl】+【Shift】+【I】
载入选区【Ctrl】+点按图层、路径、通道面板中的缩略图
滤镜
按上次的参数再做一次上次的滤镜【Ctrl】+【F】
退去上次所做滤镜的效果【Ctrl】+【Shift】+【F】
重复上次所做的滤镜(可调参数)【Ctrl】+【Alt】+【F】
选择工具(在“3D 变化”滤镜中)【V】
直接选择工具(在“3D 变化”滤镜中)【A】
立方体工具(在“3D 变化”滤镜中)【M】
球体工具(在“3D 变化”滤镜中)【N】
柱体工具(在“3D 变化”滤镜中)【C】
添加锚点工具(在“3D 变化”滤镜中)【+】
减少锚点工具(在“3D 变化”滤镜中)【—】
轨迹球(在“3D 变化”滤镜中)【R】
全景相机工具(在“3D 变化”滤镜中)【E】
移动视图(在“3D 变化”滤镜中)【H】

缩放视图(在“3D 变化”滤镜中)【Z】
应用三维变形并退回到 Photoshop 主界面(在“3D 变化”滤镜中)【Enter】
放弃三维变形并退回到 Photoshop 主界面(在“3D 变化”滤镜中)【Esc】

八、视图操作

选择彩色通道【Ctrl】+【~】
选择单色通道【Ctrl】+【数字】
选择快速蒙版【Ctrl】+【\】
始终在视窗显示复合通道【~】
以 CMYK 方式预览(开关)【Ctrl】+【Y】
打开/关闭色域警告【Ctrl】+【Shift】+【Y】
放大视图【Ctrl】+【+】
缩小视图【Ctrl】+【-】
满画布显示【Ctrl】+【0】
实际像素显示【Ctrl】+【Alt】+【0】
向上卷动一屏【PageUp】
向下卷动一屏【PageDown】
向左卷动一屏【Ctrl】+【PageUp】
向右卷动一屏【Ctrl】+【PageDown】
向上卷动 10 个单位【Shift】+【PageUp】
向下卷动 10 个单位【Shift】+【PageDown】
向左卷动 10 个单位【Shift】+【Ctrl】+【PageUp】
向右卷动 10 个单位【Shift】+【Ctrl】+【PageDown】
将视图移到左上角【Home】
将视图移到右下角【End】
显示/隐藏选择区域【Ctrl】+【H】
显示/隐藏路径【Ctrl】+【Shift】+【H】
显示/隐藏标尺【Ctrl】+【R】
捕捉【Ctrl】+【;】
锁定参考线【Ctrl】+【Alt】+【;】
显示/隐藏“颜色”面板【F6】
显示/隐藏“图层”面板【F7】
显示/隐藏“信息”面板【F8】
显示/隐藏“动作”面板【F9】
显示/隐藏所有命令面板【TAB】
显示或隐藏工具箱以外的所有调板【Shift】+【TAB】
文字处理(在字体编辑模式中)
显示/隐藏“字符”面板【Ctrl】+【T】

显示/隐藏“段落”面板【Ctrl】+【M】
左对齐或顶对齐【Ctrl】+【Shift】+【L】
中对齐【Ctrl】+【Shift】+【C】
右对齐或底对齐【Ctrl】+【Shift】+【R】
左/右选择 1 个字符【Shift】+【←】/【→】
下/上选择 1 行【Shift】+【↑】/【↓】
选择所有字符【Ctrl】+【A】
显示/隐藏字体选取底纹【Ctrl】+【H】
选择从插入点到鼠标点按点的字符【Shift】加点按
左/右移动 1 个字符【←】/【→】
下/上移动 1 行【↑】/【↓】
左/右移动 1 个字【Ctrl】+【←】/【→】
将所选文本的文字大小减小 2 点像素【Ctrl】+【Shift】+【<】
将所选文本的文字大小增大 2 点像素【Ctrl】+【Shift】+【>】
将所选文本的文字大小减小 10 点像素【Ctrl】+【Alt】+【Shift】+【<】
将所选文本的文字大小增大 10 点像素【Ctrl】+【Alt】+【Shift】+【>】
将行距减小 2 点像素【Alt】+【↓】
将行距增大 2 点像素【Alt】+【↑】
将基线位移减小 2 点像素【Shift】+【Alt】+【↓】
将基线位移增加 2 点像素【Shift】+【Alt】+【↑】
将字距微调或字距调整减小 20/1000ems【Alt】+【←】
将字距微调或字距调整增加 20/1000ems【Alt】+【→】
将字距微调或字距调整减小 100/1000ems【Ctrl】+【Alt】+【←】
将字距微调或字距调整增加 100/1000ems【Ctrl】+【Alt】+【→】